복고와 **서양화** 사이에서

한양
학술총서
011

BETWEEN RETRO AND WESTERNIZATION

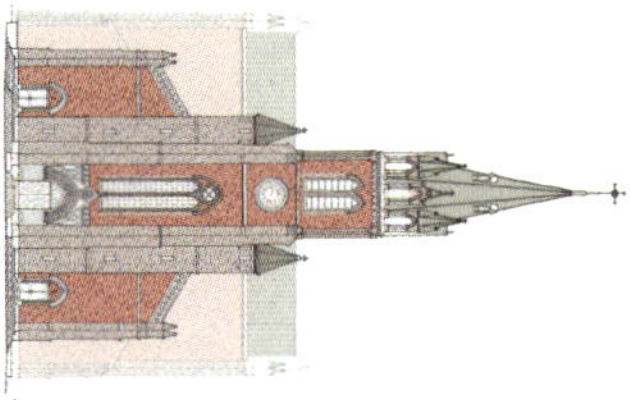

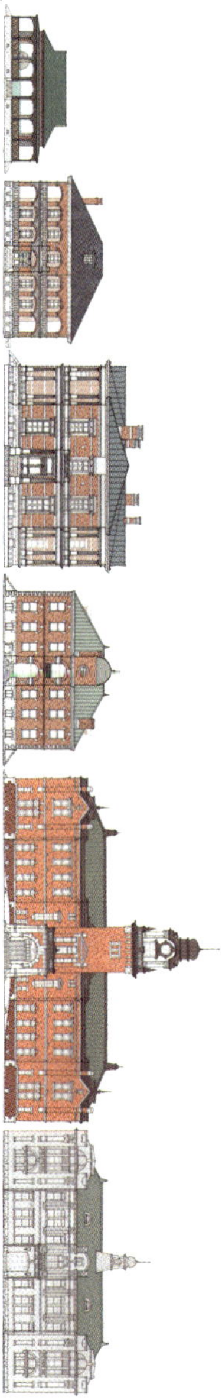

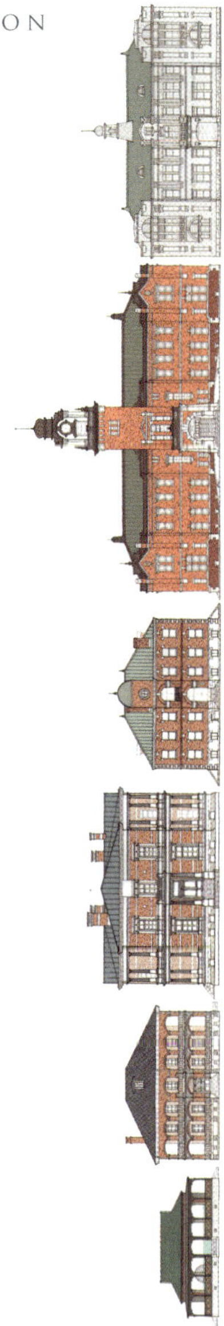

복고復古와 서양화西洋化 사이에서

1864~1910,
한성에서의 건축 활동과
도시변화의 방향성 모색

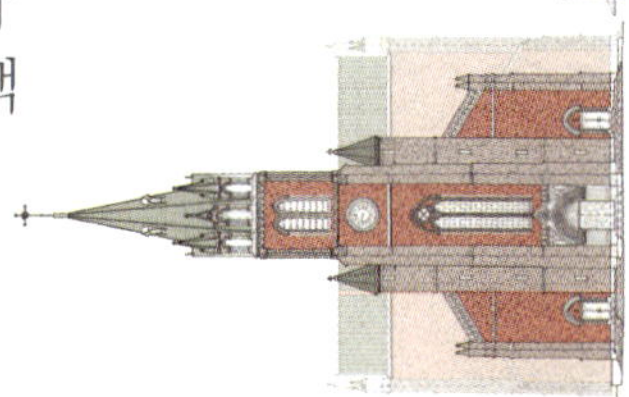

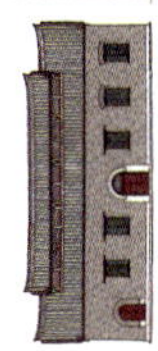

서동천 지음

한양대학교 출판부

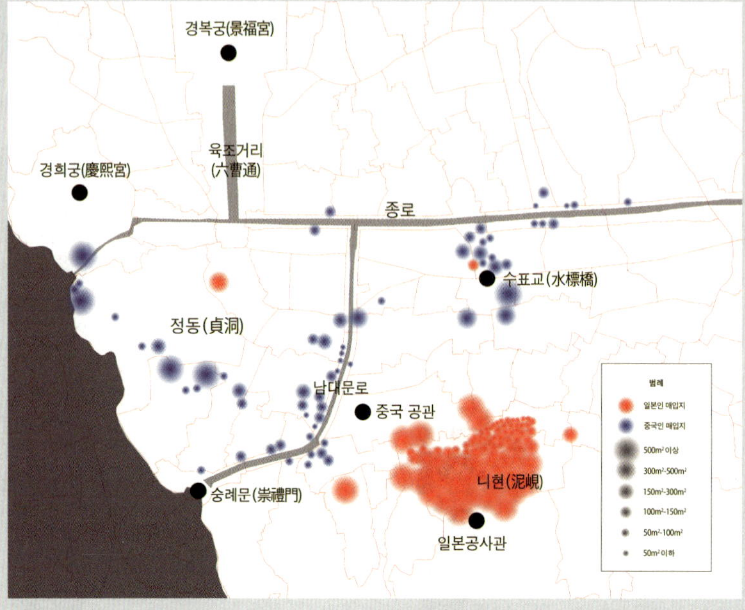

[원색도판 1] 1885년부터 1889년까지 중국인과 일본인의 토지 매입지

(바탕도면: 서울시립대 도시공학과 도시설계역사연구실, 『도시구조/공간의 역사적 변화 연구: 1912/1929년 지적도의 디지털화』, 2006년)

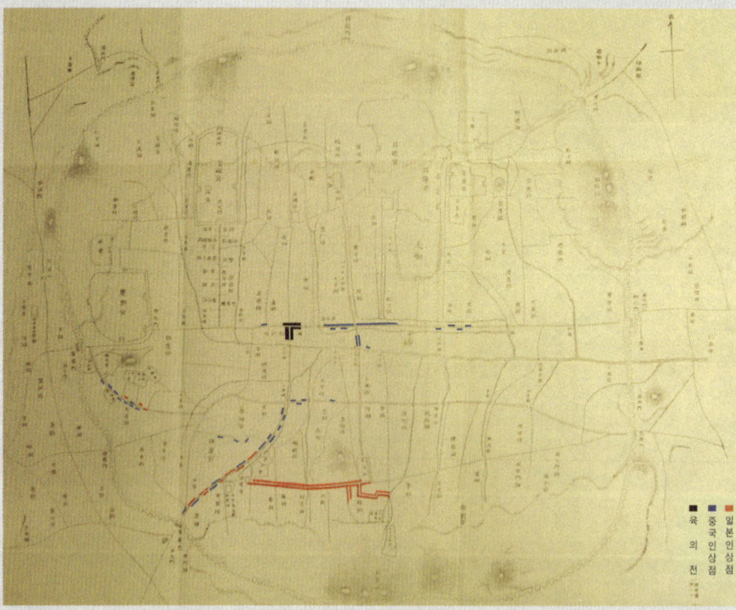

[원색도판 2] 1895년의 중국인 상인과 일본인 상인의 상권

「漢陽京城之圖」(日韓通商協會, 『日韓通商協會報告』 1권, 1895)를 보기 쉽게 수정

[원색도판 3] 1912년 한성의 중국인 소유지 (1912년 지적도 위에 토지조사부 내용을 바탕으로 소유지를 추적하여 표시)

(바탕도면: 서울시립대 도시공학과 도시설계역사연구실, 『도시구조/공간의 역사적 변화 연구: 1912/1929년 지적도의 디지털화』, 2006년)

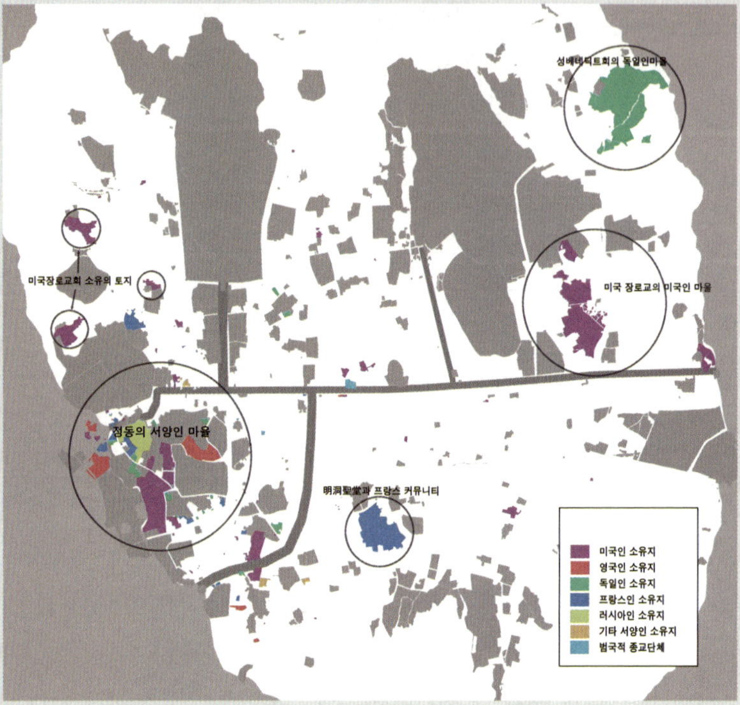

[원색도판 4] 한성 내 서양인의 국적별 소유지
(1912년 지적도 위에 토지조사부 내용을 바탕으로 소유지를 추적하여 표시)

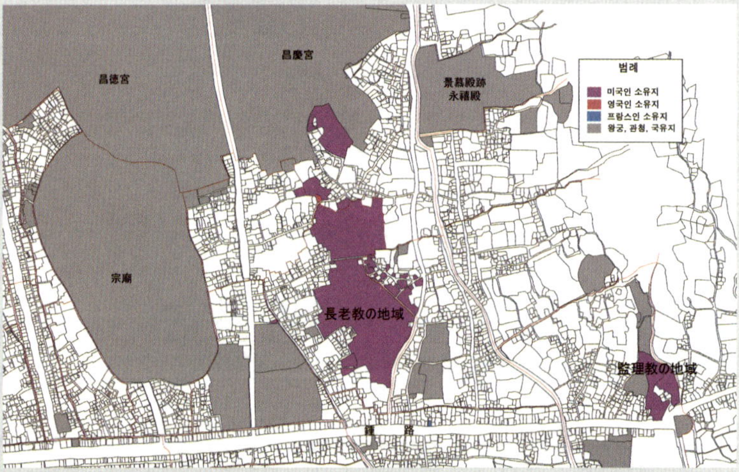

[원색도판 5] 동대문로 북측 미국장로교 및 감로교 소유지
(1912년 지적도 위에 토지조사부 내용을 바탕으로 소유지를 추적하여 표시)
(바탕도면: 서울시립대 도시공학과 도시설계역사연구실, 『도시구조/공간의 역사적 변화 연구: 1912/1929년 지적도의 디지털화』, 2006년)

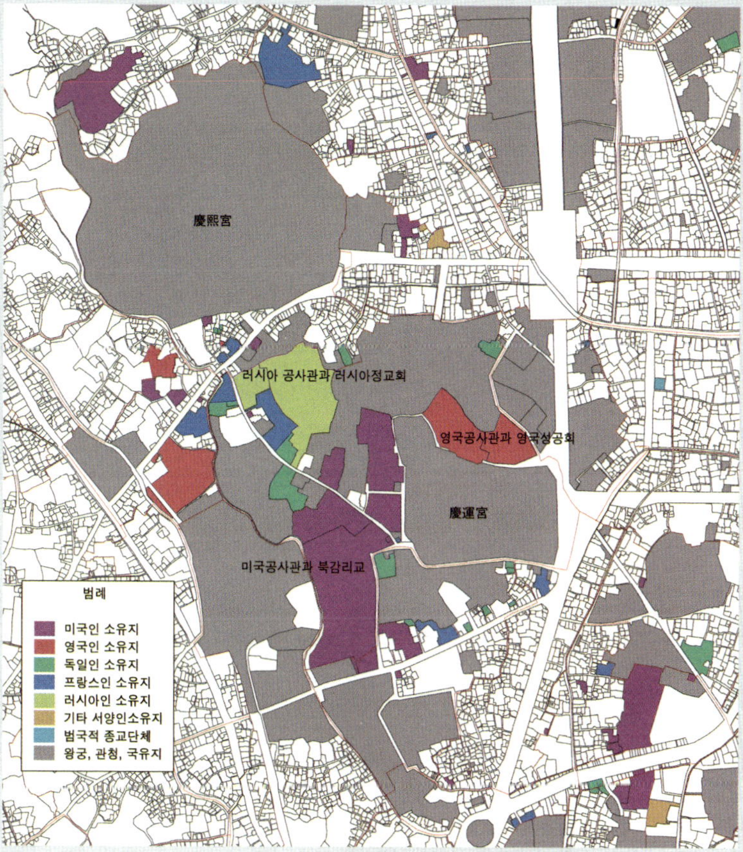

[원색도판 6] 1912년 정동지역의 국적별 서양인 소유지
(1912년 지적도 위에 토지조사부 내용을 바탕으로 소유지를 추적하여 표시)
(바탕도면: 서울시립대 도시공학과 도시설계역사연구실, 『도시구조/공간의 역사적 변화 연구: 1912/1929년 지적도의 디지털화』, 2006년)

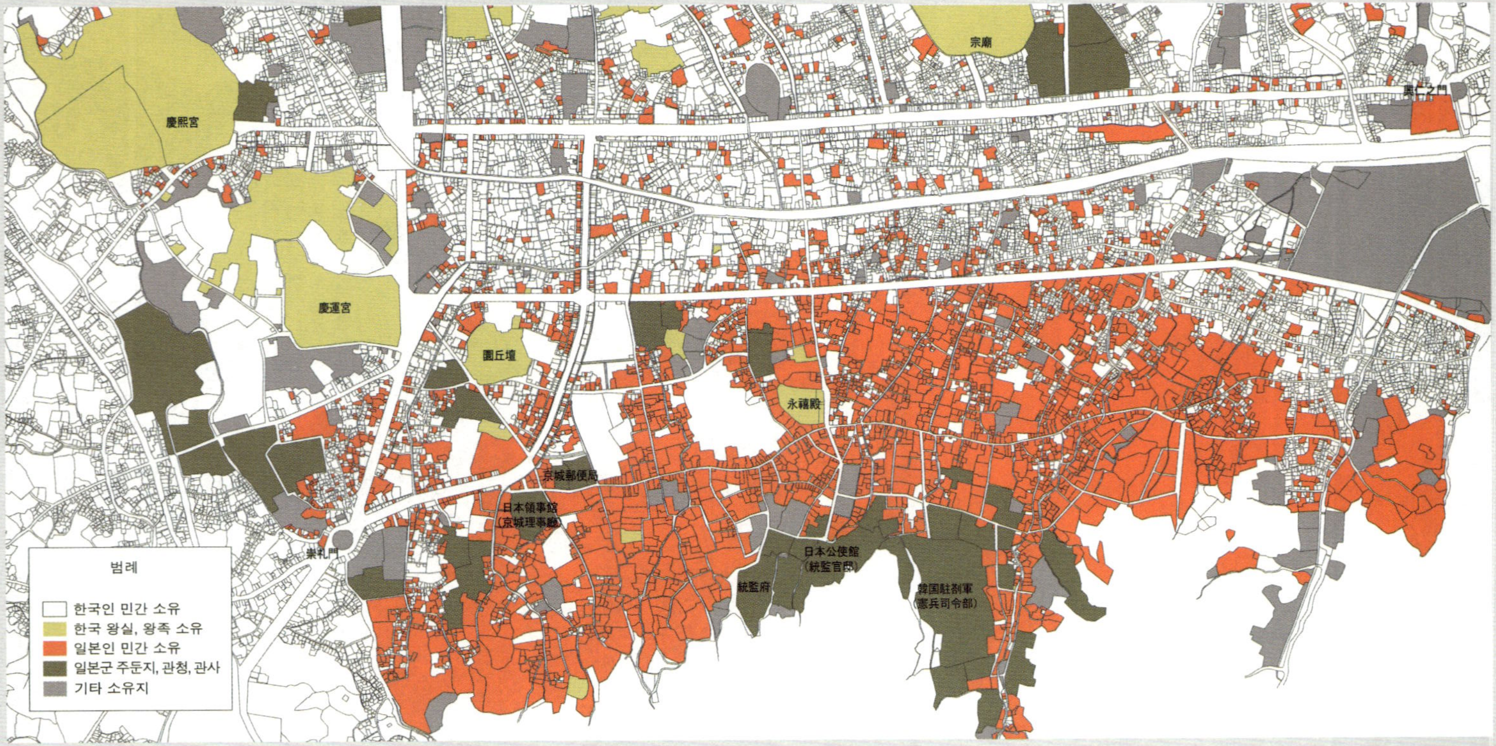

[원색도판 7] 한성 남부 일본인 소유지 및 일본 점유지 (1912년 지적도위에 1912년 토지조사부 내용을 표시)

(바탕도면: 서울시립대 도시공학과 도시설계역사연구실, 『도시구조/공간의 역사적 변화 연구: 1912/1929년 지적도의 디지털화』, 2006년)

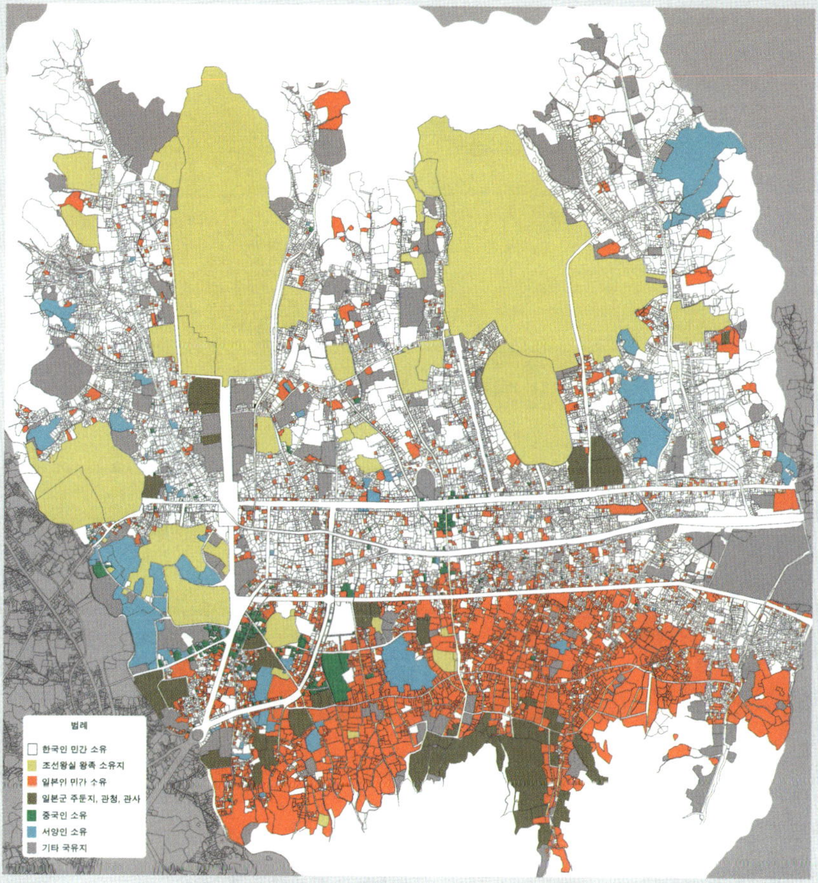

[원색도판 8] 한성 내 국적별 소유지 분포 (1912년 지적도위에 1912년 토지조사부 내용을 표시)

(바탕도면: 서울시립대 도시공학과 도시설계역사연구실, 『도시구조/공간의 역사적 변화 연구: 1912/1929년 지적도의 디지털화』, 2006년)

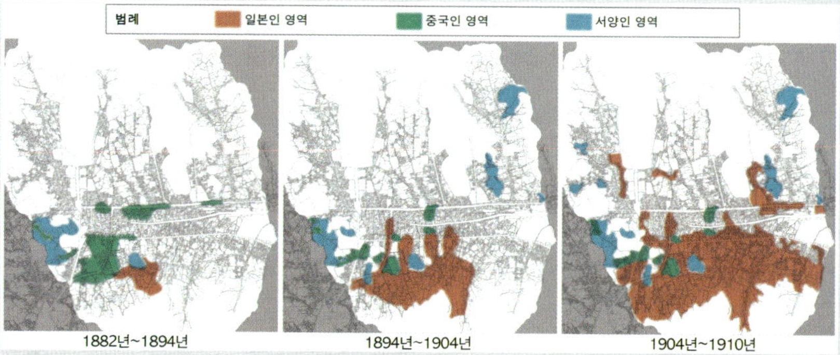

[원색도판 9] 1882~1910년 한성 내 외국인 영역의 변화

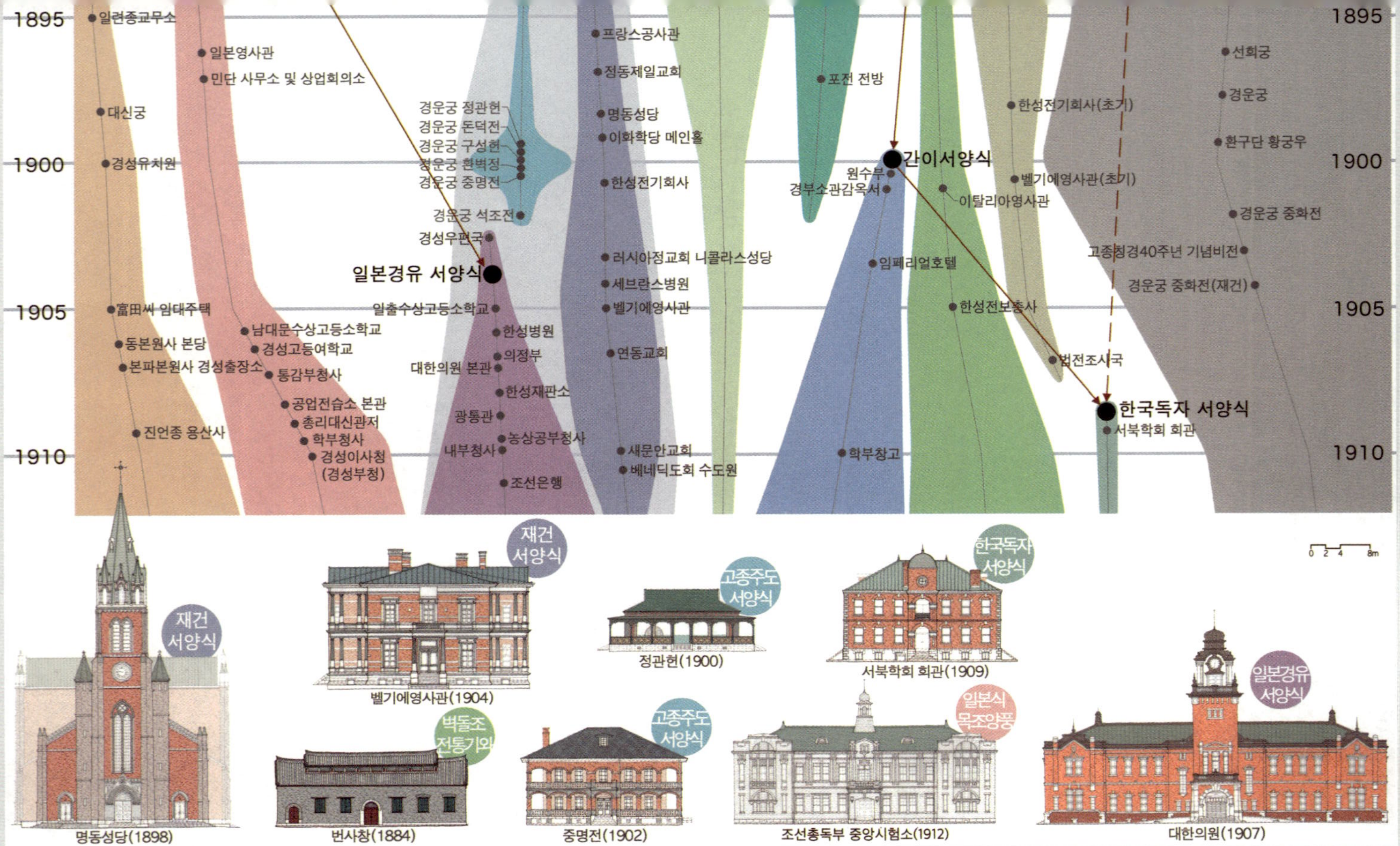

[원색도판 10] 1860~1910년의 중국과 일본으로부터의 영향관계를 바탕으로 한 건축유형 계통도

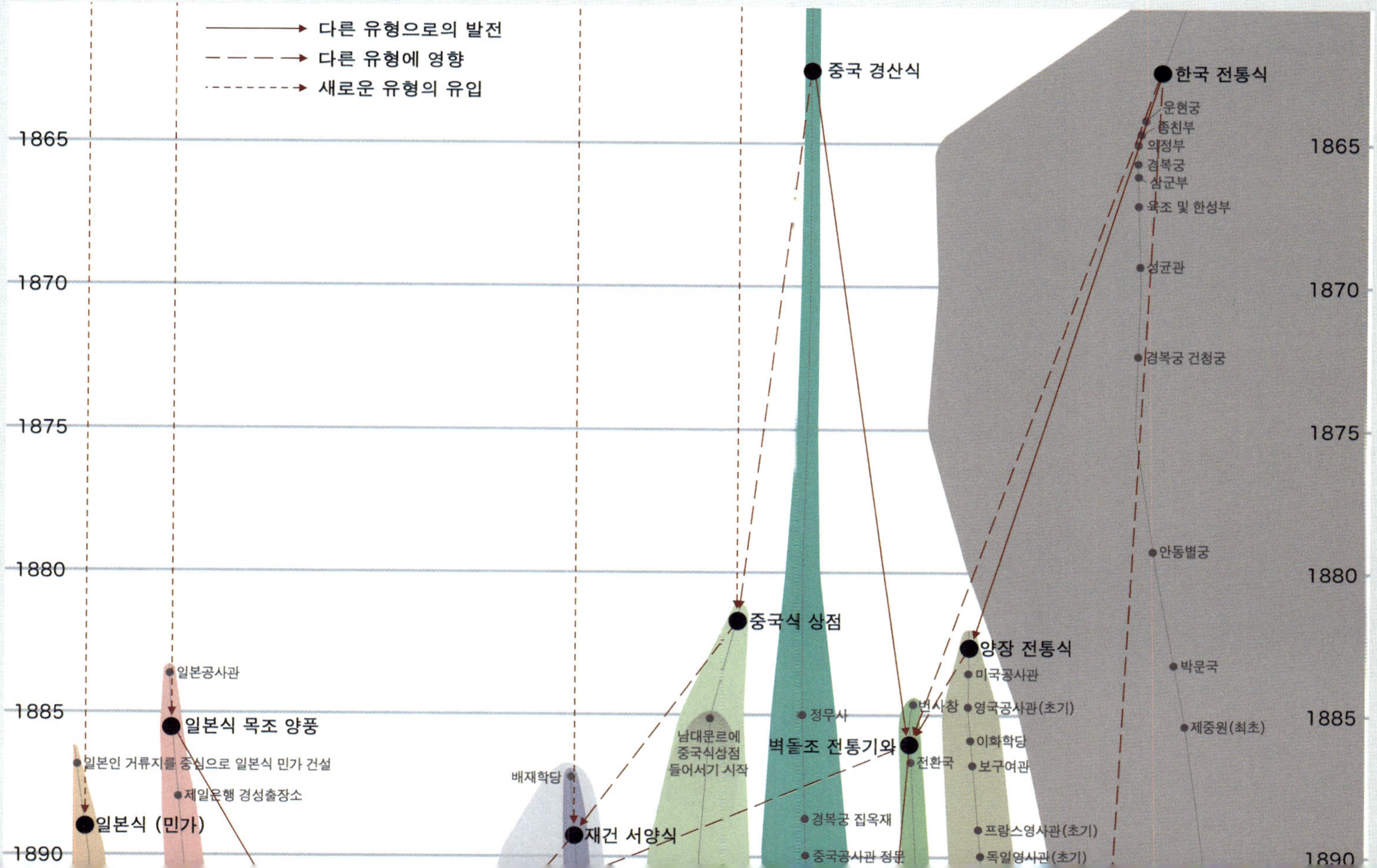
다른 유형으로의 발전
다른 유형에 영향
새로운 유형의 유입
1865
1870
1875
1880
1885
1890
중국 경산식
한국 전통식
운현궁
종친부
의정부
경복궁
삼군부
육조 및 한성부
성균관
경복궁 건청궁
안동별궁
박문국
제중원(최초)
일본공사관
일본식 목조 양풍
일본인 거류지를 중심으로 일본식 민가 건설
제일은행 경성출장소
일본식 (민가)
배재학당
재건 서양식
중국식 상점
남대문르에
중국식상점
들어서기 시작
정무사
벽돌조 전통기와
경복궁 집옥재
중국공사관 정문
변사창
전환국
양장 전통식
미국공사관
영국공사관(초기)
이화학당
보구여관
프랑스영사관(초기)
독일영사관(초기)

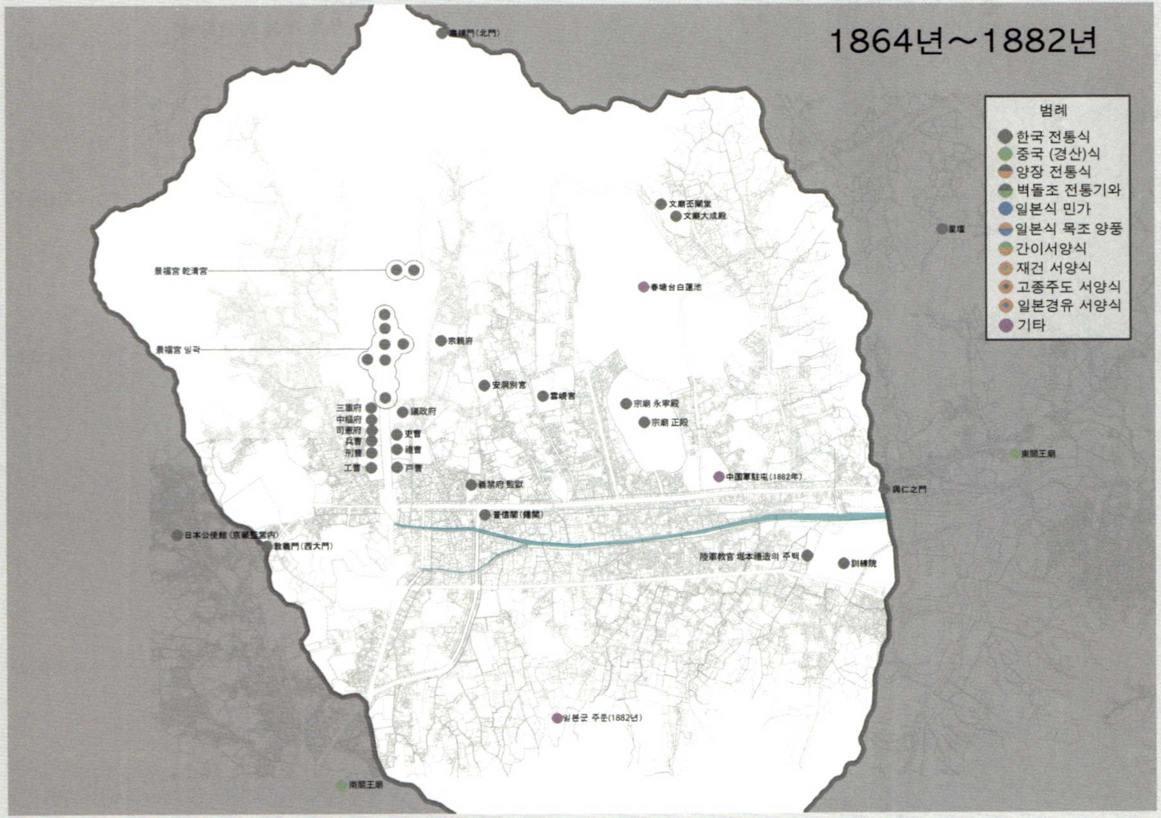

[원색도판 11] 1864~1882년 한성 내 건축활동과 건축의 양식별 분포

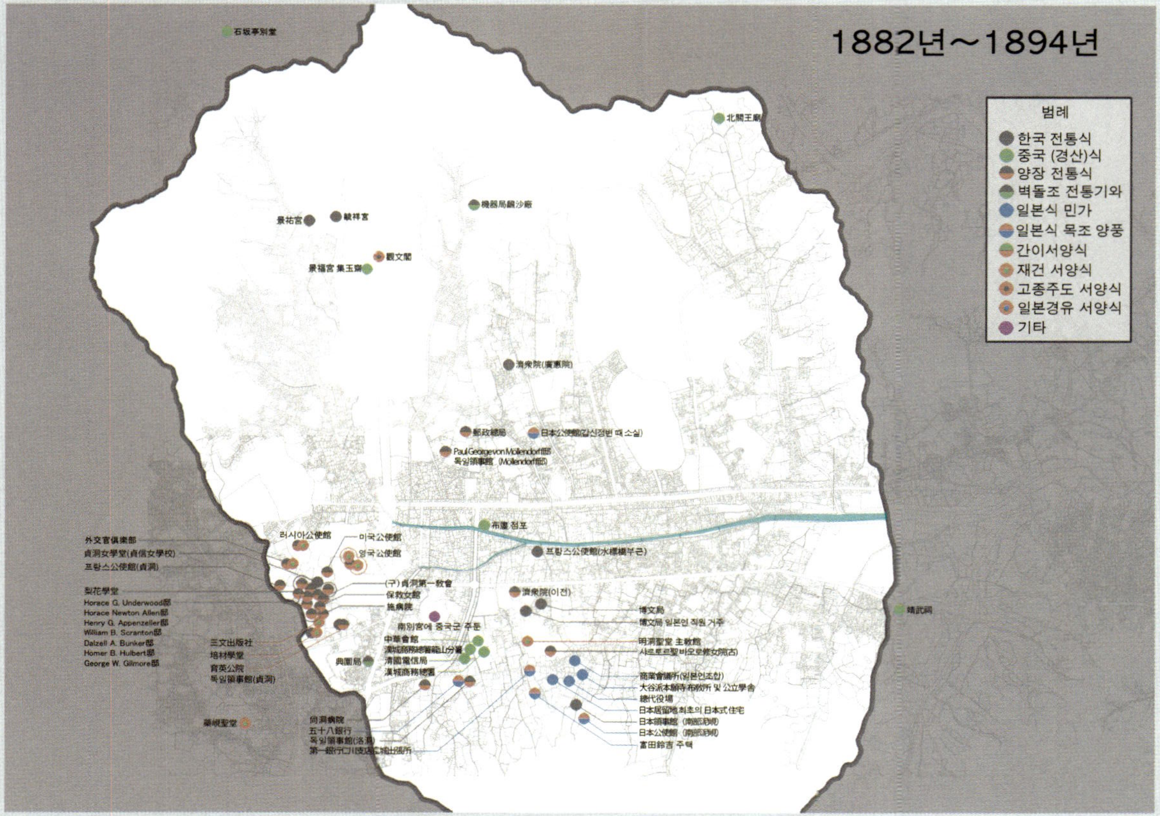

[원색도판 12] 1882~1894년 한성 내 건축활동과 건축의 양식별 분포

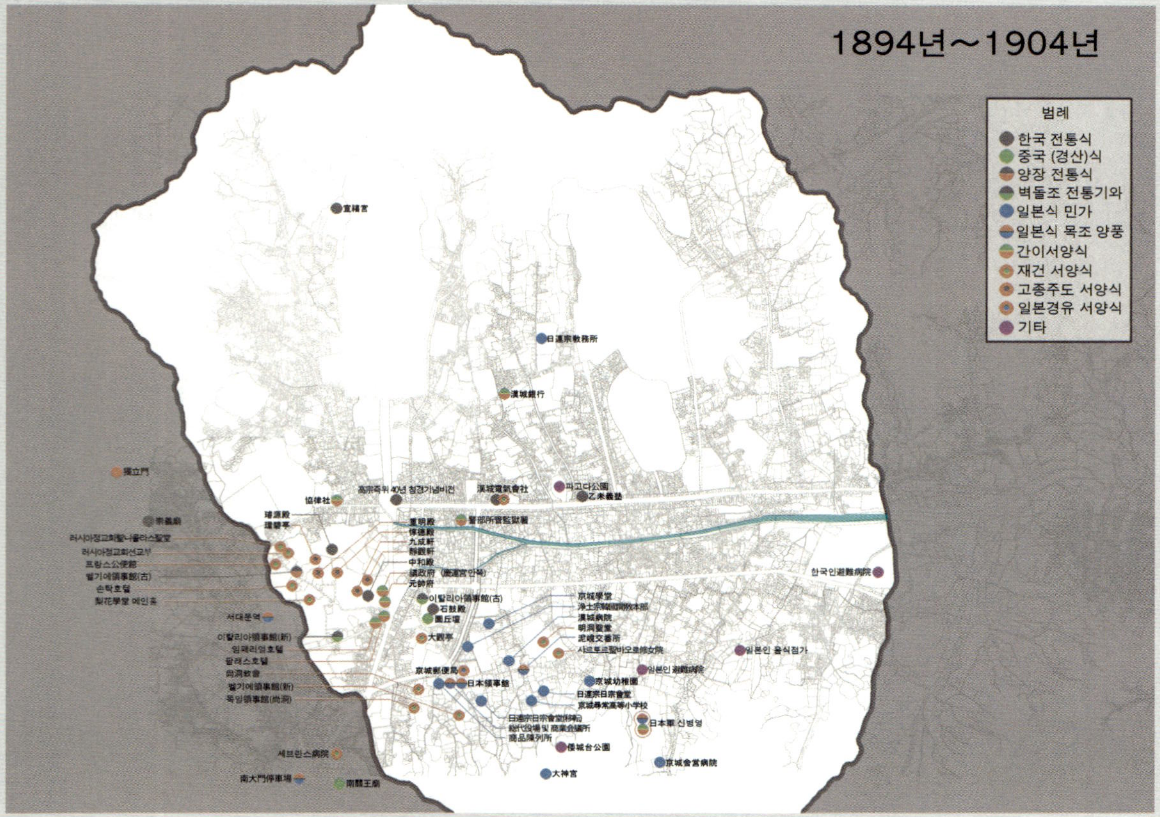

[원색도판 13] 1894~1904년 한성 내 건축활동과 건축의 양식별 분포

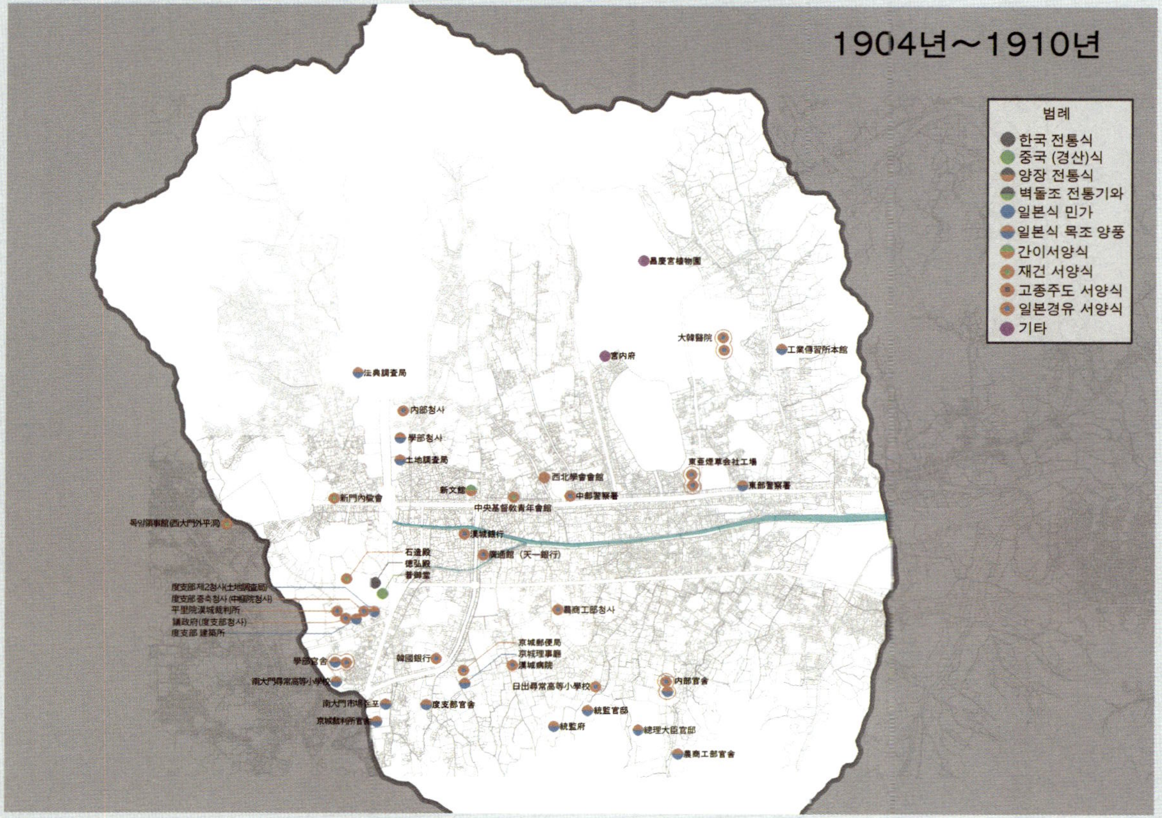

[원색도판 14] 1904~1910년 한성 내 건축활동과 건축의 양식별 분포

1864년부터 1910년까지 47년간 한성에서 전개된 건축 및 도시의 변화를 다룬 『복고와 서양화 사이에서』는 저자 서동천 교수의 동경대 박사학위논문을 기반으로 하고 있다. 2014년 학위논문을 발표했을 당시 이를 심사한 교수들 모두가 출판을 권유했을 정도로 근자에 보기 드문 한국 근대사 연구의 뛰어난 성과이다. 특히 물리적 형상과 그 주변을 둘러싸고 있는 다양한 환경조건을 학문영역의 편견과 학술자료의 편중에서 벗어나 종합적으로 살펴봄으로서 연구대상의 본질에 가까이 다가가 그 실체를 규명해냈으며, 논지의 전개는 한국 근대건축사와 도시사 전체를 아우르는 한편, 단순히 근대화나 서양화라는 관점에서 벗어나 다양한 시선의 존재를 밝혀냈다. 또한 이를 뒷받침하기 위해 저자가 오랜 시간에 걸쳐 저인망 그물로 건져 올린 방대한 사료를 바탕으로 만든 기초 작업은 기존 근대사 연구의 공백을 메워주기에 조금도 부족함이 없다.

책의 전체적인 구성 역시 눈여겨볼 만하다. 한국 전통식 건축과 서양식 건축의 특징을 타자의 시선을 통해 분석한 1부에서는 이론적 배경과 저자의 문제의식을 드러내고 있으며, 한성의 건축 및 도시 변화를 연대기적으로 다룬 2부는 전근대와 근대의 접점, 즉 쇄국을 거쳐 개항이 되고 식민지화로 점차 옮겨가는 격동의 시기를 고종의 즉위, 임오군란과 한성의 잡거지화, 청일전쟁, 러일전쟁, 일제강점이라는 관점으로 나누어 살펴보고 있다.

기존의 근대사 연구의 입장과 달리 복고화, 중국화, 일본화, 서양화라는 중층적 구조에서 한성의 건축과 도시는 물론 우리나라 근대 건축과 도시를 재조명한 서동천 교수의 견해는 법고창신의 학문 정신에서 하나도 어긋나 있지 않다. 더구나 그는 우리가 근대사 연구에서 종종 접하게 되는 과도한 국수주의의 수렁에 빠지지 않았으며, 서구와 일본에 전적으로 기대는 제국주의의 취향에도 경도되지 않았다.『복고와 서양화 사이에서』라는 저서에서 우리가 발견하게 되는 이 같은 저자의 선험적 시도는 우리 근대사 연구의 새로운 시야를 열어주었으며, 향후 해결할 과제를 함께 던져준다.

한양대 건축학부 교수

한동수

차례

고종 재위기간 동안 건축 변화의 폭

한국의 개항기를 정의함에 있어서는 다양한 견해가 있지만 고종 재위기에 개항기가 포함된다는 의견만큼은 대부분 연구자의 공통된 견해이다. 고종의 재위기간[1]은 1864년에서 1907년까지로 44년에 달한다. 역대 조선왕조 국왕의 평균 재위기간은 19.3년이었던 반면, 고종은 영조의 52년과 숙종의 46년 다음으로 3번째로 긴 재위기간을 가진 왕이다. 재위기간이 긴 왕은 대부분 강력한 왕권을 구축하였지만, 고종에 대해 강력한 왕권을 구축한 군주라고 평가하는 이는 많지 않을 것이다. 오히려 오늘날 우리 뇌리에는 서구 열강의 틈새에서 자신의 뜻대로 제대로 권력을 행사하지도 못하였고, 근대의 흐름을 읽지 못하고 전제군주를 고집하며 국력 쇠퇴와 국권 침탈을 경험한 유약하며 어리석은 비운의 왕으로 각인되어 있다. 고종의 왕권이 강했는지 약했는지에 대해서는 이견이 있기도 하고, 근대화를 표방한 군주였다는 해석도 있었으므로 한마디로 단언하기는 어렵지만, 이 책에서 다루는 주요 논제는 그것이 아니므로 이 책에서는 구체적인 언급을 피하기로 한다. 고종의 왕권에 대한 해석과는 상관없이 이 지점에서 분명히 할 수 있는 것은 고종 재위기간 동안 한반도와 수도 한성에서 급격한 변화가 일어났다는 점이다. 바로 이 책에서는 그 변화가 시사하고 의미하는 바에 주목하여 보고자 한다.

그림 0-1 경복궁 근정전(위)과 경운궁 석조전(아래)
(출처: (위) 문화재청 (1997)『근정전보수 실측조사 보고서(하)』, 4쪽. (아래) 문화재청 (2007)『덕수궁 석조전 동전 수리보고서』, 17쪽)

〈그림 0-1〉은 경복궁의 근정전과 덕수궁의 석조전이다. 이 두 건축물의 준공연도를 비교해 보면 대략 40년 차이가 난다. 준공 연도뿐만 아니라 외형에서도 차이는 확연하다. 건축기술, 재료, 수법, 시공기술자에 이르기까지 전혀 다른 건물이라 할 수 있다. 그러나 이 두 건물의 건축을 주도한 인물은 고종

황제로 동일하며[2], 궁궐에서 가장 중요한 지위를 갖는 건축 중 하나였다는 점에서 이 두 건물은 건축주와 건축용도가 동일한 건물이라고 할 수 있다.[3] 근정전은 경복궁의 법전에 해당하는 경복궁에서 가장 중요한 건물이었다. 또 석조전의 경우 비록 덕수궁에는 중화전이라고 하는 법전이 있었지만 중화전 보다 이른 1900년에 건설에 착수하였으며,[4] 완공된 것은 1910년이었으므로, 무려 10년에 걸쳐 공사가 진행되었다. 이미 국권을 빼앗긴 이후였으므로 석조전이 원래 목적대로 제대로 기능했을 것이라고 보기는 어렵지만, 정운궁에서 가장 중요한 건축물 중 하나였음은 분명하다. 이 두 건축물은 40년의 시간차 이외에도 건축기술, 재료, 기술자 등에 있어서는 전혀 다른 건축물이었다. 이 40년 동안 어떠한 시대적 상황의 변화가 이렇듯 동일한 용도임에도 전혀 다른 형식의 건축물을 건설하게 만든 것인지, 이 변화를 이끈 요인은 무엇이며 어떠한 방식으로 건축과 도시에 반영된 것이지, 이 책은 바로 그러한 의문에서 시작한 것이며, 그 변화의 과정을 추적하며 당시의 시대상을 통해 해답을 찾고자 한 고민의 결과물이다.

이 두 건물의 외관만 보아도 근정전은 한국 전통 양식이고, 석조전은 서양식임을 한 눈에 알 수 있다. 이 둘 사이의 차이에 주목하여 논고를 전개한 이유는 단순히 한국 전통 양식과 서양식을 표현한 건물이라는 측면에서 각각을 대표하는 건축물이라는 점을 부각시키고자 함이 아니다. 건축물 자체뿐만 아니라 외형에 숨은 그 시기의 시대상에 주목할 필요가 있기 때문이다. 근정전은 고종 초기 흥선대원군의 주도 하에 경복궁의 복원 등 일련의 개혁정책을 시행하며 과거로의 회귀, 조선초기로의 복고를 실현하고자 하였고 그 과정에서 건설된 건물이다. 석조전은 고종이 적극적으로 서양의 문물을 유입하여 서양화의 길을 걷던 시기 연달아 여러 채의 서양식 건물을 건설하였고 그 결과의 집대성이라 할 만큼 거대한 재화가 투입된 건물이었다. 결국 이 두 건물의 건설 활동이 추구하는 바가 정반대라고 볼 수 있다. 드러나는 외관의 차이뿐만 아니라, 지향하는 바도 정반대라는 점에서 상반된 방향성을 갖는 건축이라 할 수 있다. 바로 이 40년 동안 일어난 건축의 변화는 건축 외형의 변화만을 의미하는 것이 아니라 '복고'라는 방향성에서 '서양화'라는 방향성으로 건축을 둘러싼 시대 상황의 변화를 시사하는 것이라 할 수 있는 것이다.

이 두 건물이 건설된 40년 동안 고종 황제의 건축에 대한 생각과 자세가 변화한 것은 단순히 건축뿐만 아니라 다양한 방면에서의 생각과 자세가 변화하였음을 보여주는 지표라고 생각된다. 또한 이 변화 사이에는 다양한 연관관계와 인과관계가 얽혀 있다고 볼 수 있다. 또 고종의 변화가 한국 전체의 변화라고 단언하기는 어렵지만, 가장 비중 있는 인물인 고종 황제가 변화하였다는 것은 그 시대를 살았던 일반 백성들의 삶과 사고에도 반영되었을 가능성이 크다고 볼 수 있다. 결국 이 변화 자체가 당시의 사회상을 반영하고 있는 것이라고 할 수 있는 것이다.

이 책에서는 당시의 사회를 이해하는 수단으로써 건축과 도시를 다루었다. 건축과 도시에 나타는 현상이라 할 수 있는 '복고'와 '서양화'라는 국면에 대해서 뿐만 아니라 그 사이에 존재하는 다수의 변수에 대해서도 함께 고찰하고자 한다. 이는 당시의 건축과 도시를 이해하는 시선을 다양화 구체화하기 위한 방법에 대한 강구이기도 한 것이다.

고종 재위기간의 건축을 바라보는 관점의 폭

복원을 통해 현실과 과거의 간극을 채우는 것은 가능한가?

오늘날 전 세계 어떤 국가든 자국의 문화재 복원[5]이나 발굴 사업에 관해서 관심이 높은 편이다. 이렇게 관심이 높은 이유로는 다음의 두 가지를 들 수 있다. 우선 문화재가 갖는 역사적인 가치를 존중한다는 측면이 있고, 경제적인 부가가치를 창출하기 위한 수단으로서의 역할이라고 하는 측면도 무시하기 어렵다. 후자의 경우, 역사적인 가치를 상품화한다는 점, 그리고 그 과정에서 역사 왜곡이나 과장을 불러일으킬 수도 있다는 점에서 비판을 받기도 한다. 그러나 이를 역사 인식에 있어서 다양성을 존중해야 하고 그 다양성에 기여한다는 측면에서 기여도를 인정해야 한다는 견해도 있다. 즉 역사에 대한 사회적 관심을 높이는 이른바 역사의 대중화라고 하는 효과를 가져 온다고 하는 점에서 오히려 좋은 평가를 내리는 경우도 있는 것이다. 한편으로 후자에 대하여 경제적인 이익을 우선시한 나머지 학문으로서의 순수성을 흐트러뜨리는 결과를 초래한다고 지적하는 점에 대해서도 충분히 납득할 수 있다. 그렇다고 하더라도 전자의 측면, 즉 순수한 역사적 가치를 존중하여 경제성이나 상업화라고 하는 불순물이 섞이지 않도록 하는 진정성을 어떻게 지킬 수 있는지, 정말 가능한 것인지 의문이 든다. 문화재의 가치에서 이른바 불순한 의도를 제거하는 것만으로 역사 왜곡은 없었다고 할 수 있는지 의문이 드는 것이다.

복원이라고 하는 단어는 사전적으로 본래의 형태나 현상으로 되돌려놓는 것 또는 그렇게 하기 위한 행동을 의미한다. 그러나 모든 복원이 그러한 의도에 합당한 성과를 얻는다고 단언하기 어렵다. 문화재는 원형과 현상 사이에 당연히 시간의 간극을 갖는다. 특히 중요 문화재로 인정받는 역사적 가치가 높은 문화재의 경우 그 간극은 더더욱 커지는 경향이 일반적이다. 시간의 흐름과 함께 문화재는 점점 변화를 거듭하면서 원래 형태와는 다른 모습으로 변해가는 것이 당연하다. 물론 문화재 복원의 의의는 그 간극을 뛰어 넘어 과거의 상태로 돌아가는 것에 있다고 할 수 있고, 그것이 간단하지 않기 때문에 복원은 가치 있는 것으로 인정받는 것인지도 모른다. 즉, 문화재 복원의 가치는 시간의 간극이 창출해낸 변화를 거슬러 올라가 본래의 형태 또는 과거의 특정 시간으로 되돌려 놓는 것에 있다고 할 수 있다. 그렇기에 문화재 복원에서 가장 중요한 것은 바로 어떠한 노력과 방법을 통해 그 지향점을 향해 갈 것인가 선택해야만 한다는 점이다.[6]

그 출발점으로서 복원이란 원래 완벽할 수 없다는 점을 인정하지 않으면 안 된다.[7] 전술한 바와 같이 복원이란 본래의 형태 또는 과거의 특정 시점으로 돌아가기 위한 노력에 지나지 않을 뿐 실제로 되돌려놓는 것은 불가능하다. 시간의 간극 속에서 생겨난 무수히 많은 변화들을 모두 추적하여 원래의 형태로 되돌려 놓는 것은 애초부터 불가능한 것이다. 그렇지만 그 변화 하나하나에 관하여 치밀하게 분석하고, 가능한 한 원형에 가까운 상태로 돌려놓기 위한 궁리를 하는 것은 가능하다. 그렇기에 복원이란 원형 또는 특정 시점의 형태로 돌아가기 위한 노력이라 할 수 있는 것이다. 바로 앞에서 언급한 복원의 순수성에 관한 의문은 바로 그러한 노력의 순수성에 관한 의문이기도 한 것이기도 하다.

따라서 문화재를 복원하는 경우 어떤 시점의 어떤 형태로 복원할 것인지

설정할 필요가 있다. 물론 문화재의 대부분은 원형으로 복원하기 위한 노력을 우선시하지만, 그것이 불가능한 경우도 많다. 또는 원래의 형태는 그렇게 중요하지 않지만 역사적으로는 가치가 높은 사건에 조우하여 문화재로서의 가치가 높아지는 경우도 있다. 예를 들어 백범 김구가 서거한 경교장이 그러한 예이다. 경교장은 최창학이라는 일제강점기의 대부호의 개인 주택이었지만, 해방이후 상해에서 귀국한 김구가 정착하면서 정치 중심지로 자리 잡았고, 김구가 그 곳에서 서거하면서 한국 근현대사에서 가장 중요한 역사 현장으로 자리매김하게 되었다. 그러면서 건축물의 가치도 급등하게 된 것이다. 이러한 경우에는 원형보다는 역사적인 사건이 일어난 시점이 중요하다고 판단하여 그 당시로 복원하는 경우도 많다. 특히 목조 건축 문화재는 재료의 특성상 원형으로 돌아가기 불가능할 정도로 변화의 폭이 커서 원형 추정이 불가능한 경우가 많고, 시대에 따라 기술이 변화하면서 그 시대의 기술 수준이 반영되어 변형이 일어나는 경우도 많다. 그렇기 때문에 원형보다 기술의 변화에 의한 변형이 보다 높이 평가되는 경우도 있다. 일본 나라奈良에 있는 토다이지東大寺 대전大殿이 대표적인 사례이다. 창건 당시보다 12세기 말 쵸겐重原이 대불양大佛樣이 적용한 재건을 보다 중요시한다.

위에서 언급한 두 가지 조건, 역사적으로 중요한 사건과의 조우, 그리고 목조건축물이라고 하는 조건을 모두 갖추고 있는 경우가 바로 경복궁景福宮의 복원이라고 할 수 있다. 경복궁은 조선이라고 하는 국가가 건국되고 나서 바로 건설된 조선의 법궁法宮이다. 조선이 1392년에 건국되어 그 2년 후 한성으로 천도하였고 그러면서 1394년 한성에 경복궁이 건설되었다. 조선시대 한성에는 경복궁을 비롯하여, 창덕궁昌德宮, 창경궁昌慶宮, 경운궁慶運宮, 경희궁慶熙宮 등의 궁궐이 있었는데 이 들이 동시에 존재한 적은 없고 재건과 소멸을 반복하였다. 그렇더라도 적어도 2개 이상의 궁궐을 항상 갖추고 있었다. 법궁과 이궁移宮이라고 하는 2개 이상의 궁궐을 갖추었으므로 양궐 체제라고 명명하였는데, 화재나 전쟁 등의 특정 사건에 대비하여 이궁을 사용하거나, 주술적인 문제로 천궁遷宮할 필요가 있을 때에 이궁을 사용하도록 하는 체제이다.[8]

그 중에서도 경복궁은 조선 건국 당시 법궁이었으므로 가장 중요한 궁궐이라고 할 수 있다. 경복궁은 1592년 임진왜란 때에 화재로 소실되고 이후 200년 이상 풍수나 경제적인 문제 등으로 재건되지 않은 채 공지로 남아 있었지만,[9] 고종 대에 재건하게 되었다. 이후 일본의 식민지를 거치며 박람회의 장소로 활용되면서 상당부분이 강제로 훼철되었고, 경복궁의 정문에 해당하는 광화문光化門과 그 뒤의 흥례문興禮門을 철거하고 그 자리에 조선총독부가 들어서는 등, 일제강점기 동안 축소와 훼손이 진행되었다. 그리고 광복 후 50년이 지난 1990년대에 들어 경복궁 복원 20년 계획이 수립되었고 본격적으로 복원사업이 진행된 것이다.

현재의 경복궁은 조선초기인 14세기 말이 아닌, 재건된 19세기 중엽을 기점으로 복원을 진행하고 있다. 그렇게 된 가장 큰 이유는 현재 상황에서 14세기의 원형으로 경복궁을 복원하는 것은 사실상 불가능하기 때문이다. 조선 초기 창건 당시의 경복궁의 모습을 확인할 수 있는 자료는 거의 없다. 건물명이나 개략적인 위치를 기록한 약도가 남아 있지만〈그림 0-2〉, 이 자료도 모두 조선 후기에 작성된 것으로 구체적인 형태나 건축의 양식에 관한 정보는 남아 있지 않다. 1592년에 소실된 이후 재건되는 1865년까지 이 사이의 조선 초기 경복궁에 관한 정보는 모두 소실되었다고 볼 수 있다. 그렇기 때문에 경복궁의 연혁을 최대한으로 추적할 수 있는 것은 바로 고종 때에 재건한 모습이라 할 수 있다.

그러나 고종 재건시의 경복궁으로 복원하는 이유로 역사적인 자료나 남겨진 정보 부족이라고 하는 소극적인 이유만은 아니다. 경복궁에 새겨진 일제강점기의 훼손과 상처를 복구한다는 관점에서 경복궁을 훼손 이전으로 돌려놓으려는 의도도 있다. 일제강점기에 철거되어 사라진 경복궁 건물은 모두 고종 대에 재건된 것이므로 일제 청산이라는 관점에서 경복궁을 복원하고자 한다면 그 취지에 가장 부합하는 시점이 바로 고종대인 것이다.

고종 대의 경복궁 재건 시에 창건 당시 경복궁 자료가 거의 없었다고 하지만 창건 당시 경복궁을 전혀 참고하지 않았다고 보기는 어렵다. 흥선대원군의 주도 하에 이루어진 고종대의 경복궁 재건 목적이 단순히 새로운 궁궐에 대한 수요를 충족시키기 위한 것이 아니었기 때문이다. 흥선대원군의 개혁 정책은 조선 초기를 모델로 설정하고 있었고, 경복궁 복원도 조선 초기의 법궁인 경복궁의 지위와 가치를 복구하여 조선 초기의 모습에 가까워지고자 하는 의지가 담겨 있던 것이다. 실제로 경복궁의 재건은 과거의 제도에 따라 행해졌음을 알 수 있다.[10] 이것만 보면 1990년대에 들어서부터 시작된 경복궁 복원사업의 원칙과 큰 차이가 없다.[11] 그러나 당시의 기록이나 현재의 학술논문 어느 것에서도 모두 고종 대 경복궁 공사는 재건이라고 언급하고, 1990년대에 시작된 경복궁 공사는 복원이라고 표현하였다.

고종대 경복궁 공사의 경우 현재의 문화재 복원이라고 하는 관점에서 보면 건물의 형태 및 구조 등에서 초기 경복궁과의 연관성이 거의 없으므로 복원의 범위에 들어가기 어렵다. 따라서 고종 대 경복궁 공사는 복원보다는 재건이라는 표현이 타당할 것이다. 한편, 1990년대 이후의 경복궁 복원에 대해

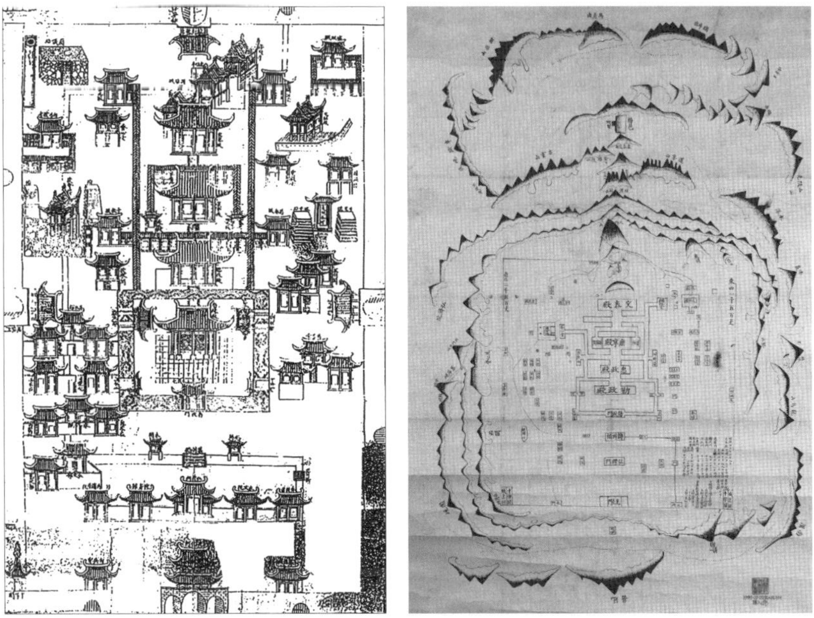

그림 0-2 경복궁도: 양쪽 모두 1592년 이전 경복궁을 18세기에 추정하여 작성
(출처: 문화재청(2007)『경복궁 변천사(상)』, 33쪽, 50쪽)

그림 0-3 개항기의 경복궁 전경 (출처: 국립중앙도서관)

서는 고종대의 경복궁을 재현한 복원 공사라고 부르는 것에 오류가 없는 것일까? 〈그림0-2〉와 같이 1394년의 경복궁에 관한 정보는 건물의 명칭과 개략적인 위치밖에 알지 못하지만, 이에 더하여 발굴조사가 진행되면서 구체적인 위치와 평면 규모 등이 명확해졌다. 일제강점기 이전의 사진도 몇 장 남아 있기 때문에 거기에 담겨 있는 건물에 대해서는 형태를 확인할 수 있다. 〈그림 0-3〉 그렇지만 고종 대 경복궁 건물 중에서 후대에 소실된 건물에 관한 정보는 몇몇 건물이외에는 확인 가능한 자료가 거의 남아 있지 않다. 따라서 1990년대부터 이어져 온 경복궁 복원공사에 대하여 이를 복원이라고 볼 수 있는지에 대해서 다시 재고해 볼 필요가 있다고 여겨진다. 정보가 부족함에도 불구하고 반드시 복원을 해야만 하는 당위성이 있다면, 왜곡을 미연에 방지하기 위한 노력이 함께 이루어져야 한다. 명확히 복원 가능한 것과 그렇지 않은 것을 단계별로 구분하고 어느 단계까지 복원할 것인지 판단하는 것이 중요해진다. 결과를 만들어내겠다는 목적만을 강조하여 무리한 복원을 시도하면 추정을 통해 불완전한 이론을 세우게 되고 결국 복원이라는 이름의 왜곡이 자행될 가능성도 있는 것이다.

현재 복원된 경복궁을 다시 살펴보자. 경복궁의 복원은 「1888년의 경복궁」이라고 하는 명확한 기준점이 설정되어 있다.[12] 그러나 현재 경복궁은 1888년의 경복궁으로 돌아가기 어렵게 만드는 난관이 산재해 있다. 1970년대 건설된 콘크리트로 유명 고건축을 흉내 낸 건물도 국립민속박물관으로 사용되고 있고, 관람객의 동선을 고려해야 하며, 규모 정도만 알고 있고 형태를 전혀 추정할 수 없는 건물들도 많아서 모든 건축물을 다시 복원하는 것은 사실상 불가능하기 때문에 취사선택을 해야만 한다.

결국 어떤 건축물을 복원할지 결정해야 하는데 그 타당성의 판단은 역사가와 전문가의 역할이다. 그러나 이 역사가와 전문가도 1888년의 경복궁 상황을 완벽하게 간파하고 있는 것이 아니기 때문에, 그들이 이해하는 1888년의 경복궁이란 실존했던 상황이라기보다는 자신이 자료 해석과 연구를 통해 추정한 상황이라고 볼 수 있는 것이다. 엄밀한 의미에서는 자신이 만들어낸

1888년의 경복궁 상황을 경복궁의 복원이라는 이름을 붙여서 실현하고 있는 것이라고 해야 할 것이다. 따라서 지금 우리가 보고 있는 경복궁은 고종 대에 존재했던 경복궁 모습을 그대로 재현한 것이 아니라 오늘날의 역사학자와 전문가가 만들어낸 고종 시대가 반영되어 있는 것이라고 볼 수 있는 것이다. 바로 아무리 노력하여 복원을 하더라도 당대의 사실과 상황을 완벽하게 재현하는 것은 불가능하기 때문에 결국 왜곡이 생기는 것은 어쩔 수 없는 것이다.

개항기를 보는 역사인식

역사가의 해석을 통해 만들어진 시대의 이미지와 실제 동시대를 살았던 사람들이 이해하던 시대와의 차이는 개항기 건축을 이해하는 시선에도 그대로 드러난다.[13] 개항이라고 하는 사건이 역사적으로 중요한 분기점이라는 점에는 이견이 없지만, 개항이 계기가 되어 사회 전체가 서양 문물을 받아들이는 근대화 또는 서양화를 향해 적극적으로 움직였다고 보기 어렵다. 이 점에 있어서는 일본이 근대 국가를 표방하면서 메이지 유신明治維新을 통해 서양화된 문명국가로 나아가고자 했다면, 확실히 한국에서의 개항은 그 정도의 의지가 반영된 사건은 아니었다.

사회를 변화시키는 다양한 동인과 계기들 중에는 전쟁이나 경제 공황과 같이 즉시 그 영향이 드러나는 경우도 있지만, 사회 제도나 사상과 관련된 계기는 부지불식간에 사회를 조금씩 변화시키는 경우도 많다. 이런 사건의 경우 당시에는 그 사건의 중요성을 인식하지 못하다가 역사가의 관점에 의해 재해석되어 가치가 재평가되는 경우가 많다. 불교나 유학이 한반도에 전파된 것이나 실학의 발달, 조선후기의 세도정치 등이 이에 해당한다. 당대의 사람들이 생활 속에서 그러한 변화를 체감하며 살아갔을지도 모르지만 사고와 인식의 대전환을 감지할 수 있을 정도는 아니었을 것이다. 개항기를 살았던 조선의 백성들도 마찬가지였다. 개항이라는 사건을 계기로 어제까지의 삶과 다른 오늘의 삶이 되었을 리 없고, 어제까지 온돌을 사용하던 사람들이 갑자기 벽난로를 사용할 리도 없다. 당시 사람들의 대부분은 어떠한 변화도 인지하지 못한 채로 그냥 어제까지의 삶을 오늘도 영위했을 터이다. 이 점은 일본도 마찬가지였겠지만 적어도 정부와 권력층의 의지를 수반했다는 점에서 변화의 속도 차는 분명했다.

그럼에도 불구하고 개항 이후를 다룬 건축 역사 연구를 보면 모든 관점이 서양식 건축에 편중되어 있다.[14] 대부분의 개항기 건축 연구는 건축의 근대화 과정 또는 건축에 있어서 서양으로부터의 영향 등을 고찰하는 것에 치중하였다. 건축역사학자는 근대화의 시금석이라고 할 수 있는 개항이라는 사건이 있었기 때문에 개항이후의 건축에 대해서는 서양화에 초점을 맞추고 연구하는 것이 당연하다고 여겨질 수도 있다. 혹은 건축에서의 근대를 규명하기 위해 그렇게 하는 것이 마땅하다는 일종의 사명감을 갖고 있는 것일지도 모른다. 고종이 아관파천으로 1896년 2월 경복궁에서 러시아 공사관으로 이어하고, 경복궁은 1896년 이후로 왕궁으로서의 기능을 상실하였다. 결국 오늘날의 경복궁 복원은 1865년의 재건부터 1896년의 이어까지 경복궁에서 일어난 변화도 반영하고 있는 것이라고 볼 수 있다. 현재의 경복궁 복원은 1888년을 기준으로 하고 있지만, 1891년에 창덕궁에서 경복궁으로 옮겨 온 집옥재集玉齋를 1888년 이후라는 이유로 철거할 까닭이 없으므로 결국 현재의 경복궁 복원은 1896년까지의 모습을 담고 있다고 보는 것이 타당하다. 그렇다면 경복궁이라고 하는 국가의 상징이라고도 할 수 있는 공간에서 1876년 개항 이후 20년이 지나서도 여전히 한국 전통식의 건축을 지었다는 것인데, 아무도 경복궁을 복원하면서 근대 건축의 복원이라고 인식하지 않는다. 당연히 오늘날 어느 누구에게 물어보아도 경복궁을 근대 건축 또는 서양식 건축의 표징이라고 답하는 이는 없을 것이다. 개항이후의 경복궁은 국가의 상징적인 건축임에도 근대 건축도 서양식 건축도 아니라고 평가하지만, 건축역사 연구에서 개항기는 서양화 또는 근대화의 시기로 규정하고 있는 모순을 갖고 있다고 할 수 있는 것이다.

결국 개항기 건축을 연구하겠다고 하면서 한국 전통 건축을 고려하지 않고 서양식 건축에만 주목한다면, 이는 건축역사학자가 임의로 설정한 것에 지나지 않을 뿐 당시의 실상을 반영하고 있다고 보기 어렵다. 개항기에 근대화의 요소가 있었다는 점을 부정하기는 어렵지만 개항기를 서양화 또는 근대화로 규정하게 되면 한정된 공간에서 불과 몇 채에 지나지 않는 서양식 건축 활동만을 대상으로 당시의 시대상을 연구하겠다는 것을 의미하게 된다. 개항기는 수많은 한국 전통식 건축 활동과 극소수의 서양식 건축 활동이 혼재했던 시기로 보는 편이 타당하고, 새로 유입된 서양식 건축 활동이 갖는 의미와 파급력도 중요시해야 하지만, 그 시기를 지탱하는 한국의 전통식 건축 활동을 경시할 이유도 없는 것이다.

이와 더불어 개항기 건축에는 서양식과 한국 전통식만 있는 것인가에 대해서도 의문을 가질 필요가 있다. 개항기에 우리를 곤란하게 하며 한반도의 공간을 잠식하고 막대한 이권을 찬탈한 외세에 서양만 있던 것은 아니기 때문이다. 오히려 개항기 한국에 들어 온 외국 세력은 주로 중국과 일본이었다. 이러한 당시 중국과 일본의 영향력을 생각한다면, 건축에서도 이 부분을 놓쳐서는 안 될 것이다.

결국 이 책에서는 개항기에 관한 기존의 편중된 시선에 다양성을 부여하여, 개항기를 단순히 근대화나 서양화로 해석하지 않고 다양한 영향 요인에 의해 다양한 변화와 방향성을 가진 시기로 보고 이를 풀어서 기술해 보고자 한다. 이를 위해서는 기존의 개항을 보는 서양화와 근대화의 시선을 탈피하고 다양한 방향성이 어떻게 내재되어 있는지에 대하여 고찰할 필요가 있다고 할 수 있다. 바로 그러한 측면에서 개항기를 바라보고 단편적 시선을 탈피하자는 것이 이 책에서 말하고자 하는 바이다.

한국 건축사와 도시사의 선험과 진로: 개항기 재고를 위한 기초작업

역사학에 있어서 개항기에 대한 시선의 문제와 그 대처에 관하여

한국은 건축사와 도시사를 연구하기에 좋은 환경이라고 단언하기 어렵다. 역사 연구에 있어서 기본 소재라고 할 수 있는 사료와 유물이 부족하여 역사 연구에 어려움을 겪고 있다. 적은 양의 자료를 최대한 활용하여 다양한 관점에서 다각도로 분석하여 건축사 연구를 지속한다고 하여도 결국 한계가 있을 수밖에 없다. 이러한 상황에서 과연 건축역사 연구가 역사학의 한 분야로서 자립할 수 있을지도 의문이다. 본 장에서는 건축사 연구가 자립하기 위한 수단으로서 해야 하는 것들에 대해 살펴보고자 한다. 이 책은 개항 이전 상황을 포함하는 고종 재위기간에 초점을 맞추었다. 구체적으로는 1864년에서 1910년까지 45년간이며, 개항기를 비롯하여 그 전후에 해당하는 시기이지만, 개항기에 대한 관점이 중요한 역할을 하므로 이 장에서는 개항기라고 통칭하여 서술하고자 한다.[15]

오늘날 역사학에 있어서의 개항기는 건축 역사학에서 단순히 서양화의 시대라고 해석하는 측면이 강한 것과는 달리, 다양한 논의와 논점이 들어 있다. 한국은 개항 이후 일제병탄까지의 30년간 역사상 가장 격렬하다고 여겨질 정도로 수많은 역사적 사건들에 직면했다. 이에 대하여 역사학적 관점에서 어떻게 해석할 것인가라는 점에서 다양한 논의가 진행되었고, 이 시기에 관한 역사적 연구로부터 수많은 논점과 다양한 견해가 생산되었다. 이를 정리하면 다음과 같다.[16]

첫째, 인물로서 흥선대원군興宣大院君, 고종高宗, 명성황후明成皇后, 그 당시 권력자였던 이 3인의 세력관계와 역할에 관한 논의가 있다. 이에 더하여 청일전쟁 이전의 이홍장李鴻章과 러일전쟁 이후의 이토 히로부미伊藤博文에 대한 해석이 더해지며 인물에 관한 논의에서 시작하여 국제 관계에 대한 이해로 발전하고 있다. 이뿐만 아니라 인물에 관한 관심은 개화파와 척사파의 대립, 친청파와 친일파의 대립, 친러파와 친일파의 대립, 자주독립파와 친일파의 대립 등, 전국을 뒤흔든 권력 전쟁 속에 위에서 언급한 인물들을 위치시켜 이를 통해 정치와 외교 정국에 대한 이해를 도모하였다. 이른바 인물사를 중심으로 한 정치사와 외교사인 것이다. 이 연구의 대부분은 정치권력을 거머쥔 사람들의 역학관계에 의해 개항기 한국이 움직이는 과정을 명확히 하고자 하는 것이었다. 흥선대원군興宣大院君에서 이토 히로부미伊藤博文에 이르기까지 권력의 이행은 결코 순조롭지 않았고, 격동의 사건을 수반하였다. 따라서 인물의 연구는 개항기의 움직임을 전반적으로 이해하기 위한 중요한 방법이다. 그러나 인물의 의도에 따라 다양한 사건이나 사상을 판단하려고 하는 경우, 실제 결과가 뒤따르지 않더라도 그 인물의 의도가 있었다는 것만이 부각되는 경우가 있다. 이태진(2000)[17]에서 제기된 고종에 대한 평가도 의도와 결과의 차이를 어떻게 해석하고 판단할 수 있는가에 따라 납득할 만한 여지는 있다고 볼 수 있다. 그렇더라도 고종이 과연 실제 근대화의 의도를 가지고 있었는가에 대해서는 재고해 볼 여지가 있다고 여겨진다.

둘째, 경제적 변화를 보는 관점에 있어서의 차이가 반영된 논의가 있다. 경제사에서는 단지 농업, 상업, 무역이라고 하는 산업 영역에서 토지제도, 화폐제도 등의 법률이나 생활에 이르기까지, 폭넓은 영역을 다루었고 결국 이것을 다시 정치사나 외교사와도 결부시켜 가면서 민족주의나 독립사상 등 -

이 점은 다음의 셋째 관점과도 관련이 있다.- 과도 연결시켜 논의가 전개되고 있다. 전근대로 올라갈수록 연계성이 강해지므로 위의 시선이 효과적이라고 볼 수 있을 것이다. 그러나 근대 경제는 관계성을 쉽게 찾기 어렵고, 관계성에만 집중하면 경제사 연구의 장점이라고 볼 수 있는 명확한 자료를 이용하기가 쉽지 않다. 경제사 연구는 객관적인 자료를 바탕으로 진행되는 경우가 많고, 연구 성과도 수치 등을 통해 명확히 도출되는 경우가 많다. 그렇지만 전술한 인물 연구와는 반대로 의도와 결과 사이의 인과관계를 어떻게 이끌어 낼 수 있는가에 대해서는 여전히 풀어야 할 과제가 많다고 여겨진다. 이영훈(2000)[18]과 이태진(2000)의 시각 차이에 이 점이 반영되어 있다고 생각된다.

셋째, 민족주의, 국민국가론, 근대화 등의 주제를 다루면서 사상, 문화, 교육, 언어의 사회영역을 논한 역사연구가 있다. 1980년대는 민주주의 확산과 함께 학생운동이나 시민운동과 병행하여 민족이나 사상에 관한 역사학적 관심이 확산되었다.[19] 이것이 기존의 통치자나 지배자의 시선으로 보는 역사 관점에서 탈피하는 계기가 되었다고 볼 수 있다. 19세기의 민란에서 민족운동을 거쳐서 독립운동까지 이어지는 한국근대사 연구의 틀이 확립된 시기이다. 또한 이는 내재적 발전론이라고 하는 발전을 전제로 한 근대화의 흐름으로서 동학농민운동과 같은 민족운동이나 개화파의 활동을 분석하여,[20] 근대화의 정의가 경제나 정치뿐만 아니라 다양한 영역이나 관점에서 도출될 수 있음을 함께 보여준 사례에 해당한다. 여기에 맞추어 민족이나 사상에 대해서도 민족주의나 국가주의의 관점에서 근대화를 분석하는 방법으로 변화가 일어났다.[21] 다양한 관점에서 민족이나 사상에 관하여 서술해 보는 시도가 있었다고 하지만, 이 방법을 그대로 건축이나 도시에도 적용해야만 한다고 주장하고자 하는 것은 아니다. 단 적어도 관점의 수를 늘릴 필요는 있다고 생각된다. 정치나 경제 분야에서는 주도하는 측과 당하는 측이 명확하지만, 건축이나 도시는 민족이나 사상과 같이 전 계층이 관여된 사물이자 공간이며 체험이기 때문에 그 점이 명확하지 않다. 따라서 건축사 연구는 관점을 늘리는 작업을 통해 논의를 확산시킬 필요가 있다.

넷째, 최근에는 도시사 영역이 추가되었다. 도시사는 위에서 언급한 세 개의 정치, 경제, 사회 등의 역사학에 있어서의 축적에 대응하며 발달하는 학문이므로, 다소 늦은 시기인 1990년대부터 연구가 활발해지기 시작해 2000년대 이후 본격적인 궤도로 들어선 분야이다. 도시사 연구자는 다른 분야에서 역사 연구를 시작하여 도시사 쪽으로 연구 영역을 넓히거나 옮긴 경우가 많으므로, 각자의 관심이나 학술적 사고를 통해 도출한 성과를 잘 보여줄 수 있는 공간 또는 영역으로서 도시가 선택된 것이라고 할 수 있다.[22]

상기 네 분야로 구분하여 정리하고 서술한 것이 개항기에 대한 연구 전체를 아울렀다고 보기 어렵지만 위의 서술만으로도 충분히 다양한 의견과 분석이 공존하고 있음을 알 수 있다. 그러나 연구 분야의 다양함과는 별개로 결론의 다변성은 결핍되어 있는 것으로 보인다. 개항기는 정치, 경제, 사회, 사상, 교육, 도시 등 모든 분야가 연계되어 움직인 시대이며, 각각의 연구가 내는 결론도 서로 중첩되는 경우가 많다. 그러한 중첩이 반복되면 마치 전체 분야를 통괄하는 결론으로 귀결되고 만다. 그 결과 각각의 결론은 결국 근대에 대한 해답을 추구하는 것처럼 보이는 결론으로 귀착되었다. 연구의 대다수는 「내재적 발전론」과 「식민지 근대화론」, 여기에 「고종재평가론」이 더해져서 이 세 가지가 주류를 이룬다. 마치 이 중에서 결론을 선택받도록 강요받는 듯 보이기도 한다. 이 결론들 중에서 어떤 것이 타당한가에 관해서 역사학계는 끊임없이 논쟁을 하고 있고 그 논쟁은 현재 진행형이며 앞으로도 계속될 것이다. 이 논쟁은 『고종황제 역사청문회』[23]라고 하는 책으로 출판되어 표면화되기도 했다.

개항 이후의 한국이 근대화를 향해서 스스로 움직이고 있었다는 것을 부정할 것인지, 긍정할 것인지, 사실 이 점은 그리 중요한 것이 아니다. 예를 들어 α라는 지점에서 출발하여 ω라는 지점에 도달하고자 한다면 그 길은 하나가 아닐 수 있다. 다양한 루트가 있을 수 있다. 만약 이 루트를 소요 시간 별로 구분해 본다면 급속도로 ω지점에 접근할 수 있는 A라는 길이 있을 수 있고, 천천히 ω에 접근할 수 있는 B라는 길이 있을 수도 있는 것이며, 오히려 구간 별로는 역행하기도 하고, 또 어떤 구간은 급속도로 나아갈 수 있는 C라는 길도 있을 수 있는 것이다. 그러나 비록 C길이 부분적으로 역행한다고 하여도 어떤 인과관계를 통해 C길이 선택되었는지 모르면 잘못된 길이라고 단언할 수 없는 것이다. 너무 급하게 앞서서 가다가 잘못 들어선 길을 수정하는 과정에서 어쩔 수 없는 선택이 C길이었다면 역행이라 할지라도 이 또한 ω를 향해 가는 길이라고 볼 수 있는 것이다. 결국 어떤 길이 바른 길인가에 관해서는 각각의 이견이 있을 뿐이고, 전제조건을 동일하게 하지 않는 한 정답을 찾는 것은 불가능하다고 할 수 있는 것이다.

위의 단순화된 결론 구조는 논쟁 이전에 결론은 이미 정해 놓았고 다른 결론을 부정하는 방법으로 논쟁을 진행하기 때문에, 양 극단의 결론으로 치닫고 있는 것은 아닌지 의심해 볼 필요가 있다. 건축사학이 역사학의 주류 안에 자리 잡지는 못했기 때문에 필자는 논쟁 주변에 있을 수밖에 없었고, 그러한 주변인의 편리한 투정이라고 여겨질지도 모른다. 그러나 필자가 원하고 추구하는 것은 언제 근대가 시작되었는가에 관한 논쟁이나 한국의 근대에 관한 정의에 대한 논쟁 등은 일단 차치해 놓고 그 결론을 내기 위해 필요한 재료가 충분한가에 대해서 재고해 보자는 것이다. 언젠가 그러한 논쟁도 필요하겠지만 그러한 논의를 하기에는 시기상조가 아닐까 다시 고민해 보자는 것이다. 과연 우리는 당시의 변화에 대하여 면밀히 이해하고 있는지 확인해 보고 우리가 놓친 변화가 있다면 채워 보자는 것이다. 이 책은 그러한 관점에서 행해진 시론試論인 것이다.

개항기 이후의 역사전개가 일본의 식민지로의 전락이라고 하는 어떤 의미에서 비참하고 굴욕적인 결과로 매조지 되었다는 점, 그리고 아직도 제대로 청산되지 않은 채 어떤 식으로든 오늘날의 동아시아 삼국 간의 관계에 영향을 미치고 있으므로, 개항기를 둘러싼 논점과 그 해석은 단순히 역사학이라는 입장을 유지하기 어렵다. 이 책의 목표는 그러한 문제를 어떻게 극복할 것인가 고민하고 그 해답을 제시하는 데 있는 것이 아니다. 오히려 어떻게 회피할 것인가에 더 가깝다고 볼 수 있다. 당연히 지금까지의 다양한 연구 성과를 통괄하고 방향을 제시하며 하나의 결론으로 귀결시키는 그러한 연구를 추구하고자 하는 것도 아니다. 입장이 명확할 필요가 있다는 점은 인정하지만, 해답을 찾으려고 하여도 찾지 못하는 경우도 있다. 이는 너무나도 불충분한 현재 상황의 문제라고 밖에 볼 수 없다. 건축과 도시에 관한 연구의 축적이 이에 대응할 수 있을 정도로 발전하지 못했다는 점에서도 기인한다. 따라서 건축과 도시를 통해 개항기를 서술하고자 하는 경우「내재적 발전론」이나「식민지 근대화론」과 같은 결론과는 거리를 두고, 여전히 미답으로 남겨진 연구 주제들을 보충하는 것이 우선시되어야 할 필요가 있다.

개항기 한성에 관한 기존 연구와 그 속에서의「공간성」표출

도시사 연구와 건축사 연구의 접점이 어디에 있는지에 대하여 생각해보면, 그 접점이「공간」에 있음을 이해하는 것은 어렵지 않다. 즉 어떤 도시사 연구와 건축사 연구가 얼마나 관련성이 있는지, 또는 건축사와 연계하여 새로운 연구의 가능성을 발견할 수 있는지, 이러한 부분에 대하여 판단하기 위해서는 우선 그 연구 안에서 얼마나「공간성」을 내포하고 있는지 확인하는 것이 중요하다.

이러한 관점을 바탕으로 도시사를 분류해 보면 공간에 초점을 맞춘 연구와 사건에 초점을 맞춘 연구로 분류할 수 있다. 전자는 도시를 이해하기 위한 수단으로서 공간을 선택하여 공간구조라고 하는 개념에 초점을 맞춘 도시사 연구이며, 후자는 공간구조보다는 도시 안에서 일어난 현상과 사건에 초점을 맞춘 도시사 연구이다. 그러나 도시사 연구는 공간과 사건이라는 두 축으로 명확히 구분되지 않는다. 도시사 연구가 성립하기 위해서는 이 두 요소를 동시에 충족시킬 필요가 있으므로, 도시사 연구 중에서 이 중 한 요소만을 거론하는 연구는 극히 드물다. 연구의 주요 관점을 어디에 두느냐에 따라서 그 정도의 차이는 있지만 모든 도시사 연구에는 공간 개념을 일정 부분 내포하고 있다. 결국 도시에서 일어나는 현상과 사건에 초점을 맞춘 연구라고 할지라도 도시사 연구의 특징상 공간 개념이 드러나지 않을 수 없다. 따라서 본 절에서는 개항기 한성 도시사 연구의 흐름을 명확히 이해하기 위해 우선 이 두 요소가 한성 도시사 속에서 어떠한 양상으로 작용하였는지 그 변화를 서술하고자 한다.

앞에서 언급한 것처럼 도시사 연구는 도시사라는 학문의 역사가 길지 않고 다른 분야의 역사 연구에서 도시사 연구로 옮겨온 연구자가 많다. 따라서 항상 공간을 다루는 건축사 연구자들과 비교하여 공간에 대한 인식과 이해도가 부족한 상태에서 도시사 연구를 시작하는 연구자가 많다고 생각된다. 따라서 이들의 도시사 연구는 주로 사건에 초점을 맞추는 경우가 많고, 개항기 한성 도시사 연구도 마찬가지라는 것은 당연하다.

한국 개항기를 대상으로 한 최초의 도시사는 손정목(1975a, 1975b, 1975c)[24]라고 볼 수 있다. 손정목은 개항 이전의 도시에 대해서도 다양한 연구를 남겼고,[25] 한국 도시사 연구에 큰 영향을 미친 인물이라고 할 수 있다. 이 시기 손정목의 연구는 정부의 제도나 행정에 초점을 맞추어 당시의 상황을 상술(詳述)하는 것에 초점을 맞춘 연구이다. 이들이 다른 도시사 연구로 확장되는 파급효과를 가져왔고, 개항이전의 한성 도시사는 원영환(1985)[26]에 의해 정리되었고, 개항기 한성 도시사는 박경룡(1994)[27]에 의해 정리되었다.

개항초기 한성의 도시사는 사회제도와 법률에대한 연구가 주를 이루었지만, 1980년대 말부터 서민과 민족을 주요 대상으로 한 역사 연구가 증가하여 1990년대 초부터 그 영향을 받아 한성의 신분구조와 서민의 생활에 관한 연구가 증가하였다. 조성윤(1992)[28]과 양보경(1993)[29]은 한성에서의 시민의식 형성과 생활에 대하여 서술하였고, 吉田光男(1994)[30]은 호적자료를 바탕으로 주민의 이동을 분석하였으며, 박은숙(1995)[31]은 한성의 치안과 서민의 생활을 다루었다. 한편 고동환(1993, 1994)[32]와 같이 경제사 시각에서 한성의 상업활동을 분석한 연구도 발표되었다. 이러한 변화는 당시의 역사학의 경향과도 밀접한 관련이 있다고 할 수 있다. 지배계층이 아닌 그 시대를 살았던 다수의 피

지배계층의 역사를 어떻게 기술할 것인가에 대한 관심이 높아졌고, 그것이 한성 도시사에 반영된 결과라고 할 수 있다. 또 베네딕트 앤더슨(1983)[33]의 연구가 소개되면서 근대화와 공간을 연계한 연구가 시작되었고, 한성의 도시사 연구에도 영향을 미쳤다. 이러한 경향을 통해 도시사 연구에 있어서 공간에 대한 인식이 확산되는 계기가 되었다고 판단된다. 생활이나 상업을 도시에 적용하기 위해서는 공간에 대한 이해가 필요한 것이다.

위에서 언급한 연구들은 한성이라고 하는 공간의 일률적 체계가 아닌 다양성에 주목한 것이라고 할 수 있다. 이 한성의 다양한 모습들을 기술하기 위해서는 한성을 세분화하여 다수의 지역으로 나누고 공간을 이해할 필요가 생겼다. 그렇게 한성의 특정 지역을 대상으로 연구한 지역사 연구가 등장하였다. 그 일례로서 전우용(1999)[34], 원재연(2000)[35], 박찬승(2002)[36] 등을 들 수 있다.

이러한 변화는 2000년대 이후의 한성 도시사를 공간이라고 하는 측면에서 서술하는 연구가 증가하는 기초가 되었다고 볼 수 있다. 도시사 연구자 개개인의 관심이나 분석방법이 축적되고 세련되어 가면서 이전 연구에 비해서 공간성이 강조된 연구가 많이 발표되었다. 고동환(1993)과 고동환(2013)[37], 전우용(1993)[38]과 전우용(1999)[39], 왕현종(1998)[40]과 왕현종(2010)[41], 박은숙(1995)과 박은숙(2009)[42]을 비교해 보면, 공간에 대한 인식이 커졌음을 확인할 수 있다. 그밖에도 김백영(2005, 2006)[43], 한규무(2006)[44], 박정현(2010)[45], 김동우(2010)[46], 朴俊炯(2012)[47]와 같은 연구가 있어, 개항기 한성에 대하여 공간성이 잘 드러난 연구가 지속적으로 발표되었음을 알 수 있다. 이렇듯 개항기 한성의 도시사 연구에는 다양한 관점이 반영되었고, 그 관점에 의해 공간 분석과 해석이 더해지면서 개항기 한성에 관한 해석이 보다 풍부해졌다고 판단된다.

위에서 언급한 생활, 상업, 정치, 문화, 종교, 사회 등의 요인으로부터 그려낸 한성 도시사는 각각 공간을 매개로 하여 서로 연결되어 있고, 이들이 축적되어 한성을 서술하는 연구기반을 형성하는 데 기여했다. 그렇다면 건축과 도시의 연결은 어떻게 될까? 건축사와 도시사를 연계하는 문제는 위에서 언급한 주제가 건축사에 어떻게 치환될 수 있는가라는 부분에서 해답을 찾을 수 있다. 즉 위에서 언급한 주제가 건축사에 대하여 각각 생활시설, 상업시설, 정치시설, 문화시설, 종교시설이라고 하여 시설이라고 하는 단어를 붙이는 것으로 건축사의 하나로 다루어질 수 있게 된다. 건축사가 도시사에 공헌할 수 있는 가능성, 또 도시사가 건축사에 영향을 미칠 수 있는 가능성이 바로 여기에 있다고 여겨진다.

원래 건축이란 공간 개념을 바탕으로 형성된 것이므로, 건축을 통해 도시와 건축을 잇는 것은 좋은 시도라고 여겨진다. 물론 이러한 시도는 서양에서는 이미 20세기 초부터 르 코르비쥐에(Le Corbusier), 미스 반 데 로에(Mies van der Rohe), 프랭크 로이드 라이트(Frank Lloyd Wright) 등의 저명한 건축가들에 의해 시도되기 시작하여 오늘날에도 여전히 램 콜하스(Rem Koolhaas) 등의 세계적인 건축가들의 주요 관심사로 자리 잡았고 이상적인 도시상에 대한 고민을 계속하고 있다. 건축가가 도시 문제에 관심을 갖는 것은 그 유사성으로 인한 것이라고도 볼 수 있지만, 상호 보완의 관계라는 점을 인식하고 있기 때문이라고 볼 수 있다.

건축과 도시의 관계와 마찬가지로 건축사와 도시사도 상호 보완의 관계를 구축하고 있는지 생각해 볼 필요가 있다. 최근 건축사와 도시사가 연계하여 개항기의 한성을 서술하는 연구가 늘고 있는 점은 의미 있는 시도라고 생각된다. 건축과 도시의 연관성 속에서 개항기의 한성을 서술하는 연구로서 김갑득(2003)[48]을 비롯하여, 김은진(2007)[49], 谷川龍一(2009)[50], 이규철(2010)[51], 이연경(2013)[52] 등을 들 수 있다. 이 연구도 전술한 바와 같은 다른 영역의 역사학에서 도시사로 그 연구 범위가 넓어진 경우와 마찬가지로, 건축을 통해서 도시나 지역, 국가 단위의 공간을 규정하고 이해하고자 하는 시도들로 건축사에서 도시사로 확장되는 과정이라고 볼 수 있다.

이 책에서는 건축사에서 도시사로의 확장에 더하여 개항기 한성 도시사를 어떻게 건축사로 연결시켜 갈 수 있는가에 대하여도 언급하고자 한다. 즉 건축에 대한 분석을 이용하여 도시를 이해하고자 하는 것이 아닌, 개항기 한성이라고 하는 도시가 갖는 성격을 통하여 당시의 건축 활동에 대한 유추를 할 수 있는지에 대해서도 초점을 맞춰보고자 한다. 이 점에서 기존 개항기 한성에 관한 연구와 본 연구의 차별성을 찾을 수 있을 것이다.

개항기 건축사의 편중과 공백 극복

한국 개항기에 대한 건축사에 있어서의 최초의 언급은 1960년경부터 윤일주尹一柱에 의해 행해졌고, 그 후 『韓國 · 洋式建築 80年史』[53]로 정리되었다. 당시 한국에서 아직 한국건축사에 관한 연구가 구체적으로 다루어지지 않고 있던 상황에서 윤일주가 개항기 건축에 대하여 기술한 것은 선구적인 시도라고 평가할 수 있는 동시에 한국에서의 서양식 건축에 관한 최초의 연구라고 할 수 있다. 그러나 윤일주의 연구는 단발적인 시도에 그쳤고, 그 이후 한국의 건축사 연구는 주로 개항 이전의 건축사, 이른바 전근대시대의 건축사 연구에 집중되어 한동안 개항이후의 건축에 대한 연구는 없었다.

1980년대 후반이 되면서 점차 개항기, 대한제국기, 일제강점기 서양식 건축에 대한 관심이 높아지고, 이와 관련된 학위논문이 급증하였다. 김정신(1989)[54], 우창훈(1989)[55], 김태영(1990)[56], 김정동(1991)[57], 尹仁石(1991)[58] 등의 논문이 발표되어 이 시기 한국의 근대건축사 연구가 어느 정도 정립되었다고 볼 수 있다.

그러나 이후의 전개과정을 살펴보면 상기의 논문이 개항이후 일제강점기에 이르기까지 서양식 건축을 대상으로 하고 있는 반면, 이후 한국 근대건축사 연구는 주로 일제강점기의 서양식 건축에 관한 연구가 주를 이룬다. 이러한 특징은 기본적으로 개항기의 서양식 건축은 그 수가 적으므로 서양식 건축으로 개항기를 논하기에는 한계가 있다는 점에서 기인한다. 한국에서 서양식 건축이 증가하는 것은 1900년 이후이므로 1876년 개항 이후 20년간 한성에는 서양식 건축이 거의 없었으며, 체계적인 건축 시스템이 도입되는 것은

1910년 이후이므로 서양식 건축으로 개항기를 논한다는 것은 모순이 있을 수밖에 없다.

이는 개항기를 근대화의 시기라고 규정하고 근대화와 서양화를 동일시하는 1990년대 초에 굳어진 단편적인 한국 근대건축사의 가치관을 그대로 계속 적용해 왔기 때문이라고 할 수 있다. 그렇다고 개항기를 서양식 건축이 아닌 다른 관점에서 서술하고자 하는 시도가 없었던 것은 아니다. 김순일(1984)[59]는 경운궁이라고 하는 개항기에 건설된 한국 전통양식 건축에도 관심을 가졌다는 점에 의미가 있다. 그리고 김홍식(1987)[60]은 개항기 건축을 다양한 관점으로 보고자 하였다는 점에서 중요한 의미를 갖는 연구라고 할 수 있다. 김홍식(1987)은 「국제주의적 건축(신식민주의 건축)」과 「민족적 리얼리즘 건축」으로 구분하여 건축사를 서술하고자 하였다. 이러한 관점의 제시는 중요한 의미를 갖는다고 할 수 있지만 후속 연구가 없다는 점은 아쉬움이 남는다. 그리고 호적자료를 활용하는 연구가 시작되면서 김영배(1991a)[61], 김영배(1991b)[62], 吉田光男(1993)[63] 등의 연구가 계속해서 발표되었다.

위와 같은 다양한 시도는 개항기의 건축을 단순히 서양 건축만으로 이해하는 것이 아닌 다양한 관점에서 접근하고자 했던 시도라는 점에서 가능성을 보여준 연구라고 평가할 수 있지만, 후속 연구가 없었으므로 연구의 축적을 통해 성숙해가는 단계까지는 이르지 못했다.

요컨대 개항기 건축에 있어서 가장 중요한 사건은 서양식 건축의 유입이라는 판단과 공감대가 유지되는 한 개항기 건축에 대한 연구는 소수의 서양식 건축에 과도하게 가치를 부여하는 방식의 연구가 지속될 수밖에 없다는 우려가 든다.

1990년대 전반까지는 서양식 건축의 양식론에 대한 연구가 주류를 이루었지만, 이후 서양식 건축에 관한 인식과 의식에 대한 연구가 등장하였고, 재료와 기술을 다룬 연구도 등장하였다. 우동선(1999)[64]에서는 개항기부터 일제강점기까지의 건축관에 대하여 서술하였고, 김명선(2004)[65]은 위생개념의 변화를 통해 주거의식을 논하였다. 안창모(2004)[66]는 한국에서 건축이라는 단어의 인식에 대하여 다루었고, 조홍석(2005)[67]과 노선화(2009)[68]는 한국의 벽돌 활용에 대하여 연구하였으며, 양상호(1992)[69]와 김태영(1992)[70]은 한국의 근대적 건축교육 형성과 건축술의 도입에 대하여 논하였다. 도선명(2002)[71]과 鄭昶源(2004)[72]은 한국의 개항기 서양식 건축 중에서 기독교의 영향을 받은 건축물을 대상으로 서양의 영향관계에 대하여 고찰하였다. 김태웅(2002)[73], 주상훈(2010)[74], 이규철(2013)[75]은 통감부와 총독부가 주도한 건축 활동에 대하여 다루었고, 김윤정 외2(2012)[76]는 일본의 불교가 한국에 유입되는 과정을 분석하여 일본의 영향관계에 대하여 논의하였다. 상기의 연구를 통해 서양식 건축에 관한 이해는 분명히 깊어졌다고 판단되지만, 전술한 것처럼 개항기에 관한 연구는 서양식 건축을 대상으로 하는 것이라는 관점을 고집하였다는 점에서 연구의 한계도 명확하다고 할 수 있다.

본고에서는 개항기 연구의 다양성을 확보하기 위해서라도 서양식 건축을 비롯한 다양한 요인을 고려하여 개항기 건축에 대하여 서술해 보고자 한다. 한국에 원래 존재했던 건축인 한국 전통식 건축, 그리고 한성이 잡거지가 되면서 그 권력과 세력이 강력해지는 중국인과 일본인들, 그리고 그들로부터의 영향관계를 더하여 검토해 보고자 한다. 앞 절에서 도시사를 통해서 건축사의 가능성을 도출하겠다고 서술하였는데, 이에 관련하여 개항기 한성의 상황으로부터 어떻게 하면 중국이나 일본과의 관계에 대하여 서술할 수 있을 것인가, 그 연결고리를 찾는 과정을 통해 구체적으로 접근하고자 한다. 중국과의 관계를 대상으로 개항기를 연구한 논문으로서, 도시사 연구 중에는 김윤희(2006)[77], 박정현(2010), 김희신(2010)[78], 朴俊炯(2012)[79] 등을 거론할 수 있지만 아직 건축사 연구 중에서는 사례를 찾을 수 없다.

따라서 본 연구에서는 개항기 건축의 연구 대상으로서 주로 배제되었던 중국과의 관련성을 추가하고, 이를 한국, 일본, 서양과의 영향관계 속에서 어떻게 위치시킬 것인가를 정리하고자 한다. 개항기의 건축사 연구에 다양성을 부여하기 위한 방법으로서 본고는 하나의 제안이 될 수 있을 터이다.

본고의 목적

본고에서의 개항기에 관한 고찰은 건축의 물리적 변화 과정을 추적하는 것만으로는 충분한 목적을 달성할 수 없다. 개항기 도시와 건축이 향하고 있던 방향성을 고찰하기 위해서는 변화를 고찰하고 추적하는 것은 필수요소이지만, 변화에 관한 물리적인 추적은 방향성을 특정하는 것이 불가능하다. 외형, 장식, 구조, 재료 등이 변하는 건축에서의 물리적인 변화만으로 변화의 양상을 조사하는 것은 그렇게 어렵지 않다. 그러나 이러한 물리적인 변화로부터 변화의 양상을 도출하는 것만으로 충분한가에 대해서는 의문이 든다. 건축에서의 물리적인 변화는 그 건축에 부과된 외력의 결과에 지나지 않다. 여기에서 중요한 것은 건축의 변화를 일으키는 외력이라고 볼 수 있다. 건축이 변화하는 요인이 되는 것은 건축을 둘러싸고 있는 환경이다. 건축주의 의도, 건축기술의 발전 또는 퇴보, 건설경제의 변화, 건설조직의 변화, 그리고 새로운 건축사상의 도입에 이르기까지 건축에 일어나는 물리적인 변화를 이끌어 내는 요인은 건축을 둘러싸고 있는 환경이고 이에 대한 고찰이 중요하다고 할 수 있다. 이를 통해 도출해 낸 방향성이야말로, 건축의 변화를 명확하게 읽어내기 위해서 가장 중요한 역할을 한다고 할 수 있는 것이다. 예를 들어 일본 중세에 선종양禪宗樣 건축이 확산되는 과정을 조사해 보면 사원의 외형에 있어서 특징적인 변화가 나타나는 것을 알 수 있다. 이를 단순히 선종양의 특징을 갖고 있는 수많은 건축이 등장하므로 이 시기를 기점으로 선종양이 전국적으로 확산되기 시작했다고 서술하였다고 하여 틀렸다고는 볼 수 없다. 오히려 객관적인 사실들에 의해 논증한 결론이라고 할 수 있을 것이다. 그러나 선종양의 출현은 우연의 결과물이 아니고 명확한 인과관계를 가지고 있다. 선종이라고 하는 새로운 불교 종파의 유입, 건축기술과 도구의 발달, 도면의 확산, 지배세력의 변화, 장인조직의 변화 등 건축 변화에 영향을 미치는 다양한 건축 환경의 변화에서 기인하였다. 그러한 건축을 둘러싼 환경요소를 분석하여 그 변화 양상을 서술하는 것, 그것이 건축의 방향성으로 이어진다고 볼 수 있다. 물리적 변화를 통해 변화 양상을 읽어낼 수 있지만, 변화의 요인이 되는 건축 환경으로부터 변화를 이해하면 변화의 방향이 갖는 특징과 성격, 즉 방향성을 명확히 읽어낼 수 있는 것이다.

이 관점에서 보면 한국에서 개항기 건축에 관한 연구는 부족한 부분이 많다. 기존 연구의 고찰 속에서도 이미 상술하였지만, 건축사 연구에 있어서 당시의 건축 변화에 대한 인지수준은 1차원의 물리적 변화에 의한 판단에 머물러 있다고 볼 수 있다. 그 중 상당수는 물리적인 변화의 추적조차도 불가능한 경우가 많다. 유물과 사료의 부족에 의해 정확히 추적하기 어렵다는 한계도 있지만, 이러한 한계를 극복하기 위한 노력이 부족한 것도 사실이다. 본고에서는 건축에 관한 전반적인 물리적 변화를 추적하면서 건축 환경에 관한 정보를 더하여 개항기 건축에 있어서 방향성을 고찰해 보고자 한다.

일반적으로 역사학을 구분할 때, 정치사, 경제사, 문화사, 사상사, 종교사, 생활사, 미술사, 복식사 등의 분류기준이 있지만, 이들 사이에는 어느 정도 상관관계가 있다. 그러나 위에서 열거한 모든 역사 분야를 포함한다고 볼 수 있는 분야가 도시사라고 할 수 있다. 도시에는 정치, 경제, 문화, 사상, 생활 등 모든 사회의 제 현상을 내포하고 있으므로 당연히 도시사에는 그러한 요소들이 반영된다. 그렇기에 전술한 것처럼 도시사 연구자는 처음부터 도시사를 시작하는 경우가 많지 않고, 다른 분야의 역사학에서 시작하여 관심과 흥미를 확산시키는 과정에서 도시사까지 이어지는 경우가 많은 것이다.[80] 그렇다면 건축사는 어떠한가? 르 코르비쥐에(Le Corbusier)가 「건축이란 인간의 생활을 담는 기계이다」라고 한 것처럼 인간의 삶에 관한 여러 것이 건축에 포함되어 있다고 볼 수 있다. 그런데 건축은 하나의 개체만으로는 사회를 제대로 표현하기 어렵다. 도시를 통해서 사회 전반이 형상화되고 구체화된다고 보면 건축은 그 도시사회의 축소판이라고도 할 수 있다. 결과적으로 건축을 도시영역까지 확장하는 중에서 건축과 도시의 관계를 명확히 하고 건축의 방향성을 통해서 도시의 방향성을 고찰해 보는 것도 가능하다고 생각된다. 본고의 또 하나의 목적으로서 그러한 과정을 통해 도시의 방향성을 고찰해 보고자 한다.

본고의 의의

한국의 건축사학에 있어서 개항이후를 근대화로 보고 개항 이전은 전근대라고 하는 이분법은 당연한 것이라고 받아들여졌다. 그러나 이 극단적 분류에는 시간의 흐름에 의해 생겨나는 변화라는 인식이 들어 있지 않다. 그것이 복원에 적용되면 왜곡을 만들어내는 경우도 있는 것이다. 특히 분류의 접점이 되는 시기를 대상으로 복원이 이루어지면 그 가능성이 높다고 여겨진다. 개항이후는 사회 전반이 근대화를 향해서 움직이고 있었다고 해석되고 있다. 또 그러한 견해를 가진 역사학자의 관점이 반영되어 제반 사회 현상을 근대화와 비근대화로 구분하는 경향이 있다. 그 경향이 건축사나 문화재의 복원에 반영되어 개항 이전의 건축은 모두 한국 전통식 건축으로, 개항이후의 건축은 모두 근대화가 반영된 서양식 건축이라고 간주되고 있다. 그 결과 개항이후의 한국 전통식 건축은 가치가 없는 것처럼 평가되고, 시대착오의 산물이라고 비판되는 경우도 있다.

그러나 건축의 변화는 급격히 일어나는 것이 아니다. 오늘의 건축이 어제의 건축과 달라질 가능성은 없다. 오랜 시간 동안의 경험을 거쳐서 쌓아 올린 건축을 둘러싼 제반요소가 건축에 영향을 미쳐서 변화를 일으키는 것이므로, 서양 국가와 조약을 체결하였다는 것만으로 갑자기 건축이 서양식으로 바뀌는 것은 있을 수 없는 일이다. 그 개항에 대한 환상과도 같은 인식이 경복궁에 적용되어 1890년대의 건축물이 개항 이전의 건축물로 인식되는 것과 같은 결과를 낳고 만 것이다. 결국 문화재 복원에도 시대를 정확히 이해하는 작업이 선행해야만 하는 것이다. 건축이 드러내고 있는 시대는 역사학자가 갖는 논점 속에 있는 것이 아니라 당시의 객관적인 상황 속에 있다는 점을 명확히 인지할 필요가 있다. 그렇기 때문에 개항기 건축은 서양화되고 있었다는 단순화된 이해 체계로는 부족하며, 여기에 다양성을 부여해야만 제대로 당시의 건축을 이해할 수 있다는 것이다.

이 책에서는 1864년부터 1910년의 한성에 있어서 건설 활동을 고찰하여 그 속에서 건설 활동의 다양한 방향성을 명확히 하고자 한다. 그러한 복수의 가능성이나 선택지를 보여주는 것으로 단순화된 한국의 도시사와 건축사 연구를 심화 발전시키는 것에 그 의의를 찾을 수 있을 것이다.

본고의 대상 시기와 공간

본고의 대상 시기를 1864년부터 1910년까지로 규정한 것은 개항 직전의 상황부터 일제강점기가 되는 1910년의 상황까지, 개항 직전부터 식민지가 되는 직후까지를 포함하여 살펴보기 위함이다. 본고에서는 몇 가지 주요 분기점을 설정하였다. 1864년 고종의 즉위, 1882년 임오군란과 한성의 잡거지화, 1894년의 청일전쟁, 1904년의 러일전쟁, 1910년의 일제강점, 이렇게 5개의 분기점이다. 1864년에서 1873년까지는 쇄국정책기이었으며, 1905년부터 1910년까지는 일본의 세력이 강해지고 국력을 거의 상실한 시기였다. 본고에서는 고종이 즉위한 이후 한국이 힘을 잃고 일본의 식민지로 전락하기까지 그 사이에서 일어난 건축과 도시의 사건들을 살펴보았다.

이 시기를 칭하는 다양한 표현이 있는데, 개항기, 개화기, 대한제국기, 구한말, 한말, 조선말기 등을 들 수 있다. 그러나 이 표현은 각각 의미와 시기가 다르고, 또 정의하는 자에 따라 달라지기 때문에 본고에서는 1864년에서 1910년까지를 하나의 단어로 표현하는 것은 어렵다고 판단하고, 연도로 표기 하였다.

본고에서 대상이 되는 공간은 한성이다. 한성을 주요 대상으로 선정한 이유는 한성이 갖는 대표성과 중심성에서 기인한다. 조선에서 대한제국기에 이르기까지 한성은 500여 년간 수도의 위치를 지켰다. 한성이라는 공간은 한반도를 대표하는 공간이며, 정치, 경제, 문화의 중심이라 할 수 있다. 즉 한성이라는 공간의 성격상 한성에서 일어나는 제반 사건이 한반도를 대표한다고 보아도 틀림이 없을 것이다.

또 개항기 한성은 외국의 세력이 밀집되어 있던 장소이기도 하다. 한반도에서 한성이 차지하는 위상과 비중을 생각하면, 한국에 진출하는 외국 세력이 한성에 입성하는 것을 목표로 삼은 것은 당연하다. 당시 한국 정부의 힘이 미약했기 때문이지만, 결국 한성은 동아시아의 다른 개항지에서 유례가 없는 잡거지라는 특수한 형태의 개항도시가 되었다. 한성 전체가 잡거지로 개방되어 외국인 전관거류지를 설정하지 않고, 내국인과 외국인이 섞여서 생활하는 형태의 개방이었다. 외국의 세력이 강하게 침투한 도시가 한성이었으며, 개항기의 혼잡한 시대 상황이 가장 잘 반영된 도시가 한성이었다. 그러한 의미에서 한성은 본고가 다루고자 하는 바를 가장 잘 보여주는 공간이라고 할 수 있다.

용어 정의

본고에서는 1864년부터 1910년까지를 다루므로 이 시기는 국가명이 조선에서 대한제국으로 변화하는 시기이다. 엄밀히 구분하면 1864년부터 1897년까지는 조선으로, 1897년부터 1910년까지는 대한제국으로 칭하는 것이 맞지만, 이렇게 구분하면 글의 흐름에 있어 매끄럽지 못할 가능성이 있다. 따라서 본고에서는 현대 명칭인 한국으로 통일하여 칭한다. 중국도 마찬가지로 당시 국가명으로 하면 청국이라고 해야 하지만, 현대 국가명인 중국으로 통칭하였다.

본고에서는 한국에 존재했던 건축양식과 개항이후 새롭게 유입되는 건축양식의 비교분석도 중요한 테마의 하나이므로 이들에 관한 용어가 자주 등장한다. 따라서 이에 대하여 정의를 해 둘 필요가 있다. 일반적으로 서양식으로 지어진 건축에 대해서는 서양건축 또는 양식건축, 양관 등으로 불린다. 그러나 한국에 건설된 서양에서 유입된 건축은 서양 현지의 건축과 동일하다고는 볼 수 없다. 그렇기 때문에 단순히 서양건축이라고 부르면 오해의 소지가 있다고 볼 수 있다. 따라서 본고에서는 서양식 건축으로 통칭하였다. 마찬가지로 일본에서 유입한 건축은 일본식 건축, 중국에서 유입된 건축은 중국식 건축이라고 표기하였다.

또 한국 전통의 건축양식으로 지어진 건축에 대해서는 일반적으로 전통건축이라고 칭하고 있는데, 문화재의 개념으로 인식하는 전통건축과 혼동할 우려가 있다. 본고에서 다루는 한국 전통 방식의 건축은 당시를 기준으로 하고 있기 때문에 건축에 대한 가치판단은 결여된 상태의 건축이다. 따라서 본고에서는 한국 전통식 건축이라고 표기하였다.

주_

1 고종이 1897년에 국호를 「조선」에서 「대한제국」으로 바꾸지만, 왕조는 변하지 않고 그대로 유지되므로 본고에서는 고종도 「조선왕조」의 일대로 다루었다.

2 경복궁의 재건이 흥선대원군의 의도에 의해서 행해진 것이라고 보는 것이 중론이므로, 근정전의 건축주는 고종의 아버지인 흥선대원군이라고 판단하는 것이 타당할 수 있다. 그러나 건설 사업을 명하는 공식적인 문서의 주체는 고종이므로 고종을 건축주라고도 볼 수도 있다. 실질적인 건축주가 고종이라고 하더라도 실제 건축물의 형태는 크게 달라지지 않았을 것이다. 여기에서는 건축의 변화를 설명하기 위한 수단으로 언급하였으므로 실제 건축주가 누구인가에 대한 판단은 불필요하다.

3 석조전의 용도에 대해서는 다양한 견해가 있으므로 단정하기 어렵다. 원래 석조전이 경운궁의 법전으로 계획되었을 가능성이 크다는 견해도 있는 만큼 (Dongchun Seo (2018) 「A Study of Gojong(高宗)'s Architectural View and the Aspect of the Constructions of Architectures Working: Through the Change of the Architectures in the Royal Palace」, 『Architectural Research』 vol. 20 no. 1, 6~7쪽) 여기에서는 경복궁 근정전과 경운궁 석조전 모두 각 궁궐에서 가장 주요한 건축물 중 하나였다는 점에만 주목하고자 한다.

4 중화전은 1902년에 건설되었다.

5 복원이란 무엇인가와 관련하여, 복원(復元)과 복원(復原)으로 나누어서 보는 견해를 일본 연구에서 찾을 수 있다. 복원(復元)은 사라져버린 것에 대하여 옛 것으로 돌려놓는 행위라고 보고, 복원(復原)은 최초의 형태가 개조 등의 이유로 변화를 거듭한 경우 최초의 형태로 돌려놓는 것을 의미한다고 보는 견해이다. (鈴木博之 (2006) 『復元思想の社會史』, 建築資料硏究社, 6쪽) 본고에서 사례로 든 경복궁의 경우 사라진 경복궁을 고종대에 재건한 것이므로 복원(復元)이라고 할 수 있지만, 오늘날의 경복궁 복원은 고종대에 재건된 경복궁에 행해진 훼철 이건 등의 변화를 고종대로 되돌려놓는 변화가 주를 이루고 있으므로 복원(復原)이라고도 할 수 있다. 경복궁은 어떤 관점, 어느 시점에서 해석하느냐에 따라 양쪽 모두에 해당하는 복원이라고 할 수 있다.

6 淸水重敦 (1999) 「『模型的』建築」, 『住宅建築』 제7회

7 山岸常人 (1994) 「文化財『復原』無用論 : 歷史學硏究の觀点から」, 『建築史學』 제23호, 97쪽

8 홍순민 (1996) 『조선왕조 궁궐 경영과 「양궐 체제」의 변천』, 서울대학교 박사학위논문, 57~70쪽

9 1592년 이후에도 여러 차례 경복궁을 재건할 것인지에 대한 고려가 있었다. 그러나 터의 기운가 좋지 않다거나(『仁祖實錄(인조실록)』, 1644년 2월 23일, 1번째 기사) 음양의 기운이 맞지 않는 시기이므로 연기하는 편이 좋다(『현종실록(顯宗實錄)』, 1667년 윤4월 18일, 2번째 기사)는 등, 주술적인 이유가 원인이 되어 고종 때까지 실행되지 않았다.

10 서울역사편찬원 (2019) 『국역 경복궁영건일기 1』, 84~85쪽

11 문화재관리국 (1994) 『경복궁 복원 정비 기본계획 보고서』, 문화재청, 13~14쪽

12 문화재관리국, 전게서, 13~14쪽

13 이 책에서의 개항기는 1876년 일본과의 수교 이후 일제강점기 이전까지를 의미한다.

14 서양식 건축에 초점을 맞추지 않은 개항기에 대한 건축사 연구는 거의 없다. 간혹 민가나 사찰을 대상으로 한 연구 중에 서양과의 관계에 초점을 맞추지 않은 연구가 있을 뿐이다.

15 일반적으로 개항기는 1876년부터 대한제국 수립 이전까지로 보는 경우가 많기 때문에, 엄밀히 이 책의 연구 범위는 개항이전, 개항기, 대한제국시기, 이렇게 셋으로 구분하는 것이 타당하다.

16 이 부분은 朝鮮史硏究會 (2011)의 제6장을 일부 참고하였고, 필자의 견해를 더하여 정리한 것이다. (朝鮮史硏究會 (2011) 『朝鮮史硏究入門』, 名古屋大學出版會)

17 이태진 (2000) 『고종시대의 재조명』, 태학사

18 이영훈 (2000) 『한국 시장경제와 민주주의의 역사적 특질』, 한국개발연구원

19 박현채, 정창렬 (1985) 『한국민족주의론Ⅲ: 민중적 민족주의』, 창작과 비평사

20 姜在彦 (1980) 『朝鮮の開化思想』, 岩波書店

21 月脚達彦 (2009) 『朝鮮開化思想とナショナリズム: 近代朝鮮の形成』, 東京大學出版會

22 이태진(李泰鎭)을 비롯하여, 강병식(姜秉植), 박찬승(朴贊勝), 고동환(高東煥), 고석규(高錫珪), 전우용(全遇容), 김백영(金白永) 등, 정치, 경제, 사회의 분야에서 역사 연구에 입문하여, 도시사로 영역을 넓혀갔던 인물은 셀 수 없을 정도로 많다. 이 경향은 개항기에 머물지 않고, 도시사에 있어서 일반적 현상이라고도 할 수 있다. 그러나 도시사를 정치, 경제, 사회의 역사로서 명확히 구분하기는 어렵고, 위에 열거한 연구자를 도시사연구자로 분류하는 것에 이론이 있을 수 있다.

23 교수신문편 (2005) 『고종황제 역사청문회』, 푸른역사

24 손정목 (1975a) 「병자개국과 도시의 변화 (上)」, 『都市問題』 10권 5호, 64~91쪽
손정목 (1975b) 「병자개국과 도시의 변화 (中)」, 『都市問題』 10권 6호, 67~100쪽
손정목 (1975c) 「병자개국과 도시의 변화 (下)」, 『都市問題』 10권 7호, 70~86쪽

25 손정목 (1974b) 「이조시대의 도시규모와 그 국제비교」, 『都市問題』 98호, 99~130쪽
손정목 (1974a) 「이조의 도시 구성: 한성과 지방도시의 비교」, 『都市問題』 94호, 61~80쪽
손정목 (1977) 『조선시대 도시 사회 연구』, 일지사

26 원영환 (1985) 『조선시대 한성부(漢城府) 연구: 행정, 치안, 방위를 중심으로』, 성균관대학교 박사학위논문

27 박길룡 (1994) 『개화기의 한성부(漢城府) 연구』, 숭실대학교 박사학위논문

28 조성윤 (1992) 『조선 후기 한성 주민의 신분 구조와 그 변화 - 근대 시민 형성의 역사적 기원 -』, 연세대학교 박사학위논문

29 양보경 (1993) 「한성의 공간 확대와 시민의 삶」, 『서울학연구』 제1호, 48~77쪽

30 吉田光男 (1994) 「大韓帝國期ソウルの住民移動: 『漢城府戶籍』の分析を通して」, 『朝鮮文化研究』 제1호

31 박은숙 (1995) 「개항기(1976~1894) 포도청의 운영과 한성부민(漢城府民)의 실태」, 『서울학연구』 제5호, 143~187쪽

32 고동환 (1993) 『18 · 19世紀 한성 경강지역의 상업발달』, 서울대학교 박사학위 논문
고동환 (1994) 「조선초기 시장과 상인」, 『역사비평』 26호, 111~122쪽

33 베네딕트 앤더슨, 윤형숙 역 (2003) 『상상의 공동체: 민족주의의 기원과 전파에 대한 성찰』, 나남출판 (원저: Benedict Anderson (1983) 『Imagined communities: reflections on the origin and spread of nationalism』, Verso.: London)

34 전우용 (1999) 「대한제국기~일제초기 선혜청(宣惠廳) 창내장(倉內場)의 형성과 전개: 한성 남대문 시장의 성립 경위」, 『서울학연구』 12호, 63~99쪽

35 원재연 (2000) 「1880년대 문호개방(門戶開放)과 한성부 남문내(南門內) 명례방(明禮坊) 일대의 사회 경제적 변화」, 『서울학연구』 제14호, 49~82쪽

36 박찬승 (2002a) 「러일전쟁 이후 한성의 일본인 거류지 확장 과정」, 『지방사와 지방문화』 제5권 2호, 117~163쪽 박찬승 (2002b) 「한성의 일본인 거류지 형성 과정: 1880년대~1903년을 중심으로」, 『사회와 역사』 통권62집, 64~100쪽

37 고동환 (2013) 「조선후기 한성 도시 공간의 변동: 상업 발달과 관련하여」, 『서울학연구』 제52호, 149~175쪽

38 전우용 (1993) 「개항기 한인자본가의 형성과 성격」, 『국사관논총』 제41집, 1~51쪽

39 전우용 (1999) 「대한제국기~일제초기 한성 공간의 변화와 권력의 지향」, 『전농사론』 5호, 39~72쪽

40 왕현종 (1998) 「대한제국기 한성부의 토지 가옥조사와 외국인 토지수탈 대책」, 『서울학연구』 제10호, 1~44쪽

41 왕현종 (2010) 「한말 한성부 지역 토지 가옥 거래의 추이와 거주지별 편차」, 『한국사연구』 제150호, 143~175쪽

42 박은숙 (2009) 「개항기(1876~1894) 한성부 5부의 차별적 변화와 자본주의적 도시화」, 『한국사학보』 제36호, 153~190쪽

43 김백영 (2005) 「러일전쟁 직후 한성의 식민도시화 과정: 비교식민도시사적 고찰」, 『地方史와 地方文化』 제8권 2호, 77~143쪽

김백영, 「개항기 서양 지식인들의 한성 인식: 로웰·길모어·비숍을 중심으로」, 『향토서울』 제68호, 99~149쪽

44 한규무 (2006) 「개항기 선교사들의 한성 인식」, 『향토서울』 제68호, 151~183쪽

45 박정현 (2010) 「19세기말 仁川과 漢城의 중국인 거류지 운영체제」, 『동양사학연구』 제113집, 171~198쪽

46 김동우 (2010) 「개항기 및 식민지 초기 도시 경험의 내면화 과정」, 『서울학연구』 제40호, 187~206쪽

47 朴俊炯 (2012) 『近代韓國における空間構造の再編と植民地雑居空間の成立: 清國及び清國租界の法的地位を中心に』, 早稲田大學 박사학위논문

48 김갑득 (2003) 『구한말 정동 외인 거류지와 건축에 관한 연구』, 부산대학교 박사학위논문

49 金銀眞 (2007) 『ソウルの近代都市史研究 : 特に鍾路を中心に』, 東京大學 박사학위논문

50 谷川龍一 (2009) 『日本植民地とその境界における建造物に關する歴史的研究 : 1867年~1953年の日本と朝鮮半島を中心として』, 東京大學 박사학위논문

51 이규철 (2010) 『대한제국 한성부 도시공간의 재편』, 서울대학교 박사학위논문

52 이연경 (2013) 『한성부 일본인 거류지의 공간과 사회: 1885~1910년까지 도시환경변화의 성격과 의미』, 연세대학교 박사학위논문

53 윤일주 (1966) 『한국·양식건축 80년사』, 冶庭文化社

54 김정신 (1989) 『한국 가톨릭 성당건축의 수용과 변천에 관한 연구』, 서울대학교 박사학위논문

55 우창훈 (1989) 『한국 개화기 건축의 특성에 관한 연구 서구식 건축의 이입을 중심으로』, 서울대학교 박사학위논문

56 김태영 (1990) 『한국개항기 외인관의 건축적 성격에 관한 연구』, 서울대학교 박사학위논문

57 김정동 (1991) 『한국근대 건축에 있어서 서양건축의 전이와 그 영향에 관한 연구』, 홍익대학교 박사학위논문

58 尹仁石 (1991) 『韓國における近代建築の受容及び發展過程に關する研究: 日本との關係を中心として』, 東京大學 박사학위논문

59 김순일 (1984) 『경운궁의 영건에 관한 연구』, 동국대학교 박사학위논문

60 김홍식 (1987) 『民族建築論』, 한길사

61 김영배 (1991) 「한말 한성부 주거형태의 사회적 성격: 호적자료의 분석을 중심으로」, 『대한건축학회 논문집』 제7권 제2호, 189~198쪽

62 김영배 (1991) 「한성부의 사회적 신분과 가옥규모」, 『공업개발연구』 제6집 제1권, 199~207쪽

63 吉田光男 (1993) 「戶籍から見た20世紀初頭ソウルの「人」と「家」: 京都大學所藏「漢城府戶籍」の基礎的分析」, 『朝鮮學報』 147號, 25~119쪽

64 禹東善 (1999) 『韓國の近代における建築觀の変遷に關する研究』, 東京大學 박사학위논문

65 김명선 (2004) 『韓末(1876~1910) 근대적 주거의식의 형성』, 서울대학교 박사학위논문

66 안창모 (2004) 「韓末「建築」에 대한 인식과 「建築」개념」, 『미학·예술학 연구』 제20호, 75~102쪽

67 조홍석 (2005) 『한국 근대 적벽돌 건축에 관한 연구』, 목원대학교 박사학위논문

68 노선화 (2009) 『구한말 이후 벽돌조 건축물의 조적술에 관한 연구』, 청주대학교 박사학위논문

69 양상호 (1992) 「20세기 전반기 한국의 건축교육에 관한 실증적 고찰」, 『건축역사연구』 제1권 1호, 142~163쪽

70 김태영 (1992) 「구한말 외인건축술의 전래과정 연구」, 『건축역사연구』 제1권 1호, 117~128쪽

71 도선붕 (2002) 『한국 근대건축 형성과정에서 나타난 미국 장로회 선교건축의 특성』, 충북대학교 박사학위논문

72 鄭昶源 (2004) 『韓國ミッション建築の歴史的研究』, 東京大學 박사학위논문

73 김태웅 (2002) 「度支部建築所(1906~1910)의 기록물 관리와 현존 기록물에 관한 연구」, 『건축역사연구』 제11권 3호, 7~19쪽

74 주상훈 (2010) 『조선총독부의 근대시설 건립과 건축계획의 특징: 사법·행형·교육시설 건축도면의 분석을 중심으로』, 서울대학교 박사학위논문

75 이규철 (2013) 「통감부시기 황실시설의 조사와 국유화」, 『건축역사연구』 제22권 4호, 59~72쪽

76 김윤정, 서치상, 이미나 (2012) 「개항이후 일본 불교의 침투에 따른 사원의 건립과 건축특성 개관」, 『건축역사연구』 제21권 2호, 53~74쪽

77 김윤희 (2006) 「清·日商의 눈에 비친 한성의 경제상황과 거래관행」, 『향토서울』 제68호, 59~98쪽

78 김희신 (2010) 「청말(1882~1894년) 한성(漢城) 화상(華商)조직과 그 위상」, 『중국근대사연구』 제46집, 53~80쪽

79 朴俊炯 (2012) 『近代韓國における空間構造の再編と植民地雜居空間の成立: 淸國及び淸國租界の法的地位を中心に』, 早稻田大學 박사학위논문

80 민유기 (2007) 「한국 도시사 연구에 대한 비평과 전망」, 『사총(史叢)』 64, 146쪽

제1부

한국이 보는 서양건축, 서양이 보는 한국건축

개항기 한성의 건축과 도시를 본격적으로 고찰하기 전 그 전제로서 한국과 서양에 대하여 서로 간의 인식 차를 확인하고, 이를 바탕으로 건축과 도시의 변화를 살펴보고자 한다. 이를 위해 한국이 보는 서양 건축, 서양이 보는 한국 건축에 관하여 먼저 조사해 보자.

제1부에서는 한국이 서양 건축을 어떻게 인식했는가라는 관점에서 표현 용어의 변화를 조사하고, 이를 통해 인식과 자세의 변화를 고찰한다. 또 서양이 한국건축을 어떻게 인식했는가에 대해서도, 서양인의 문헌을 통해서 그 인식을 살펴본다. 그 속에서 지금까지 알려져 있던 한국 건축과는 다른 특징에 주목하여 한국건축의 가능성에 대하여 서술해 보고자 한다.

제1장

서양식 건축의 유입과 그 표현용어의 변화*

한국인이 보는 서양식 건축

* 본 장은 졸고 서동천 (2014)를 바탕으로 다소 내용을 변형하고 추가한 것이다. (서동천 (2014)「개항기 서양식 건축의 유입과 건축표현 용어 변화에 관한 연구 - 인식과 제도의 변화를 중심으로 -」,『대한건축학회 논문집 - 계획계』 제30권 제6호, 193~200쪽)

본 장에서는 처음 서양식 건축을 접한 사람들이 어떻게 인식했는지에 대하여 건축을 표현하는 용어를 통해서 조사하고, 그러한 표현이 한국 전통식 건축을 의미하는 기존 용어와 어떠한 상관관계를 갖는지, 그리고 그러한 인식이 어떠한 순서로 변화해갔는지 명확히 하고자 한다. 이를 통해 개항기라고 하는 서양을 이해하고 습득하는 것이 과제였던 시기에 건축이라는 매개체를 통해 서양을 이해해 가는 과정의 일단을 살펴보고자 하는 것이다.

건축의 구체적인 변화와 도시의 방향성에 관하여 조사하기 전에 전제로서 서양식 건축에 관한 인식 변화를 고찰하고자 한다. 이를 통해 건축 변화에 존재하는 다양한 방향성의 단서를 도출하고자 한다. 이 시기는 기존 한국건축사에서 서양화가 진행되던 시기라고 단순히 해석하는 경우가 많았다. 본 장에서는 한국이 서양식 건축을 인식하는 과정을 살펴보고 서양화 속에 다른 방향성은 없는지 모색해 본다. 한국이 처해 있던 개항기의 상황은 단순하지 않았고, 여러 힘이 함께 작용하던 시기이므로, 건축의 방향성에 있어서도 다양성을 모색해 볼 필요가 있을 것이다.

한국 전통 건축과 서양식 건축의 불균형

한국에 본격적인 서양식 건축물이 세워지게 되는 것은 부산(1876년)과 인천(1883년)이 개항한 불과 130년 전의 일이다. 그럼에도 오늘날 한국에서 생산되는 건축물의 대부분은 서양식 건축이다. 한국 전통식 건축은 문화재나 개인 취향에 의해 극소수의 건축에서만 활용되고 있다. 서양식 건축의 유입 이후 130년 동안 우리 사회를 구성하는 건축물은 대부분 서양식 건축으로 변모하였다. 지금이야 서양식 건축이 당연하므로 건축을 칭하는 용어에 있어서도 특별히 명칭을 구분하여 서양식 건축 또는 서양건축이라 부르지 않는다. 오히려 130년 전에는 주류였던 한국의 고건축을 「전통건축傳統建築」 또는 「한옥韓屋」이라는 명칭으로 특정하여 칭하고 있으며, 이와 대별하여 「양옥洋屋」이라고 표현하는 경우가 간헐적으로 사용되고 있을 뿐이다. 양옥이라고 하는 표현도 양옥의 수가 적었던 1980년대까지는 빈번하게 사용되었지만, 오늘날 건축은 굳이 양옥이라고 분류할 필요가 느껴지지 않을 정도로 서양식 건축이 대다수이므로 건축이라는 단어는 당연히 서양건축을 의미하는 것으로 인식하고 있다. 그러나 과거 처음으로 서양건축이 이 땅에 들어섰을 당시에는 건축의 주류는 오늘날 비주류인 「전통건축」이었으며, 서양 건축이야말로 과거 한 번도 존재한 적이 없었던 독특한 양식이었다. 당연히 당시에는 서양건축에 대한 이해가 전무하였고, 건축 활동의 대다수가 전통건축을 대상으로 하였던 만큼, 인식의 필요성을 느끼는 사람도 적었을 테지만, 이를 인식하는 주체도 특별한 계층과 집단으로 한정될 수밖에 없었다. 그러다가 서양식 건축의 개체수가 증가하면서 인식하는 집단과 계층도 광범위하게 넓어지게 되고, 이러한 상황이 지속되면서 서양식 건축에 대한 이해도도 증가하고 그 인식이 일반화의 과정을 겪으면서 오늘날에 이르렀다고 볼 수 있다.

아래 내용에서는 대상 시기를 셋으로 나누어서 정리하였다. 먼저, 개항 이전 한국에 서양건축이 들어오기 이전, 서양건축을 최초로 접했던 이들이 어떻게 서양건축을 인식했는지에 대하여 살펴보았다. 주로 중국과 일본을 방문했던 사신단이 기록한 기행문과 이들이 중국과 일본을 다녀온 후에 왕과 나누었던 대담에 대한 기록이 실려 있는 『승정원일기承政院日記』와 『조선왕조실록朝鮮王朝實錄』, 『일성록日省錄』 등에서 그 기록을 찾아낸다. 둘째, 개항이후 서양건축이 실제로 세워지게 되고 나서 어떻게 표현이 변하였는지, 이러한 표현의 변화를 통해서 서양식 건축에 대한 인식의 변화를 고찰하였다. 이 시기는 이전 시대와 달리 실제로 서양건축이 존재했고, 이를 시각적으로 인식하는 폭이 넓어졌다는 점에서 이전과는 다른 인식과 표현이 등장한다고 볼 수 있다. 이 시기의 자료는 주로 당시의 사람들이 개인적으로 남긴 글 속에서 그 표현을 발췌하여 살펴보았다. 셋째, 대한제국 수립 이후 근대적인 제도가 정비되고 국가적 차원에서 틀이 갖추어진 이후에 그 표현이 어떻게 변화하였는지에 대하여 살펴보았다. 제도가 갖추어지면서 표현도 일정 부분 그 제도의 영향을 받는다고 할 수 있으며, 이를 통해 인식의 방식을 이해하는 것이 가능하다. 주로 관청이 발행한 문서, 그리고 호구조사규칙이 정립되면서 1896년 이후 등장한 호적자료, 측량을 통해 작성된 각종 도면과 문서 등을 살펴본다. 그밖에 당시 간행된 신문 속에서도 서양 건축과 관련된 표현을 찾아보았다.

이렇게 찾은 표현방식의 변화를 통해 서양식 건축에 대한 인식의 변화와 제도의 변화라는 두 변화에 대하여 확인할 수 있다. 시각적인 인식이 언어로 표현되는 과정에서의 변화를 확인해 봄으로써, 서양식 건축에 대한 인식의 변화 과정을 이해할 수 있으며, 제도 변화와 표현하는 용어 변화의 관계를 통해 용어가 제도화되는 과정도 이해할 수 있다. 서양식 건축에 대한 최초 인식에서 시작하여 서양건축을 지칭하는 용어가 일반 명사화되고 정착하기까지 어떠한 과정을 거치는지 외부 환경과의 작용 관계를 조사하여, 개인적인 인식이 표현의 제도화로 변화되는 양상을 살펴보는 방식으로 서술하여 설득력을 확보하고자 한다.

지금까지의 한국 전통식 건축 용어에 관한 연구는 대부분 전통건축의 부재와 구조 용어에 관한 연구에 집중되어 있다. 한국의 전통식 건축은 목조라는 구조적인 특징에서 기인하여 다양한 부재로 구성되며, 이러한 부재의 결구와 이음을 통해 독특한 구조를 완성한다. 따라서 이러한 구조적 차이가 형태의 차이를 만들어내고 이를 설명하는 연구는 상당수 존재한다. 그러나 건축의 일부분이 아닌 전체 건물을 대상으로 분류하는 체계로서 건축을 표현하는 용어가 어떠했는지 보여주는 연구는 거의 없다. 영건도감의궤에서 사용된 건축 용어를 정리하여 건축 부재와 구조 용어가 의미하는 바에 관한 연구[1]와 조선시대 건축공사를 지칭하는 용어의 의미와 공사 규모 등을 정리한 연구[2]가 있을 뿐이다. 궁궐 건물의 분류체계를 전殿, 당堂, 합閤, 각閣, 재齋, 헌軒, 누樓, 정亭이라 규정하고 이 건축이 의미하는 용어와 위계관계를 보여주는 연구[3]가 있지만, 그밖에도 다양한 용어가 존재하였고, 이 연구의 정확성과 관련하여 다양한 의문점이 제기되는 만큼, 제고가 필요한 상황이라 판단할 수 있다. 서양 건축 용어의 유래와 관련해서는 「양옥」이라는 표현의 등장에 대하여 밝힌 연구[4]가 있고, 근대 건축관의 변화에 대한 연구[5]가 있지만, 서양건축을 표현하는 용어에 대하여 종합적으로 고찰한 예는 없었다.

오늘날 연구의 대상으로 접하는 건축의 경우, 과거의 분류체계보다 훨씬 복잡한 설명과 해석을 필요로 하는 경우가 많고, 따라서 필요에 따라 건축 역사학자가 스스로 용어를 정의하여 사용하는 경우가 많다. 그러나 그 용어의 명명과 관련하여 각기 납득할 수 있는 기준을 제시하는 것이 일반적이지만, 그 기준의 근거를 역사적 유래에서 찾기 보다는 오늘날의 학문적 당위성과 필요성에서 찾는 경우가 많다. 따라서 건축역사학에서 사용하는 건축 용어의 경우 그 유래를 찾아보면, 초기 연구자의 판단에서 유래하는 경우가 많고, 그 근거를 역사적인 유래와 해석에서 찾는 경우는 극히 드물다. 건축 용어는 단순히 언어적 구체화를 위한 수단이라고 이해하는 것을 넘어서, 당시의 인식체계와 그 시대상이 반영된다는 점에서 역사 이해를 위한 중요한 수단이라 할 수 있다. 이 점에서도 본고는 또 하나의 의의를 갖는다고 할 수 있다. 최근에 영건도감의궤營建都監儀軌의 용어를 분석하여 전통건축에 적용하고자 하는 움직임이 보이는 것[6]은 중요한 시도라 할 수 있을 것이다.

서양식 건축과의 만남

한국 전통식 건축의 표현 용어

개항이전에는 한자로 작성된 기록이 대다수이고, 한자로 「건물」을 의미하는 글자는 그 종류가 다양하다. 앞에서 언급한 전殿, 당堂, 합閤, 각閣, 재齋, 헌軒, 누樓, 정亭도 있지만, 이외에도, 옥屋, 방房, 가家, 소所, 관館, 건建, 실室, 택宅, 우宇, 원院 등의 표현을 찾을 수 있다. 이러한 표현은 건물의 편액 속에서의 건물 명칭 속에서 마지막 글자를 발췌하면 쉽게 확인할 수 있다. 이외에도 창倉, 창廠, 고庫, 국局, 청廳, 부府, 랑廊, 영營, 궁宮, 새寨 등의 표현도 있지만, 이들 표현은 특정 건축에서만 사용되는 용어로 일반 건축을 의미하는 용어는 아니다. 그밖에도 두 가지 글자를 합성하여 표현한 경우가 있는데, 옥우屋宇, 옥자屋子, 방옥房屋, 전당殿堂, 누각樓閣, 정자亭子, 궁실宮室 등이 이에 속한다. 이들 용어의 구체적인 의미와 위계관계에 관해서는 보다 면밀한 연구를 필요로 하겠으나, 본고에서는 단순히 용어의 양상을 분류하기 위한 기준으로서만 활용하고자 한다.

이들 용어는 정치나 공적인 임무를 위해서 사용하는 공적 건물과 생활과 유흥을 위해 사용하는 사적 건물, 그리고 이 두 가지를 포함하며 범용하여 건물 또는 건축행위에 대한 총칭으로 사용된 글자로 나누어 볼 수 있다. 먼저 공적 건물에는 전殿, 당堂, 관館, 원院 등의 명칭을 사용하였고, 사적 건물에는 옥屋, 방房, 택宅, 실室, 가家, 재齋, 우宇 등의 글자를 사용하였다. 그리고 이에 국한되지 않고 일반적인 건물을 통칭하여 사용하는 글자로는 건建, 소所, 합閤, 각閣, 누樓, 헌軒 등을 들 수 있다. 이 중에서 각閣, 누樓 등은 형태적 특징을 함께 드러내는 용어라고 볼 수 있다.

서양식 건축에 대한 최초의 표현

조선시대 공식적인 기록을 통해 확인되는 것으로서 서양식 건축을 최초로 접하는 사람은 중국과 일본에 사신으로 방문했던 이들이다. 이들은 각각 그 지역의 서양식 건축을 목도한 후 이에 대한 감회와 소견을 기행문 또는 정부기록에 남기고 있다. 1880년대 중반까지는 한반도에 서양식 건축이 등장하기 전이었으므로, 이러한 서양식 건축을 직접 눈으로 확인할 수 있는 기회를 얻었다는 것은 지적 수준이 높고 한자로 자유롭게 표현이 가능한 식자층이라 할 수 있다. 따라서 그들의 기록은 단순히 서양식 건축이 있었다고 간단히 서술하는 경우도 있지만, 서양건축의 특징을 자기 나름의 인식으로 서술하는 경우가 많다.

당시에는 서양식 건축에 대한 일반적 인식이 전무했기 때문에, 그들의 서양식 건축에 관한 표현도 서양식 건축을 나타내는 단어 하나로 표현하기보다는 긴 문장으로 서양식 건축을 설명하는 경우가 많았다. 만약 문장으로 설명이 불가능한 수준의 사람이라면 단어로써 구체적인 특징을 함축하려고 하겠지만, 이들의 경우에는 추상적으로 단순화된 단어를 통하여 서양식 건축의 존재를 알리고, 이에 이어서 그 서양식 건축의 구체적인 특징을 글로써 서술하는 방식을 취하였다. 따라서 당시의 서양식 건축은 단어가 아닌 문장으로 표현되었다고 할 수 있다. 그럼에도 불구하고 이 시기에 서양식 건축을 표현하는 단어는 피아를 분류하는 체계가 반영되었으므로 그 자체로도 가치를 갖는다고 할 수 있다.

당시로서는 서양건축을 규정하는 단어가 없었던 만큼, 사람에 따라서 그 표현 방법도 달랐지만, 서양을 표현하는 글자 또는 단어와 건물을 표현하는 글자의 단순 조합으로 표현하는 방식을 취하였다. 예를 들어, 양당洋堂, 서양관西洋館, 양관洋館, 서국옥西國屋, 양옥洋屋, 양실洋室, 양방洋房 등과 같은 표현을 들 수 있다. 서양을 의미하는 양洋 또는 서국西國이라는 표현에 건물을 의미하는 관館, 당堂, 옥屋, 실室 등의 글자를 합성한 것이다. 각각의 표현에 대하여 최초의 기록을 보면 다음과 같이 정리할 수 있다. 양당洋堂이라고 하는 표현은 승정원일기承政院日記[7]와 윤휴尹鑴가 기록한 『현묘행장顯廟行狀』(1801년)의 「承薰」에서

(전략)…… 승훈은 연행단을 따라 가서 사서邪書를 구입해 왔고, 양당洋堂에 들어 이류異類를 스승으로 섬겼다.……(후략)

라는 기록이 있어, 한국인 중에서 최초로 세례를 받은 인물인 이승훈李承薰에 대한 설명 속에서 확인할 수 있다. 그리고 서양관西洋館이라는 표현은 작자미상의 『부연일기赴燕日記』 1828년 6월 25일의 기록에서[8]

(전략)…… 선무문 안 쪽, 성 동변 성 하로下路 쪽에 또한 서양관西洋館이 있는데 천주당天主堂이다……(후략)

라고 기록되어 있어 서양식의 천주교 성당을 서양관이라고 설명하였다. 양관洋館이라는 표현은 『승정원일기承政院日記』 1839년 3월 5일 기사에서[9]

(전략)…… 대왕대비께서 전교하시기를, 사학邪學 책자는 어디에서 나온 것인가? 하니, 이지연李止淵이 아뢰기를, 정조正祖 때 죄인 이승훈李承薰이 사행使行

에서 가지고 와서 전파한 것이라 합니다. 신유박해辛酉迫害 때 모두 태워버렸습니다만, 알지 못하거나 누락된 것이 있기 마련입니다. 이후 사행 때에는 우리나라 사람들로 하여금 서로 통섭通涉하지 못하도록 주문奏聞을 내리기에 이르렀고, 신이 예전에 연행갔을 때를 보면 양관洋館과 통섭하는 일은 전혀 없었습니다.……(후략)

라고 하였는데, 앞의 『현묘행장』과 마찬가지로 이승훈李承薰과의 일화를 인용하거나 기록하면서 서양 건축 특히 서양 교회를 지칭하지만 그 표현은 「양당洋堂」과 「양관洋館」으로 각기 다른 것을 알 수 있다. 비슷한 시기인 『일성록日省錄』의 1839년 8월 15일 기사에서도 양관에 대한 기록이 보인다. 서국옥西國屋이라는 표현은 이규경李圭景의 『오주연문장전산고五洲衍文長箋散稿』(1800년대 초중반)에서 「청삼통淸三通」을 인용하면서[10]

서국옥西國屋에는 세 등급이 있는데, 최상의 것은 순수하게 석재로 만든 것이고, 그 다음 등급의 것은 벽돌을 쌓아서 벽을 만들고, 기둥은 목재를 사용하여 틀을 만든다. 그 아래의 것은 흙으로 축대를 쌓고 벽을 만든다. 가장 높은 것은 대략 6-7층이며 10여장丈[11]에 이른다. 가장 아래층은 지하로 굴을 파고 들어가 있으며, 기와는 아연이나 경석輕石, 도와陶瓦 등을 사용한다. 오래 지나도 무너지지 않으며 공작工作은 매우 정교하다.

라고 하여, 서국옥의 특징에 대하여 설명하고 있다. 「淸三通」이라는 중국 문헌을 참고하면서 그대로 옮겼으므로, 이 용어의 기원은 중국에 있다고 할 수 있고 그 표현이 그대로 한국에 소개된 예이다. 양옥洋屋은 윤치호尹致昊의 『윤치호일기尹致昊日記』(1권, 1885년)의 기록에서[12]

(전략)……박풍문泊葑門 밖에 이르면, 이 쪽에 양옥洋屋 4-5채가 있는데……(후략)

라고 하여 확인되고, 양실洋室은 『윤치호일기』(1권 1886년)의 기록에서,[13]

(전략)…… 제군(諸君)과 함께 노변에 앉아 점심點心을 조금 먹고, 곧바로 길을 나서니 7시반경에 서원書院에 도착하였다. 해당 서원에는 90여명의 유학생留學生이 있고 학교 좌측에는 3채의 양실洋室이 있다……(후략)

라고 하여, 최초로 확인된다. 양방洋房이라는 표현은 한성순보漢城旬報 1883년 11월10일자 신문의 중국 조계지租界地의 화재 소식을 전하는 기사 속에서 나타난다.

위와 같이 두 글자 또는 뜻을 조합하는 형식과는 다소 다른 형식으로, 둘 사이에 제製, 制나 조造와 같은 글자를 집어넣어 세 자나 네 자로 조합하는 경우도 있다. 예를 들어 서조옥西造屋, 양제옥洋制屋, 양지실洋之室, 양제건축洋製建築 등이 여기에 해당한다. 다음에서 각각의 표현이 최초로 등장한 기록을 살펴보자. 서조옥西造屋은 박제가朴齊家가 쓴 『정유집부북학의貞蕤集附北學議』(1778년)의 「북학의내편北學議內編」에서[14]

(전략)…… 듣기로, 극서조옥極西造屋은 벽돌을 사용하여 만든다고 한다. 천년 동안 개수하지 않은 것도 있다 하니, 가히 비용을 절감함이 지극하다 할 것이다. 만약 그러하다면 중국의 장화대章華臺나 아방궁阿房宮도 오늘날까지 남아 있었을 것이니, 후세의 제왕들은 궁실宮室을 짓는 일에 민력民力을 사용할 일이 없었을 것이다.……(후략)

라고 하여 극서조옥의 특징으로 벽돌을 사용하는 점을 들고 있다. 양제옥洋制屋은 김홍집金弘集의 『수신사일기修信使日記』(1880년 5월)의 기록에서[15]

(전략)…… 근래의 국규國規는 모두 양제옥洋制屋을 따르는데, 즉 벽돌로 지었고 철제 물받이를 사용하였으며, 그 창은 유리로 되어 있다. 모직 의복과 가

죽신을 착용하였다. 자연히 관부官府와 학교學校 이외에는 판옥板屋인 경우가 많았다.……(후략)

라고 언급하였는데, 양제옥의 특성으로 벽돌과 철제 물받이, 유리를 이용하는 것이 특징이라고 설명하고 있다. 양지실洋之室은 1881년에 일본 방문하고 기록한 이헌영李憲永의 저서 『일사집략日槎集略』의 「天聞見綠」에서, 양제건축洋製建築이라는 표현은 『일성록日省錄』의 1891년9월21일의 기사에서 최초로 확인된다.

이 중에서도 『승정원일기承政院日記』와 『일성록日省錄』에 등장하는 서양건축에 대한 표현은 「양관洋館」이라는 단어만 반복적으로 사용된다는 점에서 공식 기록에서 관용적으로 사용하는 서양건축에 대한 표현이 양관이었을 가능성도 제기해 볼 수 있다. 『윤치효일기尹致昊日記』[16]에서는 양옥洋屋과 양실洋室이라는 표현이 모두 등장하는데, 서양인의 집에 대해서는 양옥洋屋이라 하였고, 서양인의 방에 대해서는 양실洋室이라 하여 구분하여 사용된 예를 볼 수 있다. 이헌영李憲永이 1881년에 일본을 방문하고 기록한 『일사집략日槎集略』에도[17]

(전략)…… 회벽灰壁의 하얀 빛, 유리문의 밝음, 우뚝 솟은 3,4층의 벽돌 건축, 화상 난간의 조각은 화려하며 기이한 형상을 하고 있는데 이것이 양제옥洋制屋이다. 그러나 널판 지붕과 초가는 그저 촌야村野의 삶에서나 볼 수 있다.……(중략)……무릇 이러한 토속과 물정은 갑자기 옛것을 버리고 일체 새것을 따르는 것이다. 그리하여 새것을 따르는 자는 모두 양지실洋之室에 살고, 양지의洋之衣를 입으며, 양지언洋之言을 말한다. 이 어찌 모든 사람이 즐겁게 이리 하겠는가?……(후략)

라고 하여 양제옥洋制屋과 양지실洋之室이라는 표현이 둘 다 등장한다. 여기에서도 양제옥은 서양건축을 의미하는 것이고 양지실은 서양식 건축 속에 마련된 방 또는 서양식으로 꾸며진 방을 의미함을 알 수 있다.

서양식 건축 또는 서양 건축의 요소가 있는 건축을 단어로써 「양제洋制」라는 단어가 처음 등장한 것은 1832년이다. 김경선金景善의 『연원직지燕轅直指』(1832년 12월 26일)에서[18]

> (전략)…… 대체로 듣자하니 서양 그림의 오묘함은 단지 교묘한 생각이 넘쳐 나서가 아니라 재할裁割과 비례比例의 법칙에 있으며 오로지 산술에서 나온 것이라 한다. 그림 속의 인물은 모두 머리를 길렀으며, 옷은 큰 소매가 있고, 눈빛은 빛나고 있다. 궁실宮室과 기용器用은 모두 중국에서 보지 못한 바이니, 이것이 양제洋制일 것이리라.……(후략)

라고 하여 서양화의 내용을 설명하면서 궁실 즉, 건축을 비롯한 많은 부분에서 모두 양제로 표현되었다고 하였고, 여기에서 양제라는 단어를 사용한 것을 확인할 수 있다.

이후로 양제라는 단어는 서양 선축 양식을 설명할 때 빈번하게 등장하였다. 그 후 옥屋을 붙여서 양제옥洋制屋이라는 표현이 확인된 것은 김홍집이 1880년에 쓴 『수신사일기修信使日記』[19]에서이다. 이 글에서는 「전축甎築」이라 하여 벽돌을 쌓거나, 유리를 사용한 것, 「철류鐵溜」라는 철제 낙수받이를 사용한다고 양제옥洋制屋에 대해 설명하고 있다. 『일성록日省錄』에는 고종이 일본을 다녀온 김가진金嘉鎭과 이야기를 나누는 내용이 실려 있는데[20] 여기에서 처음으로 양제건축洋製建築이라는 표현이 등장한다. 최초로 서양 건축을 지칭하면서 건축이라는 단어가 사용된 예라 할 수 있다.

처음으로 서양 건축을 접한 사신使臣들은 그 표현이 구체적이지 않다. 여러 문장을 통하여 그 외관과 특징을 설명하였지만, 건축에 대한 지식이 없었던 만큼, 서양 건축을 판단하는 기준에서 오류가 발견되는 경우도 있으며, 이러한 정보부족으로 인하여 추상적이고 단순화된 용어로 표현할 수밖에 없었을 것이라고 생각해 볼 수 있다.

서양식 건축의 실제 체험과 용어의 변화

서양식 건축에 관한 일반인의 체험

한성에 서양식 건축이 최초로 세워지게 된 것은 개항하고 10여년이 지나 1887년에 완공되는 배재학당培材學堂이라고 할 수 있다.[21] 중국이나 일본에서 서양식 건축을 목격한 지식인 계층을 제외하고 평범한 일반 민중들은 한성에 서양식 건축이 건설되고 나서야 서양식 건축을 인지할 수 있었다. 따라서 당시 사람들이 본격적으로 서양건축이라는 존재를 인식하게 되는 것은 1890년 이후의 일이라고 할 수 있다. 외국 공관들과 교회당들이 본격적으로 들어서고 비로소 서양건축에 대한 인식이 가능하게 되었다.

처음으로 서양식 건축을 목격한 일반 민중들은 지식인 계층이 서양식 건축을 보고 표현한 것과는 다소 차이가 있었다. 기존의 지식인 계층이라 할 수 있는 외교 사신들은 기록할 때 문장으로 설명하였기 때문에 전술한 것처럼 서양을 의미하는 글자와 건축을 의미한 글자의 합성어로 규정하고 이에 대하여 구체적으로 설명하는 경우가 많았다. 서양건축에 대한 정보가 담겨 있는 경우도 있었지만, 대부분 추상적인 표현이었다.

이에 반해 대중들이 보는 시선은 달랐다. 일반 민중들이 서양식 건축을 접하고 느낀 서양식 건축의 특징은 건축의 기능이나 인상보다는 시각적인 특징이었을 것이다. 즉 지금까지 보아왔던 건축물과는 전혀 다른 형태를 가지고 있었으므로, 서양식 건축이 갖는 기존 한국 전통식 건축과 전혀 다른 외관은 충격적이었을 것이라고 추측된다.

일반 민중들에게 있어 서양 건축이 갖는 가장 두드러진 특징은 시각적으로 기존의 전통건축과 전혀 다르게 느껴지는 부분에 있었다. 첫째, 재료적 특징으로 벽돌을 사용하였다는 점이다. 중국에서는 오래 전부터 벽돌을 사용하였지만, 조선에서는 일반적으로 벽돌을 사용하지 않았고, 그러한 벽돌을 벽체에 주로 사용하였다. 둘째, 2층 이상의 높은 건물이 주를 이룬다는 점이다. 조선시대에는 2층 건물이 거의 존재하지 않았으므로, 일반 백성들에게 있어 그 규모가 주는 시각적인 인상이 두드러졌다. 그밖에 조선시대 건물에서는 창호에 살을 짜고 창호지를 바른 데 반해, 유리창과 철제 또는 장식문으로 구성된 점은 조선시대 건축과 가장 큰 차이점 중에 하나이다. 다음에서 그 차이가 서양식 건축의 용어에 어떻게 영향을 미쳤는지 고찰해 보고자 한다.

재료로 표현하는 서양식 건축 용어

1906년 마포에 일본식 벽돌공장이 세워지고, 벽돌을 칭하는 명칭으로 연와煉瓦를 본격적으로 사용하기 시작하였다. 『度支部來去案』(1896년 8월 4일) 「무안감리서 수리비용 지불에 관한 건」[22]에서 양제洋製 6칸의 집을 짓기 위해 필요한 자재와 가격이 등장하고, 그 명목에서 '연와석煉瓦石'이라는 항목에서 처음으로 煉瓦라는 표현이 처음 확인된다. 그 이전에는 벽돌을 지칭하는 용어는 중국식 표현이었던 전磚, 甎, 벽甓, 벽전甓甎을 사용하였다.[23] 이는 한자로 표기하는 경우에 한정되며, 벽돌이라는 표현도 그대로 사용하였다. 벽돌을 사용한 건물을 모두 서양건축이라고 인식한 것은 아니지만, 서양건축에서 벽돌을 사용한다는 점이 쉽게 인식되는 두드러진 특징이므로, 서양건축을 표현할 때 서西나 양洋과 같은 서양을 의미하는 용어를 사용하지 않고 벽돌을 의미하는 단어와 건축을 의미하는 단어의 합성어만으로 서양건축을 표현하는 경우도 많았다. 박제가의 사행록 『정유집부북학의貞蕤集附北學議』의 「北學議內編」 중 「甓」 부분에서 서양벽옥西洋甓屋이라 부설하였고,[24] 본문에서 서양건축은 벽돌을 사용하여 우수하다고 밝히고 있다. 서양건축의 특징으로서 벽돌을 거론한 최초의 예라 할 수 있다. 아직 한반도에 서양건축이 들어서기 이전이므로 많은 사례를 찾기 어렵지만, 본격적으로 서양건축이 한반도에 들어서면서 벽돌을 통한 서양건축 표현 예가 급증한다. 또한 당시의 도면에 기록된 사항을 통해서 벽전옥甓甎屋이라는 표현이나 벽돌집이라는 표현이 자주 등장한다. 『독립신문』에서는[25]

> (전략)…… 은행소 자본이 이십만원인데, 쉬히 대정동 벽돌집으로 은행소를 칠월초일일에 옮길 터이요……(후략)

라는 기사가 있는데, 이는 조선은행의 설립에 관한 기사로 정동의 벽돌집이라는 표현에서 서양풍 건축을 의미한다는 것을 확인할 수 있다.

전옥磚屋, 벽옥甓屋, 전옥甎屋 등의 한자 표현이 주를 이루었으며, 벽돌을 한자로 표기한 甓乭이라는 표현도 자주 등장한다. 전옥磚屋의 경우 1900년의 『宮內府案』에서는 러시아 공사관의 북측에 있는 磚屋의 소유관계에 대한 질의를 하면서 서양식 건축을 磚屋이라고 표기한 예가 확인된다.[26] 甎屋의 경우 1901년의 『한성부래거안漢城府來去案』에서[27]

> 귀국(프랑스) 사람 라백리(喇伯梨, J. de Lapeyriere)와 무로다래(武路多來, Baudret)는 서서西署 사직동계社稷洞契의 초가草家 4칸을 영국인 기일제奇一齊에게서 매입하였는데, 새로 계약하고자하니 이제 조회하고 교환하고자 합니다. 이미 듣기로 이들이 해당 집터 및 근처에 전옥甎屋을 건설하고자 한다고 합니다……(후략)

라고 하여 프랑스인이 전옥甎屋을 짓고자 한다는 기록이 있는 것으로 보아 전옥이 서양건축을 뜻하는 것이라고 볼 수 있다. 현존하는 당시의 기록 중에서 국어로 표기된 기록이 많지 않다는 점에서 그 예가 국한될 수밖에 없지만, 『독립신문』에서 서양건축을 벽돌집이라고 표현한 예를 상당수 찾을 수 있다.[28] 위에서 열거한 예는 개인의 기록이 아니라 관청의 공문서이거나 신문에 기재된 표현이라는 점에서 보편적 공감대가 확보된 표현이라 할 수 있다.

외관을 표현한 서양식 건축 용어

또 다른 서양건축의 특징으로서 들 수 있는 것이 다층을 들 수 있다. 당시 한국에는 종로의 일부 육의전 건물을 제외하고는 민간에서는 2층 건물을 짓지 않았던 것으로 보인다.[29] 따라서 일반인이 다층 건물을 눈으로 확인하는 것은 생경한 체험이었다고 볼 수 있다. 일반인들이 직접 목도할 수 있는 장소에 세워진 것으로서, 최초의 2층 서양식 건축 또는 서양의 양식을 모방한 것으로 평가되는 건축에는 일본공사관과 러시아공사관, 약현성당藥峴聖堂 등이 있다. 이보다 이른 시기에 관문각觀文閣이 경복궁에 세워졌지만, 궁궐에 지어진 건축은 일반인이 접근하기 어렵다는 점에서 그 성격이 다르다고 할 수 있다.

위의 건축은 모두 2층 이상의 건축이라는 특성을 지니지만 다층건물이 서양건축의 전유물은 아니었으므로 다른 부가적인 설명이 필요했다. 1832년에 작성된 김경선金景善의 사행록 『연원직지燕轅直指』에서 『신원지략宸垣識略』의 내용을 인용하면서[30]

> 서천주당기西天主堂記 …… (중략) …… 신원지략宸垣識畧에서 이르기를 서양의 마테오리치가 유럽에서 9만 리를 항해하여 중국에 들어왔고 천주를 숭봉崇奉하였다. 그 당堂의 제도는 좁고 깊은 것으로써 평면을 삼고, 정면은 바깥을

향하여 있으나 마치 측면과 같고, 그 지붕은 중국 권붕식捲棚式이며 기와를 덮었다……(중략)……협당夾堂 좌우로는 두 개의 전루甎樓가 있고.왼쪽에 풍금을 놓았다. 해가 정오를 향하자 누문樓門이 스스로 열리고 풍금이 소리를 내었으며, 시간이 지나자 소리가 그치고 누문이 닫혔다. 오른쪽의 성모당聖母堂에는 마리아라는 소녀 예수의 어머니상을 모셨다. 한 아이를 안고 있으며, 그 의복은 봉제선이 없이 이마로부터 온 몸을 덮었다……(후략)

협당 좌우에 두 전루甎樓가 있다고 묘사하고 있어, 서양건축의 특성을 벽돌과 누각으로 인식하고 있다.

또 이층누옥二層甓屋이라는 표현을 쓰기도 하였다. 1901년의 『각부청의서존안各部請議書存案』에서[31]

환구단圜丘壇 동측 담장 밖 청인清人 가옥 철거비 목록. 정노육丁老六의 기와집 17칸 1,700원元, 장릉성張隆成의 초가 7칸 500원元, 정경복程景福의 초가 10칸 700원元, 염환당閻煥堂 2층 벽옥甓屋 7칸과 기와집 17칸 8,000원元, 인례당仁禮堂 기와집 1개소와 초가 1개소, 다른 초가 1개소 2,500원元, 총합 13,400원元

라고 하여, 원구단 공사와 관련하여 주변 가옥 소유자에게 지불하여야 하는 금액 중에 이층벽옥에 대하여 언급하고 있다. 정노육丁老六이 소유한 17칸 규모의 기와집이 1700원인데, 염환당閻煥堂 소유의 7칸 이층벽옥二層甓屋과 17칸 기와집이 8000원이다. 이 중 기와집의 가격을 정노육의 집과 동일하게 1700원이라고 보면 6300원이 이층벽옥二層甓屋의 가격임을 알 수 있다. 7칸의 작은 2층 건물 가격이 기와집에 비하여 훨씬 비쌌다는 점에서 이층벽옥은 전혀 다른 형태의 고급 건축이라는 인식이 있었다고 추정할 수 있으며, 이를 통해 서양식 건축이 기존 한국 전통식 건축에 비해 압도적으로 비쌌음을 확인할 수 있다. 이 용어는 이층이라는 단어와 벽옥이라는 단어를 합성하여, 벽돌과 중층이라는 두 가지 특성을 동시에 이용하여 서양건축을 표현한 예이다.

그림 1-1 1935년의 서북학회 회관
(출처: 문화재청, 『건국대학교 구서북학회회관 기록화조사보고서』, 2004년, 41쪽, 재인용)

이외에도 양제누옥洋製樓屋 또는 삼층양제三層洋製라고 표현하여 단순히 다층 누각이라는 점 이외에도 서양식 건축임을 명확히 하고 있는 사례가 있다. 「양제누옥洋製樓屋」의 경우, 1896년 민영환閔泳煥이 러시아를 방문했을 때의 기록에서[32]

> (전략) …… 각국 기선이 혼란스럽게 섞여 있고, 양제누옥洋製樓屋은 하늘로 솟아 있으며 화물이 운집하니 실로 동양 제일의 번화한 거항巨港일 것이라……(후략)

라고 하여 서양건축을 양제누옥이라고 표현하였다. 「삼층양제三層洋製」의 경우 1908년의 잡지 『서우西友』의 「본회회관학교건축금청구서本會會館及學校建築金請捐書」라는 기사 속에서[33]

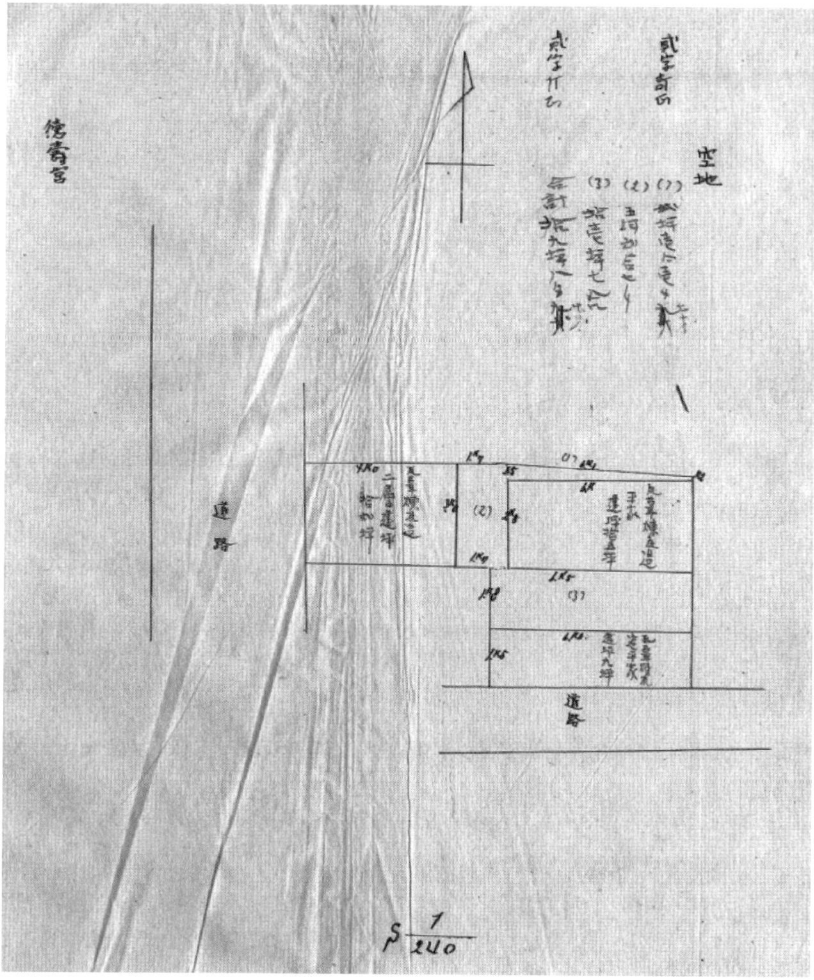

그림 1-2 『가사불허차에 관한 문서』 210「大漢門前石井洞掌樂院內」
(출처: 전봉희, 이규철, 서영희, 『한국근대도면의 원점』, 서울대학교 출판문화원, 2012년)

(전략) …… 소이所以로 삼층양제三層洋製의 대가옥大家屋을 신건新建ᄒᆞ기로 순모첨동詢謀僉同ᄒᆞ야 공역工役을 개시開始ᄒᆞ오니 차가此家의 광선光鮮은 즉아서북제도卽我西北諸道의 광선光鮮이오 …… (후략)

라고 서양식 건축의 신축을 알린 기사가 있다. 〈그림 1-1〉은 기사 속 삼층양제三層洋製 신축건축물인 서북학회회관의 당시 모습이다.

그림이나 글이 아닌 실제로 서양 건축을 접하는 것이 가능해진 이후 서양건축에 대한 표현은 이렇듯 재료와 규모라는 건축적 특성을 반영하였다. 그밖에 서양건축이 갖는 독특한 특징이라 할 수 있는 창호에 대한 표현도 있어, 양제창洋製窓이나 양제문洋製門이라는 표현도 등장하였다. 다음 기록에서[34]

> (전략)……주방廚房 양제문洋製門이 파손되어 한 쌍 새로 건조에 20원元. 양제창경洋製窓鏡 19곳 유리 값 25원元

라고 기록되어 있다. 이러한 용어를 통해 서양건축에 대한 표현 기준이 제시되기 이전 또는 그 기준을 필요로 하지 않는 분야에서 당시에 범용하였던 서양건축에 대한 표현이 무엇이었는지 확인할 수 있다.

이후 축부와 지붕을 분리하여 표현하는 방식이 등장한다. 이는 근대적 제도의 도입과도 관련이 있다고 할 수 있다. 1908년의 기록인 〈그림 1-2〉는 건물차입에 관련된 문서로서 측량을 통해 작성하여 보다 구체적인 표현방법을 취하고 있다. 기존의 추상적인 표현이 아닌, 와즙연와조평가瓦葺煉瓦造平家, 와즙연와조이층瓦葺煉瓦造二層 등의 표현을 하고 있고, 재료와 규모를 상세하게 기술하는 방식을 취하고 있다.

제도의 제정과 용어의 변화

측량조사사업의 근대화와 건축에 관한 표기

1894년에 탁지아문度支衙門 아래에 지적과 측량에 관한 양전사무量田事務를 담당하는 기관으로 판적국版籍局 외 5국을 설치하면서 근대적 토지조사사업이 시작되었다.[35] 그리고 1896년 9월에 호구조사규칙戶口調査規則이 제정되면서 본격적인 근대적인 호적조사사업도 시작되었다. 호적조사는 기본적으로 내국인을 대상으로 하고, 서양건축의 대부분은 그 소유가 서양인이나 중국인, 일본인이라는 점에서 호적 기록 속에서는 서양건축에 대한 표현은 거의 없다. 이 시기 호적 자료 속에서는 가옥에 대한 정보를 칸수로 기재한다. 본인 소유의 가옥인 기유와 임대한 가옥인 차유로 나누고 각각 기와와 초가로 다시 나누어 총 4가지로 분류하고 각각에 맞는 칸수를 기재하여 표현하였다. 이 기준에 의하면 서양건축에 대한 표기가 불가능하다.

교토대학京都大學 소장의 호적 자료[36] 속에서는 1903년의 조사에서 처음으로 서양 건축에 대한 표현이 등장하는데, 기록할 수 있는 부분이 없기 때문에 초가를 적는 란에 「양철가가洋鐵架家」[37]라는 표현과 「洋鐵」[38]이라는 표현으로 재료에 대해 표기하였다. 〈그림 1-3〉 1906년의 호적 조사에서는 「洋室」[39]

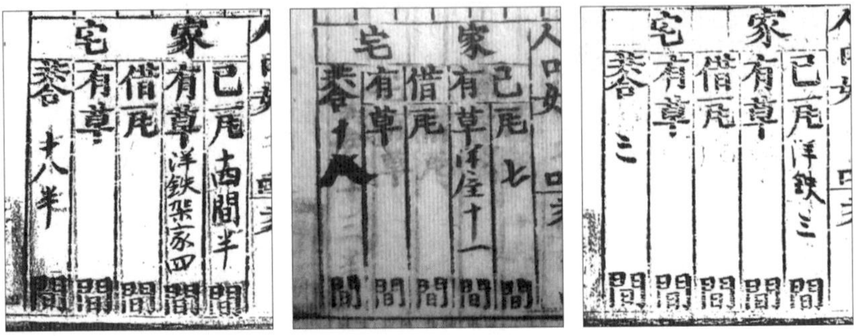

그림 1-3 호적 자료 속 서양식 건축의 표기(좌: 광통방 21통 4호, 중: 서린방 23통 6호, 우: 광통방 21통 9호)

이라는 표현과 「洋屋」[40]이라는 표현이 등장하여 〈그림 1-3〉 서양건축에 대하여 단순화된 표현을 사용한 것을 알 수 있다. 기본적으로 호적 조사는 공적인 양식 안에 각각 그 호의 거주자가 직접 기재하여 제출하는 것이 원칙이었으므로, 호적자료 자체는 공적인 자료라 할지라도 그 안에 표기된 용어는 공적인 것이 아닌 개인적인 것이라고 해석할 수 있다. 위에서 다룬 다른 공문서의 경우와 마찬가지로 정부가 규정한 서양건축에 대한 표기 기준은 존재하지 않았던 것으로 보인다. 만약 존재했다고 하더라도 그 규정은 제대로 지켜지지는 않았던 것으로 보인다.

중국식 건축과 일본식 건축에 대한 표기

중국을 다녀온 사신들이 중국식 건축에 대하여 설명할 때, 한국과 다른 특징으로서 거론한 것이 벽돌이었다. 당시 한국에서는 벽돌을 사용하는 것이 일반적이지 않았으므로, 벽돌을 사용하여 축조한 건물을 중국 건축이라고 인지하는 경향이 컸다. 그 중에서도 벽돌로 벽체를 쌓고, 기와지붕을 올리면 중국식 건축이라고 인지하였고, 평지붕이나 양철 또는 동판지붕을 사용하면 서양 건축이라고 인지하였다. 일본을 다녀온 사신들은 그 건물의 특징으로 판벽板壁이라는 점을 들고 있지만, 한국 전통 건축과 크게 다르지 않다

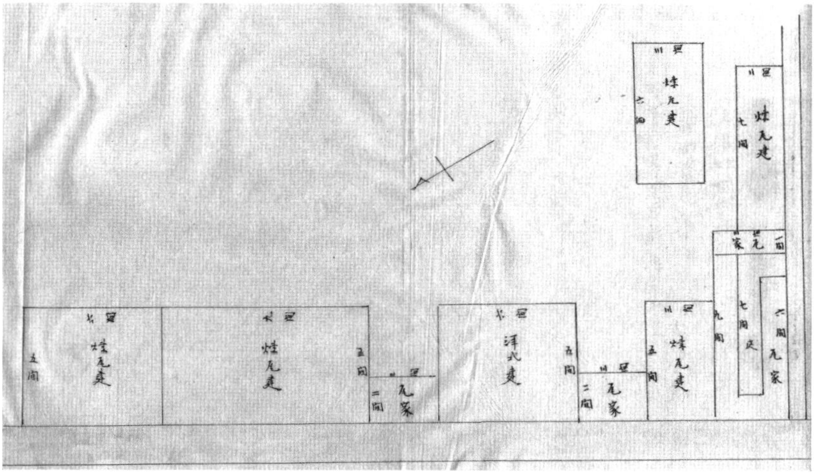

그림 1-4 『가사불허차에 관한 문서 3호』 026-2 「京城南署會賢坊石井洞」
(출처: 전봉희, 이규철, 서영희(2012) 『한국근대도면의 원점』, 서울대학교 출판문화원)

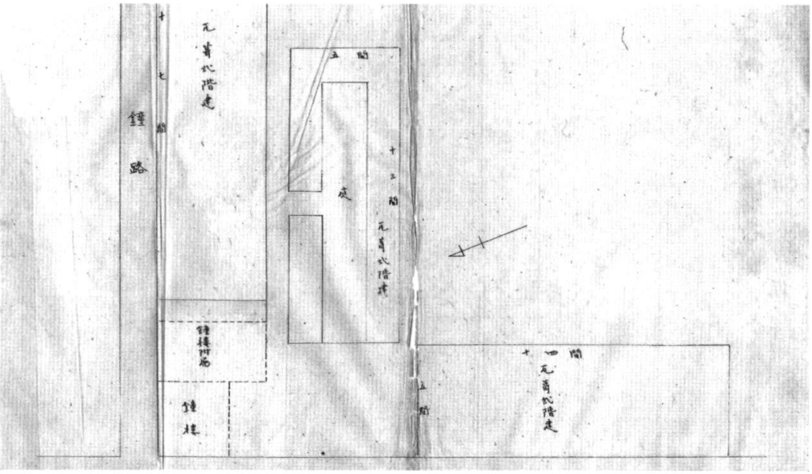

그림 1-5 『가사불허차에 관한 문서 3호』 062 「長通坊丁萬石契鍾路洞」
(출처: 전봉희, 이규철, 서영희(2012) 『한국근대도면의 원점』, 서울대학교 출판문화원)

고 인식하였다. 중국식 건축과 한국 전통식 건축은 서로 다른 양식이라고 인식했지만 일본식 건축에 대해서는 한국과 동일한 양식을 갖는다고 판단한 것으로 생각된다. 벽돌이라는 재료가 중국식 건축의 전유물은 아니고 서양식 건축에서도 주로 사용하는 재료이므로, 중국식과 서양식을 구분하는 기준이 되는 가장 중요한 요소가 지붕과 창호였다고 볼 수 있다. 이러한 단순 비교를

그림 1-6 보신각과 뒷 편의 중국식 기와 건물
(출처: (위)서울특별시사편찬위원회(2002)『개항이후 서울의 근대화와 시련(1876~1910)』, 49쪽. (아래)버튼 홈스, 이진석 역(2012)『1901년 한성을 걷다』, 푸른길, 68쪽)

통한 이해는 한국건축과 서양건축을 구분함에 있어서도 마찬가지이다.

그러나 서양식 건축을 일반 민중들이 형태로서 인식하게 되면서 중국식 건축과 일본식 건축이 서양식 건축과는 다른 특징을 갖고 있다는 점을 인식하게 되었다고 볼 수 있다. 서양건축과 각국의 건축을 비교하는 과정에서 생겨난 단순 비교가 어떻게 일반화되었는지에 관해서는 중국식 또는 일본식 건축이 건축으로 어떻게 표현되는지 확인하면 알 수 있다. 〈그림 1-4〉 에서는 연와건煉瓦建, 서양건西洋建, 와가瓦家 등 세 종류로 구분되어 있고, 여기에서 연와건煉瓦建은 서양식 건축을 의미하는 서양건西洋建과 한국 전통 건축을 의미하는 와가瓦家의 중간 형태라고 추정해 볼 수 있다. 즉 연와건煉瓦建은 벽돌 건축이라는 뜻이므로 재료에 있어서 한국 전통식 건축과는 확연한 차이가 난다고 볼 수 있고, 서양식 건축과 동일한 재료를 사용하였다고 볼 수 있다. 그러나 서양건이라고 표기하지 않은 것은 서양식 건축이라고 부르기에는 부족한 점이 있기 때문에 그렇게 표기한 것이라고 볼 수 있다. 또 〈그림 1-5〉에서 표현하고 있는 와즙이계건瓦葺二階建은 비슷한 시기 이 도면과 동일한 위치를 찍은 사진인 〈그림 1-6〉을 참고해 보자. 〈그림 1-6〉의 보신각 뒤쪽으로 중국식 건축이 보이는데 이 건물이 〈그림 1-5〉의 와즙이계건瓦葺二階建임을 알 수 있다. 이 시기가 되면 서양식 건축을 표현하는 추상적 용어에서 탈피하여 서양식 건축과 벽돌 건축을 구분하고, 중국식 건축을 따로 표기하는 등 표현이 구체화되고 세분화되있음을 알 수 있다. 당시 서울에 혼재해 있던 일본식 건축과 중국식 건축이 이러한 세분화에 중요한 역할을 했다고 볼 수 있다.

반양제(半洋製)에 관한 고찰

반양제 건축의 등장: 감리서 건축

현재 반양제라는 표현이 최초로 등장하는 문헌은 『삼화항보첩三和港報牒』(1898년1월20일)이다. 삼화감리서三和監理署 34間에 4,080원元을 들여서 반양제로 신축 도급都給하기로 하였다는 내용의 문서이다. 이후 1901년 10월에 건축비용 집행과 관련된 문서가 등장하며 그 내용을 통해 공사비가 10,456元으로 증가했다는 것을 알 수 있고,[41] 1902년 11월에 준공보고를 하였음을 확인할 수 있다.[42] 즉 실제 공사는 1901년 말부터 1902년 11월 사이에 이루어졌다고 볼 수 있다.

삼화감리서를 반양제로 건축한다는 문서와 비슷한 시기에 작성된 무안감리서務安 반양제 신축에 대한 문서가 있다. 그 내용을 보면[43]

> (전략)…… 대청大廳 33칸間, 반양제半洋製, 각칸 사방 10척尺, 전체 길이 110척尺, 폭 30척尺, 기둥 높이 11척尺7촌寸, 벽돌壁乭벽 너비 8촌寸, 내벽內壁은 본국本國 형식의 벽,……(중략)…… 각방 내 유리창 길이 5척, 폭 3척5촌,……(중략)…… 350원에 동루주棟樓柱 150개, 120원에 23척 대량大樑 3개, 90원에 17척 대량大樑 3개, 20원에 15척 대량 1개, 266원에 장연長緣 800개, 500원에 장후정판長厚正板 300립立, 240원에 대중방목大中防木 300개, 160원에 장송長松 500립, 12원에 연함椽含 700골骨, 60원에 산자목散子木 60타駄, 12원에 새끼줄 2,000사내沙乃, 320원에 기와장瓦子 20,000장張,……(중략)…… 유리쌍창琉璃雙窓 50짝과 장식구粧飾具,……(중략)…… 벽돌壁乭 70,000장張 석회백토石灰白土……(후략)

라고 적혀 있다. 이 문서는 구체적인 공사비와 소요 재료 내역이 함께 담겨 있어 건축물의 형태를 일정 부분 추정해 볼 수 있다. 무안감리서는 33칸을 반양제로 건축하였고 총공사비는 10,429원元42전錢이었다. 정면 11칸, 측면 3칸 규모이며 외벽은 벽돌벽이며 내벽은 한국식으로 하였다. 벽돌은 8만장이 사용되었고, 외벽뿐만 아니라 내벽에도 유리창이 설치되었으며, 유리창의 규격은 가로 105cm, 세로 150cm 정도였다. 동자주棟樓柱와 대들보를 사용한 것으로 보아 지붕 가구는 한국식이었을 것이라고 추정할 수 있다. 요컨대 무안감리서는 벽돌조 외벽에 유리창이 설치되어 있고, 상부 구조는 한국식으로 구성되어 있는 형태의 건물이라고 추측되며, 현존하지 않으므로 그 형태를 확인하기 어렵지만, 〈그림 1-7〉과 같은 상부가구는 한국 전통식이면서 외벽에 벽돌과 유리창을 적극적으로 차용한 형식의 건축이라고 추정된다. 또 삼화감

그림 1-7 반양제 건축과 유사한 형식으로 추정되는 사례
(출처: (위) 漢城郵遞支司 이돈수, 이순우 (2009)『꼬레아 에 꼬레아니: 사진해설판』, 하늘재, 164쪽. (아래) 漢城電報總司 서울특별시사편찬위원회 (2002)『개항이후 서울의 근대화와 시련(1876~1910)』, 125쪽)

리서도 규모와 건축비에 있어서 무안감리서와 유사하다는 점에서 유사한 형식이었을 것으로 추정된다.

평양감리서도 반양제로 건축하였다는 기록이 있는데 이 공사는 일본인 이치가와 이스르기市川石動가 일본화 13,500원圓에 도급 계약을 맺었고, 일단

80,000량兩으로 공사에 착수하도록 하였다.[44] 건축형식이 어떠했는지에 대하여 확인 가능한 자료는 확인되지 않았지만, 일본인이 건축하였다는 점과 공사비가 훨씬 높았다는 점 등으로 미루어 보아 위의 삼화감리서나 무안감리서와는 다른 형태였을 것이라고 추정된다. 그렇다고 하여도 평양감리서의 공사비는 일반적 서양식 건축을 건설하기에는 부족했으므로,[45] 당시 일본인 대목수들이 주로 담당해서 건설했던 의양풍疑洋風이라 불리는 서양풍의 일본식 목조건축이었을 가능성이 크다고 추정된다.

위와 같이 감리서 건축을 반양제로 짓는 것은 감리서가 개항장에 위치하는 점과 관련이 있다. 감리서의 업무는 개항장을 관리하는 근대화된 업무였으므로 그 시설도 근대화된 시설을 필요로 했다고 볼 수 있다. 그렇지만 당시 상황에서 서양식 건축을 건설하기는 쉽지 않았으므로 절충적 선택이라고 추정된다. 이러한 측면에서 반양제 건축은 당시 수요가 많았던 감리서 건축에서 주로 적용되었을 것이라고 볼 수 있다.

대한제국기 반양제 표현의 다변적 전개와 반양제 건축의 특징: 신문기사 속 표현

정부 공문서 속에서 위에서 살펴 본 기록을 제외한 반양제에 대한 기록은 확인되지 않는다. 그러나 그 이후 신문기록에서 반양제가 상당수 확인된다. 1900년 이후 한국에서 신문을 창간한 사례가 급증하면서, 신문 속에서 반양제라는 표현을 활용한 사례를 찾을 수 있다. 1906년에서 1910년까지의 대한매일신보大韓每日新報와 황성신문皇城新聞에서 그 용례가 수차례 확인된다.

학교, 상점, 일반 주택, 관청, 궁궐 등 광범위하게 반양제라는 용어가 사용되는 것을 확인할 수 있다. 학교를 반양제로 건설하였다는 기록이 가장 많지만 건축의 외관을 확인할 수 있는 자료가 없어 그 구체적인 모습은 확인할 수 없다. 그 밖의 신문기사 속 표현을 보면 크게 두 가지로 구분할 수 있다. 하나는 광고 속에서 반양제 가옥을 판매한다는 기록이고, 다른 하나는 일본인이 건설한 반양제 건축에 대한 기록이다.

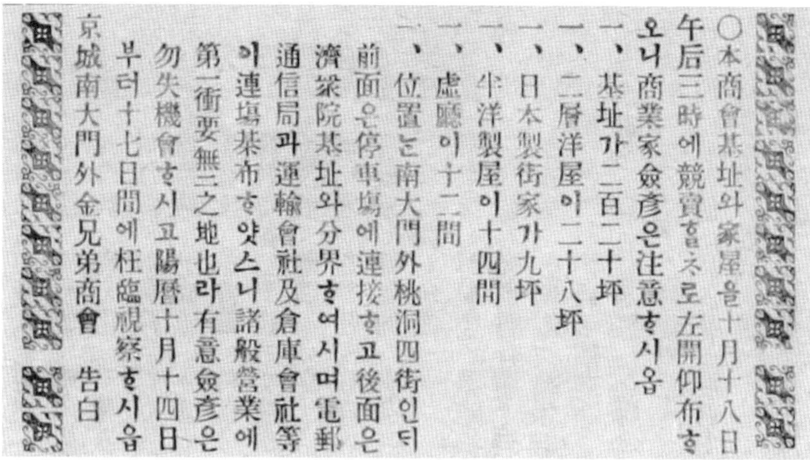

○本商會基址와家屋을十月十八日
午后三時에競賣ᄒᆞᆯ次로左開仰布ᄒᆞ
오니商業家僉彥은注意ᄒᆞ시옵
一、基址가二百二十坪
一、二層洋屋이二十八坪
一、日本製街家가九坪
一、半洋製屋이十四間
一、虛廳이十二間
一、位置는南大門外桃洞四街인ᄃᆡ
前面은停車塲에連接ᄒᆞ고後面은
濟衆院基址와分界ᄒᆞ여시며電郵
通信局과運輸會社及倉庫會社等
이連塲基布ᄒᆞ얏스니諸般營業에
第一衝要無二之地也라有意僉彥은
勿失機會ᄒᆞ시고陽曆十月十四日
부터十七日間에枉臨視察ᄒᆞ시옵
京城南大門外金兄弟商會　告白

그림 1-8 황성신문(皇城新聞)에 실린 주택 판매 광고 (출처: 『皇城新聞』 1907년 10월 8일, 4면 3단)

먼저, 반양제 가옥 판매에 대한 기록은 두 건이 반복적으로 등장한다. 하나는 돈의문 밖 1,854m² 대지의 반양제가옥 6칸을 포함한 대저택 판매 광고와 숭례문 밖 도동桃洞 4가에 위치하며 여러 채로 구성된 대저택을 판매한다는 광고이다. 둘 다 상업에 유리한 입지조건을 가진 곳이다. 이 중에서도 도동 4가의 주택에 대한 광고를 보면, 2층 양옥 28평, 일본식 상가 9평, 반양제 가옥 14칸, 헛칸 12칸이라고 기록되어 있다. 〈그림 1-8〉 양옥과 일본식가옥에 대해서는 坪으로 면적을 표기하였고, 반양제와 헛칸은 칸間으로 표기하였다. 1평은 일본식 건축의 1칸에 해당하는 면적으로 1.8m×1.8m의 면적이다.[46] 반면 한국식 가옥의 경우 1칸의 크기가 대략 2.4m×2.4m로 훨씬 크다. 따라서 일본식 가옥 9평이라 함은 기둥간격을 기준으로 9칸 건물임을 의미하는 것이라고 할 수 있다. 여기서 반양제 가옥 면적을 칸間으로 표기했다는 것은 반양제 가옥의 기둥 간격은 일본식 상점과는 달리 한국식이라는 것을 의미한다. 즉, 이 광고에서 반양제 건축은 한국식 기둥간격을 가진 건물로 기둥 간격 및 기본 구조는 한국식이고 여기에 서양식 요소가 가미된 건물이라고 유추할 수 있다.

둘째, 일본인이 건설한 반양제 건축에 대한 기록은 3건의 기사가 있다. 창

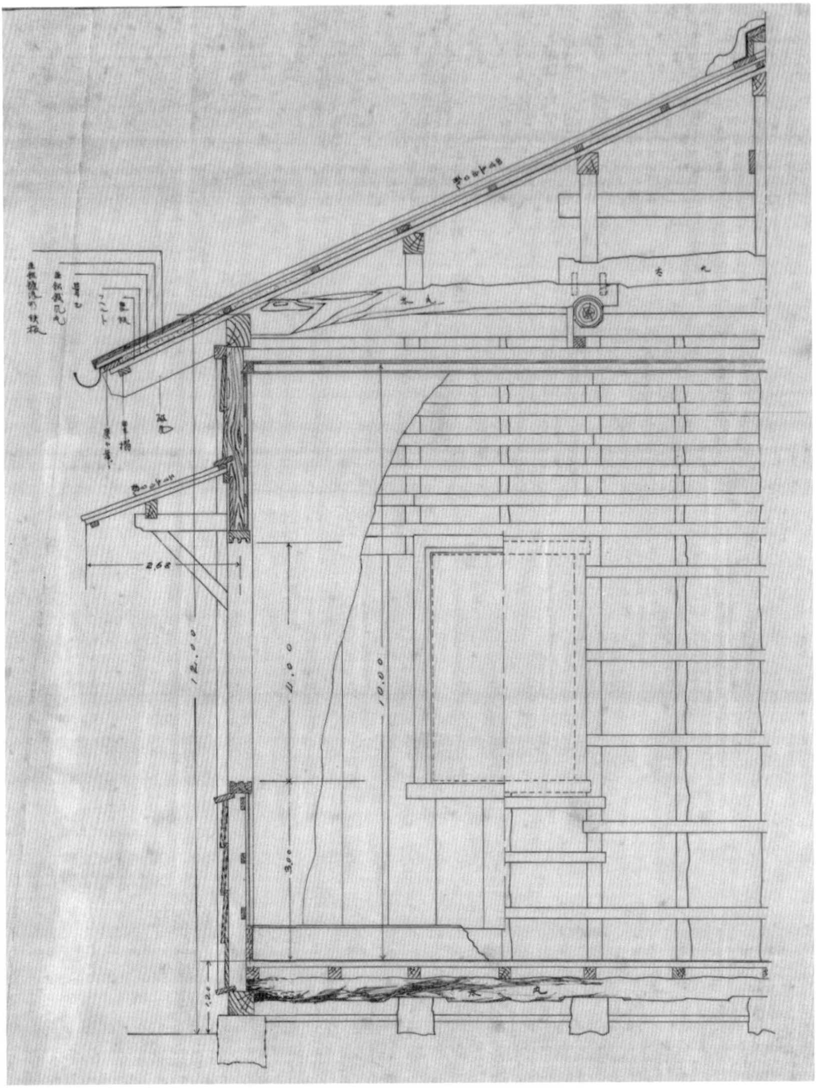

그림 1-9 동부경찰서 사무실 증축 설계 및 구 배치도(東部警察署事務室增築設計及舊配置圖) (출처: 국가기록원)

덕궁 인정전 및 행각 공사, 동부경찰서, 그리고 토지조사국 일본인 숙직소가 그것이다. 창덕궁 인정전 및 행각 공사는 인정전 내부에 서양식 인테리어를 적용하는 공사와 행각을 새롭게 고쳐서 서양식 트러스 구조로 지붕을 개조하는 공사이다.[47] 이 공사는 일본인 도시미츠 고사부로利光小三郎[48]가 도급하여 참여한 공사이다.[49] 창덕궁 인정전과 동부경찰서 공사는 관련 도면이 남아 있어 국가기록원이 소장하고 있다. 〈그림 1-9〉 도면을 통해 이른바 의양풍擬洋風에 속하는 일본식 목조 건축임을 확인할 수 있다. 일본식 지붕구조와 일본식 비늘판벽으로 구성된 단순한 목구조이지만, 유리창을 사용했다는 점에서 서양식 특징을 갖는다고 할 수 있다. 토지조사국의 일본인 숙직소도 부속건축물이라는 점에서 이와 비슷한 건축이었을 것이라고 추정할 수 있다.

반양제 건축이라는 용어는 대한제국기에 생겨난 단어이다. 그러나 대한제국기의 용례를 통해서 보면 그 적용범위가 광범위하다는 것을 확인할 수 있다. 기본 구조를 한국식으로 하고, 벽체만 벽돌조로 하고 유리창을 설치한 경우, 창덕궁 인정전과 같이 외관은 한국식인데 내부 인테리어를 서양식으로 한 경우에도 반양제라고 하였다. 또 창덕궁 인정전 행각은 지붕구조만 서양식 트러스로 바꾸었는데 이 또한 반양제라고 하였고, 일본식 의양풍 건축도 반양제라고 하였음을 알 수 있다. 결국 반양제 건축의 범위는 명확하지 않으며, 그 정도의 차이가 있더라도 서양식 건축요소가 차용된 경우라면 모두 반양제건축의 범주에 속한다고 볼 수 있을 것이다.

반양제 건축의 양식적 정리

1924년의 『중추원조사자료』[50]에서 한국 건축을 조사하여 분류해 놓았다. 이 자료에 의하면 기와집, 초가집, 흙담집, 반가班家, 반일제半日制, 반양제半洋制, 움가窨家로 구분하였다. 반가는 초가와 기와의 절충이라고 설명하였고, 반일제는 조선과 일본의 절충, 반양제는 조선과 서양의 절충양식이라고 설명하였다. 반양제에 더하여 반일제가 추가되었고, 기와와 초가의 절충인 반가도 더해져 있음을 확인할 수 있다. 일제강점 이전까지는 반양제 안에 일본인의 건축도 포함되어 있었다. 즉, 일본식과 서양식의 절충도 반양제로 보았다고 할 수 있는데 위 문서에서는 반양제를 조선식과 서양식의 절충이라고 정리하여 반양제의 의미가 세분화된 것을 확인할 수 있다. 이는 반양제의 의미가 변화하면서 양식적인 정리가 이루어졌다고 볼 수 있는 것이다.

소결

본 장에서는 개항기 한국에 서양건축이 유입되고 확산되는 과정을 이해하기 위한 하나의 수단으로서 서양건축을 표현하는 용어가 변화를 살펴보았다. 그 양상은 〈그림 1-10〉과 같은 흐름을 보이는 것을 확인할 수 있었다.

최조의 표현은 추상적인 표현이든 구체적인 표현이든 모두 서西라는 글자를 병용하여 서양의 건축임을 밝힌 것이 특징이다. 추상적인 표현에서는 양洋이라는 표현이 서양을 대변하게 되고, 구체적인 표현에서는 서양이라는 표현이 사라지면서 누樓라는 글자를 통해 다층을 표현하면서, 보다 구체화된다. 그러다가 1890년대 이후 서양건축을 체험하기 시작하면서 표현이 다양해진다. 추상적인 표현도 사용하였지만, '벽돌집'과 같은 구체적이고 쉬운 표현이 등장했다는 것은 서양건축의 대한 인식이 확대되었음을 의미하는 것이다. 이후 제도와 기술이 변하면서 매우 구체적이고 상세한 표현도 등장하며, 이러한 복잡한 표현들은 반양제, 전양제, 반일제와 같은 새로운 일반화를 통해 추상화된다.

이상과 같은 변화 양상 속에서 드러나는 대표적인 특징으로 다음과 같은 두 가지를 들 수 있다. 첫째, 추상화에서 구체화되고, 다시 이를 통합하여 추상화되는 과정으로 전개되는 변증법적 변화를 보인다는 점이다. 추상화와

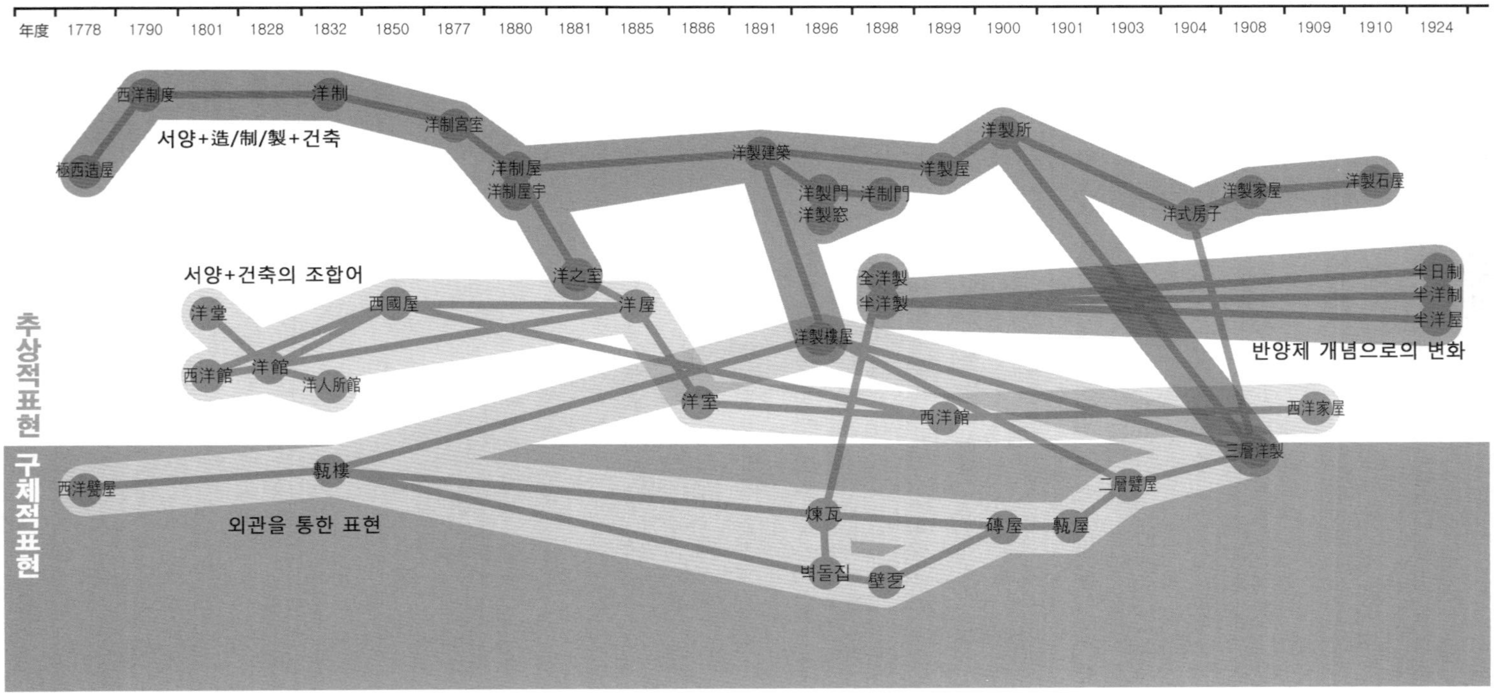

그림 1-10 서양식 건축의 용어 변화도

구체화가 상호 작용하여 새로운 일반화가 보인다는 점은 서양건축에 대한 인식도 그것에 맞추어 구체화와 일반화가 이루어졌다고 볼 수 있다. 둘째, 중국식 건축과 일본식 건축이 관여한다는 점이다. 당시 한국에는 중국식과 일본식 건축이 상당수 존재하였고, 이 둘도 마찬가지로 외부에서 유입된 건축이었으므로 다른 유입된 건축인 서양건축을 인식함에 있어서도 이 두 건축이 크게 작용하였음을 확인할 수 있다.

본 장에서 서양 건축의 표현이 변화하는 과정을 살펴보면서, 서양건축에 대한 인식이 변화하는 양상을 이해할 수 있었다. 이 양상에서 중요하게 작용했다고 판단되는 중국과 일본의 역할은 단순히 건축 용어에 있어서 뿐만 아니라 건축 전반으로 확대하여 살펴볼 필요성이 있다. 개항이후 중국 건축과 일본 건축에 관하여 고찰하는 것을 통해 개항기 건축을 이해하는 관점을 넓힐 수 있다는 점에서 다양한 가능성을 제시해 줄 수 있을 것으로 기대된다.

주_

1 김영주 (2005) 「『서궐영건도감의궤』의 차자표기해독 - 부재명 어휘를 중심으로 -」, 『인문과학건축』 제6집
오창명, 손희하, 천득염 (2007) 「『서궐영건도감의궤』의 목재류 어휘 분석 연구」, 『건축역사연구』 제16권 제1호
김재웅 (2011) 「宋代 『營造法式』과 朝鮮時代 『營建儀軌』 大木作 名件 용어의 대조 연구」, 『대한건축학회논문집(계획계)』 제12권 제12호

2 권준형 (2011) 『조선시대 건조물 수리공사 관련 용어 및 용례에 관한 연구 -'重'자, '改'자가 사용된 용어를 중심으로 -』, 한양대학교 석사학위논문

3 홍순민 (1996) 『조선왕조 궁궐경영과 양궐체제의 변천』, 서울대학교 박사학위논문, 202~204쪽

4 이규철, 전봉희 (2012) 『근대도면을 통해본 대한제국기 한성부 도시건축의 변화, 한국근대도면의 원점』, 서울대학교 출판문화원

5 禹東善 (1999) 『韓國の近代における建築觀の変遷に關する硏究』, 東京大學 박사학위논문

6 영건의궤연구회 (2011) 『영건의궤: 의궤에 기록된 조선시대 건축』, 동녘

7 『承政院日記』 원본 1845책(탈초본 98책), 1801(純祖元)년 12월 22일, 23번째 기사; 尹鑴 (1801) 『顯廟行狀』 「承薰隨燕槎而購來邪書, 入洋堂而師事異類.」

8 宣武門內, 城東邊城下路傍, 又在西洋館, 天主堂在焉. (작자미상, 『赴燕日記』, 「往還日記」, 1828년 6월 25일)

9 (전략)……大王大妃殿敎曰, 邪學冊子, 出自何時乎? 止淵曰, 正廟朝時罪人承勳, 使行時隨入, 有所持來傳播云矣. 辛酉討邪時, 盡爲燒火, 而未知或有遺漏者而然, 伊後使行時, 以我國人勿相通涉之意, 至有奏聞之擧, 臣之年前燕行時見之, 則洋館絶無通涉之事,……(후략) (『承政院日記』 원본 2365책(탈초본 117책), 1839(憲宗5)년 3월 5일, 13번째 기사)

10 西國屋有三等. 最上者純以石. 其次磚爲牆. 柱木爲棟梁. 其下土爲牆築臺. 最高累六七層. 至十餘丈. 下一層入地中藏窖. 瓦用鉛或輕石或陶瓦. 歷久不壞. 工作極精巧. (李圭景, 『五洲衍文長箋散稿』(奎56 27-v.5-60), 「人事篇/宮室類」, 1800년대 초)

11 10장(丈)은 대략 30m정도이다.

12 (전략)……到泊葑門外, 此邊有洋屋四五棟……(후략) (尹致昊, 『尹致昊日記』, 1885년 7월 23일(영인본: 국사편찬위원회 (1973) 『韓國史料叢書 第19 尹致昊日記』 1권, 158쪽))

13 (전략)……與諸君坐路旁, 喫些點心, 因卽起程, 七時半頃到書院, 該院旣有九十餘名留學生, 校左有洋室數三軒……(후략) (尹致昊, 『尹致昊日記』, 1886년 6월 12일(영인본: 국사편찬위원회 (1973) 『韓國史料叢書 第19 尹致昊日記』 1권, 208쪽))

14 (전략)……聞極西造屋, 以甓燒成. 有千年不修改者, 可謂省費之極. 若然, 中國之章華 · 阿房, 至今可存, 而後世帝王, 更無以宮室役民力者矣.……(후략) (朴齊家, 『貞蕤集 附北學議』, 「北學議內編」의 「甓」부분, 1778년(영인본: 국사편찬위원회 (1961) 『韓國史料叢書 第12 貞蕤集 附北學議』, 393쪽))

15 (전략)……近年國規, 悉從洋制屋, 則甎築鐵溜, 琉璃其窓, 服用氈裘革履, 然自官府學校以外, 多用板屋.……(후략) (金弘集 (1880) 『修信使日記』 卷二, 「修信使金弘集復命書」, 1880년 5월 28일부터 6월25일까지의 기록 (영인본: 국사편찬위원회 (1985) 『韓國史料叢書 第9 修信使記錄』, 154쪽))

16 주13)과 주14) 참조

17 (전략)……灰壁之白, 琉戶之明, 屹彼三層四層, 煉石之築, 畫欄之雕, 爛然奇形異形, 此洋制屋, 而板覆茅蓋, 只見村野間居生.……(중략)……凡此土俗物情, 翻然捨舊, 一切從新, 而從新者亦皆室洋之室, 衣洋之衣, 言洋之言也. 此豈人人樂爲之然哉.……(후략) (李憲永, 『日槎集略(天)』, 「聞見錄」, 1881년 이후 작성 (영인본: 국사편찬위원회 (2009) 『韓國史料叢書 第53 敬窩集略』, 498쪽))

18 (전략)……蓋聞洋畫之妙, 不惟巧思之過人, 有裁割比例之法, 專出於籌術也. 畫中人皆被髮, 衣大袖, 眼光炯然, 宮室器用, 俱中國所未見, 意皆洋制也.……(후략) (金景善, 『燕轅直指』(규12698) 卷之三, 「留館錄(上)」 중 1832년 12월 26일의 기록)

19 주 16) 참조

20 『日省錄』,「綱　召見駐箚日本辨事大臣金嘉鎭于萬慶殿」, 1891(高宗28)년 9월 21일

21 서울특별시사편찬위원회 (1999) 『서울건축사』, 659쪽

22 『度支部來去案』(규177669) 一冊, 1906(光武10)년 8월 4일

23 박성형 (2010) 『甓甎: 한국 벽돌건축의 조영원리』, 시공문화사

24 朴齊家 (1778) 『貞蕤集 附北學議』,「北學議內編」의「甓」부분 (영인본: 국사편찬위원회(1961) 『韓國史料叢書 第12 貞蕤集 附北學議』, 392쪽)

25 『獨立新聞』 1896년 6월 30일, 2면 1단

26 『宮內府案』(규17801) 七冊, 照會61호, 1900(光武4)년 6월 2일

27 貴國人, 喇伯梨, 武路多來, 在西署社稷洞契草家四間, 買得於英國人, 奇一齊所, 而該家新契, 頃因貴照會換交矣. 昨聞該人等欲建造甎屋於該家基址外近地云.……(후략) (『漢城府來去案』(규17984) 一冊, 照會第七號, 1901(光武5)년 9월 4일)

28 『獨立新聞』 1896년 6월 30일 2면 1단, 1896년 7월 23일 3면 1단, 1898년 9월 3일 4면 2단, 1898년 12월 2일 4면 2단, 1899년 6월 6일 3면 1단, 1899년 8월 11일 4면 2단, 1899년 11월 22일 1면 3단 등에서, 서양식 건축을 칭하는 용어로써 벽돌집이라는 표현을 사용한 것이 확인된다.

29 이와 관련된 자세한 언급은 제2장 4.에서 다루었다.

30 西天主堂記……(중략)……宸垣識畧曰. 西洋利瑪竇, 自歐羅巴航海九萬里, 入中國, 崇奉天主. 其堂制狹以深實, 正面向外, 而宛若側面. 其頂如中國捲棚, 而覆以瓦.……(중략)……夾堂左右, 有兩甎樓. 左貯天琴, 日向午則樓門自開, 琴乃作聲, 移時聲止, 樓卽閉矣. 右聖母堂, 供瑪作亞作少女耶蘇之母像. 抱一小兒, 其衣服無縫, 自頂被于身……(후략) (金景善,『燕轅直指』(규12698) 卷之三,「留館錄(上)」중 1832년 12월 22일의 기록)

31 圜丘壇東墻外, 淸人家屋毁撤費, 丁老六, 瓦家十七間, 一千七百元, 張隆成, 草家七間, 五百元, 程景福, 草家十間, 七百元, 閣煥堂, 二層甓屋七間, 瓦家十七間, 八千元, 仁禮堂, 瓦家一所, 草家一所, 又草家一所, 二千五百元. 合一萬三千四百元. (『各部請議書存案』(규17715) 十九冊, 圜丘壇役費不足額를 預算外支出請議書, 第五十一號, 1901(光武5)년 6월 25일)

32 (전략)……各國汽船迷津, 洋製樓屋聳霄, 貨物雲集, 眞東洋第　繁華之巨港也……(후략) (閔泳煥,『海天秋帆』, 1896년 4월 4일의 기록 (영인본: 국사편찬위원회 (1958) 『韓國史料叢書 第7 閔忠正公遺稿』, 72쪽))

33 (전략)……所以로 三層洋製의 大家屋을 新建ᄒᆞ기로 詢謀僉同ᄒᆞ야 工役을 開始ᄒᆞ오니 此家의 光鮮은 卽我西北諸道의 光鮮이오……(후략) (西北學會 (1908)「本會會館及學校建築金請捐書」,『西友』 제17호(1908. 5))

34 (전략)……二十元, 廚房洋製門破傷一雙新造. 二十五元, 洋製窓鏡十九處琉璃價. (『度支部來去案』(규17766) 一冊, 1906(光武10)년 8월 4일)

35 남영우 (2011) 『일제의 한반도 측량침략사』, 법문사, 143쪽

36 교토대학(京都大學) 소장 호적자료는 1896년, 1903년, 1906년의 총 13000여 매가 남아있다. 그러나 이 중에서 1896년 호적은 극히 일부만 남아있어, 실제로 서양건축에 대한 표현이 존재하였는지 확인하기 어렵다. 또한 1903년 호적과 1906년 호적도 일부만 남아 있으므로 서양건축에 대한 다른 표현이 다양하게 존재하였을 가능성에 대하여 부정하기 어렵다. 본고에서는 각슈인대학(學習院大學) 동양문화연구소(東洋文化硏究所)가 소장하고 있는 마이크로필름본을 참고하였다.

37 『韓國戶籍成冊』 128卷, 光武7年, 남서(南署) 광통방(廣通坊) 서행랑계(西行廊契) 다동(茶洞) 21통 4호의 호적표

38 『韓國戶籍成冊』 128卷, 光武7年, 남서(南署) 광통방(廣通坊) 서행랑계(西行廊契) 다동(茶洞) 21통 9호의 호적표

39 『韓國戶籍成冊』 110卷, 光武10年, 중서(中署) 장통방(長通坊) 혜전계(鞋廛契) 혜동(鞋洞) 17통 9호의 호적표

40 『韓國戶籍成冊』 122卷, 光武10年, 중서(中署) 서린방(瑞麟坊) 사기전계(沙器廛契) 합동(蛤洞) 23통 6호의 호적표

41 『總關去函』 1901년 10월 14일

42 고려대학교 아세아문제연구소 (1971) 『舊韓國外交關係附屬文書』 제1권, 고려대학교 출판부, 614쪽

43 (전략)……大廳三十三間, 半洋製, 每間四方十尺, 長一百十尺, 廣三十尺, 柱長十一尺七寸, 壁乭牆廣八寸, 內壁本國壁,……(중략)……各房內琉璃窓長五尺, 廣三尺五寸,……(중략)……三百五十元, 付棟樓柱竝一百五十介, 一百二十元, 二十三尺大樑三介, 九十元, 十七尺大樑三介, 二十元, 十五尺大樑一介, 二百六十六元, 長椽木八百介, 五百元, 長厚正板三百立, 二百四十元, 大中防木三百介, 一百六十元, 長松五百立, 十二元, 椽含七百骨, 六十元, 散子木六十駄, 十二元, 草索二千沙乃, 三百二十元, 瓦子二萬張, 十二元,……(중략)……琉璃雙窓五十隻粧飾具,……(중략)……壁乭七萬張石灰白土募軍竝, 二百元.……(후략) (『各部請議書存案』 「外部所管務安監理署新建費를 預算外支出請議書」, 1898년 7월 13일)

44 『平壤報牒』 1904년 10월 1일; 『法部來案』 1905년 6월 2일

45 비슷한 시기인 1906년에 설립한 남대문수상고등소학교(南大門尋常高等小學校)의 공사비가 37,000圓이었고, 1906년 한성병원(漢城病院) 증축에 23,000圓이 소요되었다. (京城府 (1937) 『京城府史』 2권)

46 일본 내에서도 도쿄(東京)와 교토(京都)에서 칸의 크기가 다소 차이가 있으므로 항상 1.8m×1.8m로 정해진 것은 아니다.

47 장필구 (2014) 『20세기 전반기 조선왕실의 변화와 창덕궁 건축활동의 성격』, 서울대학교 박사학위 논문, 103쪽

48 도시미츠코사부로(利光小三郞)는 1876년 일본 와카야마(和歌山)에서 태어나, 고향에서 토목청부업을 하다가 1905년에 한국으로 건너와서 목재업과 건설청부업을 겸업하였다. 新宮商行이라는 상호로 영업하며, 홋카이도(北海道)에도 지점을 설치하였다. (川端源太郎 (1913) 『朝鮮在住內地人實業家人名事典』 제1편, 50쪽)

49 『大韓每日申報』 1908년 7월 7일, 2면 3단

50 柳鎭爀 (1924) 「雜記及雜資料(2)-出生에서 老年까지」, 『中樞院調查資料』, 1924(大正13)년 11월 20일 (국사편찬위원회 소장)

제2장

한국 전통식 건축과 이층 상점에 관한 고찰

외부 시선으로 본 한국 전통식 건축

한국 전통식 건축에 관한 개관적 평가의 필요성

서양 및 동아시아 국가의 건축을 통해 본 한국 전통식 건축의 특징

한국 전통 건축의 특징: 서양, 중국, 일본 건축과의 구부

한국 전통식 2층 건축의 형식과 특징에 관한 고찰

개항기 한성의 2층 상업 건축에 대한 고찰

소결

본장에서는 서양식 건축이 유입되기 전부터 존재했던 한국의 건축을 분석하고자 한다. 이후 서양 건축의 도입이 이루어지고, 중국식 건축이나, 일본식 건축이 들어오면서 이들 사이의 영향관계를 명확히 이해하기 위해서라도, 우선 한성에 존재했던 당시의 건축 상황과 배경을 명확히 하는 작업을 선행할 필요가 있다. 이러한 작업을 위해서 개항 이전 한국 건축의 상황을 이해하기 위한 몇몇 자료를 대상으로 조사 분석을 진행하였다.

우선 한국 전통식 건축의 특징을 명확히 규명하여 개항 이전 건축의 상황을 이해하고자 한다. 개항이후 한국을 방문한 서양인이 당시 한국 건축에 대하여 남긴 기록을 찾아내고, 그 기록을 통해 한국 건축의 특징을 이해하여 동아시아 건축의 흐름 속에서 당시의 한국건축은 어떠했는지 고찰해 보고자 한다. 이에 더하여 당시 중국과 일본의 건축과 비교하여 보면 한국건축의 특징이 명확해지리라 기대된다.

또 이 과정에서 한국 전통식 건축의 두드러진 특징으로 지적되는 2층 건물밖에 없다는 점에 대해서도 고찰하고자 한다. 당시 한국에 존재했던 극소수의 한국 전통식 2층 건물에 관하여 고찰하고, 그 특징을 확인해 본다.

한국 전통식 건축에 관한 객관적 평가의 필요성

개항 이후 한국 내 건축 활동의 불변

시대를 구분함에 있어 개항은 중요한 의미를 갖는다. 개항을 통해 외국의 문물이 들어오고, 건축도 이를 통해 서양화의 길을 걷게 된다. 그렇지만 개항을 기점으로 모든 건축이 서양식으로 변화하는 상황으로 이어지지는 않았다. 개항 이후 외국 자본이나 세력이 아닌 한국인의 의지에 의해 최초로 건설된 서양식 건물은 경복궁에 세워진 관문각觀文閣이었다. 따라서 1876년 개항 이후 거의 20여 년 동안 실제로 서양식 건축을 건설하고자 하는 제대로 된 시도도 없었고, 당연히 서양식 건축이 미친 영향도 미미했다고 볼 수 있다. 관문각 이후에 건설된 건축도 대다수는 서양식이 아닌 기존의 한국 전통식 건축이었다. 개항을 계기로 서양식 건축의 유입이 이루어졌고 건축에 있어서의 변화가 시작된 것은 맞지만, 전체 건축계가 움직일 정도의 변화는 아니었다. 한국의 전통건축은 조선시대 내내 구조와 재료에서 큰 변화가 없었고, 그 상황은 개항 이후에도 그대로 유지되었던 것이다.

서양인 기록의 중요성과 2층 상점의 가능성

본 장에서는 이 시기 한국의 중심인 한성의 한국 전통식 건축과 그 변화에 초점을 맞추고자 한다. 조선 개국에서 개항까지의 한국 전통식 건축이 거의 변화가 없었으므로, 개항기의 전통식 건축을 통하여 전통식 건축이 갖는 특징에 대한 객관적인 분석이 가능할 것이라고 기대되며, 이와 동시에 이 시기 전통식 건축에서 보이는 변화를 감지함으로써 개항기 건축의 가능성에 대하여 살펴보고자 한다.

먼저 한국의 전통건축에 대해 우선적으로 이해하고자 한다. 개항기에 한국을 방문한 서양인들이 다양한 기록을 남겼는데, 이 기록에는 한국 전통식 건축에 대한 언급도 다양하다. 따라서 비교적 객관적인 시각에서 서술한 것으로 판단할 수 있는 서양인들의 기록과 몇몇 일본인의 기록을 참조하여 당시의 한국 전통식 건축의 특징을 서양의 건축 또는 중국이나 일본의 건축과 비교하면서 명확히 하고자 한다.

다음으로는 전통건축에 대한 분석을 바탕으로 한국 전통식 건축에서 그 수가 거의 없다고 판단되는 2층 건물에 대하여 고찰하고자 한다. 여기에서는 외국인의 기록을 비롯하여 당시의 사진자료와 통계자료, 그리고 지적도 및 토지조사부 등의 자료를 활용하여 고찰하였다. 근대 이전의 역사 속에서 지극히 제한적으로 존재하는 한국의 2층 이상 건물의 유형과 개항기 2층 건축에서 보이는 변화와 특징을 통해서 한국 전통식 건축이 자립적으로 변화하기 시작하는 모습에 대한 단초를 제시하고자 한다.

기존연구: 서양인 기록의 활용과 한국 전통식 2층 건물

서양인이 남긴 개항기 한국에 대한 기록은 이미 알려진 것 중에서 기사나 칼럼 형식으로 발표된 것을 제외하고 단행본으로 출간된 것만 헤아려도 그 수가 200건이 넘을 정도로 방대하다. 또한 그 중 상당수는 이미 한국어로 번역되어 있어 접근성도 용이하다는 점에서 중요한 자료라고 할 수 있다. 따라서 서양인의 기록을 바탕으로 하는 연구는 상당수 존재하며,[1] 이를 활용한 단행본도 출간되었을 정도로[2] 널리 알려져 있다. 그러나 이를 건축역사학에서 특히 한국 전통식 건축에 대한 기록에 주목하여 연구한 사례가 없다. 따라서 본 장은 외국인의 기록을 전통식 건축 분석에 활용한 첫 시도라는 점에서 그 의의가 있다고 할 수 있다.

2층 전통 건축에 대한 연구의 경우 사찰건축에서의 2층 건축에 대한 연구가 있지만,[3] 이들은 대부분 내부가 2층이 아닌 통층 구조인 외관상으로만 2층이라는 점에서 실제로 2층 건축으로 분류하기 어렵고, 일부 단행본에서도 2층 건축에 대하여 다루었지만, 대부분 일제강점기의 건축에 대하여 서술이 집중되어 있거나,[4] 시전 건물에 대한 부분적인 서술이 있을 뿐이다.[5] 일본의 영향이 상대적으로 약한 시기의 2층 건축에 대하여 고찰한다는 점에서 본고는 기존 연구와 차이를 갖는다고 할 수 있다.

서양 및 동아시아 국가의 건축을 통해 본 한국 전통식 건축의 특징

객관적 관점에서 보는 한국 전통식 건축의 특징: 서양인 기록에 대한 분석

서양인들이 한국을 방문하여 한성에 들어오는 경우에는 반드시 중국이나 일본을 경유하여야 한다. 중국을 경유하는 경우에는 육로를 통해 중국의 베이징을 출발하여 압록강을 건너서 의주로義州路를 통해 한성으로 들어오는 방법과 상해에서 선편으로 인천에 도착하여 한강을 거슬러서 한성에 도착하거나 육로로 한성에 들어오는 방법이 있다. 그런데 경인철도가 완공된 이후로는 기차를 통해 손쉽게 한성에 도착할 수 있게 되었다. 일본을 경유하는 방법으로는 나가사키長崎항에서 출발하여 부산항이나 인천항에 도착하여 한국에 입국하는 방법이 있었다. 결국 이들은 모두 한국에 들어오기 전에 일본이나 중국을 방문할 수밖에 없었고, 이들 중 다수는 일본과 중국을 모두 방문한 경험을 가지고 있었다. 따라서 이들이 한국 전통건축에 대하여 언급할 때는 중국건축과 일본건축에 대한 경험을 토대로 서로 비교를 하거나 동아시아 건축의 일반적인 특징이라는 관점에서 서술하는 경우가 많다. 물론 이들의 인식이 타당하다고 단정할 수 없고, 기본적으로 중국과 일본의 건축에 대한 이해도도 매우 부족한 경우가 많으며, 심지어는 서양 건축에 대해서도 건축 전공자가 아니었던 만큼 정확히 이해하지 못한 경우가 많았다. 따라서 이들의 서술이 옳다고 보기는 어렵지만, 그 서술이 객관적인 시각에서 작성된 것이라는 점은 틀림이 없다. 비록 그 분석이 일차원적인 외관에 대한 평가에 지나지 않는다고 할지라도, 한국 전통건축에 대한 객관적인 평가이므로 당시의 한국 건축을 이해하는 데 있어서는 중요한 가치를 갖는 자료라고 할 수 있는 것이다.

대부분의 서양인들은 한국 전통식 건축과 관련하여 후진적이라는 평가를 내렸다. 이들이 후진적이라고 평가를 내리는 근거는 그 시각을 통한 분석에서 기인한다. 후진적이라는 평가들을 다음과 같이 분류하여 정리해 볼 수 있다.

첫째, 구조적인 측면에서의 후진성에 대하여 서술하였다. 지붕의 하중이 네 기둥으로 분산되는 구조인데, 지반을 다지는 작업이 제대로 시행되지 않아 시간이 지나면 부동침하가 생기면서 기반에 전달되는 하중에서 불균형이 생긴다는 점이다. 또한 하중이 많이 걸리는 대들보가 비대하게 굵다는 점도 구조적 불균형을 가중시킨다. 따라서 처음부터 구조적인 문제점을 안고 있으며, 이는 건물의 수명과도 직결되어 20년을 넘기기 어렵다고 지적하였다.[6]

둘째, 재료의 후진성을 지적하였다. 지붕과 축부의 재료에 대하여 언급하였는데, 지붕의 경우 대부분이 초가라는 점을 지적하면서, 초가는 조악하고 볼품이 없어 움막을 연상시킨다고 언급하고 있다. 〈그림 2-1〉에서와 같이 실제로 당시의 초가는 한성 서민층의 대표적인 주거로 일부 양반 가옥과 관청, 상업시설을 제외하면 대부분이 초가였으며, 그 규모도 12칸을 넘는 것이 거의 없고 대부분 6칸에서 8칸 규모의 작은 규모였다.[7] 게다가 이러한 건물이 군집을 형성하며 모여 있었다는 점에서 외관상 좋은 모습이 아니었음은 분명하며, 대부분의 가옥에서 사용하였던 난방방식인 온돌에서 나오는 잿빛 연기가 더해져 암울한 분위기를 자아낸다는 기록도 보인다.[8] 이보다 나은 기와집의 경우에도 별반 다르지 않았다.[9] 기와집도 축부에 사용하는 나무와 돌이 조잡하여 제대로 된 모습이 아니라고 평가하고 있으며, 중국의 기와와 비교하

그림 2-1 개항기 남대문로 주변 전경
(출처: 서울특별시사편찬위원회 (2002) 『개항이후 서울의 근대화와 시련(1876~1910)』, 166쪽)

여 저급한 것이라고 평하고 있다.[10] 축부의 재료 문제에 대해서는 목재를 사용하더라도 제대로 된 똑바로 곧은 재료가 거의 없어서 일부러 사용한 것이 아닌지 의심이 든다는 기록을 남긴 경우도 있었다.[11] 또는 벽돌이나 제대로 가공된 석재를 사용하지 않는다는 점에서 그 견고함에 문제가 있으며, 유리는 물론 존재하지 않고, 허름한 종이를 붙인 문만 있다는 점[12]을 들어 그 건축의 열악함을 표현하였다.

셋째, 규모의 협소함을 들고 있다. 2층 이상의 건물이 한성에 거의 존재하지 않고, 단층의 낮은 건물만 있다는 점을 지적하고,[13] 단순히 건물이 낮을 뿐만 아니라, 내부가 비좁아서 일어서기도 힘들 정도라고 묘사하기도 하였다.[14] 이 점은 궁궐에 있어서도 별반 다르지 않다고 지적하였다. 궁궐도 중국이나 일본의 사원에서 기대하던 모습 또는 동남아시아의 왕궁을 보고 기대하던 기대치와는 크게 차이가 난다고 설명하였다.[15]

넷째, 장식성의 부족과 위생상태의 불량에 대하여 언급하였다. 지위의 고하를 막론하고 집의 내부에 가구가 거의 없고 특별한 장식도 존재하지 않으며, 외관에 색을 칠하거나 원기둥을 사용하는 것도 관청에만 가능했고, 지위에 따른 장식의 제약이 있어서 장식을 하고자 하여도 할 수 없다는 점을 지적하였다.[16] 장식이 없다는 점과 더불어 한성 전체의 더럽고 비위생적임에 대한 지적도 있었는데, 주거와 도시를 하나로 묶어서 더러움의 온상이라고 표현하기도 하였다.[17]

다섯째, 폐쇄성에 대하여 지적하였다. 건축물에서 느껴지는 인상은 폐쇄적이며 중세적이라서, 도시 전체가 단순한 패턴의 건축물이 반복되고 있다는 것이다. 가옥은 모두 1층이고, 단지 지붕이 기와인지 초가인지에 따른 차이만 있을 뿐이라는 것이다.[18]

위에서 본 바와 같이 서양인의 기록 속에서 나타난 한국 전통 건축은 공통적으로 전문성과 미의식, 이 둘이 모두 결여된 모습이라고 지적하고 있다. 건축은 그 문화의 특수성이 반영되어 복잡한 양상을 내포하는 만큼 당시의 한국 건축을 후진적이라고 단정할 수는 없다. 그러나 대부분의 서양인들은 당시의 한국 전통식 건축이 그리 우수한 건축은 아니었다는 점에서는 공감하고 있었던 것이다.

외국인이 보는 개항기 한국 건축의 전망

서양인들 중에서는 그들이 보고 있는 당시의 한성 내 건축이 한국 역사 속에서 존재하는 모든 건축을 설명해 준다고 보지 않는 이들도 있었다.[19] 찬란했던 건축의 역사가 존재했고, 이를 뒤로 한 채 그들이 목도하는 건축은 퇴락의 산물이라고 설명하였다. 당시 숭유억불정책으로 인하여 폐허로 묻혀 버려져 있던 훌륭한 예술품인 원각사지 석탑에 대한 안타까움을 표현하거나,[20] 〈그림 2-2〉 조선 초기인 500년 전에 건설된 한성의 성곽이 지금도 완전하고 훌륭한 상태로 남아 있으며, 여전히 도성 안에서 최고의 건축물로 꼽을 수 있다는 점[21]을 들어, 과거에는 훨씬 찬란하고 세련된 건축문화를 보유하고 있었을 것이라고 의견을 내기도 하였다.

그렇지만 과거에 아무리 영광스러운 건축적 업적이 있었다 하더라도 이

그림 2-2 원각사지 십층석탑
(출처: 이돈수, 이순우(2009)『꼬레아 에 꼬레아니: 사진해설판』, 하늘재, 118쪽, 재인용)

제는 퇴락하여 더 이상 과거의 영광을 재현하기 어렵다는 점도 또한 강조하였다. 재료 수급과 인력 부족으로 개선될 여지가 없다는 점에 대해서도 언급하였다. 또한 거기에는 한국 건축의 폐쇄적, 보수적 특징이 중요하게 작용한다고 설명하기도 하였다. 실제로 한국의 건축은 조선시대 이후 거의 변화가 없었고, 그 변화에 대한 필요성조차도 인식하지 못했다. 그 속에서 한국의 건축은 정체되어 있었고 이 정체가 기와와 초가만 반복되는 단순성으로 드러나고 있던 것이다.[22] 그리고 이러한 단순함에 집착하는 특징은 앞으로도 크게 변화하지 않고 지속될 것이며, 이는 마치 종교적인 믿음과도 같다고도 하였다.[23]

결과적으로 한국 건축은 과거의 전통식에 집착하며 이를 고수하려 하지만 과거의 찬란한 수준을 유지하지 못한 채 퇴보해 갔다고 인식하고 있는 것이다. 만약 기회가 주어진다면 건축에 대한 변화 가능성은 있다고 할 수 있겠지만, 과거에 대한 집착이 건축의 발전을 저해하고 있으며 이를 개선하는 것은 요원하다고 개항기 한국을 방문한 서양인들이 판단하고 있는 것이다.

한국 전통 건축의 특징: 서양, 중국, 일본 건축과의 구분

동아시아 삼국의 건축과 서양식 건축

태초의 건축은 기술과 재료, 도구에 있어서의 한계가 명확하기 때문에 서양과 동양을 막론하고 유사하였을 것이라고 추정하는 것은 당연하다. 그러나 수천 년이 흐르면서 서양의 건축과 동양의 건축은 확연한 차이가 드러났다. 기술, 재료, 도구의 독자적 발전으로 차이가 명확해진 것과 함께, 그 삶의 방식이 건축에 반영되었기 때문이다. 이 중에서도 재료에 있어서의 변화가 가장 두드러진다. 건물 구조재로 서양은 오늘날과도 크게 차이가 없는 콘크리트나 석조를 주로 사용하는 데 반하여, 동양, 특히 중국 문화권에 있는 국가들은 주요 구조재로 나무를 사용하여 수천 년 동안 큰 변화가 없었다. 재료에서 변화가 없었다는 것은 재료를 다루는 기술도 크게 변화하지 않았다고 할 수 있는 것이다. 일본의 법륭사法隆寺 금당金堂을 창건하던 당시 장인들의 기술력이 오늘날의 장인보다 뛰어나 당시의 모습을 다시 재현하는 것은 불가능하다고 할 정도로[24] 장인의 기술에 있어서 두드러진 발전은 없었다고도 볼 수 있다. 반면 목재를 다루는 도구는 발전하여, 이에 따라 건물의 질도 일정 수준의 발전은 있었다는 견해도 있다.[25] 이러한 측면에서 서양 건축의 변화와 비교하여 동아시아의 건축은 그 변화 폭이 적었다고 보는 것이 타당하다.

그 결과 서양인이 동아시아 건축을 보았을 때, 상대적으로 열등한 건축으로 인식하게 되는 결과를 낳은 것이다. 이러한 견해를 단순히 서양의 건축에 익숙해 있던 서양인들이 오리엔탈리즘의 시각에서 편향된 평가를 내린 것이라고만 해석할 수는 없다. 한국에서 천주교의 박해를 피해 중국으로 건너간 한국인들이 상해에서 처음으로 서양 건축을 보고 감탄을 금치 못했다는 점에서도 알 수 있듯이,[26] 한국인들도 서양 건축을 접할 때는 규모와 장식에 놀랐음을 알 수 있다. 아무래도 외형에서 보이는 차이와 재료의 내구성에 있어서의 차이를 극복하기는 어려웠고, 서양의 건축 수준이 우수하다는 인식은 당시의 서양인과 동양인이 공감했던 부분이라 할 수 있다.

한국 전통식 건축의 중국 및 일본과의 비교

동아시아 삼국의 건축이 중국에서 파생되고 영향을 받은 목조 건축권 안에 있었던 것을 감안하면, 상당한 유사성을 지니고 있는 것은 분명하다. 물론 그 차이에 대해서도 무수히 많은 지적이 가능하지만, 그 비교 대상으로 서양식 건축까지 넣어 보면 서양식 건축과 비교하여 한중일 삼국의 건축양식이 유사하다는 점은 자명하다. 그 영향력과 관련하여 동아시아 건축의 형성과 발달에 있어 중국의 영향력은 서양 건축에 있어서 그리스나 로마 건축의 위상과 비견될 정도이므로, 중국의 영향 아래에서 동아시아 삼국의 건축이 변화를 거듭했다는 지적은 설득력 있는 것이라고 보인다.

서양인의 기록을 살펴보면 전반적으로 한국 전통 건축은 일본 건축이나 중국 건축에 비하여 후진적이라는 평가를 내리고 있다. 서양인의 건축에 관한 기록 중에서 가장 이른 시기에 작성된 것이라 할 수 있는 1880년의 오페르트(Ernest J. Oppert)의 기록을 간단히 살펴보면, 조선의 가옥은 건축적으로 가장 완벽하게 전통적인 모습을 유지하고 있지만, 이웃 나라들에 비해 매우 초라한 인상을 주며 조선의 건축양식이 중국이나 일본에 도달하기 위해서는 많은 노력을 기울여야 한다고 하였다.[27] 19세기 중후반의 당시 상황에서 한중일의 건축을 비교했을 때 한국의 건축이 가장 뒤떨어진 것이라고 평가하고 있는 것이다. 전통을 지킨다는 점은 변화가 없이 꾸준하다는 것이므로, 일견 나쁠 것이 없다고 인식할 수도 있으나, 건축이 오랜 시간동안 발전하지 못하고 정체되어 있다는 것은 상대적으로 퇴보를 의미한다. 한국을 제외한 주변국가가 건축에 있어서 일정 수준의 발전을 거듭하는 동안 한국은 그렇지 못했음을 의미하는 것이다. 오히려 한국 건축사에서 조선 후기는 건축의 기술과 여건, 그리고 실제로 지어지는 건물의 질이라는 측면에 있어서 그 이전의 수준과 비교하여도 점점 낙후되어 가는 상황이었다고 판단된다. 그 원인으로는 양질의 목재가 부족해지는 상황과 시장경제가 발전하면서 노동력을 동원하기 어려운 점을 들기도 하며, 이외에도 건축을 생산하는 조직 체계의 문제라든가, 기술의 퇴보 등도 거론되며, 검소한 생활을 유지하는 유교적 사상이 사회의 근간이었음에 원인이 있다고 지적하기도 하였다.[28] 반면 궁궐 건축에 대한 평가만큼은 그리 박하지 않았다. 견해를 달리하는 사람도 있지만 전반적으로 우수한 건축물이라고 묘사하고 있다.[29]

결국 서양인의 의견을 토대로 과거 중국과 일본에 비하면 한국의 건축은 그 성장을 멈췄거나 미미한 수준의 성장이라고 인식되고 있으며, 궁궐이나 일부 지배층의 건축을 예외로 인식하고, 대다수 민간의 건축은 여전히 원시적인 형태를 벗어나지 못하였다고 보고 있는 것이다.

한국 전통식 건축의 보편성과 특수성

당시 한국을 방문한 서양인의 기록을 보면 한국 전통 건축을 한중일 삼국 건축의 일환으로 인식한 경우와 이와 다른 특수성을 지닌 건축으로 인식하는 경우로 나눠 볼 수 있다. 전자를 보편성, 후자를 특수성이라 규정하고 다음과 같이 그 의견을 분류하여 보았다.

첫째, 보편성의 관점에서 한국 전통 건축을 평가한 의견을 보면, 일반적으로 한국 전통 건축을 보고 중국식이라는 지적을 하거나,[30] 중국식과 유사하지만 이에 못 미친다는 지적을 하였다.[31] 한성을 계획할 때 북경과 만리장성을 참고로 하였지만, 규모도 작고 볼품없다고도 하였다.[32] 반면 일본식 건축과 한국식 건축을 혼동하는 사례는 없었다. 오히려 일본인 거류지에 일본인들이 자신들의 방식으로 일본식 건축을 지어서 일본인 영역에는 한국의 양식은 흔적도 없다는 기록[33]이나 일본은 어디에서나 자신들만의 독특한 건축양식을 유지한다는 기록[34]이 보이는 것으로 보아, 동아시아의 건축에 대한 배경지식이 전혀 없는 서양인의 눈으로도 한국식과 일본식을 어느 정도 구분할 수 있었던 것으로 보인다. 당시 한국을 방문한 서양인들은 직접 한국으로 들어오지 않고 반드시 중국이나 일본을 경유하여 한국에 들어온다는 점에서 중국이나 일본의 건축도 살필 기회가 있었으므로 양쪽의 건축을 비교할 만큼의 경험을 갖추었다고 볼 수 있다. 이는 이들의 초보적인 의견도 쉽게 무시할 수 없는 이유이다.

여기에서 확인할 수 있는 것은 19세기 후반 20세기 초에 있어서 동아시아 삼국의 건축 상황이다. 중국의 영향을 받아 한국과 일본에 세워진 건축은 중국 건축과 유사할 수밖에 없다. 이러한 상황은 14세기 이전 한국과 일본에서 공통적으로 일어났던 상황이라고 할 수 있다. 그런데 서양인의 시각에서 한국의 건축은 여전히 그 상태에서 벗어나지 못하였거나, 그 차이가 크지 않다고 여기고 있다. 반면 일본의 경우 서양인의 단순한 시각적 인식에서도 한국이나 중국 건축과 다르다고 여겨질 정도로 차이가 분명함을 알 수 있다. 이는 14세기 이후 일본이 중국과는 다른 길로 건축이 변화했음을 의미하는 것이기도 하다. 결국 한국 전통 건축의 보편성은 중국 건축의 일부라는 인식에서 기인하는 것이라고 할 수 있으며, 당시 일본 건축은 그 분류에서 벗어나 있음을 확인할 수 있는 것이다.

둘째, 한국 전통 건축의 특수성과 관련한 지적으로는 온돌에 대한 견해를 들 수 있다. 서양인들이 일본이나 중국에서도 온돌을 경험하지 못했으므로, 당시 한국만의 독특한 방식이었다고 인식하는 것을 확인할 수 있다. 이 온돌에 대한 평가도 서양인에 따라서 의견이 나뉘는 것을 볼 수 있다. 온돌에 관하여 시스템의 독창성과 효율성이라고 하는 측면에서 좋은 평가를 내린 의견도 있다. 중국과 일본과 비교하면서 온돌은 우수한 시스템이라고 하고 있으며, 특히 겨울에 한국을 방문한 서양인들은 천국이라고 느낄 정도로 훌륭한 시스템이라고 칭찬하기도 하였다.[35] 온돌이라는 난방시스템 지체에는 문제가 없지만 목재 소비를 과중하게 하여 산림을 황폐하게 하며, 서민들이 수입의 4분의 1을 연료비로 지출할 정도로 과중한 비용 문제를 지적하며 문제로 인식하는 경우도 있다.[36]

이상에서 한국 전통 건축에 대한 서양인의 인식에 관하여 살펴보았다. 서양인의 객관적인 시각이라는 측면에서 한국의 건축이 어떠한 특징을 가지고 있는지 살펴보았으며, 이에 더하여 다음 장에서는 한국 전통 건축의 변화에 대하여 초점을 맞추고 살펴보고자 한다.

한국 전통식 2층 건축의 형식과 특징에 관한 고찰

조선후기 이후 한국 전통식 2층 건축의 감소

개항기 한성을 방문한 대부분의 서양인들은 모든 건물이 1층이라는 점이 그 특징이라고 지적하였다. 예외적으로 궁궐, 문루, 상점 등이 2층인 경우도 있지만, 극소수에 불과하며, 이런 1층 건물들로 빼곡히 채워져 있는 한성에 대한 감상은 여러 기록에서 발견된다.[37] 실제로 한국에 2층 건물이 원래 없었던 것은 아니다. 고층의 누각이 다수를 차지하던 시기도 있었던 것으로 판단된다. 불교가 융성하던 조선시대 이전까지는 다양한 고층건물이 존재했다는 것을 유구와 발굴을 통해 확인할 수 있다. 그러나 조선시대 2층 건물이 감소한 것은 2층 건물을 사치로 여기고 이러한 사치를 금기시하는 유교의 영향이 중요한 역할을 한 것으로 보인다. 조선시대에는 유교적 예법에 따라 건물의 규모를 그 계층별로 엄격히 규정하고 있었으며,[38] 1664년의 『승정원일기承政院日記』[39]에서는

(전략) '근자에 또한 듣자하니 새로 궁가宮家를 조영하였는데, 이층二層에 이른다고 합니다. 신이 비록 보지는 못하였지만, 사람들이 모두 그렇게 전합니다.

과연 사람들 말과 같다면 가히 실로 한심하다 할 것입니다. 오자지가五子之歌에서는 경계의 말을 전하면서 그 말미에 거대한 집과 화려한 담장峻宇雕墻에 대하여 이르기를 이 하나만 있더라도 망하지 않을 수 없다고 하였습니다. 거대한 집과 화려한 담장을 짓는 것峻宇雕墻이 망국의 길이 아니라고 하는 것이야말로 망국하는 길입니다. 이 모두가 백성의 고혈에서 나오는 것이니 사치가 습관이 되면 결국 망국에 이르는 것 말고 나중에 무엇이 있겠습니까?'하였다. 그러자 주상께서 이르시길 '이층각二層閣에 대한 것은 나도 모르는 바이니라.' 홍명하洪命夏가 아뢰기를, '신도 또한 흥평위興平尉의 집에 이층 건물이 있다는 이야기를 들었습니다. 여러 공주들의 저택도 과하게 거대합니다. 이는 비록 성상聖上의 우애하는 뜻에서 나온 것이라고 하여도 실로 전례가 없는 일입니다. 선조 때 의안군義安君의 집이었던 지금의 남별궁南別宮을 임진왜란壬辰倭亂 때 중국의 사신들이 보고 이러한 것은 중원中原에서 조차도 드물게 있으니 이와 같다면 어찌 난이 일어날 우환이 없을 수 있겠는가? 이 말 또한 가히 그러합니다.' (후략)

라고 하여, 중국의 고전과 임진왜란 때 중국인들이 남별궁의 호화로움을 비판했다는 일화를 거론하면서 왕족들의 2층 가옥을 비판하고 있다. 임진왜란의 원인 중 하나로 호화로운 건축을 들고 있는 것으로 보아 임진왜란 이전까지는 적어도 왕족의 경우 2층 건물을 소유하는 것이 드물지 않았음을 확인할 수 있다. 즉, 1592년의 임진왜란과 1636년의 병자호란의 두 전란을 거치면서 2층 건물의 상당수가 소실되었고 다시 재건하는 과정에서 원래 규모대로 짓지 않는 경향이 있었다. 이는 목재의 수요와 공급에 불균형이 생긴 것에서 기인한다. 조선후기의 건축 사업에서 목재 수급에 상당한 어려움을 겪었다는 것은 여러 기록에서 확인할 수 있다.[40] 그 영향으로 건축의 규모도 작아질 수밖에 없었다. 조선 후기에는 건물을 신축하거나 화재 등으로 재건해야 하는 경우에 규모를 축소하는 경향이 보였고, 그러한 맥락에서 원래 2층이었던 건물을 1층으로 축소하는 모습이 확인된다. 1619년 종루鍾樓가 소실된 후 이를 재

건하는 과정에서 『광해군일기光海君日記』[41]의 기사를 보면

> (전략) ······ 종루鐘樓를 속히 중건하고, 금종金鍾을 다시 걸라고 명령하였다. 병조兵曹에서 계상하기를 '지금 서울 안팎으로 재료가 고갈되어 종루를 중건하기가 일의 형세로 보아 쉽지 않습니다. 먼저 전규에 의거하여 종각鐘閣으로 개조하고 종을 걸도록 하심이 어떠합니까?'하니 윤허하셨다 ······ (후략)

라는 기록이 있어 전국적으로 목재가 부족하므로 종루를 개조하여 종각鍾閣으로 짓는다는 기록이 나온다. 종루는 누대樓臺 위에 건물을 세우고 종을 매달은 건물이므로 2층 건물이라면, 종각은 누대가 없거나 아주 낮은 1층 건물이다. 이 시기가 정유재란丁酉再亂이 끝나고 전국적으로 공사 수요가 많았던 시기이므로 당시 목재 부족으로 인하여 기존의 2층을 1층으로 낮춘 예이다. 이를 통해, 당시의 목재수급 부족이 전국적인 문제였으며, 그 점이 종루 재건 사업에도 영향을 미쳤음을 알 수 있다.

개항 이후에도 2층을 1층으로 축소하여 건축하는 사례가 확인된다. 경운궁慶運宮 중화전中和殿은 1904년 이전에는 원래 2층 건물이었으나 화재 이후 중건하면서 1층 건물로 축소된다. 당시는 국력이 전반적으로 강대하지 않았고, 건축주인 고종도 전통 건축보다는 서양식 건축을 선호하던 시기였으므로, 중화전을 다시 2층의 대규모로 건설할 필요성이 크지 않았다고 볼 수 있다. 앞에서 예로 들었던 17세기의 종각 축소와는 다소 성격이 다르다고 볼 수 있다. 그러나 둘 다 공통적으로 목재 부족이 그 원인의 하나였다는 점에서, 목재 부족은 조선 후기에 있어서 일관된 문제였으며, 이 점이 2층 건물이 감소하는 데에 일조했다고 볼 수 있는 것이다.

조선시대 2층 건축의 유형

조선시대 2층 건축은 궁궐, 문루, 그리고 일부 상점 등에서만 건설되었다.[42] 궁궐에서 2층으로 건설되는 건물은 대부분 정전正殿이다. 경복궁景福宮 근정전勤政殿, 창덕궁昌德宮 인정전仁政殿, 그리고 앞에서 언급한 화재 이전의 경운궁慶運宮 중화전中和殿까지 그 궁궐에서 가장 중요한 건물인 정전을 2층으로 건설하였다. 그러나 이들의 경우 실제 내부는 통층 구조를 갖는, 즉 외관상으로만 2층인 건물이다. 또, 경회루慶會樓와 주합루宙合樓처럼 개방적인 누각의 형태를 띠는 2층 건물도 존재한다. 〈그림 2-3〉, 〈그림 2-4〉

궁궐에서 1층과 2층이 모두 벽으로 막혀 있고 계단이 내부에 있어 각 층을 모두 내부 공간으로 활용할 수 있도록 지어진 2층 건물은 석어당昔御堂 뿐이다. 석어당의 경우 1901년의 『신축진찬의궤辛丑進饌儀軌』 「경운당도慶雲堂圖〈그림 2-5〉」 및 1902년의 『임인진연의궤壬寅進宴儀軌』 「관명전도觀明殿圖〈그림 2-6〉」와 1906년의 『경운궁중건도감의궤慶運宮重建都監儀軌』 「석어당〈그림 2-7〉」의 모습이 다르다.[43] 〈그림 2-7〉에서는 'ㄱ' 자 형태의 건물이다. 2층부 지붕은 팔작지붕과 중국식 현산懸山지붕이 덧대어진 형태이며, 이러한 모습은 〈그림 2-8〉에서도 확인된다. 그러나 그 이전 도면인 〈그림 2-5〉과 〈그림 2-6〉에서는 석어당이 맞배지붕인 것을 볼 수 있다. 1904년 화재이후 재건되면서 중국식 요소가 첨가된 것으로 보인다. 이는 벽돌 사용이 보편화된 것과 관련이 있다고 추정할 수 있다.

그밖에 한성 성문의 문루도 2층인 경우가 있다. 숭례문崇禮門과 흥인지문興仁之門의 경우 2층 문루이며, 다른 문의 문루는 1층 건물이라는 점에서 그 위상의 차이를 확인할 수 있다. 그리고 궁궐이나 문루와 같은 관영이 아닌 민간 건축으로서는 오직 한성의 일부 상업 건축에서 2층 건축이 발견된다. 〈그림 2-9〉, 〈그림 2-10〉, 〈그림 2-11〉, 〈그림 2-12〉, 〈그림 2-13〉

그림 2-3 경복궁 외관과 내부 (출처: 문화재청, 『문화재대관: 국보편, 건조물』, 2001년, 110~111쪽)

그림 2-4 창덕궁 외관과 내부 (출처: 문화재청 홈페이지 http://www.cha.go.kr)

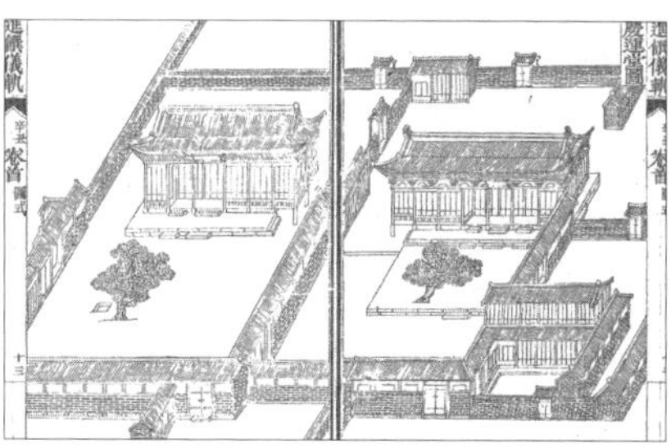

그림 2-5 『신축진찬의궤(辛丑進饌儀軌)』의 「경운당도(慶雲堂圖)」(1902년)

(출처: 안창모 (2009) 『덕수궁: 시대의 운명을 안고 제국의 중심에 서다』, 동녘, 171쪽)

그림 2-6 『임인진연의궤(壬寅進宴儀軌)』의 「관명전도(観明殿圖)」(1902년)

(출처: 안창모 (2009) 『덕수궁: 시대의 운명을 안고 제국의 중심에 서다』, 동녘, 171쪽)

그림 2-7 『경운궁중건도감의궤(慶運宮重建都監儀軌)』의 「석어당」(1906년)
(출처: 안창모 (2009) 『덕수궁: 시대의 운명을 안고 제국의 중심에 서다』, 동녘, 169쪽)

그림 2-8 경운궁 석어당의 사진 (위의 두 사진은 수평으로 반전되어 있으므로 어떤 모습이 맞는지 검증할 필요가 있는데, 우상의 사진이 의궤와 일치한다.)
(출처: 小田省吾 (1938) 『德壽宮史』, 李王職, 圖版三. 우상: 안창모 (2009) 『덕수궁: 시대의 운명을 안고 제국의 중심에 서다』, 동녘, 169쪽)

그림 2-9 흥인지문(興仁之門)
(출처: 이규헌(1986)『사진으로 보는 근대한국』, 서문당, 23쪽)

그림 2-10 숭례문(崇禮門)
(출처: 서울시특별시사편찬위원회 (2002)『개항이후 서울의 근대화와 시련(1876~1910)』, 47쪽)

그림 2-11 혜화문(惠化門)
(출처: 서울시특별시사편찬위원회 (2002)『개항이후 서울의 근대화와 시련(1876~1910)』, 52쪽)

그림 2-12 창의문(彰義門)
(출처: 서울시특별시사편찬위원회 (2002)『개항이후 서울의 근대화와 시련(1876~1910)』, 53쪽)

그림 2-13 광희문(光熙門)
(출처: 서울시특별시사편찬위원회 (2002)『개항이후 서울의 근대화와 시련(1876~1910)』, 55쪽)

개항기 한성의 2층 상업 건축에 대한 고찰

앞에서 살펴본 바와 같이 궁궐과 문루의 경우 상징성과 위상이라는 측면에서 한성 안에서 가장 중요한 건축 중 하나이므로, 2층 건물을 통해 격을 높이고자 하는 의도가 담겨 있다. 반면 왕족이나 양반들에게도 허락되지 않았던 2층 건물이, 조선시대 낮은 신분에 속했던 상인들의 건물인 상점에서 활용되었다는 점은 뜻밖이라 할 수 있다. 종로의 종가 주변에 있는 다수의 상점 건축이 2층으로 되어 있었다는 것은 다양한 기록을 통해 확인된다.[44] 앞에서 언급한 『승정원일기』의 예처럼 2층 건물을 짓는 것은 쉽게 용납되지 않는 사회였고, 관례상 2층 건물이 금지되어 있다는 기록이 있으므로,[45] 그 규제가 얼마나 강했고 실효성이 컸는지는 확신하기 어려우나, 2층 건물을 건설하는 것은 쉽지 않은 일이었음에 틀림없다. 그럼에도 불구하고 상인들이 2층 상점을 건설하고 운영했다는 것은 쉽게 납득이 가지 않는다. 그렇다고 모든 상인들에게 2층 건물이 허락되었던 것은 아니며, 육의전六矣廛을 운영하는 시전市廛 상인들 중에서도 일부 특권층 상인들에게만 허용되었다.[46] 서양인의 기록에서 한성에는 2층 건물이 6채가 존재한다는 기록이 있는데,[47] 이 6채가 육의전을 의미하는 것으로 추정된다. 이들에게 2층 건물이 허락된 것은 다음과 같은 이유를 생각해 볼 수 있다.

첫째, 이들의 2층 상점은 반관용半官用 건축이었다는 점을 들 수 있다. 육의전은 정부의 필요한 물자를 공급하는 중요한 정부의 자원이므로 이들에 대한 정부의 지원이 적지 않았다. 화재로 육의전이 불타면 정부가 재건할 비용을 지원해 주었다는 기록도 다수 확인된다.[48]

둘째, 상점의 소유 형태와 운영 형태에서 기인하는 것으로 볼 수 있다. 시전 상점은 개인 소유가 아니라 적게는 50명에서 많게는 200명이 넘는 인원이 공동 소유하는 경우도 많았다.[49] 따라서 개인이 건설하는 경우에 비하여 2층 건물을 손쉽게 건설할 수 있었으며, 이들의 조합이 일종의 은행 역할도 하였으므로, 자금력을 갖춘 집단이라고 볼 수 있다. 육의전은 비단, 명주, 무명, 종이, 모시, 생선 등 6가지 품목의 상점이었으며 모두 보관상 유의할 필요가 있는 품목이다. 2층은 통풍에 좋고 습도를 낮출 수 있다는 측면에서 창고로 활용하기 용이하다. 따라서 2층 건물의 1층은 상점으로 활용하였고, 2층은 창고로 활용하였다. 이 점과 관련하여 1929년의 「경성 육의전에 대하여京城六矣廛に就いて」라는 연구[50]에서 자세히 설명하고 있다.

> (전략)…… 현재 경성京城 종로에 남아 있는 육의전六矣廛 건물은 33년 전에 재건된 것인데, 그 구조는 원래의 것과 거의 동일하다고 한다. 이는 조선에서 드물게 볼 수 있는 2층 목조 기와지붕 건물이다. 2층은 창고로 사용하고 1층은 점포로 사용한다. 여기서 포전布廛 전방廛房을 살펴보면 전방을 5개의 방房으로 구분하여 각 방은 10칸(약 10평)으로 하였다. 그리고 각 방을 10분하여 각 도원都員 당 한 방씩 사용하여 영업한다……(중략)……도가都家는 또한 도소都所라고도 칭하며 상인 조합의 사무소이며, 조합의 임원들은 여기에서 사무를 보며, 때로는 조합의 집회소로도 사용된다. 단층 목조 기와지붕 건축으로 반드시 점포 뒤에 있다. 각자의 전포명을 따서 포전도가布廛都家 등으로 불린다. 포전도가는 평수 65평이다. 도가의 창시 연대는 불명확하지만 본전 점포가 설치된 시기와 반드시 동일하지는 않다고 한다.……(후략)

위의 글은 육의전 상점 중에 하나인 포전布廛의 전방廛房과 도가都家에 대한 건축적 설명이다. 전방이 30년 전에 재건되었는데, 기존 건물과 동일한 구조라고 하고 있는 것으로 보아, 1929년에 발표된 논문이므로 적어도 1900년 이전에도 동일한 구조로 존재하였던 건물이라고 볼 수 있다. 어떤 이유에서 재건하였는지에 관해서는 명확하지 않으나, 종로는 사람이 많고 건물이 밀집되어 있어 화재가 빈번히 일어나는 지역이었다는 점에서, 포전뿐만 아니라 모든 시전 상가는 잦은 빈도로 재건이 이루어졌다. 건평이 90평에 달하는 상당히 큰 규모의 2층 건물이었으므로[51] 건축에 드는 비용도 상당했을 것으로 추정되나, 정부의 지원도 크고, 개인소유가 아닌 수십 명이 공동 소유하는 건물이었던 만큼, 비용의 조달에는 어려움이 없었을 것으로 보인다. 또한 도가는 조합 사무소의 역할을 하는데 65평으로 전방에 비해서는 좁지만, 단일 건물로는 상당히 큰 규모이다. 전방廛房과 도가都家로 구성되는 체계는 포전뿐만 아니라 다른 육의전 건물에서도 갖추고 있었다고 설명하고 있고, 도가都家는 반드시 전방廛房의 후면에 위치하였다고 된다는 점에서 도가와 전방의 배치에 있어서 전형적인 구조가 있었음을 확인할 수 있다.

『경성부사京城府史』에 실린 육의전 위치도 〈그림 2-17〉에서 포전 부분이 확인되는데, 그 위치를 〈그림 2-14〉에서 종각 옆으로 보이는 2층 상가를 통해

그림 2-14 종각과 그 옆의 2층 건물
(출처: 버튼 홈스, 이진석 역 (2012)『1901년 한성을 걷다』, 푸른길, 68쪽, 134쪽)

그림 2-15 종로의 전경 사진 속 종각과 포전(布廛) 상점
(출처: 韓國統監府 (1910)『韓國寫眞帖』, 統監府, 두 번째 사진)

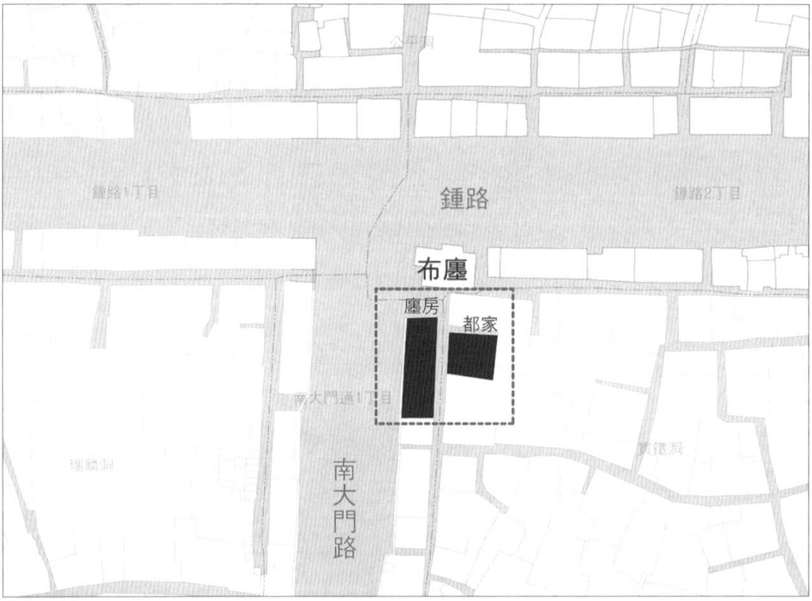

그림 2-16 1912년 지적도 위의 포전위치 (1912년 지적도에 토지조사부 내용을 표시)
(바탕도면: 서울시립대 도시공학과 도시설계역사연구실 (2006)『도시구조/공간의 역사적 변화 연구: 1912/1929년 지적도의 디지털화』)

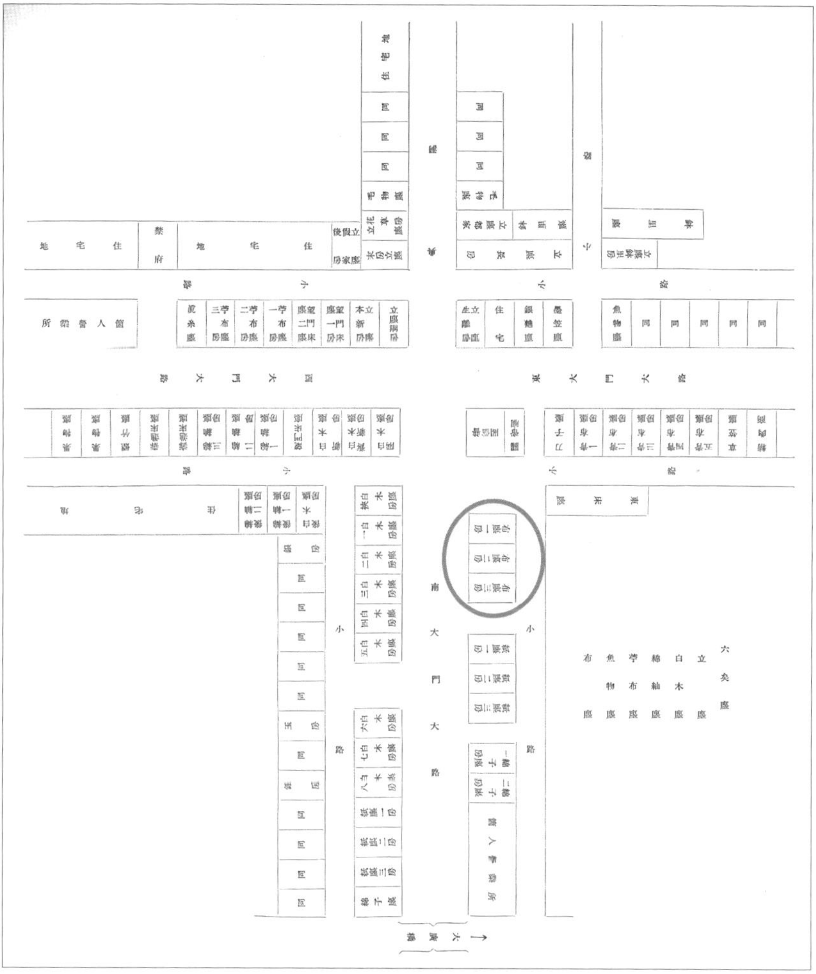

그림 2-17 종로 육의전 지도(출처: 京城府(1936)『京城府史』2卷, 京城府, 497쪽)

확인할 수 있다. 또한, 이를 1912년의 지적도地籍圖 위에서 확인해 보면 〈그림 2-16〉과 같이 표시할 수 있다. 지적도상에서 장방형의 부지를 갖는 것과 〈그림 2-15〉에서 표시한 건물을 보면 그 형태도 일치함을 확인할 수 있다. 이 건물이 1900년경에 재건되었으므로 1912년의 토지조사부土地調査簿를 연계하여 그 위치를 확인해 보면, 포전의 전방에 해당하는 건물이 남대문통일정목南大門通一丁目 1대垈[52]이고, 도가는 관철동貫鐵洞 222대垈[53]로 확인된다.

〈그림 2-14〉에서 확인되는 건물의 형태를 보면 중국식의 경산硬山지붕을

그림 2-18 종각 주변 2층 상점 (출처: Louis Marin 1901년 촬영, 프랑스 국립지리학회 소장)

그림 2-19 우측에 보이는 2층 상점 (출처: 조풍연 (1987) 『사진으로 보는 근대한국』, 서문당)

그림 2-20 지붕을 덧댄 상점들 (출처: 버튼 홈스, 이진석 역 (2012)『1901년 한성을 걷다』, 푸른길, 118쪽)

그림 2-21 잡화점 (출처: 서울시특별시사편찬위원회 (2002)『개항이후 서울의 근대화와 시련(1876~1910)』, 136쪽)

하고 있고, 당시로서는 드문 재료라 할 수 있는 벽돌을 사용한 건물임을 알 수 있다. 이 위치는 1931년에 동일은행東一銀行이 들어서는 곳으로, 한국 상업에 있어서 지속적으로 중요한 역할을 하는 위치라고 할 수 있다.

이상과 같이 2층 전포에 대하여 고찰하였는데, 앞에서 열거한 궁궐이나 문루의 2층 건축과 상업 건축의 가장 큰 차이는 지붕의 형태에 있음을 알 수

그림 2-22 2층 시전 상점 (출처: 고동환 (2013) 『조선시대 시전상업 연구』, 지식산업사, 260쪽, 재인용)

있다. 궁궐이나 문루의 2층 건축은 지붕이 2중으로 구성된 2층 건축이다. 반면에 〈그림 2-18〉, 〈그림 2-19〉, 〈그림 2-20〉, 〈그림 2-21〉과 같이 1층과 2층을 구분하는 지붕이 없거나, 차양과 같은 가설 지붕을 사용하였다. 이 점은 상인들의 지위가 높지 않다는 점과 가격대비 효율에서 유리하다는 점이 작용했을 것이라고 볼 수 있다. 〈그림 2-18〉과 〈그림 2-19〉에서 보이는 2층 건물은 동일한 건물로 추정된다. 〈그림 2-18〉에서 보이는 성인 남성의 키를 기준으로 칸의 너비를 계산해 보면 어칸이 대략 2.6~3.0m로 추정된다. 이는 일반적인 어칸의 너비와 일치한다고 볼 수 있다. 그런데 협칸이 갑자기 1.2~1.5m정도로 감소하고 이 너비가 〈그림 2-19〉에서 보이는 바와 같이 건물 양단까지 계속된다. 이는 일반적인 한국 건축의 칸 너비의 절반 정도에 해당하는 것이다. 굳이 작은 너비로 칸이 구성된 것은 내부 공간과 연결되어 있다고 볼 수 있고, 즉 내부 공간의 쓰임새에 적합한 형태로 기둥을 배치하여 칸이 좁아진 것이라 할 수 있는 것이다. 상업건축에서 내부 공간의 실용성을 추구한 예이다. 〈그림 2-20〉처럼 가설 지붕을 덧대어 낸 경우도 있고, 〈그림 2-22〉와 같이 개방적인 구조를 갖는 경우도 있으며, 〈그림 2-14〉와 같이 중국식 구조를 갖는 경우도 있다. 〈그림 2-22〉에서는 전면에 보이는 1층 건물은 팔작과 맞배가 혼합된 형태의 독특한 지붕으로 인접 건물과 연결하기 위해서 맞배지붕을 선택한 것으로 보이며, 뒤로 보이는 2층 건물은 우진각지붕으로 한국에서는 문루를 제외하고는 흔히 보이지 않는 형태이다. 〈그림 2-15〉의 우측에서도 상업 건축으로 보이는 건물에서 우진각 지붕이 보인다.

개항기 2층 건물의 수가 많지 않음에도 불구하고 이렇듯 구조와 형태가 제각각인 것은 그 쓰임새가 각기 다르다는 점, 즉 실용적인 선택에서 기인한다고 볼 수 있다. 다른 궁궐과 문루의 2층 건물에 비하여 간편하고 합리적이며, 한국의 여타 전통 건축이 배타적이고 보수적인데 반하여, 다양한 수요와 요구에 적극적으로 대응하는 모습을 보인다. 일정 부분 개항으로 인해 서양식 재료가 들어온 점도 기여했을 것으로 추정되지만, 위에서 열거한 것처럼 개항이나 서양식 문물과는 무관하게 상업건축은 여타 전통건축과는 다른 독창적이고 합리적인 모습을 볼 수 있었다. 바로 이 점에서 한국의 여타 전통건축에서는 확인되지 않았던 자발적 근대화의 일면을 확인할 수 있는 것이다.

소결

본 장에서는 서양인과 일본인 등 개항기를 방문한 외국인들의 기록에 초점을 맞추어 외부에서 바라본 한국 건축이라는 관점에서 한국의 전통 건축과 2층 상점을 살펴보았다. 서양인의 시각 속에서 한국 전통 건축은 후진적이라는 평가가 지배적이고, 변화의 시도와 노력이 전혀 보이지 않는다는 점에서 그 전망도 어둡다고 하고 있다. 이러한 부정적인 이미지는 접경하는 중국과 일본 건축과의 비교에서도 크게 달라지지 않을 정도로 서양인의 한국 전통 건축에 대한 평가는 박하다고 할 수 있다. 그러나 2층 상업 건축은 기존의 한국 전통 건축과는 다른 특징을 보인다. 형식적이고 관습적인 형태에서 벗어나 다양한 필요성에 실용적이고 합리적으로 대처하는 모습을 보인다. 개항기 한국 전통 건축의 후진적인 상황은 모든 면에서 쇠약해진 국력의 단면이 건축에도 드러난 것이라고 볼 수 있다. 그러나 그 수는 적지만 2층 상업 건물을 통해서 여타 한국 전통 건축과는 다른 다양한 시도를 확인하였으며, 이는 건축에 있어서 자주적인 근대화를 확인할 수 있는 하나의 단상이라 할 수 있을 것이다.

주_

1 정연태 (2001) 「광무연간 서양인의 고종관」, 『한국사연구』 115집, 141~175쪽
송재용 (2004) 「구한말 서양인이 본 한국 의례 일고찰」, 『동양학』 제36집, 45~74쪽
김희영 (2007) 「오리엔탈리즘과 19세기말 서양의 조선인식」, 『경주사학』 제26집, 165~181쪽
김현숙 (2009) 「서양인 여행기에 표상된 '공존, 공생'의 조선 사회상」, 『역사와 담론』 54집, 105~139쪽

2 정성화 (2008) 『로버트 네프, 서양인의 조선살이 1882~1910』, 푸른역사
김학준 (2010) 『서양인들이 관찰한 후기 조선』, 서강대학교 출판부
이순우 (2012) 『정동과 각국 공사관』, 하늘재

3 김봉건 (1994) 『전통 중층목조건축에 관한 연구』, 서울대학교 박사학위논문
김덕문 (1997) 『조선시대 전통목조건축의 통주형 중층체계』, 충북대학교 박사학위논문

4 윤일주 (1966) 『한국 양식건축 80년사』, 야정문화사, 94~97쪽
김홍식 (1987) 『민족건축론』, 한길사, 179~196쪽
전남일, 손세관, 양세화, 홍형옥 (2008) 『한국 주거의 사회사』, 61~66쪽
임창복 (2011) 『한국의 주택: 그 유형과 변천사』, 돌베개, 261~264쪽

5 고동환 (2013) 『조선시대 시전 상업 연구』, 지식산업사

6 H. B. 헐버트, 신복룡 역 (1999) 『대한제국멸망사』, 집문당, 286~288쪽

7 한국호적성책(韓國戶籍成冊, 京都대학 박물관 소장)의 내용을 참고로 초가집의 비율을 살펴보기 위하여, 주로 주거용의 가옥이 대부분을 차지하는 建陽元(1896)년 한성부(漢城府) 북서(北署) 양덕방(陽德坊, 한국호적성책 140권)과 光武10(1906)년 한성부(漢城府) 북서(北署) 양덕방(陽德坊, 한국호적성책 139권)의 내용을 보면 1896년의 호적에서는 총 165호 중에서 131호인 79.4%가 초가이며, 1906년에도 초가가 차지하는 비율이 80%에 이를 정도로 대다수의 건물이 초가였다. 또 이 중에서 12칸 이상의 건물은 1896년에 4호, 1906년에는 3호일 정도로 대규모의 초가가 거의 보이지 않으며, 반면 6칸 이하의 소규모 초가의 경우 50%에 육박하며, 8칸 이하의 초가가 전체 초가의 70%를 차지할 정도로 대부분의 초가는 낮고 작은 형태를 지녔다.

8 H. B. 헐버트, 신복룡 역, 앞의 책, 321쪽

9 에른스트 폰 헤세 바르텍, 정현규 역 (2012) 『조선, 1894년 여름: 오스트리아인 헤세-바르텍의 여행기』, 책과함께, 90쪽

10 에른스트 폰 헤세 바르텍, 정현규 역, 앞의 책, 78쪽

11 에른스트 폰 헤세 바르텍, 정현규 역, 앞의 책, 79쪽

12 에밀 부르다레, 정진국 역 (2009) 『대한제국 최후의 숨결』, 글항아리, 63쪽

13 W. R. 칼스, 신복룡 역 (1999) 『조선풍물지』, 집문당, 28쪽

14 E. 와그너, 신복룡 역 (1999) 『한국의 아동생활』, 집문당, 26쪽

15 에른스트 폰 헤세 바르텍, 정현규 역, 앞의 책, 81쪽

16 H. B. 헐버트, 신복룡 역, 앞의 책, 296쪽

17 G. W. 길모어, 신복룡 역 (1999) 『한성풍물지』, 집문당, 41쪽
앵거스 해밀튼, 이형식 역 (2010) 『러일 전쟁 당시 조선에 대한 보고서: 1899~1905년 사이의 격동과 성장』, 살림, 75~76쪽

18 윌리엄 길모어, 이복기 역 (2009) 『서양인 교사 윌리엄 길모어 한성을 걷다: 1894-14개의 주제로 보는 1894년의 조선』, 살림, 30~32쪽

19 앵거스 해밀튼, 이형식 역, 앞의 책, 68쪽

20 에른스트 폰 헤세 바르텍, 정현규 역, 앞의 책, 82쪽

21 에른스트 폰 헤세 바르텍, 정현규 역, 앞의 책, 79쪽

22 지그프리트 겐테, 권영경 역 (2007) 독일인 겐테가 본 신선한 나라 조선: 1901, 책과함께, 195~196쪽

23 앵거스 해밀튼, 이형식 역, 앞의 책, 75~76쪽

24 山崎佑次 (2008)『宮大工西岡常一の遺言』, 彰國社

25 渡邉晶 (2000)『近世における大工道具發達史の研究』, 東京大學 박사학위논문

26 미하일 알렉산드로비치 포지오, 이재훈 역 (2010)『러시아 외교관이 바라본 근대 한국』, 동북아역사재단, 331쪽

27 E. J. 오페르트, 신복룡 역 (2000)『금단의 나라 조선』, 집문당, 117~119쪽

28 杉山信三 (1946)『日本朝鮮比較建築史』, 大八洲出版

29 먼저 한국의 궁궐 건축에 대하여 칭찬한 의견으로는 '그 건물들은 단지 기와의 수수한 색채와 천장에 칠해진 당초 무늬만이 달랐을 뿐 모두 중국식 건축양식이었고 북경에서 보았던 건물과 거의 다를 바가 없었다. 그러나 이러한 차이점은 매우 완벽하고 대단히 한국적이었다.(W. R. 칼스, 신복룡 역 (1999)『조선풍물지』, 집문당, 46쪽)'라는 견해가 있고, 궁궐에 대하여 부정적인 의견으로는 '조선의 화가들이 그린 몇 장의 그림을 제외하고는 귀중한 장식품이 없었으며 이곳이 왕이 거처하는 곳임을 나타내는 특별한 아무 것도 없었다. 오히려 밝은 적색과 녹색으로 내부가 장식된 권문세가의 집이 궁궐보다 더 화려했다.(A. H. 새비지 랜도어, 신복룡 역 (1999)『고요한 아침의 나라 조선』, 집문당, 171쪽)'라는 견해가 있다.

30 에른스트 폰 헤세 바르텍, 정현규 역, 앞의 책, 79쪽

31 버라토시 벌로그 베네데크, 초머 모세 역 (2005)『코리아 조용한 아침의 나라』, 집문당, 139쪽

32 에른스트 폰 헤세 바르텍, 정현규 역, 앞의 책, 78쪽

33 아손 그렙스트, 김상열 역 (2005)『스웨덴기자 아손 100년전 한국을 걷다』, 책과함께, 97쪽

34 호머 헐버트, 신복룡 역 (1999)『대한제국멸망사』, 집문당, 524쪽

35 H. N. 알렌, 신복룡 역 (1999)『조선견문기』, 집문당, 64~65쪽

36 호머 헐버트, 신복룡 역, 앞의 책, 321쪽

37 W. E. 그리피스, 신복룡 역 (1999)『은자의 나라 한국』, 집문당, 342쪽
W. R. 칼스, 신복룡 역, 앞의 책, 38쪽
W. F. 샌즈, 신복룡 역 (1999)『조선비망록』, 집문당, 42쪽
A. H. 새비지 랜도어, 신복룡 역, 앞의 책, 131쪽
에른스트 폰 헤세 바르텍, 정현규 역, 앞의 책, 90쪽

38 김동욱 (2007)『(개정) 한국건축의 역사』, 기문당, 200~202쪽

39 (전략) 近者又聞新造宮家, 至于二層閣云, 臣雖不得目覩, 人皆傳說, 果若人言, 則誠可寒心矣。五子之歌, 備陳警戒之言, 而其末云峻宇雕墻, 有一於此, 未或不亡, 峻宇雕墻, 似非亡國之事, 而亡國云者, 此皆出於生民之膏血, 而奢侈成習, 終至於亡國而後已也。上曰, 二層閣之說, 吾所未知也。洪命夏曰, 臣亦聞興平尉家, 有二層閣之說云矣, 諸公主第宅, 過爲侈大, 此雖出於聖上友愛之意, 實是無前之事也。卽今南別宮, 乃宣祖朝義安君家也。壬辰年, 中朝人來見, 以爲此在中原, 亦所罕有, 如是而豈無召亂之患乎? 此言亦可徵也。(후략) (『承政院日記』 원본185책, 1664(玄宗5)년 10월 15일, 16번째 기사)

40 『承政院日記』 원본1153책, 1758(英祖34)년 2월 5일, 12번째 기사
『承政院日記』 원본1266책, 1757(英祖43)년 4월 10일, 13번째 기사
『承政院日記』 원본1723책, 1793(正祖17)년 11월 27일, 17번째 기사

41 (전략)……鐘樓速爲重建, 金鍾卽令改懸。兵曹啓曰, 目今京外, 材料俱竭, 鍾樓重建, 事勢不易, 始依前規, 以鍾閣改造, 使卽懸鍾何如。傳曰, 允。……(후략) (『光海君日記』 139권, 1619(光海君11)년 4월 14일, 3번째 기사)

42 불전의 경우 2층 이상의 건축도 상당수 존재하지만, 당시 한성에 사찰을 세우는 것은 엄격히 금지되었으므로 한성 안에는 2층 이상의 불전은 존재하지 않았다.

43 안창모 (2009)『덕수궁: 시대의 운명을 안고 제국의 중심에 서다』, 동녘, 169쪽, 171쪽

44 H. N. 알렌, 신복룡 역, 앞의 책, 100쪽
W. R. 칼스, 신복룡 역, 앞의 책, 42쪽
윌리엄 길모어, 이복기 역, 앞의 책, 32쪽

45 I. B. 비숍, 신복룡 역 (1999)『조선과 그 이웃 나라들』, 집문당, 50쪽

46 黑正巖 (1921)「京城六矣廛に就いて」,『經濟論叢』第12卷, 324쪽
香月源太郎 (1902)『韓國案內』, 木嵩山堂, 96쪽

47 에른스트 폰 헤세 바르텍, 정현규 역, 전게서, 90쪽

48 『高宗實錄』6권, 1869(高宗6)년 9월 4일, 3번째 기사
『高宗實錄』20권, 1883(高宗20)년 11월 16일, 2번째 기사

49 1912년에 작성된 경성부『토지조사부』에서 시전 건물들의 소유자가 한 명이 아닌 수십 명이 연명으로 기록되어 있다는 점에서도 이를 확인할 수 있다.

50 (전략)……今日京城の鐘路に存する六矣廛の遺物は三十年前に再建されたものであるが, その構造は旧來のものと略は同一であるといふ。之は朝鮮に稀に見る二階建木造瓦葺である, 階上は物置に使用せられ階下を廛房とす, 今布廛を見るに, 廛房を五房に區分し各房を十間(略十坪)とす, 更に各房を十分し各都員はその一房に依って營業する……(중략)……都家は又都所とも称し都中の事務所であって都中の役員は玆で都中の事務を執り, 時に都中の集會所に充てらる。平家建, 木造瓦葺であって必ず廛舗の後方にある, 各自の廛名を冠し何廛都家といふ, 布廛都家は坪數六十五坪である, 都家の創始は不明であるが本廛の設立と必しもその時を同うしないといふ……(후략) (黑正巖 (1921)「京城六矣廛に就いて」,『經濟論叢』第12卷, 324~325쪽)

51 건물의 평수와 관련하여 黑正巖의「京城六矣廛に就いて」에서는 50칸 50평이라고 설명하고 있으나, 이는 한국의 칸이 일본의 칸보다 크다는 사실을 인지하지 못한 오류라고 보인다. 50칸을 한국의 일반적인 칸 크기로 환산하면 대략 90평 정도의 규모가 된다. 이는 1912년『토지조사부(土地調査簿)』에서 포전 전방에 해당하는 남대문통(南大門通) 1정목 1번지 기록에서도 확인할 수 있다.

52 1912년 경성부『토지조사부』의 남대문통일정목(南大門通一丁目) 1대(垈), 면적 98평, 고윤식(高允植)외 98인 소유, 북부(北部) 순화방(順化坊) 거주

53 1912년 경성부『토지조사부』의 관철동(貫鐵洞) 222대(垈), 면적 63평, 고윤식(高允植)외 98인 소유, 북부(北部) 순화방(順化坊) 거주

제2부

건축과 도시 변화의 연대기

제2부에서는 건축과 도시의 변화에 대하여 시기별로 구분하여 그 변화와 방향성을 고찰해 보고자 한다. 건축과 도시의 관계 속에서 서로의 변화가 어떻게 연결되었는지, 즉 건축에서 도시로, 도시에서 사회 전반으로 연계하여 변화하였다는 점, 여기에 초점을 맞추어 그 연관성을 찾고자 하였다. 또한 1864~1910년의 건축 유형을 정리하여 건축 변화의 방향성을 고찰하고 이를 어떻게 도시 변화의 방향성과 연계할 수 있는지에 대해서도 모색하였다.

제3장

개항 이전 건축 활동과 한성의 변화 (1864~1882년)*

대원군의 복고 의지와 한성의 중심 변화

* 본 장은 졸고 '高宗初期(1864~1873년) 建設事業과 그 양상: 漢城府중심 공간의 변화를 중심으로'(대한건축학회 논문집: 계획계 제27권 제1호, 2011년)를 바탕으로 이후의 연구 현황과 일부 진전된 연구 성과를 반영하여 재구성하였고, 그 성과를 서술한 것이다.

고종 초기를 대변하는 건설사업은 경복궁景福宮의 중건이다. 국가의 존망위기를 논할 정도의 대규모 사업이었으며, 방대한 물력과 인력이 동원된 사업이었다. 경복궁의 중건은 이 시기를 연구하는 건축역사 연구자는 물론이고, 역사학자에게도 중요한 연구 대상이다. 그러나 이 시기 경복궁 이외에도 한성 전체에는 다양한 건설사업이 진행되었다. 경복궁이라는 대규모 건설사업에 가려 상대적으로 주목을 받지 못하고 있을 뿐이다. 이 시기의 건설사업을 논하기 위해서는 당시 행해진 다양한 건설사업을 함께 논하는 것이 바람직하다.

경복궁이 당시를 대표하는 상징적인 건축물이기는 하지만, 경복궁만으로 고종 초기를 이해하는 것은 분명 한계를 갖는다. 조선 초기나 그 이전 시대에 대한 연구는 사료가 부족하므로, 이러한 중요한 상징물이 시대의 특징을 반영하므로 이 중요한 사례를 중심으로 연구하는 것이 최선의 방법일 수 있다. 그러나 고종 초기의 경우 경복궁뿐만 아니라 당시 상황을 이해할 수 있는 건설사업에 대한 사료가 상당수 남아 있다. 물론 근대적인 기록체계가 도입되기 이전이므로, 그 이후 근대화가 진행된 이후와 비교한다면 터무니없이 사료가 부족한 것도 사실이다. 그렇다고 현존하는 기록을 방치한 채, 조선 후기의 끝자락이라는 관점에서 경복궁에 집중하는 것은 고종 초기의 건축과 도시를 제대로 이해하는 타당한 방법론이라고 보기 어렵다. 따라서 고종 초기에 대한 건축과 도시는 현존하는 자료를 적극적으로 활용하여 경복궁을 포함한 다양한 건설사업이 보여주는 건축의 전반적인 상황에 대하여 이해하고자 노력할 필요가 있다.

본 장에서는 고종 초기의 건설사업과 한성의 도시공간을 그러한 관점에서 해석한 것이다. 경복궁이라는 중차대한 건설사업이 갖는 의미와 함께, 경복궁의 중건을 비롯한 다양한 당시의 건설 사업이 갖는 의미, 그리고 이러한 건설사업이 전반적으로 이루어졌던 한성이라는 도시의 변화 판도를 당시의 제반 건설사업을 통해서 살펴보고자 한다.

고종 초기의 건설사업은 수량이나 물량 측면에서 다른 왕조, 다른 시기에 비해 두드러지게 활발하고 왕성하였다.[1] 이러한 왕성한 건설사업을 이후에 도래하는 근대화와 관련하여 어떻게 이해할 것인가에 대한 문제의식에 초점을 맞춘 것이 본 장이다. 이 시기는 한국이 전근대에서 근대로 이행하는 과정, 즉 근대전환기의 시작에 해당하는 부분이라는 점에서 중요한 의미를 갖는다고 볼 수 있다.

기존 연구와 고종 초기에 대한 정의

기존 연구의 흐름

지금까지 고종 재위 초기는 정치사 연구자들이 주목하여 연구를 진행한 성과가 많다. 정치나 권력에 주목하여, 흥선대원군興宣大院君, 고종高宗, 양반 세도가라는 삼각관계에 대한 조명이 수를 이루고 있다.[2] 그중에서도 흥선대원군의 집권기라는 측면에서 흥선대원군과 대립세력이 갖는 정치적 구도에 주로 초점을 맞추고 진행한 연구가 많다. 여기에 외세라는 새로운 권력이 더해지면서 권력층의 외교관外交觀이라는 관점에서 당대를 이해하는 시도들이 보인다. 이는 이전 시대와는 달리 고종 초기의 특수한 상황이 반영된 연구라고 볼 수 있다. 건축사학建築史學에서는 이 시기에 대하여 주로 경복궁 중건이나 운현궁雲峴宮을 다루고 있으며,[3] 이외에 다른 요소를 적극적으로 활용한 사례는 거의 눈에 띄지 않는다. 이 시기 경복궁 이외의 다른 건축물을 대상으로 한 건축 및 도시사 연구로는 이순우(2011)[4]나 홍순민(2015),[5] 이원호 등(2015)[6] 등을 들 수 있다. 경복궁 이외의 건축에 관한 연구는 거의 전무하며, 주로 이 시기는 조선후기라는 틀에서 이해하고 있음을 볼 수 있다.[7]

고종 초기의 정의

고종 초기는 구체적으로 어떻게 정의할 수 있는가? 기존 연구를 통해서 고종 초기를 정의하는 기준은 크게 두 가지로 구분된다. 기존 연구를 통해서 고종 재위기간은 초기, 중기, 후기로 구분하는 것이 일반적이다. 중기와 후기의 구분 기준을 대한제국의 건국으로 보는 견해는 대략적으로 일치하지만 초기와 중기의 구분에 있어서는 고종의 친정을 기준으로 보는 견해[8]와 1876년의 개항을 기준으로 보는 견해[9]가 양존한다. 전자의 경우, 흥선대원군의 역할에 중점을 두고 분류한 것이고, 후자의 경우, 흥선대원군의 역할도 중요하지만 흥선대원군 집권시기의 정책의 향방과 고종이 친정을 시작한 후의 정책의 향방이 크게 다르지 않다는 점에서, 그러한 중앙집권적 왕권강화 정책은 개항 시까지 계속된다는 점에서 개항을 중요한 시대구분으로 분석한 것[10]이다. 그러나 본고에서는 위의 둘과 달리 1882년의 임오군란을 기준점으로 삼고자 한다. 본고에서는 한성을 대상으로 하고 있는 만큼 한성의 변화에 주목할 필요가 있다. 한성의 가장 중요한 건축과 도시의 변화는 외국 세력이 들어오면서 생겨났다고 할 수 있다. 1882년 임오군란壬午軍亂 때 한성에 중국과 일본의 군대가 들어왔고, 이를 계기로 한성은 잡거지가 되면서 한성에 새로운 건축양식이 들어오는 것이 가능해졌다. 1882년에 한성에 중국과 일본의 군대가 주둔하고, 이들을 위한 어용상인御用商人이 함께 들어왔다. 그 후 중국인 상인이 한성에 정착하게 되었다. 임오군란이후 외국인이 한성에 거주하게 되었으므로, 이를 기준점으로 삼는 것이 타당하다고 생각된다.

그러나 본 장에서는 흥선대원군의 집권기인 1864년에서 1873년까지를 주로 다룬다. 이는 건축 활동을 통해 정치적인 목적을 실현시키고자 했던 인물이 흥선대원군으로, 건축과 도시에 미치는 영향으로서 흥선대원군에 주목할 필요가 있기 때문이다. 실질적인 주체가 흥선대원군에서 고종으로 변화하는 것으로 전반적인 건설의 흐름이 변하는 것도 사실이고, 경복궁을 비롯해 수많은 건설 활동을 주도한 기관인 영건도감이 흥선대원군의 실각과 함께 폐기되었다는 점에서도 건축에 있어서 중요한 분기점은 흥선대원군의 실각이라 할 수 있다.

고종 초기 건축 활동의 추이

고종대는 이전 왕들의 재위기에 비하여 훨씬 활발한 건설사업이 이루어진 것을 확인할 수 있다. 이를 입증하기 위하여 조선시대의 모든 건설 활동을 조사하고 그 건수와 규모를 비교하는 것은 사실상 불가능하다. 그 이유로 건설사업을 명확하게 정의할 수 있는 기준이 없다는 점과, 모든 건설 활동을 확인할 수 있는 사료가 없다는 점, 그리고 건설 활동에 소요되는 다양한 노력과 물자를 가시화하여 표현할 수 있는 수단이 없다는 점을 들 수 있다. 예를 들어 능원의 보수와 관리 등 간단한 소규모 공사와 성곽 수축이나 궁궐 창건과 같은 대규모 공사는 다른 의미와 가치를 갖지만, 그 차이를 어떻게 수치화할 수 있는가에 대한 것이다. 이들을 단순히 동일하게 1건의 건설공사로 보지 않기 위해서는 이를 뒷받침하는 수량 기준과 가시화 수단이 필요하다. 그러나 사료 부족과 조선시대 500년을 관통하는 기준이 없기 때문에 그 차이를 명확히 설명하는 것은 사실상 불가능하다.

따라서 본고에서는 이러한 오류의 가능성을 인정하면서도, 조선왕조실록[11]에서 보이는 건설사업과 관련된 기사의 건수를 중심으로 건설사업의 추이를 살펴보고자 한다. 현존하는 자료 중에서 동일한 기준에서 작성되었고 신뢰도가 보장된 자료이면서[12] 조선왕조 전체를 아우를 수 있는 유일한 자료

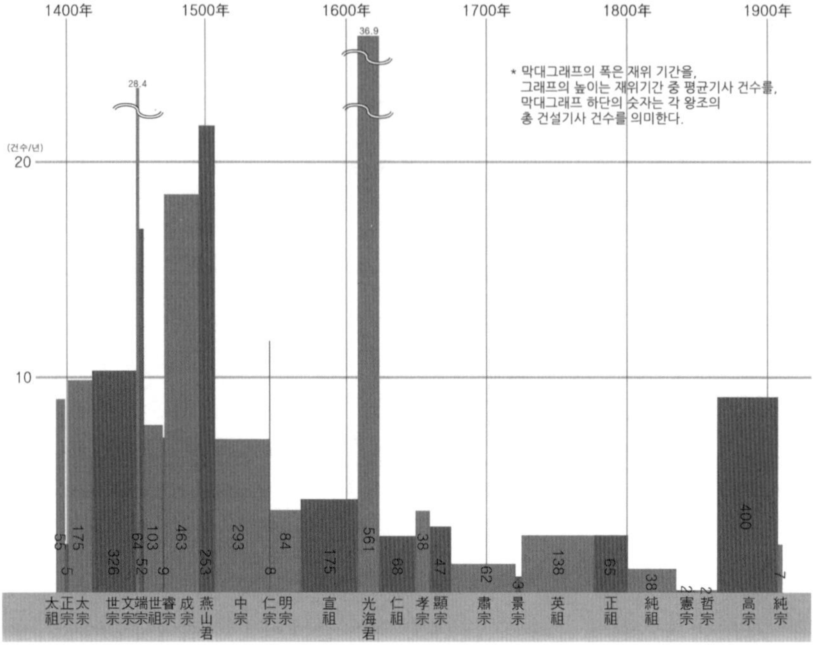

그림 3-1 『조선왕조실록(朝鮮王朝實錄)』의 왕조별 건설관련 기사 건수 변화 추이

가 조선왕조실록이기 때문이다. 위에서 설명한 오류 이외에도 조선왕조실록이 갖는 한계도 문제이다. 동일한 사관이 일정한 기준을 통해 서술에 대한 원칙을 정하여 작성된 기록이 아니기에 연대에 따라 그 기술 방식의 차이가 있다는 오류도 함께 내포하고 있다. 따라서 단순히 기사의 건수를 비교하는 것만으로 왕조별 건설 활동의 흐름을 설명하는 것은 무리가 있다고 할 수 있으므로 세밀한 수치비교는 큰 의미를 갖지 않는다고 할 수 있지만, 기사의 건수만으로도 개략적인 추이에 관한한 어느 정도 설명할 수 있다고 판단한다.

〈그림 3-1〉[13]에서 『조선왕조실록朝鮮王朝實錄』의 기록을 토대로 왕조별로 건설 활동의 연간 평균 기사 건수를 표현하였다. 재위기간은 왕별로 다르기 때문에, 총 건설기사를 재위 기간으로 나누어 1년당 평균 건설관련 기사 건수를 표현한 것이다. 이 그래프를 보면 특정 왕조에서 그 건수가 갑자기 증가하는 경향을 확인할 수 있다. 조선 초기와 임진왜란 이후, 그리고 고종 대의 건설관련 기사가 급격히 늘어나는 것을 볼 수 있다. 조선 초기의 건설사업 증대

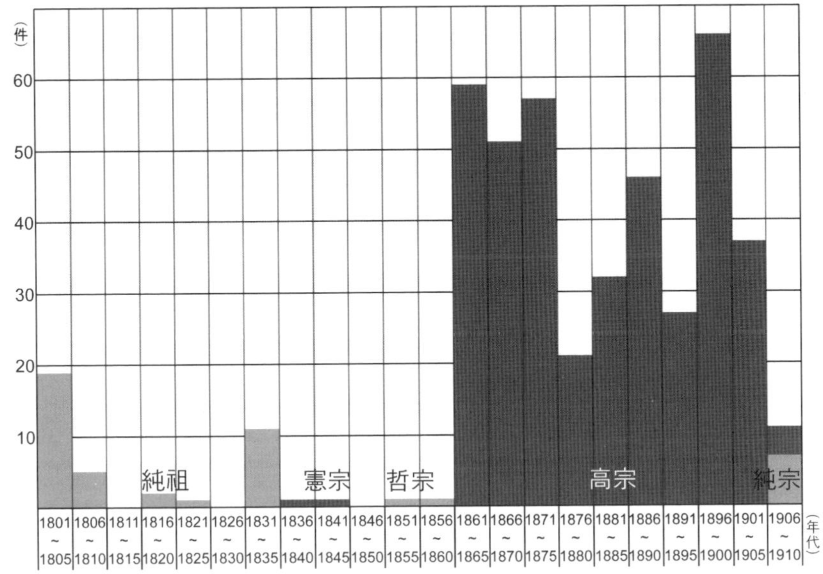

그림 3-2 조선후기 110년간의 건설관련 기사 건수

와 임진왜란 이후의 건설사업 증가는 그 원인을 추론할 수 있다. 왕조 초기에 대규모 건설사업을 하는 것과 전쟁 직후 복구 상황에서 건설사업이 늘어나는 것은 보편적인 특징에 해당한다. 그리고 왕의 개인적인 의지가 반영된 경우도 있는데, 고종, 성종, 연산군 등이 여기에 해당한다. 연산군의 경우 사치와 향락을 즐기며 이를 위해 방대한 건설사업을 벌였던 것이 반영된 결과라고 할 수 있다. 또 재위 기간이 짧은 왕에서 연평균 건설사업 기사 건수가 높게 나타나는 것을 볼 수 있는데, 이는 왕조 초기와 마찬가지로 국왕 재위 초기에 건설사업에 힘을 쏟는 경향이 있다는 점이 반영된 결과라고 이해할 수 있다.

위의 〈그림 3-2〉[14]는 고종재위기를 중심으로 1800년부터 1910년까지 110년간의 조선왕조실록 건설관련 기사 건수를 조사하여 5년 단위로 나누어 건축 관련기사를 건수로 표현한 것이다. 110년간의 기록을 보면 조선후기 건축 활동이 감소하는 경향이 현저한 가운데 고종대에 건축 활동에 관한 기사 건수가 급증하는 것을 확인할 수 있다. 특히 개항이후 건설의 수가 증가하는 경향은 어느 정도 추론이 가능하지만, 고종 즉위 직후부터 건설기사 건수가 급증하기 시작한다는 점을 확인할 수 있다. 이는 개항과 무관하게 고종 즉위와 함께 활발한 건축 활동이 이루어졌음을 의미하는 것이라고 볼 수 있다.

고종 초기 한성 내 건축 활동 상세

건축 활동에 의한 시기 구분

고종 초기의 건축 활동을 크게 세 시기로 나누어서 생각해 보고자 한다. 제1기는 고종이 즉위한 이후, 경복궁 중건을 시작하기 전까지(1863년 12월~1865년 3월), 제2기는 경복궁 중건을 착수하여 고종이 경복궁으로 이어하게 되는 시기까지(1865년 4월~1868년 6월), 그리고 제3기는 경복궁 이어 이후 흥선대원군이 실각하고 고종이 친정을 실시하게 되는 시점까지(1868년 7월~1873년 11월), 이렇게 세 시기로 나눌 수 있다. 〈표 3-1〉[15] 에서 보이는 것처럼 제1기에서는 관청이나 왕실과 관련된 공사나 민생현안과 관련된 공사가 많았음을 알 수 있다. 제2기는 경복궁 중건이 가장 중요한 건축 활동이었으며, 그 외에도 관청의 보수 공사나 이설 등도 함께 이루어졌음을 알 수 있다. 제3기는 이전에 집약적으로 이루어졌던 건설사업의 양상에서 벗어나서 다소 소강상태에 접어드는 모습을 보이고 있다.

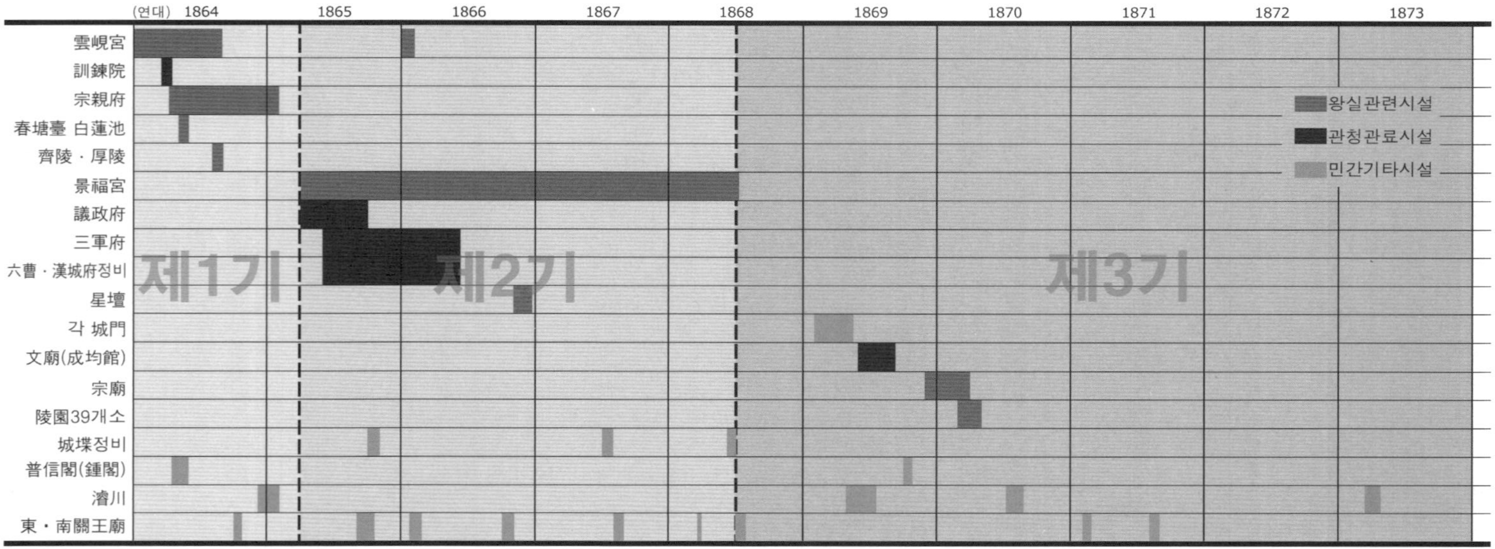

* 비고 : 막대의 너비는 공사기간을 나타낸 것이나, 자료가 부족하여 공사기간을 명확히 추정할 수 없는 경우가 있어, 길이의 표현단위는 개월수 를 기준으로 표현하였다

표 3-1 고종 초기 공사 항목별 공사 기간도 (비고: 막대의 너비는 공사기간을 나타낸 것이나, 자료가 부족하여 공사기간을 명확히 추정할 수 없는 경우가 있어, 길이의 표현 단위는 개월 수를 기준으로 표현하였다.)

제1기의 건축 활동

제1기는 고종 즉위 후부터 경복궁의 공사가 시작되기 전까지, 1863년 12월부터 1865년 3월까지의 1년4개월이다. 이 시기에 이루어지는 건설 사업은 왕실 및 왕족 관련 건축 사업이 많으며, 관청의 중건과 수리, 그밖에도 민생 현안과 관련된 공사 등이 주로 이루어졌다. 선대 왕조에서도 즉위 직후 건설 공사의 건수가 증대되는 것을 앞에서 확인하였는데, 이는 새로 즉위한 왕의 치정을 선전하는 가장 효과적인 수단이 건설공사였기 때문이리라 추측된다. 건설공사는 성과가 가시적으로 드러난다는 점에서 즉위 초기의 정부 정책 중에서 가장 쉬운 선택지였을 것이라고 볼 수 있다. 고종 즉위 이후의 건설공사도 그런 맥락에서 이해할 수 있다. 제1기에 이루어진 건축 사업을 구체적으로 살펴보면 운현궁雲峴宮의 대대적인 보수와 확장, 군사양성소인 훈련원訓練院 관사의 수리, 종친부宗親府의 확장과 보수, 종각의 재건, 그리고 개천의 준천 등을 들 수 있다.

이 중에서 종각鐘閣의 재건과 개천 준설浚渫은 민생 현안과 연관이 있는 만큼, 선택의 여지가 없는 필수적인 사업이었다. 1864년 4월 20일 『고종실록高宗實錄』에는[16]

> (중략) …… 지전紙廛에서 실화失火하여, 종각鐘閣에까지 미쳤으나, 즉시 진화하였습니다. 비록 종鐘은 다행히 온전하지만, 각閣은 즉시 훼철해야 합니다…… (후략)

라는 기록이 있다. 종각이 화재로 급작스럽게 소실되었고, 종각은 시간을 알리는 기능을 수행하므로 종각이 없으면 민생이 어려워진다는 점에서, 재건을 서두르게 되었음을 알 수 있다. 개천 준설 작업과 관련해서도 1865년 3월 2일의 『승정원일기』에는[17]

비변사에서 아뢰기를, "도성 내 준천공사는 지금에 이르러 8년이 지났습니다. 사토沙土가 쌓이고 막혀서 천변의 주택들은 범람할 걱정이 끊이지 않으니 큰 비가 내리기 전에 다시 트여서 소통하도록 하지 않으면 안 될 것입니다. 이런 뜻으로 준천사濬川司 및 각 영營 대장으로 하여금, 이를 지시하여 빨리 공사를 시행토록 함이 어떠합니까?" 하니, 전교하여 이르기를 윤허하였다.

라는 기록이 있다. 8년 동안 준설하지 않았으므로 시급한 공사이므로, 서둘러서 공사에 착수하였음을 알 수 있다. 종각 재건 공사와 준설 공사는 정치적인 의도와 관계없이 민생현안을 위해 필요한 건축 사업이었다고 볼 수 있다.

반면, 운현궁雲峴宮과 종친부宗親府의 확장사업은 정치적인 의도에서 해석할 수 있다. 고종 즉위 이후 기록으로 남아 있는 최초의 공식적인 건설사업이 운현궁의 확장 및 수리이다. 1864년 1월 7일 『고종실록』에는[18]

호조戶曹에서 "대원군궁大院君宮 저택을 전례에 의거하여 거행하도록 하명하신 것에 대하여, 가사家舍 비용으로 17,830냥兩을 지출하여 새롭게 건설하고 보수하도록 하는 절차를 차제次第에 거행하겠습니다."라고 아뢰었다.

라고 적혀 있다. 운현궁은 상당히 많은 재정적 투자가 이루어졌는데, 이는 흥선대원군에 대한 대우라는 의미도 있지만, 고종의 잠저潛邸를 대대적으로 보수하는 것은 고종의 즉위에 정당성과 힘을 부여하는 절차라고 해석할 수 있다. 그리고 종친부 공사는 종부시宗簿寺와 규장각奎章閣, 선원전璿源殿 등의 기능이 종친부로 흡수되면서 시행된 대대적인 신축 공사이다. 〈그림 3-3〉에서 그 당시 건설 이후의 모습을 확인할 수 있다. 종친부가 명목상 존재했던 관청에서 실질적인 역할을 담당하는 대규모의 관청으로 변모시키기 위해 대대적인 공사가 필요했을 것으로 생각된다. 이 공사에 관해서는 『고종실록』에서[19]

전교하여 이르기를 "짐이 잠저에서 이미 듣기를 종친부宗親府가 황량하여 무

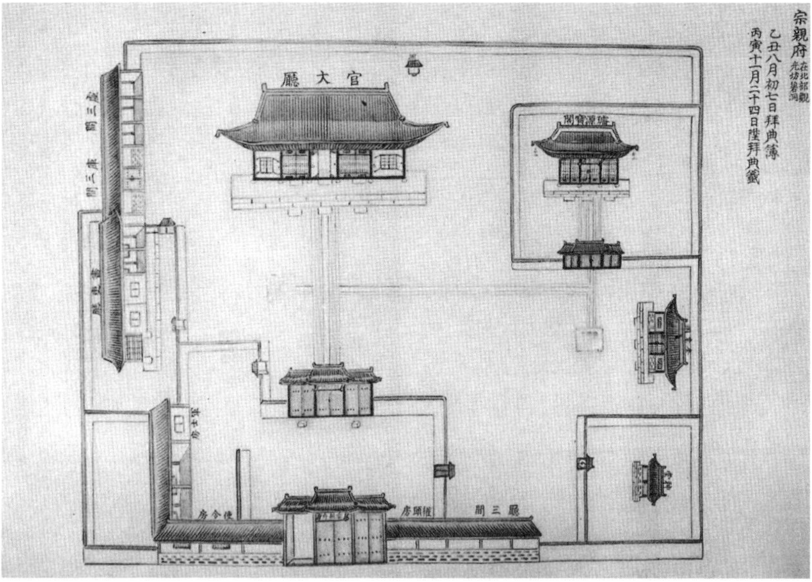

그림 3-3 종친부(宗親府)
(출처: 『숙천제아도(宿踐諸衙圖)』, 하버드대학 소장, 이찬 외1명 (1995) 『한성의 옛 地圖』, 서울시립대학교 서울학연구소, 재인용)

너지고 부서졌다고 하니 마음이 심히 개탄스러웠다. 국조國朝가 왕성했던 시절에는 이찌 이러했겠는가? 본가本家와 지가支家가 백세百世의 영화를 누리며 공족公族으로 붐빌진대, 기상의 치창熾昌함은 가히 주패朱芾와 창형葱珩이 화려하게 그 자리를 채우고 꽃과 나무를 즐겼음을 상상할 만 하도다. 이 모두 이 관청에 있을진대, 어찌 옥우屋宇를 수리하지 않고 이 상황에 이르도록 하였는가? 짐이 즉위한 후로 중건하고 신축할 의욕이 있었으나 바빠서 미처 하지 못하였다. 마땅히 우리 대원군이 서둘러 거행하여 수축하였으므로, 모두 옛 모습을 복구하였으며, 크고 넓은 그 아름다움은 과거보다 낫다.……

(후략)

라고 하였다. 『승정원일기』에서도 동일한 내용의 기사가 실려 있다.[20] 종친부의 위상이 국가의 위상과 직결된다고 점을 밝히고 있으므로 정치적인 의도가 있음을 확인할 수 있고, 또 흥선대원군이 주도하여 시행했던 공사라는 점도 밝히고 있어, 종친부 공사는 흥선대원군의 뜻이 반영된 것임도 알 수 있다. 이 기사가 1865년 2월 20일 기사이므로 이미 이 시기에는 종친부 공사가 완료되었음도 확인할 수 있다. 또 다른 기사에서[21]

> 흥인군興寅君 이최응李最應의 상소를 간략하자면, ……(중략)…… 신의 뜻을 이제부터 아뢰건대, 종부시와 종친부 양 관아를 합하여 하나로 하며, 제조提調는 감하減下하고, 종실 당상으로 하여금 이를 관장하게 하고, 정해진 관직 하나는 참봉으로 고치며 종실 후예 중에서 그 자리를 채우도록 합니다. ……(중략)…… 비답을 내리기를, 종부시를 감하여 합부하자는 의논은 잠저에 있을 때부터 들은 지 오래다. 이와 같이 한 연후에 가히 원활치 않음과 구차함의 폐단을 없앨 수 있고, 종친 간에 돈독하고 화목한 아름다움이 생길 것이다. 이 일은 관제官制와 관계되어 있으니 묘당廟堂에 명하여 품처稟處하도록 하여라.

라고 하여, 흥선대원군 이하응의 친형인 이최응李最應이 종친부와 종부시宗簿寺를 합설하도록 상소한 것이 계기가 되어 공사를 시작했음을 알 수 있다. 공사 시작 시기가 명확하지 않지만, 위 기사 이후에 공사가 시작되므로 착공시기가 1864년 4월 11일 이후라는 점은 확인된다. 『고종실록』에는[22]

> (전략)…… 천만년 동안 국가와 함께 고락을 같이할 것이니 이는 짐이 기원하고 축원하는 마음이니라. 종친부 편액扁額을 마땅히 친히 써서 하사토록 하겠노라.

라고 하여 고종이 직접 종친부 편액을 써서 하사하였음이 확인된다. 편액을 거는 것은 공사가 완공된 직후에 하는 것이 일반적이므로 편액을 내리는 시기로부터 추측하면, 1865년 2월 중순에 공사가 완료되었음을 확인할 수 있다. 따라서 전체 공사는 10개월여에 걸쳐 진행된 공사라고 추측할 수 있다. 그 모습은 〈그림 3-3〉에서 확인된다. 그 외에도 훈련원 관사 수리도 행해지는데, 규모는 그리 크지 않은 간단한 보수 공사였다.

제2기의 건축 활동

제2기에 행해지는 건설사업의 가장 두드러진 특징은 경복궁의 건설이다. 그러나 당시의 공사는 경복궁에만 국한되어 있지 않고 다양한 건설 사업이 정부 주도로 이루어졌다. 제2기는 경복궁 건설이 시작된 시점이었던 1864년 4월부터 경복궁 건설이 어느 정도 마무리되고 고종이 경복궁으로 이어하게 되는 1868년 6월까지이다. 이 시기에서 가장 중요한 건설 활동은 경복궁 건설이지만, 정부의 가장 중요한 관청이라 할 수 있는 관청들의 공사도 이 시기 동시에 진행된다. 따라서 여기에서는 경복궁 이외의 다른 건설 공사에도 초점을 맞추고 살펴보고자 한다.

제2기에 이루어진 주요 공사는 경복궁景福宮을 비롯한, 의정부議政府, 삼군부三軍府, 예조禮曹, 한성부漢城府 등의 관청, 그리고 도성의 성곽 및 성문 공사가 이루어졌다. 그밖에도 별에 제사를 올리는 성단聖壇이라는 제단을 쌓는 공사도 행해졌다. 제1기에 마치지 못한 민생과 관련된 공사도 지속적으로 이루어져서, 제1기와 비교했을 때 건설사업의 대상 범위 및 규모가 급격히 확대되었다.

제2기에 가장 중요한 건설사업은 경복궁이었던 만큼 경복궁에 국가의 전력을 쏟게 된다. 경복궁 영건사업은 1865년 4월 2일의 기록에서[23]

> 대왕대비가 전교하여 이르기를, 경복궁은 즉 우리 왕조가 도읍을 정하고 처음 수도를 세울 때의 정궁이니라. 규모의 정대함과 위치의 정숙함으로 성인의 심법을 우러러 보며 정령政令을 베푸니 어느 하나 마땅함에서 어긋난 것이 없도다. 팔도의 창생들이 몽매함을 벗어나고 서로 도와 복을 받는 것도 이

궁궐에서 비롯된 것이니라. 불행히 전란 이후 아직까지 중건하지 못하여, 뜻 있는 자들이 개탄한지 오래되었도다. 지금 정부의 중수로 인하여 항상 국조가 번성하고 물산이 풍성하며 밝고 어진 인재가 등용되었음을 추억해 보니 더더욱 흠모하고 연모하는 마음이 간절하다. 거듭 생각하건대, 익종翼宗 대에 대리청정할 때에도 누차 옛 궁궐에 행차하였고, 그 터를 두루 살피고 개탄하며 당연히 중수할 뜻을 가지셨지만 마치지 못 하였다. 헌종憲宗 대에도 누차 뜻을 잇고자 하였지만 또한 마찬가지로 거행하는 데에는 미치지 못하였다. 아! 마치 금일의 때를 기다린 듯하도다. 지금의 우리 주상께서 잠저에 계실 적부터 역시 일찍이 유람하시었고 근자에는 항상 조종祖宗께서 이 궁궐에 임어하시던 때의 태평성대를 그리워하시며 어찌 지금은 예전만 같지 못한 것인지 안타까워하셨다. 이는 단지 긍당긍구肯堂肯構하고자 하는 성의聖意일 뿐만 아니라 도량度量의 넓고 거대함을 보는 것이니라. 오로지 생령生靈의 복인 것이며, 무강無疆의 터전이 실로 여기에 기초를 두느니라. 나의 마음은 경사스러움과 행복함을 이길 길이 없다. 이 궁궐을 다시 중건하여 중흥의 대업을 회복하고자 함은 불가피하게 여러 대신들과 함께 이를 모의하지 않으면 안 되니, 모든 대신들은 내일 음식을 내려 준 이후에도 대기하여 기다리도록 하라.

라고 하여, 당시 수렴청정했던 대왕대비 신정왕후神貞王后의 명으로 공식적인 논의가 진행되었음을 알 수 있다. 경복궁 재건이 갖는 가치로는 과거의 태평성대로 돌아가는 것에 있음을 강조하고 있고, 또 역대 왕들이 누차 시도하고자 했던 것을 실현시키고자 하는 점도 내세우고 있다. 이른바 경복궁 중건은 과거로의 복고 의지를 반영한 것임을 밝히고 있는 것이라 할 수 있다. 다음 날 경복궁景福宮 영건도감營建都監 설치를 명하여[24] 경복궁 중건 계획을 구체화하였다. 경복궁 공사 기간 동안 고종은 창덕궁에 머물렀는데, 창덕궁에서 경복궁으로 이어移御하는 1868년 7월 2일 이후에도 경복궁 부속 건물에 대한 공사는 지속적으로 시행되었다. 경복궁 중건 사업은 고종 초기에 있어 가장 많은 인력과 물자가 동원된 공사로 당시로서는 모든 국력이 총 동원된 대공사였다. 〈그림 3-4〉에서 1880년대까지도 실화와 재건을 계속하며 공사가 진행되었고, 이후 건청궁乾淸宮까지 확장된 경복궁의 전모를 확인할 수 있다.

경복궁 중건사업을 제외하고도 제2기에는 다양한 공사가 진행되었는데 가장 특징적인 것으로 의정부議政府 관청의 보수를 들 수 있다. 유명무실했던 의정부가 실질적인 기구로 부활한 것은 1864년 2월이었고, 의정부와 비변사가 통합되어 의정부로 단일화된 것은 1865년 3월이다. 다음의 1865년 3월 28일의 『고종실록』 기록에[25]

> 대왕대비께서 전교하여 이르기를, 의정부는 즉 모든 관리를 감독하고 거느리며 모든 정치를 규찰揆察하는 곳이다. 그 곳의 중대함은 다른 곳에 견주어 매우 다를진대, 경京과 외外의 사무를 모두 비변사가 일임한 것이 언제부터 시작된 것인지는 알지 못하겠으나, 사체事體의 마땅함에 어긋나 있는 것이니라. 문부文簿를 구별하고자 한 까닭도 또한 규범을 복구하고자 함에서 나온 것이다. 지금 곧 의정부議政府를 이미 중신하기에 이르렀으니, 이제부터 의정부議政府와 비변사備邊司는 일선의 종부시宗簿寺와 종친부宗親府를 합설했던 사례에 의거하여 또한 합하여 하나의 부府로 삼을 것이니라.……(후략)

라고 하여 이 시기에 의정부가 완전히 과거의 기능을 되찾게 되었음을 확인할 수 있다. 의정부는 조선 초기 정부의 최고 의결기구로서의 면모를 회복하였고, 비변사는 의정부에 합설되어 기능이 사라지게 되었다. 원래 비변사는 전쟁이나 전란이 있었을 때 임시로 설치했던 기구였는데 임진왜란 이후 조선후기에는 상설기구로 정착하였고, 의정부의 기능을 대신하게 되었다. 비변사를 폐지하고 의정부를 다시 세우는 것도 과거의 규범을 복구하기 위함임을 위 기사에서 밝히고 있으므로, 이 또한 조선 초기를 향한 복고 과정의 일환으로 볼 수 있다.

그러나 의정부 부활이라는 정책 수립과 이에 수반하는 건설공사가 동시에 진행되지 않았다. 의정부의 부활은 제1기에 해당하는 1864년 2월에 이루어졌지만, 의정부 복원 공사는 제2기에 해당하는 1865년 3월이 되어서야 시작되었다. 다음 『고종실록』에서[26]

> 의정부議政府에서 계상啓上하기를, 본 관청은 곧 정사의 근본이 되는 중요한 장소입니다. 황폐히 버려둔 지 오래되어, 해우廨宇가 기울고 무너졌으며, 거의 당堂과 계階를 구분할 수 없는 지경입니다. 사체事體를 논하고 생각하자면 관계가 적지 않으므로 부득불 거처를 수리하지 않을 수 없습니다. 따라서 힘이 부족하며 거행할 일이 넘친다고 논해서는 아니 됩니다. 먼저 역役을 시행토록 하고 포包와 삼蔘의 세전稅錢 안에서 물력을 충당하며, 소용所用에 따라 차례를 정하여 일을 해 나가라고 호조에 분부하심이 어떠합니까? 이를 윤허하였다.

라고 되어 있어, 원래 의정부를 수리하도록 명을 내린 것은 1865년 1월 27일의 일이었음을 알 수 있다. 이어서 2월 9일의 기사에서는[27]

> 대왕대비가 전교하여 이르기를, 지난 번 대신들의 의정부를 중수하자는 청이 있었는데, 이미 윤허를 내렸도다. 이는 실로 오랫동안 미처 행하지 못했던 것을 허락한 것이므로 지금 수리를 거행하고자 한다면 마땅히 초라하게 중수하고 그쳐서는 아니 될 것이다. 정치의 근본이 되는 중요한 곳이며 안팎으로 기백을 갖추어야 할진대, 용사龍蛇 이후로는 여전히 영건하지 못하였다. 듣기로는 그 숭고한 기단과 화려한 초석이 밭 속에 버려져 있는데, 지금 수리하고자 하는 것은 단지 당상堂上의 청사廳舍에 불과하다고 하였다…….(중략)…… 고로 도를 논하고 나라를 경영하며 백관을 통솔하고 강유鋼維를 떨칠진대 어찌 이처럼 구간苟艱할 수 있단 말인가? 상국相國이 아문에 앉아 있을 만한 자리가 없음을 여러 이웃 국가들이 듣도록 할 수 없음이니라. 내하전內下錢 2만냥을 먼저 탁지(度支: 호조)에 내어 주고 대신청사大臣廳舍에서 사인

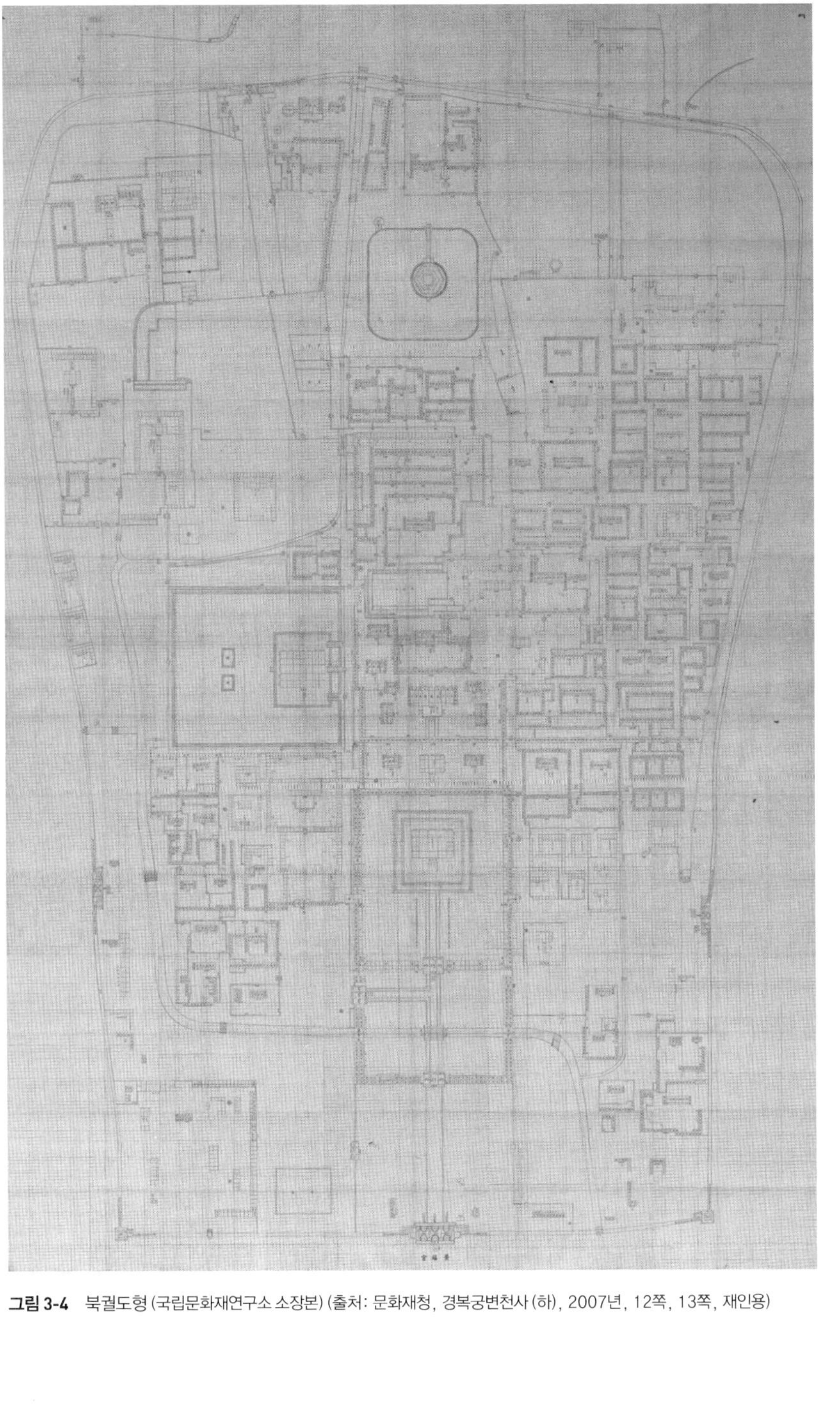

그림 3-4 북궐도형(국립문화재연구소 소장본) (출처: 문화재청, 경복궁변천사(하), 2007년, 12쪽, 13쪽, 재인용)

舍人의 서당書堂에 이르기까지 일신하여 중건하도록 하여 모든 구관舊觀을 복구하도록 하라고 분부하라.……(중략)……의정부를 중건한 이후부터는 무릇 빈대賓對가 있을 시에 삼공三公이 필히 먼저 기일에 아문에 앉아서 연주筵奏할 사무를 헤아리고 확정하며, 가부를 서로 협의하도록 하여, 점차 옛 규범을 회복하도록 하라. 그리고 좌우 찬성贊成과 참찬參贊 또한 비변사 당상을 예겸例兼하도록 명하여 부좌赴坐하여 묘당廟堂의 사무에 동참하도록 하는 법식을 정하라.

라고 하여 공사비로 2만냥을 준비하여 하사하라는 구체적인 공사비가 기록되어 있다. 의정부 본청 건물뿐만 아니라 의정부 부지 전역의 부대 건물까지 완벽히 재건하라는 명령으로 바뀌었음을 확인할 수 있다. 이는 1월 27일의 당초 계획보다 공사 규모가 커진 것임을 알 수 있다. 또한 의정부 재건이 갖는 의미에 대해서도 옛 제도로 돌아가고자 함이라는 점을 명확히 밝히고 있어 이 공사에도 복고의 의지가 반영되었음을 알 수 있다. 그러나 어떤 이유에서인지 명확히 알 수 없지만, 1865년 3월 26일의 『승정원일기』 기사에서[28]

대왕대비께서 사알司謁을 통해 하교하여 이르기를, 의정부 공사의 시역始役 여부는 승정원承政院에서 조사하여 들이라고 명하였다. 그러나 이 의정부는 정치의 근본이 되는 중요한 곳이므로, 소중함이 각별하니 영건營建 등의 일을 웅장과 위엄을 갖추도록 힘쓰고 조정의 체면을 엄중히 하라고 분부하였다.

라고 하여, 여전히 공사가 시작되지 않고 있음을 확인할 수 있다. 그럼에도 이 날의 전교에서 의정부는 정치의 근간이므로 크고 웅장하게 건설하라고 지시하고 있으므로 의정부 보수공사에 힘을 쏟고 있다는 사실만큼은 분명하다. 당시는 아직 경복궁 공사를 시작하기 전이었으므로 자금과 물자에 여유가 있었고, 의정부 건설에 전력을 다할 정도의 여력은 있었다고 볼 수 있다. 의정부 공사는 간단한 공사가 아니었다. 거의 200년간 폐허로 버려지다시피 한 공간

그림 3-5 개항기 의정부 청사
(출처: 서울특별시사편찬위원회, 『개항이후 서울의 근대화와 시련(1876~1910)』, 2002년, 69쪽)

그림 3-6 개항기 삼군부 청사
(출처: 서울특별시사편찬위원회, 『개항이후 서울의 근대화와 시련(1876~1910)』, 2002년, 71쪽)

을 전면 개수하는 대규모 공사로 진행되었다. 의정부는 궁궐 다음으로 중요한 위치를 차지하는 공간이므로 당시의 복고 정책 향방에 있어서 의정부 부활은 중요한 요소였으며, 그만큼 소홀히 할 수 없었다고 이해할 수 있다. 의정부의 공사가 끝나는 것은 1865년 10월 1일이므로 대략 6개월 정도 걸린 건축 사업이었다. 의정부 수리라는 명목으로 불린 사업이었지만, 2만냥이라는 금액과 6개월이 걸린 공사였다는 점에서 단순한 수리로 보기는 어렵고, 전면적인 개

보수와 일부 건축은 신축에 가까운 대보수가 이루어졌다고 추정할 수 있다.[29]

의정부와 함께 다시 부활된 정치기구로 삼군부三軍府를 들 수 있다. 조선 초기에 문반의 최고 의결기구가 의정부였다면, 무반의 최고 의결기구는 삼군부였다. 삼군부는 경복궁 광화문 앞의 육조거리가 시작되는 지역에 있었다. 동쪽에 있는 의정부에 대칭하여 육조거리 건너편 서쪽에 위치해 있었다. 고종 즉위 후 곧바로 의정부와 함께 삼군부를 부활시킨 것은 경복궁 중건과 맥락을 같이 하며 개혁의 방향이 조선 초기로의 복고를 향하고 있음을 명확하게 보여주는 사례라고 할 수 있다. 따라서 삼군부의 복설復設도 단순히 기구를 부활시키는 것에 그치지 않고, 그 장소를 원래의 위치로 옮기는 공사가 함께 진행되었다. 이 이설작업으로 인해 본래 삼군부의 위치에 있었던 예조禮曹를 다른 장소로 옮겨야 했다. 예조는 한성부로 옮기고 한성부는 다시 훈국신영으로 옮기게 되었다. 이는 다음 기록에서[30]

> 영의정 조두순趙斗淳이 아뢰기를, …… (중략) …… 경복궁 영건이 한창인데, 이에 즈음하여 의정부를 중건하고 있습니다. 지금의 예조는 바로 건국 초기 삼군부三軍府였는데 의정부와 함께 대칭하여 세운 것은 그 일국一國의 정령政令이 이루어지는 것으로써 문사文事와 무비武備가 있음입니다. 오위五衛의 옛 제도는 비록 급히 복원할 수 없더라도 훈국신영訓局新營과 남영南營, 마병소馬兵所 및 오영五營의 주사晝仕하는 곳을 지금의 예조에 합설하고, 이를 삼군부라 하고자 합니다. 예조는 바로 한성부漢城府에 이설하고, 한성부는 바로 훈국신영에 이설하여, 6부로 하여금 궁궐 문 좌우로 늘어서게 함은 옛 규범을 지키고 받들도록 함이며, 그밖에 각사는 편리와 계획에 따라 처리하도록 하고자 함이 좋을 듯합니다. 윤허하노라. …… (후략)

라고 하여, 확인할 수 있다. 위 기사처럼 훈련도감訓練都監이 삼군부에 편입되므로 훈국신영[31]은 그 장소를 한성부에 내 주어도 문제가 없었다. 그리고 이 기사에서도 의정부와 마찬가지로 고제도古制度로 돌아가고자 하는 것에 이 공사의 의미가 있음을 밝히고 있다. 의정부와 삼군부뿐만 아니라 육조거리에 6조 관청도 조선 초기의 제도에 따라 배치하였음도 확인할 수 있다. 삼군부 공사의 규모 및 공력과 관련해서는 명확히 밝혀지지 않았지만, 경복궁 재건사업에 쏟은 공력이 컸던 탓에 그 영향을 받았는지 삼군부 건설공사는 예정대로 진행되지 못하였다. 고종이 경복궁으로 이어하는 1868년 7월 2일의 기사에서[32]

> (전략)……또한 전교하기를, 경복궁 조영이 완성되자 길일을 점쳐서 이어하니 만억무강萬億無疆 복을 받을 것이로다. 이로부터 그렇게 시작하여 종친부와 의정부는 이미 중수하였고, 삼군부도 이미 복설하였으니, 조종조祖宗朝의 광대하고 심오한 규모를 받들기 위함이니 법식의 정돈됨은 오늘에 이르러 마무리되었도다. 존엄하고 장구하며 커다란 기상에 비식賁飾의 거행이 없음은 불가하니, 종친부, 의정부, 삼군부에 마땅히 선온宣醞하겠노라. 종친부, 의정부는 택일하여 거행하고, 삼군부는 역役이 마칠 때까지 기다려 거행하라.

라고 하여, 경복궁, 종친부, 의정부는 공사가 끝나기지만 삼군부 공사는 아직 끝나지 않아 선온례宣醞禮를 행하지 못했음을 확인할 수 있다. 위 글은 1868년의 기사이므로 삼군부가 부활하는 1865년부터 3년 동안 삼군부 공사를 지속했을 것이라고 보기는 어렵다. 다음의 『고종실록』 기사에서도[33]

> (전략)……삼군부는 이미 복설되었고, 그 체모가 유별하니 필히 정1품의 아문衙門을 마련하라. 현임現任의 삼상三相이 도제조都提調를 예겸例兼하도록 하며, 절제하며 업무를 보는 것을 묘당廟堂과 함께 하도록 하는 일체의 사항을 법식으로 정하라.……(후략)

라고 하여, 이미 삼군부가 그 기능을 하고 있음을 알 수 있으므로 공사 규모도 공무를 수행하기에 지장은 주지 않는 범위 안에서 행해졌을 것이라고 판

그림 3-7 개항기 한성부 청사
(출처: 서울시정개발연구원, 서울학연구소, 『20세기, 100년의 기억』, 서울시정개발연구소, 2000년, 14쪽)

단된다. 여기에서 의정부와 삼군부가 각각 문무를 대표하는 의결기구이지만, 공사 규모나 순서로 보아 문文이 무武보다 지위가 높다는 점, 그 위상의 차이는 분명함을 확인할 수 있다.

이 시기에 이루어진 건설공사 중에서 다소 성격이 다른 것으로 성단星壇의 조성이 있다. 성단 공사는 1865년 11월19일부터 12월 11일까지 행해진다. 성단 공사와 관련된 최초 기록은 11월 11일의 기사에서,[34]

> 예조판서 김병국金炳國의 상소를 간략하자면, ……(중략)…… 환구圜丘의 제사는 이미 거행할 수가 없습니다만, 별에 대한 제사는 분별하여 올렸던 바는 상당히 있었습니다. 신은 따로 단유壇壝를 설치하여 주상께서 분성分星의 제사를 올리고 하늘의 뜻에 보답하여야 국운이 끊이지 않고 이어나갈 것입니다. 엎드려 바라옵고 대비마마께 우러러 아뢰옵건대, 대신들에게 하문하여 주시옵소서. 정녕 신의 말이 불가하다 여기지 않으신다면 바로 분성分星의 제사를 먼저 의논하고 정하시옵소서.……(하략)

라는 기록이 있고, 그 이틀 뒤인 11월 13일의 기사에서,[35]

> (전략)…… 전교하기를, 미성과 기성이 우리 동방의 분야임은 이미 정론이 있는데, 여러 대신들의 논의도 또한 이와 같다. 단유壇壝와 의절儀節 일체는 남단南壇의 사례에 의거하여 행하고, 방위와 택일 등의 사항은 예조에 영을 내려 거행하라. 축단築壇 공사는 어영청御營廳에 영을 내려 거행하라.

바로 공사가 결정되어, 신속하게 진행되었다는 사실을 알 수 있다. 고종인지 흥선대원군인지, 누구의 의도로 시행된 것인지는 분명치 않지만, 기사에서는 예조판서禮曹判書 김병국의 상소로 진행되었다고 밝히고 있다. 김병국은 흥선대원군과 친밀한 관계였으므로 이미 흥선대원군과 논의가 된 계획이었다고 볼 수 있다. 성단을 설치하는 표면적인 명분은 별자리에 대한 제사를 위함이다. 조선은 청清과의 사대 관계 속에 있으므로 제사에 관한 한 제한 요소가 많았다. 황제국이 아니므로 공식적으로 하늘에 제사를 지낼 수 있는 권리를 갖지 못했던 것은 당연하고 별자리에 대한 제사도 그러나 고종은 별자리에 대한 제사라는 명분을 빌어 독자적으로 하늘에 제사를 지내는 권리를 얻은 것이다. 고종이 1897년 대한제국을 선포하고 황제로 즉위한 직후 환구단圜丘壇을 설치한 것에서도 이를 각별히 생각하고 있음은 확인할 수 있다. 이는 제사라는 행위를 통해 왕권강화를 기획한 정책이라고 볼 수 있다. 하늘에 제사를 지낸다는 행위가 자칫 황제의 특권에 도전하는 것처럼 비칠 수도 있다. 그렇지만 조선 초기에 이미 태종太宗은 매년 하늘에 제사를 지냈고,[36] 세종도 특별한 경우에는 하늘에 제사를 지냈던 사례가 있다.[37] 11월 11일의 기사에서도 태종 이후로 끊긴 하늘에 대한 제사를 별자리에 대한 제사로 대신한다고 밝히고 있으므로, 청 황제에 대한 도전이라기보다는 이도 또한 조선 초기로의 복고라는 일련의 경향 속에서 판단하는 것이 타당할 것이다.

이 시기에는 그밖에 민생과 관련된 다른 건축공사들도 진행된다. 제1기에 시작했던 개천을 준설하는 공사가 계속되었고, 도성의 성첩城堞을 보수하는 공사도 병행하여 진행되었다. 준설공사는 장마에 대한 대비의 성격이 강한 것이므로 주로 5월 이전에 완수하여야 한다는 시간적 제약을 갖는 공사이다. 준설공사가 시작된 시기가 1865년 3월 11일인데, 4월 27일의 『승정원일기』 기사에는[38]

> 의정부에서 계상하여 아뢰기를, 준천의 공사는 지금 40여일이 되었습니다. 지속적으로 탐색하고 살피어 보니, 구차하면서도 임시방편이라 전혀 완성할 모양새가 아닙니다. 만약 국가에 큰 공사가 있어 다른 일에는 겨를이 없었다고 한다면, 마땅히 묘당에서 그 관문을 보내 진작 정지시키고 철수시켰어야 했습니다. 만약 재력이 충분치 아니하여 진력할 수 없다고 한다면, 또한 마땅히 일의 형세를 낱낱이 거론하여 긴급히 가획加劃하도록 청하야 할진대, 그렇게 하지 아니하였습니다. 그저 시일만 소비하였고, 천변의 거주민들로 하여금 원성이 자자하여 불만을 불러일으켰으니, 단지 개탄스럽다고만 할 수 없음일 따름입니다. 준천사의 유사 당상 및 삼영의 장신을 함께 견파譴罷토록 하시고, ……(중략)…… 전교하여 이르기를, 엄히 추고하도록 하겠으나, 우선은 죄를 진 채로 거행하라 명하고, 신속을 기하여 공사를 마치게 하라.

라고 하여 여전히 완료하지 못한 모습을 보이고 있다. 담당 관리인 준천사의 징계에 관하여 언급하는 등, 준천 공사가 뜻대로 진행되지는 못하였다. 8년 만의 준천 공사였으므로 단기간에 완벽히 수행하는 것은 쉽지 않았을 것이다. 이후에도 준천 공사는 계속되어 1869년, 1870년, 1873년에도 계속 시행되었는데, 이 시기 준천공사는 그 기준을 전례의 공사에서 찾고 있다는 점에서, 비슷한 규모의 공사가 반복되었다고 볼 수 있다. 매년 강수량이 일정치 않으므로 준천 공사의 시간 간격을 따로 정하지는 않았지만 지속적으로 해야 하는 중요한 공사라는 인식을 갖고 있음에는 틀림없다.

도성의 성첩을 보수하는 공사도 함께 진행되는데, 이전에 이루어졌던 성첩 보수는 자연재해나 외력에 의한 파손이 생겼을 시기에 한정적으로 이루어

졌던 반면,

> 의정부가 계상하기를, 도성의 성첩은 차례대로 수축하고 있습니다만, 어영청의 물력이 부족하여 아직 완전히 준공하지는 못하였다고 합니다. 청하옵건대, 종친부에서 온 내전來錢 중 2천 냥을 구획하여 보내주소서. 이를 윤허하였다.

라는 기사[39]에서 도성의 성첩을 차례로 보수하고 있다는 기록으로 보아 이 시기의 공사는 계획적으로 진행되었음을 알 수 있다. 그러나 금전적인 어려움으로 공사가 뜻대로 진행되지 않자 2천 냥을 별도로 추가했을 정도로 공사규모도 상당히 컸음을 알 수 있다. 이 시기의 성첩 공사는 병인양요丙寅洋擾를 겪으면서 전쟁위협이 커졌고, 군사적 방어의 필요성도 고조되었으며, 그 영향으로 성곽공사가 중요시된 것이라고 판단된다.

제3기의 건축 활동

제3기의 건설사업은 그 빈도와 물자의 측면에서, 제2기 만큼 집중적인 양상을 보이지는 않는다. 다양한 공사가 동시다발적으로 진행되었던 제2기와 달리, 건축 사업이 순차적으로 진행되는 양상을 보인다. 경복궁 중건이 일단락되었고, 경복궁에 자원을 과투자하여 재정상 어려움이 있었으므로 더 이상 건설공사에 집중적으로 지원할 여력이 없던 탓도 있지만, 공사의 주체가 영건도감營建都監으로 단일화되면서 순차적인 건축 활동이 가능해졌기 때문이라고 볼 수 있다. 제3기의 건축 사업은 대부분 영건도감이 담당하고 주도했다는 점에서 영건도감 주도 건축 활동기라고 정의할 수 있다.

제3기에 이루어진 대표적인 건축 사업은 문묘文廟와 종묘宗廟의 보수이다. 그리고 대대적인 능원 보수공사도 진행하였다. 그밖에도 여타 관청의 보수

공사가 진행되었으며, 제2기에 진행되었던 성곽 보수 공사에 이어서 제3기에는 성문의 보수가 진행된다. 그리고 준천공사도 제2기에 이어 지속적으로 진행되었다.

1868년 7월에 경복궁으로 고종이 이어하고 나서도 경복궁 중건 사업은 계속된다. 이전까지 경복궁의 중건을 담당했던 영건도감은 그 본부를 종친부로 옮겼고 지속적으로 건설을 관리하게 되었다. 경복궁은 여전히 주요 전각을 제외한 부속시설이 부족한 상태였고, 지속적인 건설공사가 필요한 상황이었다. 그러나 물자 부족이 심각하여 서궐인 경희궁慶熙宮 전각을 훼철하여 쓸 만한 목재를 구할 정도로[40] 부족한 상황이었다. 『고종실록』의 다음 기사에는[41]

> 7일에 의정부에서 계상하기를, 영건 공사는 매우 광대하여 여전히 완료하지 못한 곳이 많습니다. 이는 그 일의 형세가 부득이하게 그러한 것입니다. 중추부中樞府, 사헌부司憲府, 육조六曹 관청은 오래 되어 기울어지고 무너져서 지금 중건하고 있으며, 사학四學 및 의금부義禁府 감옥도 역시 장차 일체를 수선하려고 합니다. 그러나 설령 각 성문에 대하여 이를 말하고자 하여도 군데군데 기울어지고 무너져서 보기에 심히 성겨서 염려스러운데, 동문東門에 이르자면 전체적으로 썩고 훼손되었습니다. 시일이 급하니 실로 지금 수리하지 않고 후에 공사에 힘을 쏟으면 이는 또한 새롭운 계획을 따라야 함을 면할 수 없습니다. 이 일과 해도 되고 안 해도 되는 일은 크게 다름이 있습니다. 아울러 영건도감에 명하여 즉시 거행하도록 하고, 차례대로 준공하여 완성시킴이 어떠합니까? 이를 윤허하였다.……(후략)

라고 하여, 경복궁에 모든 역량이 집중되었던 까닭에 상대적으로 소홀히 하였던 공사가 산적해 있음을 기록하였고, 이를 해결하여 하나씩 완성시키는 역할을 수행한 것이 영건도감이었음을 알 수 있다.

영건도감이 경복궁 중건을 제외하고 처음으로 담당했던 건축 공사는 성문 중수와 수리이다. 흥인지문興仁之門은 1868년 10월 13일부터[42] 1869년 3월

16일까지[43] 전면적인 재건이 이루어졌고, 돈의문敦義門 공사도 흥인지문 공사가 끝나자 바로 수리 공사에 착수하였다.[44] 그리고 이어서 종묘 공사가 진행되었다. 종묘의 공사에 착수하기 전에, 1869년 10월 15일부터[45] 10월 29일까지[46] 화재로 불탄 종각 재건을 진행하였는데, 영건도감은 종묘 공사를 동시에 공사를 진행하지 않고 차례로 공사를 진행하는 모습이 여기서도 확인된다. 종묘 보수공사와 관련하여 『高宗實錄』 기사에서[47]

> 12일, 종묘宗廟와 영녕전永寧殿의 각 실 신주를 창덕궁昌德宮에 이봉移奉하였다.

라고 기록되어, 종묘의 신주를 이안하는 것이 1870년 1월 12일에 거행되었음을 알 수 있다. 따라서 종묘 공사는 그 이후 이루어졌을 것이라고 추정된다. 이 공사는 3월 6일 이후까지 진행되었다.[48]

종묘 보수 공사 종료와 동시에 곧바로 능원 보수가 이어졌다. 다음 『承政院日記』의 기사에는[49]

> 영선도감에서 건원릉 정자각 훼철은 3월 8일 유시, 정초定礎는 4월 5일 사시, 입주는 4월 10일 사시, 상량은 4월 13일 축시로 정하였고, 장릉 정자각 훼철은 3월 8일 묘시, 정초는 4월 5일 축시, 입주는 4월 12일 묘시, 상량은 4월 14일 신시로 정하였고, 명릉 정자각 훼철은 3월 8일 묘시, 정초는 3월 30일 자시, 입주는 4월 8일 신시, 상량은 4월 12일 진시로 정하였으며, 소현묘 정자각 훼철은 3월 8일 묘시, 정초는 4월 1일 인시, 입주는 4월 10일 자시, 상량은 4월 17일 자시로 정하고, 정릉 정자각과 헌릉, 영릉, 현릉, 사릉, 광릉, 경릉, 창릉의 개보수와 공릉 누수 문제, 선릉, 순릉, 정릉, 온릉, 희릉, 태릉, 효릉, 강릉, 목릉, 장릉, 휘릉, 영릉, 숭릉, 익릉, 의릉의 개보수, 혜릉의 누수문제, 원릉, 홍릉, 영릉, 경릉, 순강원, 소녕원의 개보수, 유길원의 누수 문제, 순회묘, 민회묘, 이소묘의 개보수에 대한 길일은 3월 18일 인시로 정하였다.

라는 기록이 있다. 위의 기록으로 보아 왕릉에 대한 대대적인 보수공사가 있었고, 이 공사는 1870년 3월 8일부터 4월 17일까지 진행되었는데, 이 시기에 보수했던 능원陵園은 총 39개소에 이른다. 이 중에서 건원릉健元陵, 장릉章陵, 명릉明陵, 소현묘昭顯墓의 경우는 정자각을 새로 건설하였고, 정릉貞陵은 정자각을 보수하였을 정도로 공사 규모가 컸고, 다른 능원의 보수는 비가 새는 것과 수개하는 것이어서 비교적 큰 공사는 아니었다. 그 다음의 『承政院日記』의 기사에는[50]

> 금위영에서 계상하여 아뢰기를, 남관왕묘 정전과 묘내 각 처소를 영건도감에서 개수하였는데 이제 공사를 마쳤음을 삼가 아룁니다. 전교하시기를 알았다고 하셨다.

라고 적혀 있어, 그 이후에도 영건도감이 주도하여 관왕묘關王의 보수 등을 시행하였음을 알 수 있다. 영건도감은 철폐하는 1872년 9월 15일까지 제3기의 건설 사업을 모두 관장하며 진행하는 모습을 보여주었다.

고종 초기 건축 활동의 흐름과 도시의 변화

시기별 특징과 의미

주요 권력기관의 이설 및 신설과 관련된 건설사업이 집중적으로 보이기 시작하는 것은 제2기에 들어서면서부터이다. 제1기에도 종친부를 확장하고 중수하거나 훈련원을 중수하는 등의 대규모 공사가 행해지지만 제2기에 들어서면서 행해지는 대규모 정부관청의 이설 및 재건 등과 비교하면 소극적이며 미미하다. 제1기에 행해졌던 종친부 중수나 운현궁 공사는 왕권강화의 수단으로 해석된다. 종친부나 운현궁은 왕과 왕족의 직접적인 권력이나 지위와 관련되어 있는 만큼, 왕권 강화의 의지를 엿볼 수 있다. 훈련원 관사의 수리도 비슷한 맥락에서 이해할 수 있다. 훈련원 관사의 수리는 실제로 들어가는 비용이나 물력이 그리 크지 않다는 점에서 건설사업 그 자체의 중요성보다는 이 건축 사업을 통해 보여주고자 하는 의도에 의미가 있다고 볼 수 있다. 다음 『高宗實錄』 중에는[51]

> 대왕대비께서 전교하여 이르기를, 근래 무신武臣 가문의 자제가 지름길을 통해 관직을 취하는 경우가 많아서, 활쏘기를 익히고 병서를 익히는 것에 전혀

뜻을 두지 않는다. 그리고 또한 듣기로는 훈련원 건물이 기울고 무너지게 될 지경이라고 한다. 실로 융무戎務의 흥폐興廢와 관련된 것이다. 지금 보니 탁지부 경용經用이 부족하니, 이를 훈련도감에 명하여 수리와 보수에 전임케 하며, 내하전內下錢 1천냥으로 보충하여 사용토록 하라. 그리고 무사들의 강습은 각 영營의 장군이 별도로 신칙申飭하고 권과勸課할 수 있도록 하라.

라는 기사가 있다. 무관들이 정식적인 임용절차를 거치지 않고 세습적으로 대물림되는 행태를 지적하면서 훈련원의 수리를 명하는 교지를 내리고 훈련에 역점을 두라고 명하였는데, 이는 무관 세력에 대한 경고의 의미를 담고 있다고 해석할 수 있다. 종친부나 운현궁의 공사와 같이 복고를 통한 직접적인 왕권 강화책이라고 보기는 어렵지만, 이러한 권력집단에 대한 견제가 왕권강화로 이어진다는 측면에서 비슷한 맥락으로 이해할 수 있다. 앞에서도 확인한 바와 같이 왕권교체기에 국가주도의 공사가 늘어나는 모습을 볼 수 있다. 이는 건축공사를 새로운 왕의 정통성 강화, 권력 강화 등의 수단으로 활용한 것이라고 이해 할 수 있으며, 민간에 대한 전시 행정적 요소로서의 성격도 갖는다고 해석할 수 있다. 이러한 경향이 고종 재위 초기에도 마찬가지로 드러난 것이다. 왕권강화, 부국강병이라는 왕이라면 가져야 하는 사명을 수행하기 위한 제반 사항중 하나로 이해할 수 있으며, 고종 이전의 순조, 헌종, 철종 3대조 60여 년간의 세도정치 기간 동안에는 새로운 왕이 즉위하여서도 건축 활동 등의 가시적인 정책을 적극적으로 활용하지 않았지만, 고종 대에 이르러 적극적인 건축 활동이 표출되었다고 할 것이다.

이러한 경향이 제2기가 되면 방향성을 갖고 정치개혁과 함께 진행된다는 특징을 갖는다. 경복궁의 중건과 의정부, 삼군부의 부활은 정치 개혁의 핵심이며 이를 통해서 왕권을 강화하겠다는 의지가 건축 활동에도 표현되었다. 경복궁, 의정부, 삼군부와 같은 시설은 왕실, 문신, 무신을 대표하는 가장 강력한 권력기관이며, 이 시설에 대한 건축 공사는 그대로 조선 초기로의 회귀, 즉 복고라는 방향성과 함께 강력한 왕권을 기반으로 정국을 구성하겠다는 의지의 결실이라 할 수 있다. 이는 고종이 경복궁 중건에 맞추어 의정부, 종친부, 삼군부를 다시 설치하여 그 위용을 완성시켰으므로 이를 선온하겠다는 전교를 내린 것에서도 확인할 수 있다.[52] 이에 더하여 성단 설치에서 볼 수 있듯이, 단순한 왕권의 강화가 목적이 아닌 한층 강력한 왕권을 구축하겠다는 의지도 함께 엿볼 수 있다. 제2기의 건설 사업은 그 대상 지역도 정치개혁의 핵심 대상 지역이었던 경복궁과 육조거리를 중심으로 이루어져 개혁정책과 연계하여 건설공사가 이루어졌음을 알 수 있다.

제3기에는 이러한 개혁정책과 건설 활동이 일단락되면서 그동안 소홀했던 부분으로 확대되는 양상을 보인다. 무리하다고 여겨질 정도의 집중적인 건설 사업은 행해지지 않으며 영건도감이 주도하여 순차적으로 진행되는 양상을 볼 수 있다. 영건도감이라는 조직이 왕명 하에서 움직였다는 측면에서[53] 이런 건설 활동들도 왕을 위한 활동이라고 이해할 수 있고, 문묘, 종묘, 능원, 이 모든 시설이 왕권과 관련된다는 측면에서, 왕권강화의 일환으로 이해할 수 있다. 이에 더하여 제3기에서는 병인양요에 신미양요라는 외부의 위협요소가 더해지면서, 부국강병에 대한 요구가 강해지고, 한성부 밖 국가 변경의 군사시설에 대한 투자가 증강하였다.

고종 초기는 왕권강화라는 일반적인 특징 안에서 건설사업의 경향을 이해할 수 있지만, 전대의 왕들과 다소 순서가 바뀐 양상을 보여주고 있다. 일반적으로 왕이 즉위하고 가장 먼저 취하는 행동은 선대왕에 대한 예이다. 그리고 이러한 퍼포먼스가 왕권강화로 이어진다고 보고 있었다. 그러나 고종 초기에 보이는 건설 활동에서는 오히려 이를 뒤로 미루고, 보다 구체적으로 그리고 직접적으로 도움이 되는 건설 활동부터 시행하였음을 볼 수 있다. 또한 위에 열거한 건설 활동 관련 기사의 서두에 빠짐없이 '시급'한 공사라는 문구가 등장한다. 이것이 당시 고종과 흥선대원군이 갖고 있었던 중요도 차이에 대한 인식을 대변한다고 할 수 있다.

건축 활동 대상지역과 중심 공간의 변화

〈그림 3-8〉은 고종 초기 건축 활동 대상지를 시기 별로 표현한 것이다. 제1기의 건축 활동은 대상 지역의 특징을 발견하기 어렵다. 즉 대상 지역보다 즉위 직후 개혁을 위해 왕조가 생각하는 중요도에 따라 공사 대상이 결정되었다고 할 수 있다. 따라서 종친부나 운현궁, 그리고 훈련원 등 주요 건축 대상물들은 도성 안에 넓게 분포되어 있는 양상을 보인다. 그러나 제2기에 들어서면서 대상 지역이 국한되기 시작하였다. 경복궁을 중심으로 의정부, 삼군부, 예조, 한성부 등 육조거리와 그 주변에 밀집되어 있는 모습이 보인다. 그러다가 제3기에 들어서면서 공사 대상 지역이 주변으로 넓어지고, 동궐 주변의 문묘나 종묘 수리도 진행된다. 또한 한층 더 넓혀서 도성 밖 각 능원의 수리 공사도 함께 진행되었다. 경복궁의 마무리 공사나 육조거리 주변의 관청에 대한 공사도 진행되지만 제2기와 비교하면 그 대상 지역이 갑자기 확산되는 양상을 보인다. 이러한 시기에 따른 변화 양상은 당시 고종과 흥선대원군이 중요하게 여기는 공간이 어디였는지 보여준다고 할 수 있다.

고종 이전 한성의 중심은 왕이 기거하는 창덕궁과 창경궁, 그리고 당시의 최고 의결기구인 비변사가 있는 지역으로 볼 수 있다.[54] 이에 이웃하여 종묘 및 문묘도 있었으므로, 이 지역을 한성의 중심지역으로 볼 수 있다. 그러나 이

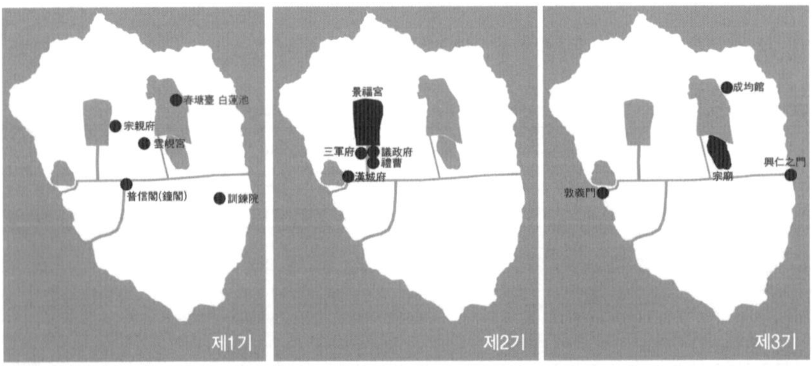

그림 3-8 고종초기 시기별 공사대상과 그 지역의 변화

는 임진왜란 이후의 상황이며, 조선초기에는 다소 달랐다. 조선의 법궁인 경복궁을 중심으로 육조거리가 뻗어 있었고 이 육조거리에 주요 관청들이 위치하고 있었다. 경복궁 광화문 앞 좌우에 위치한 의정부와 삼군부는 가장 중심이 되는 정부기관이었다. 따라서 조선 초기 한성의 중심 공간은 경복궁과 육조거리라고 할 수 있다. 그러나 비변사가 의정부와 삼군부의 기능을 흡수하여 창덕궁 옆에 위치하고, 왕도 주 생활공간이 창덕궁으로 바뀌면서, 중심공간은 동궐지역으로 변화하였다. 그러나 비변사라는 비대해진 막강한 권력기구나 양반의 권위를 대변하는 역할이 컸던 성균관이 위치하는 창덕궁을 중심으로 하는 동궐지역은 양반관료의 힘이 집중되어 있는 신권중심의 공간이라 할 수 있다. 또한 경복궁과 육조거리의 중심축이 명확하고 그 중심에 경복궁이 위치하는 위계관계가 명확히 드러나는 공간에 비해 동궐지역은 중심축도 약하고 궁궐에 접근하는 도로도 축으로의 역할을 수행하지 못하는 왕권의 강력함을 드러내기에는 좋지 못한 장소성을 갖고 있다.

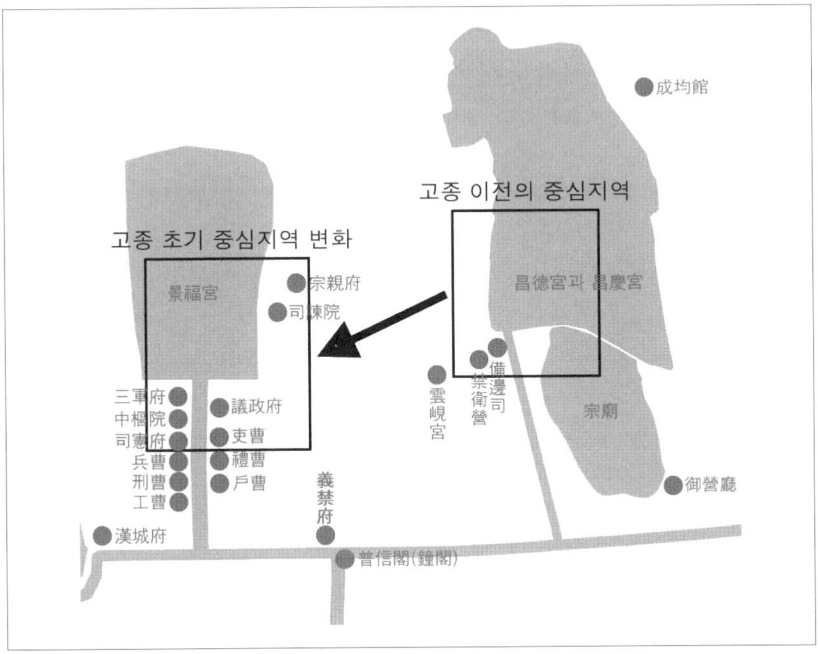

그림 3-9 고종 초기 한성의 중심 이동

이러한 점에서 제2기에 경복궁을 중심으로 그 주변지역에 건축 활동이 밀집하는 점은 고종의 왕권강화 정책이 가속화되는 양상과 관련이 있다고 생각된다. 정치구조 및 권력구조에 있어서 조선 초기로의 복고는 중심 공간에 있어서도 조선 초기로의 복고를 의미한다. 결국 제2기에 보이는 건축 활동의 집중화는 한성의 중심공간을 동궐 지역에서 경복궁과 육조거리로 옮기는 변화를 이끌었다고 할 수 있다. 즉 이는 한성이라고 하는 도시를 조선 초기 상황으로 돌려놓는 복고 의지가 표현된 것이라고 하여도 좋을 것이다.

한성은 조선 초기의 공간과 비교하여 큰 변화가 없었다. 가장 큰 변화 중의 하나가 경복궁과 육조거리가 그 위상을 잃었다는 점을 들 수 있다. 따라서 고종 초기에 이를 다시 조선 초기 상황으로 돌려놓기 위한 여러 정책을 거치며 경복궁과 육조거리의 상황도 조선 초기로 되돌아갔고, 이는 다시 한성이 조선 초기의 한성과 거의 일치하는 도시구조를 갖게 되었음을 의미한다. 왕권강화라고 하는 커다란 의도가 있었고, 그 의도가 반영된 결과 도시의 복고가 이루어졌다고 볼 수 있는 것으로, 조선초기로의 복고를 왕권강화를 위한 필수 요건으로 또는 새로운 왕조의 새로운 방향성을 개척해 나가기 위한 요건으로 인식하고 있었다고 이해할 수 있다. 고종 초기에 그 방향성이 건축 활동을 통해 표출된 것이다.

소결: 도시변화의 지향점으로서 조선 초기로의 복고

결국 고종 초기의 건축 활동이 당시의 상황 속에서 어떤 의미를 갖는 것인가? 고종 초기는 개혁이 이루어진 시기로, 개혁이 급격하게 이루어졌고 이 개혁의 목적이 왕권강화에 있다는 것은 기존 연구를 통해서 잘 알려진 사실이다. 이 시기에 이루어진 건축 활동은 이러한 왕권강화라는 의도가 구체적으로 어떻게 표현되었는지 보여주고 있다. 세력교체, 정치구조 개편 등의 정책적 수단을 통해서도 왕권강화가 이루어지지만, 건축 활동은 이러한 정책적 수단을 뒷받침하는 역할을 수행하였다고도 볼 수 있다. 이렇게 왕권강화를 실현하기 위한 일환으로서 다양한 건축 활동이 확산되었다. 이전 시대와 비교할 수 없을 정도로 수많은 대규모 건축 활동이 시행되었다. 이 시기에 행해진 건축 활동은 이러한 왕권강화라고 하는 의도가 구체적으로 드러나는 양상을 보여주고 있다. 세력교체, 정지구조의 개편 등 정책적 방법을 통해서도 왕권강화는 가능하지만, 그러한 정책을 지지하는 역할로서 건축 활동을 활용하였다고 볼 수 있는 것이다.

이 시기의 건축 활동은 아직 서양식 건축이 유입되기 전이므로, 한국 전통식으로 한정되어 있다. 경복궁을 비롯하여 대대적인 공사가 행해지면서 한성으로 전국의 목수들이 징발되어 모여들었다. 이 목수들 사이에서는 다양한 교류가 생겼고, 이 교류를 통해 한국 전통식 건축의 기술적 발전을 가져왔다고 판단된다. 제2장에서 서술한 것처럼 조선시대 건축기술은 후대에 갈수록 후퇴했다고 추정된다. 고종 초기 건축기술의 교류는 조선시대 건축기술의 후퇴를 어느 정도 복구하는 기회가 되었다고 생각된다. 건축 공간과 도시 공간의 복고뿐만 아니라 건축기술에 있어서도 복고가 이루어졌다고 평가할 수 있는 바이다.

다양한 건축 활동이 도시에도 영향을 미치게 되어 변화가 감지되었다. 수도 한성의 중심 공간이란 왕과 그 통치기관이 있는 장소를 뜻한다. 당시 한성의 중심공간이 창덕궁과 비변사를 중심으로 하는 공간에서 경복궁과 육조거리를 중심으로 하는 공간으로 이전되는 것을 확인할 수 있었다. 이 시기의 건축 활동은 경복궁뿐만 아니라 다양한 건축 활동이 함께 시행되면서 도시 구조에도 영향을 미쳤다고 볼 수 있다. 이러한 변화로부터 도시 구조가 조선초기로 변화하고자 하는 복고의 경향을 읽을 수 있다고 할 수 있다.

주_

1 〈그림 3-1〉을 보면 고종대의 건설사업이 활발하였음을 알 수 있고, 〈그림 3-2〉을 보면 고종 초기는 고종 재위 기간 중에서도 특히 건설사업이 활발하였음을 알 수 있다.

2 이에 관련된 연구는 상당히 많으며, 최근에도 여전히 그러한 연구가 지속적으로 성과를 내고 있다. 이시기에 관한 대표적인 연구자로는 연갑수(延甲洙), 이원순(李元淳), 이민수(李玟洙), 김영수(金永壽), 김성혜(金星慧) 등을 꼽을 수 있다.

3 이러한 경향은 2000년 이후 두드러지기 시작했으며, 2007년 서울학연구소에서 나온 경복궁을 주제로한 논문집(『서울학연구』 29집, 2007년 8월)이 가장 두드러진 성과라고 볼 수 있다. 그 이후에도 이혜원, 이왕무, 조재모, 홍순민 등에 의해 경복궁 연구는 지속적으로 이루어졌다.

4 이순우 (2011) 「고종 때 광화문 육조앞길의 관아배치와 처소변경」, 『향토서울』 78집

5 홍순문 (2015) 「고종 초기 광화문 앞길 궐외각사의 정비」, 『서울학연구』 58집

6 이원호, 김동현, 김재웅, 최종희 (2015) 「조선후기 원림 석파정(石坡亭)의 공간변화양상에 관한 고찰」, 『한국전통조경학회지』 제33권 제1호.

7 이 시기의 도시나 건축에 관한 언급은 대부분 조선 후기의 일부로서 이해하고 있다.

8 고종 재위 기간을 초기, 중기, 후기로 구분과 관련된 기존의 연구, 흥선대원군과 관련된 대부분의 연구가 이 기준에 의거하여 시대구분을 하였다.

9 金星慧 (2008) 『朝鮮高宗の在位前期における統治に關する研究』, 一橋大學 박사학위논문.

10 김성혜 (2010) 「고종 친정 직후 정치적 기반 형성과 그 특징(1874~1876)」, 『한국근현대사연구』 봄호 제52집

11 태조부터 철종까지는 조선왕조실록으로 불리며, 고종실록과 순종실록은 따로 분리하여 다루어진다. 여기서는 태조부터 순종까지의 실록을 모두 대상으로 하여 정리하였다.

12 사관이 동시대에 기록한 사초(史草)를 바탕으로 해당 임금의 재위가 끝난 뒤에 정리되었으므로, 실제 『조선왕조실록』과 『사초』의 내용은 다른 경우도 있다.

13 국사편찬위원회가 공개하는 조선왕조실록 홈페이지에서 '건설'분류색인에 수록된 것을 근거로 작성하였다. (http://sillok.history.go.kr)

14 국사편찬위원회가 공개하는 조선왕조실록 홈페이지에서 '건설'분류색인에 수록된 것을 근거로 작성하였다. (http://sillok.history.go.kr)

15 고종초기 10년간의 주요 공사와 그 기간을 고종실록과 승정원일기의 기록을 근거로 나타낸 것이며, 공사기간을 확인할 수 없는 기록도 있어서, 그 내용을 근거로 대략적으로 추정한 것도 있다.

16 (중략)…… 自紙廛失火, 延及鐘閣, 卽爲撲滅。而鐘雖幸完, 閣則毁撤…… (후략) (『高宗實錄』 1권, 1864(고종1)년 4월 20일, 4번째 기사)

17 備邊司啓曰, 城內濬川, 今爲八年之久, 沙土淤塞, 川邊閭舍, 動有衝溢之患, 不可不於潦水前, 更加疏豁, 以此意, 知委濬川司及各營大將, 使之從近始役, 何如? 傳曰, 允。(『承政院日記』 원본 2687책(탈초본 127책), 1865(高宗2)년 3월 2일, 12번째 기사)

18 戶曹以, 大院君宮第宅依例擧行事, 命下矣。家舍價錢一萬七千八百三十兩上下, 新建與修補之節, 次第擧行, 啓。(『高宗實錄』 1권, 1864(고종1)년 1월 7일, 2번째 기사)

19 敎曰, 予於潛邸, 已聞宗親府荒涼頹圮, 意甚慨然.國朝盛時, 豈如是哉。本支百世, 振振公族, 氣像之熾昌, 可以想朱芾葱珩, 爛其盈座, 花樹湛樂, 皆在此府, 則豈任屋宇之不修至此乎。自予踐阼, 意欲重新而未遑矣.惟我大院君, 亟擧修葺, 悉復舊觀, 輪奐之美, 比昔有勝。……(후략) (『高宗實錄』 2권, 1865(高宗2)년 2월 20일, 5번째 기사)

20 『承政院日記』 원본 2686책(탈초본 127책), 1865(高宗2)년 2월 20일, 14번째 기사.

21 興寅君最應疏略, …… (중략) …… 臣意則自今爲始, 宗簿·宗親兩衙, 合而爲一, 提調則減下, 以宗室堂上掌之, 正一窠改爲參奉, 以宗裔中差代。…… (중략) …… 批曰, 減寺, 合府之論, 自在潛邸, 聞之已久。如此然後, 可無窒礙苟艱之弊, 有敦宗睦親之美。事係官制, 令廟堂稟處。(『高宗實錄』 1권, 1864(고종1)년 4월 11일, 4번째 기사)

22 (전략)……於千萬年, 與國同休, 是予祈祝之情也。宗親府扁額, 當親書以下矣。(『高宗實錄』 2권, 1865(高宗2)년 2월 20일, 5번째 기사)

23 大王大妃敎曰, 景福宮, 卽我朝定鼎初首建之正衙也。規模之正大, 位置之整肅, 仰見聖人心法, 而政令施爲, 無一不出於正, 八域蒼生, 咸蒙福佑, 自此宮始焉。不幸兵燹之後, 迄未重建, 久爲志士之嗟歎。今因政府之重修, 每憶國朝盛時, 民物之殷盛, 明良之登庸, 益切欽誦羨慕之心。仍念翼廟代理之年, 屢幸舊闕, 周審基址, 慨然有重營之志, 而未卒焉。憲廟屢欲繼述志事, 而又未及擧。嗚呼! 若有待於今日矣。今我主上, 自在潛邸, 亦嘗遊覽。而近日每歎祖宗御此宮時太平氣像, 何爲而今不如古乎。此不但肯堂肯構之聖意也, 有以見度量之弘大。是惟生靈之福, 而無疆之基, 實基於此, 予心不勝慶幸。重建此宮以恢中興大業, 不可不與諸大臣謀之, 時原任大臣, 明日賜饌後留待。(『高宗實錄』 2권, 1865(高宗2)년 4월 2일, 1번째 기사)

24 斗淳曰, 請令政官開政, 差出營建都監堂郞。允之。(『高宗實錄』 2권, 1865(高宗2)년 4월 3일, 2번째 기사)

25 大王大妃敎曰, 議政府卽大臣之董率百僚, 揆察庶政之所也。其所重, 與他逈別。京外事務之一委備邊司, 未知創自何時, 而事體有不然者。向所以文簿之區以別之, 亦出於復舊規也。而今則政府旣至重新矣, 從玆爲始, 政府, 備局, 一依宗簿寺, 宗親府合附之例, 亦合爲一府……(후략) (『高宗實錄』 2권, 1865(高宗2)년 3월 28일, 2번째 기사)

26 議政府啓, 本府卽政本重地也。曠置旣久, 廨宇傾頹, 殆不辨堂陛之分。言念事體, 關係不少, 不得不修擧處, 則不可以力詘擧贏論。爲先使之始役, 容入物力, 以包蔘稅錢中, 隨所用取次拮据事, 分付戶曹何如。允之。(『高宗實錄』 2권, 1865(高宗2)년 1월 27일, 2번째 기사)

27 大王大妃殿傳曰, 向者大臣, 有政府重修之請, 已蒙允下矣。此實許久未遑之事, 而今欲修擧, 則不宜草草重修而止者也。政本重地, 中外具瞻, 而龍蛇以後, 尙未營建, 聞其崇臺華礎, 廢在田間, 而今所欲修葺者, 只不過堂上廳舍云。……(중략)……則論道經邦, 統百僚而振綱維, 豈可若是其苟艱乎。相國無坐衙之地, 不可聞諸隣國, 內下錢二萬兩, 爲先出付度支, 自大臣廳舍, 以至舍人之中書堂, 一新重建, 悉復舊觀事, 分付。……(중략)……自政府重建以後, 凡有賓對, 三公必先期坐衙, 商確筵奏事務, 可否相濟, 稍復舊規, 而左右贊成 參贊, 亦令例兼備堂赴坐, 同參廟務事定式。(『承政院日記』 원본 2686책(탈초본 127책), 1865(高宗2)년 2월 9일, 8번째 기사)

28 大王大妃殿, 以司謁口傳下敎曰, 議政府始役與否, 令政院知入, 而此府政本重地, 所重自別, 營建等節, 務從雄威, 以嚴朝體事, 分付。(『承政院日記』 원본 2687책(탈초본 127책), 1865(高宗2)년 3월 26일, 6번째 기사)

29 단순 비교하는 것은 어렵지만 종친부 공사를 10개월 정도로 추정해 본다면, 의정부 공사도 그 규모가 작지 않았다고 볼 수 있다. 이는 제3기에 행해지는 문묘의 보수가 2개월, 종묘의 보수가 3개월의 공사기간 동안 행해졌다는 점에서 비교해 볼 수 있다.

30 領議政趙斗淳曰, ……(중략)……景福宮方張營建, 而際此議政府重新矣。今之禮曹, 卽國初三軍府, 而與政府對峙者, 以其一國政令, 文事與武備也。五衛舊制, 雖不可遽復, 以訓局新營, 南營, 馬兵所及五營晝仕之所, 合設於今禮曹, 而曰三軍府。禮曹則移設於漢城府, 漢城府則移設於訓局新營。使六部列於象魏左右, 一遵古規, 外他各司使之從便經紀爲好矣。允之。……(후략) (『高宗實錄』 2권, 1865(高宗2)년 5월 26일, 3번째 기사)

31 「訓練都監」을 「訓局」이라고도 한다.

32 (전략)……又敎曰, 正衙告成, 卜吉移御, 萬億無疆。自此伊始, 而宗府, 政府, 向已重修, 三軍府, 今旣復設, 則有以仰祖宗朝宏遠之規模, 式克至于今日休矣。靈長久大之象, 不可無賁飾之擧, 宗親府, 議政府, 三軍府, 當宜醞矣, 宗府, 政府擇日擧行, 三軍府待畢役擧行。(『高宗實錄』 5권, 1868(高宗5)년 7월 2일, 1번째 기사)

33 (전략)……三軍府旣爲復設, 則體貌有別, 必以正一品衙門磨鍊。時任三相, 例兼都提調, 節制視務, 與廟堂一體爲之事, 定式。……(후략) (『高宗實錄』 5권, 1868(高宗5)년 6월 8일, 3번째 기사)

34 禮曹判書金炳國疏略, ……(중략)……圜邱之祀, 旣不可擧, 分星之祭, 優有所援。臣竊以爲別設壇壝, 上祀分星, 報答天休, 迓續邦籙。伏願仰稟東朝, 下詢大臣。苟以臣言不以爲不可, 則分星之祭, 先爲議定, ……(하략) (『高宗實錄』 2권, 1865(高宗2)년 11월 11일, 6번째 기사)

35 (전략)……敎曰, 尾箕之爲我東分野, 已有定論, 而諸大臣之議, 又如此, 壇壝儀節, 一依南壇例爲之, 方

位與擇日等節, 令禮曹擧行, 築壇, 令御營廳擧行. (『高宗實錄』 2권, 1865(高宗2)년 11월 13일, 3번째 기사)

36 行祈穀圓壇祭于漢京。歲事之常也。(풍년을 기원하는 원단제를 한양 도성에서 행하였다. 해마다 항상 하는 일이다.) (『太宗實錄』 7권, 1404(太宗4)년 1월 9일, 2번째 기사)

37 季良復啓曰, 臣以謂, 祭天雖非諸侯之禮, 行之爲可。何則, 沂水之邊, 有祭天禱雨之處。然則此禮, 古亦有之。常祭則不可也, 因事而行, 猶爲可也。今當大旱, 亦無所妨, 祭之何嫌乎?" 上然之, 命擇祭天之日。(변계량이 다시 아뢰기를, 신이 아뢰겠습니다. 하늘에 제사함은 비록 제후의 예가 아니오나, 이를 행함이 옳을 것입니다. 왜인가 하면, 기수(沂水) 변에 하늘에 제사하고 비를 바라는 곳이 있습니다. 이와 같은 예는 예전에도 또한 있었습니다. 항상 제사함은 불가하다 하겠으나, 일의 정도에 따라 행하는 것은 오히려 옳다고 할 것입니다. 지금 큰 가뭄을 당했으므로, 또한 꺼릴 바가 아니오니, 제사함이 어찌 문제이겠습니까? 주상이 그러하다 하고, 하늘에 제사할 날을 택하라 명하였다.) (『世宗實錄』 4권, 1419(世宗1)년 6월 7일, 2번째 기사)

38 議政府啓曰, 濬川之役, 今爲四十許日矣. 連加探察, 則苟且姑息, 甚不成樣. 若曰國有大役, 不遑他事, 則宜其關由廟堂, 趁早停撤。若曰財力不敷, 無以盡心, 則亦宜枚擧事勢, 亟請加劃, 而不此之爲。徒費時日, 致使川邊居民, 怨咨朋興, 不可但以慨然言。濬川有司堂上及三營將臣, 竝施譴罷之典, ……(중략)……傳曰, 從重推考, 姑令戴罪擧行, 期於斯速畢役。(『承政院日記』 1865(高宗2)년 4월 27일, 8번째 기사)

39 議政府啓, 都城女堞, 次第修築, 而御廳物力見乏, 未及完竣云。請以宗府移來錢中二千兩, 區劃以送。允之。(『高宗實錄』 3권, 1866(高宗3)년 9월 12일, 3번째 기사)

40 은정태 (2009) 「고종시대의 경희궁 - 훼철과 활용을 중심으로-」, 『서울학연구』 34집, 100쪽

41 初七日。議政府啓, 營建之役, 極爲浩大, 尙多未及告畢處。此其事勢之不容不然者也。且樞府, 憲府, 六曹衙門, 年久頹圮, 今方重建, 四學與金吾囹圄, 亦將一體修改。而雖以各城門言之, 在在傾壓, 見甚疎虞, 至於東門則全體朽傷, 時日較急。苟不及今繕葺, 來後力役, 又不免從新經紀。此與可已, 不已之事, 大有不同矣。竝令營建都監卽爲擧行, 次第竣完何如。允之。……(후략) (『高宗實錄』 5권, 1868(高宗5)년 9월 7일, 1번째 기사)

42 三軍府啓曰, 興仁之門, 今自營都監將爲改建, 而圍排及今舖設門扇, 無以開閉矣。重地把守, 不可少忽, 自該營別定將卒, 與護軍 部將 守門軍, 另爲守直之意, 分付, 何如? 傳曰, 允。(삼군부에서 계상하여 아뢰기를, 홍인지문, 지금 영건도감에서 장차 개건하려고 하는데, 주위에 널려서 있는 것이 문짝에까지 이르러 개폐를 할 수 없습니다. 중요한 지역이라 파수를 소홀히 함은 불가하니, 해당 병영에서 따로 장졸을 정하여, 호군(護軍), 부장(部將), 수문군(守門軍)과 함께 수직하도록 하는 뜻을 분부하심이 어떠하십니까? 전교하시기를 윤허하노라.) (『承政院日記』 원본 2732책(탈초본 129책), 1868(高宗5)년 10월 13일, 12번째 기사)

43 十六日。營建都監以, 興仁之門, 今旣畢役, 而水道壅閼, 不可無疏洩之方。別鑿水門一處, 啓。允之。(16일에 영건도감에서 홍인지문의 경우 이제 공사를 마쳤으나, 수도가 막혔으니, 소통의 방도가 없으면 아니됩니다. 따로 수문 한 곳을 굴착하소서. 이렇게 계상하였다. 이를 윤허하였다.) (『高宗實錄』 6권, 1869(高宗6)년 3월 16일, 첫 번째 기사)

44 營建都監啓曰, 敦義門門隻, 今將修改, 限畢役間, 嚴加把守之意, 分付該曹, 何如? 傳曰, 允。(영건도감에서 계상하여 아뢰기를, 돈의문(敦義門)의 문짝을 지금 장차 개수하고자 하는데, 공사를 마치는 기한 중에 엄히 파수를 보태라는 뜻을 해당 조(曹)에 분부하심이 어떠하십니까? 전교하시어 윤허하셨다.) (『承政院日記』 원본 2737책(탈초본 129책), 1869(高宗6)년 3월 24일, 13번째 기사)

45 營建都監啓曰, 鍾閣改建日時, 令日官推擇, 則定礎來十月十五日子時, 立柱同月二十二日亥時, 上樑同月二十八日酉時爲吉云。以此日時定行之意, 敢啓。傳曰, 知道。(영건도감에서 계상하여 아뢰기를, 종각을 개건하는 일시는 일관(日官)에게 명하여 추택(推擇)하게 한 즉, 정초(定礎)는 오는 10월 15일 자시(子時), 입주(立柱)는 같은 달 22일 해시(亥時), 상량(上樑)은 같은 달 28일 유시(酉時)가 길하다고 고하였습니다. 이 일시로 정하여 행하고자 하는 뜻을 삼가 아룁니다. 전교하시기를 알았다고 하셨다.) (『承政院日記』 원본 2743책(탈초본 129책), 1869(高宗6)년 9월 21일, 7번째 기사)

46 三軍府啓曰, 鍾閣改建之役, 旣爲告竣, 自今日爲始, 人定罷漏, 依例擧行之意, 分付兵曹, 何如? 傳曰, 允。(삼군부에서 계상하여 아뢰기를, 종각(鍾閣)을 개건하는 공사 이제 준공을 고하였으니, 오늘부터 시작하여 인정(人定)과 파루(罷漏)의 전례에 따라 거행할 뜻을 병조에 분부하심이 어떠합니까? 전교하시기를 윤허하셨다.) (『承政院日記』 원본 2744책(탈초본 129책), 1869(高宗6)년 10월 29일, 11번째 기사)

47 十二日.宗廟,永寧殿各室, 移奉于昌德宮. (『高宗實錄』 7권, 1870(高宗7)년 1월 12일, 첫번째 기사)

48 營建都監啓曰, 宗廟 永寧殿修改, 幾至畢役矣. 還安擇日, 與告由等節, 令儀曹擧行之意, 分付, 何如? 傳曰, 允. (영건도감에서 계상하여 아뢰기를, 종묘, 영녕전 개수 공사를 거의 마치었습니다. 택일하여 환안하고 고유제 등의 절차에 대하여 예조에 명하여 거행하는 뜻을 분부하소서. 전교하시기를 윤허하였다.) (『承政院日記』 원본 2749책(탈초본 129책), 1870(高宗7)년 3월 6일, 7번째 기사)

49 營建都監, 健元陵丁字閣撤毁三月初八日酉時, 定礎四月初五日巳時, 立柱同月初十日巳時, 上樑同月十三日丑時, 章陵丁字閣撤毁三月初八日卯時, 定礎四月初五日丑時, 立柱同月十二日卯時, 上樑同月十四日申時, 明陵丁字閣撤毁三月初八日卯時, 定礎同月三十日子時, 立柱四月初八日申時, 上樑同月十二日辰時, 昭顯墓丁字閣撤毁三月初八日卯時, 定礎四月初一日寅時, 立柱同月初十日子時, 上樑同月十七日子時, 貞陵丁字閣 · 獻陵 · 英陵 · 顯陵 · 思陵 · 光陵 · 敬陵 · 昌陵修改, 恭陵雨漏, 宣陵 · 順陵 · 靖陵 · 溫陵 · 禧陵 · 泰陵 · 孝陵 · 康陵 · 穆陵 · 長陵 · 徽陵 · 寧陵 · 崇陵 · 翼陵 · 懿陵修改, 惠陵雨漏, 元陵 · 弘陵 · 永陵 · 景陵 · 順康園 · 昭寧園修改, 綏吉園雨漏, 順懷墓 · 愍懷墓 · 懿昭墓修改吉日時三月十八日寅時. (『承政院日記』 원본 2747책(탈초본 129책), 1870(高宗7)년 1월 28일, 10번째 기사)

50 禁衛營啓曰, 南關王廟正殿與廟內諸處, 自營建都監修改, 今已畢役之意, 敢啓. 傳曰, 知道. (『承政院日記』 원본 2767책(탈초본 129책), 1871(高宗8)년 8월 29일, 22번째 기사)

51 大王大妃敎曰, 近來將家子弟, 多由捷徑取官, 習射習講全不留意. 而且聞訓鍊院廨宇, 將至頹圮云. 實關戎務之興廢矣. 見今度支經用不敷, 其令訓局專任修葺, 內下錢一千兩, 以爲補用, 而武士講習, 各營將臣, 另爲申飭勸課可也 (『高宗實錄』 1권, 1864(高宗1)년 2월 20일, 3번째 기사)

52 『高宗實錄』 5권, 1868(高宗5)년 7월 2일, 첫번째 기사, 주 33) 참조

53 영건도감을 홍선대원군이 권력을 행사하는 기구로서 이해하는 견해도 있으나(홍순민 (2007) 「고종대 경복궁 중건의 정치적 의미」, 『서울학연구』 29집), 홍선대원군의 궁극적인 목표가 왕권강화라는 측면에서 합치한다고 볼 수 있다.

54 비변사는 경희궁 앞에도 있어서, 양쪽으로 나뉘어 있었는데, 이는 왕의 거처가 동궐과 서궐로 나누어져 있어 기거하는 곳에 따라서 사용하는 관청이 바뀐다고 이해할 수 있다. 따라서 왕이 주로 거처했던 창덕궁 앞에 있는 비변사 관청이 보다 큰 역할을 갖고 있었다고 추정할 수 있다.

제4장

개항 이후 건축 활동과 한성의 변화 (1882~1894년)

서양식 건축의 등장과 한성의 잡거지화

한국의 개항기를 어떻게 규정할 것인가에 대해서는 다양한 이견이 있지만, 대체로 개항시기를 조일수호조규(朝日修好條規, 1876년)라는 일본과의 조약 체결을 개항의 기점으로 보는 것이 보편적인 견해이다. 실제로 1876년에 최초로 근대적 조약을 맺었고 부산에 개항장이 설치되었으므로 1876년을 개항의 기점으로 삼는 것에 큰 문제는 없다고 할 수 있다.

그러나 1876년 부산에 설치된 개항장은 부산 지역에 설치되었던 초량왜관草梁倭館과 겹친다. 초량왜관은 원래 일본인 교역장이었고 이 지역을 포함한 일대가 그대로 일본의 조계지租界地로 변했다는 점은 새로운 변화로 인식하기 어렵다고도 볼 수 있다. 실제 당시 사람들이 느끼는 변화는 크지 않았을 수도 있다. 물론 초량왜관과 일본 공관은 그 성질이 전혀 다른 것으로 초량왜관의 운영과 관리 책임은 조선에 있었고 쓰시마對馬 번주藩主에게 토지 사용과 건설의 권리를 허가해 준 것에 지나지 않았다. 거류지 형성이나 거주 권리는 일본 측이 갖지 못하고 오로지 한국 측이 가지고 있었다. 반면 개항 이후 설치된 일본인 거류지는 거류지의 운영과 관리 책임이 일본 측에 있고, 치외법권이 인정되었으므로 초량왜관과 일본공관은 전혀 다른 성질을 갖는다고 할 수 있다.[1] 그렇지만 당시의 조선 정부는 부산 개항을 초량왜관의 연속선상이라는 입장에서 보려는 경향이 강했다. 다음 기록을 보면,[2]

> (전략)……주상께서 이르시길, 이번의 왜국 사신은 언제 오게 되는가? 김기수金綺秀가 아뢰기를 이번 달을 넘어가지는 않을 것 같습니다. 주상께서 이르시길, 그렇다면 이미 출발하지 않았겠는가? 김기수가 아뢰기를, 이미 출발한 듯 싶습니다만, 다만 오다가 초량왜관에 잠시 머무르며 동래부東萊府에는 보고하지 않았습니다. 주상이 이르시길, 초량왜관은 우리나라의 진영이 아니지 않은가? 왜관에 와서 통지하지 않은 것이 어찌 기이한 일인가, 아마도 접대로 폐를 끼치게 될까 두려워해서 그러한 것이 아니겠는가? 김기수가 아뢰기를 그런 듯합니다.……(후략)

라고 하였다. 일본 사절이 초량에 머무르지만 관할 관청에 보고하지 않는 것에 대하여, 사치스러운 대접에 따른 폐단을 막기 위한 배려라고 착각하고 있다. 당시의 정부는 왜관과 거류지의 차이에 대하여 이해하지 못하고 있는 것으로 추정된다. 정부 입장에서는 초량왜관과 일본공관의 차이는 거의 없어서, 새로운 개항장을 개척하여 과거와는 다른 성격을 갖는 곳이 아닌 왜관에서 이름이 바뀌는 정도의 변화라고 여긴 것이라고 할 수 있다.

도시공간의 용도와 기능이 어느 정도 변화하였다고 하더라도 공간 자체가 갖는 지속성도 무시하기 어렵다. 초량왜관과 일본 거류지가 겹쳐진다는 점에서 이미 공간은 연속성을 갖는 것이므로, 1876년의 개항을 진정한 개항으로 볼 수 있는지에 대해서는 더 고찰해 볼 필요가 있다고 여겨진다.

당시 서양인 중에서는 개항의 기점을 1882년의 한미수호통상조약韓米修好通商條約으로 보는 의견도 있었다. 한국이 서양권 국가와 처음으로 맺은 조약이라는 점에서 본격적인 서양과의 첫 접촉이라고 판단한 것이다. 이러한 견해가 일본과의 근대적 조약을 경시했던 당시의 조선 정부가 갖는 보편적인 인식이었을 가능성이 크다. 조선 정부 측은 1876년에 일본과 맺은 조약에 대하여 서양 세력과의 접촉이라는 인식은 거의 없었다. 당시에는 일본과의 조약을 조선 외교정책이었던 사대교린이라는 개념이 확장된 것으로서 이해하였다고 판단된다. 당시 일본 외교사절 접대와 관련하여 상주上奏한 문서 관련 『고종실록』 기록을 보면[3]

> 동래부사東萊府使 황정연黃正淵의 장계狀啓에서, ……(중략)…… 그러나 연향宴鄉을 아직 설행하지 못 한 것은 오로지 복색服色과 정문 출입에 있어서 과거의 법식을 따르지 않기 때문입니다……(중략)…… 그러나 그들이 과거를 따르지 않고 새로운 법도를 만들려고 하는 사태가 있는 만큼 신이 감히 편의대로 행하지 못하겠습니다.……(후략)

라고 하여, 일본 외교사설의 서양식 복장과 거동을 문제시한 것을 알 수 있다.

개항의 실무를 담당해야 하는 동래부사가 개항에 대한 인식이 부족하다는 점을 확인할 수 있다. 이는 조선 정부 측은 일본과의 교류를 원래의 교린이라는 입장에서 행하기를 원했다는 점을 보여준다. 이렇듯 조선 정부 측의 입장에서 보자면 1882년의 미국과의 조약을 서양과의 첫 교류라고 판단하고 개항시점을 1882년이라고 보는 것도 가능하다.

1882년은 한성 공간 변화와 관련하여 중요한 사건이 일어났다. 조미수호통상조약의 체결로 처음으로 외국인이 한성 내에 거주하게 되었고, 임오군란이 일어나 한성에 일본군과 중국군이 주둔하게 되면서, 중국과 일본의 어용상인들이 함께 들어오게 되었다. 외교관과 군인을 제외한 민간 외국인이 처음으로 한성에 거주하게 된 것이다. 이후 한성이 잡거지로 개잔開棧하게 되는 중요한 계기가 되는 시점이라고 할 수 있다.

본 장에서는 1882년을 기점으로 한성의 건축 활동과 도시변화에 대하여 서술한다.

새로운 건축 양식 유입 경위에 관한 고찰

한성에 건설된 최초의 서양식 건축

한국에 서양식 건축이 유입된 시기가 개항 이후라는 것은 당연한 주지의 사실이다. 그러나 서양식 건축을 어떻게 정의하느냐에 따라 최초의 서양식 건축이 무엇인지를 결정하는 데 있어서는 이견이 있을 수 있다. 이 시기를 전후하여 한국에 유입된 새로운 건축양식에 대하여 서양식 건축이라고 판단할 수 있는지에 대해서도 재고해 볼 필요가 있다는 것이다. 19세기 전반부터 궁궐 내부를 중심으로 중국식 벽돌을 사용한 건물이 세워지기 시작하였고, 개항 이후에는 개항지를 중심으로 각국 공관이 각자의 건축 기술로 세워지게 되었다. 개항이후의 변화는 일본인 거류지와 생활공간에 일본식 건축을 건설하면서 그러한 변화가 시작되었다. 또 서양의 선교 단체가 교회와 학교, 의료시설 등을 건설하기 시작하면서 본격적인 서양식 건축이 한국에 지어지기 시작했다. 이러한 건축에 있어서의 변화를 모두 건축의 서양화라고 볼 수 있는지, 아니면 서양인에 의해 건설된 서양식 건축만을 서양식 건축이라고 정의할 것인지에 대해서는 재고해 볼 필요가 있다는 것이다.

제2장에서 이미 기술한 것처럼 당시 한국인이 서양식 건축이라고 인식하

고 판단하는 기준은 건물의 형태와 거기에 사용된 재료였다. 건물이 2층인지, 처마가 있는지, 지붕 재료가 무엇인지 등에 대한 것이고, 만약 재료로 벽돌을 사용하고, 지붕에 동판이 사용되었다면 서양식 건축으로 여기는 것이 당시 서양식 건축과 한국 전통식 건축을 구분하는 기준이었다. 개항 이후 선교사들이 주도하여 세웠던 교회와 학교 그리고 영국과 프랑스 등 유럽 국가들의 공관은 형태와 재료 양쪽에서 서양식 건축의 조건을 만족시킨다.[4]

그러나 이 시기 한국에 세워진 중국과 일본의 건축에 대해서는 어떻게 판단할 것인지 고민해 볼 필요가 있다. 중국식 건축의 외형은 한국 전통식 건축과 유사하지만, 벽돌을 사용하였기 때문에 서양식 건축의 요소도 함께 가지고 있다고도 볼 수 있다. 한편, 일본인이 건설한 공관은 당시 일본에서 유행했던 의양풍이라고 불리는 목조 건축이 주를 이루었다. 서양식 건축을 목조로 모방하여 건설한 것인데, 이 경우도 형태는 서양식 건축의 요소를 일부 갖추고 있지만, 재료는 한국 전통식 건축과 동일한 목조이다. 개항 이후 한국에 세워진 중국식 건축과 일본식 건축은 서양식이나 한국 전통식과는 분명 다른 특징을 가지고 있었다고 볼 수 있다.

그렇다면 한국 최초의 서양식 건축은 무엇인가? 일본인이 건설한 의양풍 건축은 서양의 영향을 받았으므로 서양식 건축의 요소를 가지고 있다고 볼 수 있지만, 19세기 초에 건설된 중국식 건축은 수백 년 동안 독자적으로 발전시킨 양식이므로 서양식 요소와 유사한 부분이 있더라도 이를 서양식이라고 보기에는 한계가 있다. 물론 중국의 경우 일반적으로 근대의 기점이라고 여겨지는 아편전쟁阿片戰爭 이전에도 다양한 경로를 통해 서양과 직접적인 접촉이 있었으므로 그러한 접촉에 의한 간접적인 영향도 간과할 수는 없다. 그렇지만 그러한 접촉의 역사가 시작된 것도 2000년 이상 거슬러 올라가므로, 그 영향 관계가 구체적인 형태로 어떻게 반영되었는지 이를 밝히는 것은 불가능에 가깝다. 또 그 영향이 일본의 의양풍과 같이 급진적인 변화의 결과물이 아니었으므로, 서양과의 오랜 교류까지 염두에 두고 중국식 건축 안에서 서양식 요소를 가려내는 것은 무리가 있을 수밖에 없다. 결과적으로 19세기 초 한국에 건설된 중국식 건축은 수천 년간 이어져 내려온 중국의 방식을 그대로 옮겨 놓은 것이다. 따라서 한국 최초의 서양식 건축에 대하여 논하자면 19세기 초에 건설된 중국식 벽돌건축은 배제하는 것이 타당하다고 할 수 있다. 중국식 건축 중에서도 서양의 영향을 받은 건축이나, 일본의 의양풍 건축을 대상으로 서양식 건축인지를 판단할 필요가 있고, 결국 개항 이후의 건축물에 대해서만 서양식인지 아닌지 판단 가능하다고 할 수 있다.

이어서 개항 이후 한성에 세워진 중국식 건축과 일본식 건축을 대상으로 한반도 최초의 서양식 건축에 대하여 고찰해 보자. 개항 이후인 1884년에 건설된 중국식 건축인 기기국機器局 번사창飜沙廠은 19세기 초반까지 건설되었

그림 4-1 번사창(飜沙廠)의 외관과 내부 (출처: 서울역사박물관, 『서울의 근대건축』, 2009년, 11쪽, 15쪽)

던 여타 중국식 건축과는 다른 특징을 갖는다. 기기국 번사창의 경우 중국인 기술자가 참여하였다는 기록이 있고, 그 외형은 벽돌조에 기와지붕을 한 단층 건물이다. 19세기 초의 중국식 건축과도 닮아 있지만, 창의 형태나 재료에서 서양식 요소를 확인할 수 있고 내부를 보면 지붕상부 가구도 전통적인 중국식 지붕 구조와는 다른 형식을 갖고 있다. 〈그림 4-1〉

기기국 번사창의 상량문에는[5]

> (전략)……중화中華에서 건축형식을 모방하고자 할 때에 북악北嶽 지역의 것을 바탕으로 삼고……(후략)

라고 적혀 있어, 중국의 것을 모방하였다고 밝히고 있다. 또, 고종실록에서[6]

> 전교하여 이르기를, 상해上海에서 구입한 기기機器가 이제 도착한다고 하니, 창廠을 설치하고 제조할 방법에 대하여 군국아문軍國衙門에 령을 내려 절목節目을 만들어 들이라 하라. 당시 협판協辦 묄렌도르프穆麟德가 주상의 뜻을 받들어 12마력의 화륜기기(火輪機器, 증기기관)을 구입하였고, 주사主事 김명균金明均은 천진天津의 공장工匠 원영찬袁榮燦 등 4인을 고용하여 데려왔다.

라고 하여 기기국 번사창을 건설하기 위하여 김명균金明均이 4인의 천진天津 기술자를 고용하였다고 하는 점, 그리고 상량문에 「中国津工, 方德奎, 張德山」라고 씌어있어[7] 중국 기술자가 참가하였다는 점을 확인할 수 있다. 그렇다고 하여도 기기국 번사창은 앞에서 살펴본 바와 같은, 기존에 한국에 건설되었던 중국 경산식硬山式 건축과는 다른 형식의 건축이다. 여기서 모방하였다고 하는 중국의 건축은 일반 중국식 건축이 아닌 중국의 기국창機器廠이라고 볼 수 있다. 따라서 기기국 번사창은 다른 중국 경산식 건축과는 달리 서양의 영향을 받아서 중국에 건설된 건축을 모방하여 건설한 것이다. 따라서 기기국 번사창은 서양의 요소를 갖게 된 것이다.

만약 서양인이 주도하여 건설한 서양식 건축이 아닌, 서양인이 관여하지 않더라도 서양의 영향을 받아서 건설된 건축도 서양식 건축으로 간주한다면, 서양의 영향은 받았지만 서양인이 관여하지 않은 중국식과 일본식의 건축도 서양식 건축에 포함시킬 수 있다. 그러한 기준으로 한반도에 세워진 최초의 서양식 건축을 꼽는다면 1879년에 세워진 의양풍 건축인 부산 일본관리관청을 들 수 있다.[8]

이를 한성으로 한정하여 최초의 서양식 건축을 고찰하면 앞에서 언급한 1884년의 기기국 번사창이 최초이다. 그리고 마찬가지로 1884년에 완공된 일본공사관도 함께 포함시킬 수 있다. 1884년에 준공된 것은 번사창과 동일하지만 시기적으로 조금 늦게 완공된 일본공사관은 준공 후 불과 1개월 후에 갑신정변甲申政變이 일어나면서 화재로 전소하였다. 〈그림 4-2〉와 같이 일본공사관은 서양식 건축을 모방한 목조라고 추정된다.[9] 〈그림 4-3〉은 일본공사관의 도면이라고 알려져 있는데 그 진위에 대해서는 더 고찰할 필요가 있다. 〈그림 4-2〉와 〈그림 4-3〉 모두 정확한 정보라고 할 수는 없지만, 목조이면서 서양식을 모방한 소위 의양풍 건축이었다는 점은 분명하다. 이후 1885년에 한국정부로부터 건설비를 보상받아 왜성대倭城臺에 재건한 〈그림 4-4〉의 일본공사관도 의양풍의 건축이었다. 1884년의 일본공사관과 1885년의 일본공사관은 동일한 대목수에 의해 건설되었으므로[10] 1884년의 일본공사관도 의양풍이었다고 보는 것이 타당하다.

1884년의 일본공사관에 대하여 『경성부사京城府史』에서는 한성에 건설된 최초의 서양식 건축이라고 소개하고 있지만,[11] 서양인의 기록을 보면 당시의 공사관을 서양식 건축으로 간주하지 않았고 일본식 건축으로 인지하고 있음을 알 수 있다. 실제로 서양식 건축을 분류하는 기준에 있어서 일본인이 생각하는 서양식 건축과 서양인이 생각하는 서양식 건축에는 차이가 있다. 일본은 주두나 세부 장식, 페디먼트 등 외형에 서양식 요소를 적용한 목조 건축도 서양식이라고 간주하였지만, 그러한 건축은 실제 서양인들이 보기에는 일본식 건축으로 밖에 보이지 않았던 것이다. 따라서 일본공사관의 경우도

그림 4-2 1884년의 공사관으로 추정되는 그림 (출처: 京城府 (1936)『京城府史』제2권, 京城府, 575쪽)

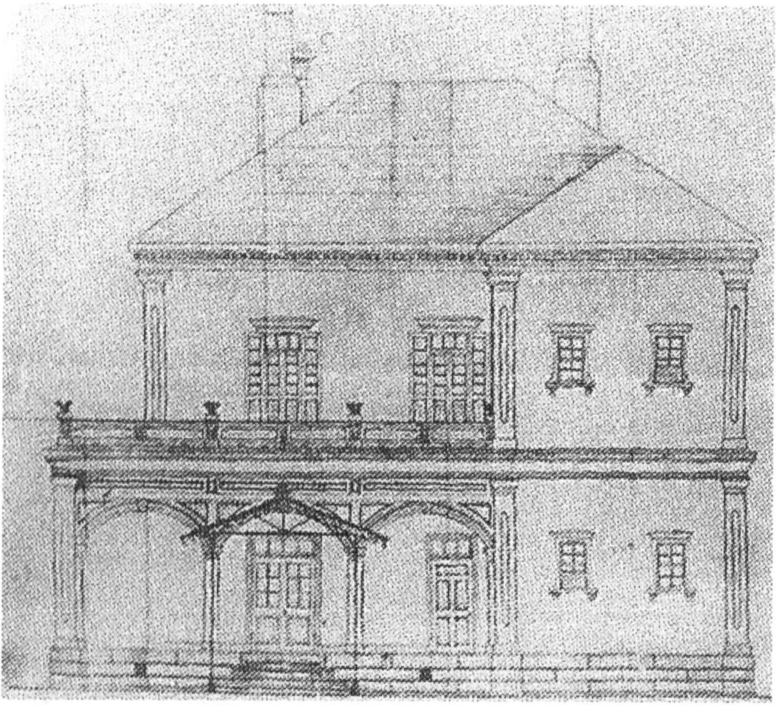

그림 4-3 1884년의 공사관 측면도
(출처: 村松伸, 西澤泰彦 (1985)『東アジアの近代建築』, 村松貞次郎先生退官記念會, NO.6-64, 윤일주 제공)

그림 4-4 왜성대(倭城臺)의 일본공사관 (출처: 林武一 (1892)『朝鮮國眞景』, 林龜子, 17쪽)

번사창과 마찬가지로 서양의 영향을 받은 건축의 일환으로 보는 것은 타당하지만, 완전한 서양식이라고 보기 어렵다. 결국 기기국 번사창과 1884년의 일본공사관은 서양식 요소를 일부 가지고 있는 중국식 또는 일본식 건축으로 보는 것이 타당할 것이다.

한성에 세워진 최초의 완전한 서양식 건축이라고 판단할 수 있는 건물은 1887년에 준공한[12] 배재학당培材學堂이다. 건축주는 선교사 아펜젤러(Henry G. Appenzeller)인데, 아펜젤러가 시공책임자를 겸했다. 설계는 일본인 요시자와 도모타로吉澤友太郎라고 알려져 있는데, 당시 일본의 유일한 서양건축교육 기관인 공부대학교(工部大學校, 동경대학의 전신)를 졸업한 인물이다. 건축주와 시공책임자도 서양인이었고, 설계도 서양식으로 이루어졌다. 시공담당자로 한국인과 중국인이 참여했다고 판단되지만 주요 기술은 서양의 기술이 적용되었다. 따라서 한성에 지어진 건축물 중에서 중국과 일본의 요소가 배제된 최초의 서양식 건축으로 배재학당을 들 수 있는 것이다. 배재학당의 경우, 사진이 남아 있어서 그 형태가 벽돌조 단층이었음을 확인할 수 있다. 〈그림 4-5〉

그림 4-5 배재학당과 그 건설모습
(출처: 서울특별시사편찬위원회 (2002)『개항이후 서울의 근대화와 시련(1876~1910)』, 221쪽~222쪽)

이후, 1887년에는 신식 주화를 제조하기 위해서 전환국典圜局 조폐창造幣廠이 한성에 설치되었다. 조폐기관인 전환국이 설치된 것은 1883년인데, 조폐를 위한 새로운 공장이 건설된 것이 1887년이었다. 이 전환국의 건설 경위를 명확히 할 수 있는 자료가 아직 확인되지 않고 있지만, 단순한 형태의 벽돌조 건축이었을 것으로 추정된다.[13]

조폐창의 공사 기간과 관련해서는, 1887년『고종실록』에[14]

> 전교하시기를, 전환국典圜局 조폐창造幣廠, 기기국機器局 기기창機器廠이 이제 준공되었다고 이미 고하였는데, 해를 넘겨 수고하였음에 대해 성의를 표시하지 않을 수 없다. 기기국機器局 총변總辦 한규설韓圭卨과 전환국典圜局 총변總辦 정낙용鄭洛鎔에게 함께 가자加資하라.

라고 전환국 조폐창과 기기국 기국창이 준공하였음을 보고하고 있다. 해를 넘겨 공사를 했다고 하였으므로, 적어도 1886년 또는 그 이전에 공사가 시작되어 1887년 10월에 공사를 마쳤다고 볼 수 있다. 다음의 『승정원일기』에는[15]

> 민정식閔正植이 전환국典圜局의 말을 전하며 아뢰기를, 본국本局 조폐창造幣廠 목역소木役所가 금월 25일 해시 무렵, 방 안에서 불이 나 동북쪽 창고 24칸 및 창고 안에 두었던 새로 만든 창호 30양척兩隻, 장송판長松板 1,200립立, 목수木手와 선장船匠 등이 사용하는 기계, 이 모두가 타 버렸으니 놀랍고 송구하기 그지없습니다.……(후략)

라고 하여 1885년 10월에 화재로 공사가 중단된 적이 있음을 알 수 있다. 전환국 조폐창의 건설은 1885년에 시작되었지만, 화재로 연기되었다. 전환국이 설치되면서 총책임자인 총변摠辦으로 묄렌도르프(Möllendorff)가 임명되었지만, 1885년 9월에 이홍장李鴻章으로 인해 사임하였으므로, 묄렌도르프가 전환국 건설에 관여했는지는 명확하지 않다.

다음의 일본 신문기사를 보면[16]

> 나카노시마中の島 5정목丁目의 협동상회에 머물고 있는 조선인 3명은 다음달 1일부터 조폐국造幣局에서 분석법分析法을 교육받을 것이라 함. 이는 내년 그 나라에서 새로 통화通貨를 주조하게 하기 위함이라고 함.

라고 하여 전환국 운영을 위해 일본으로부터 기술을 전수받았음을 알 수 있

다. 그리고 다음의 기록에는[17]

> (전략)…… 또한 그 관청(조폐국)에서 고용하는 영국인 고랜드(Gowland)씨는 조폐국 휴업 기간 중에 조선국朝鮮國으로 도항할 것이라 함.

라고 기록되어, 일본 조폐국에 고용되었던 영국인 기술자도 관여하였음을 알 수 있다. 그리고 1887년의 『아사히 신문朝日新聞』 기사에는[18]

> 조각수彫刻手 고용 광고, 현재 조선 정부 조폐국造幣局에서 동전을 조각하고 모형을 만들 수 있는 기술자 2명에 한하여 고용하고자 하니, 희망하는 자들은 본부 나카노지마中之島 5정목 고토 다마시로後藤玉城 저택에 내방할 것. 단 급여에 관해서는 상당히 여유를 가질 수 있음. 조선국 조폐국위원 김학익金鶴羽 고告

라고 하여 동전 조각 모형을 위해 일본인 기술자를 모집한다는 광고가 있으므로 건설 후의 운영에도 일본인이 깊이 관여하였음을 알 수 있다. 그리고 전환국을 설치하기 전부터 정부의 사절단이 여러 차례 일본 조폐국을 견학하였음을 확인할 수 있다. 『아사히 신문朝日新聞』 기사에[19]

> 해당 조폐국造幣局에서는 갑자기 센푸칸泉布館 및 기타 구내 시설을 완벽히 수선하고 있는데, 이는 곧 우리나라를 방문하는 조선 사절단이 한 번 해당 관청을 배견拜見하겠다는 청하였으므로 미리 통지하여 그렇게 하고 있는 것이라 한다.

라고 적혀 있는 것을 비롯해, 조폐국을 견학하였다는 신문기사는 곳곳에서 확인된다.[20] 특히 1885년 2월의 방문은 묄렌도르프도 함께였으므로, 일본 조폐국 방문 경험이 전환국 조폐창 공사에 반영되었을 가능성이 높다고 생각

그림 4-6 일본의 조폐국(造幣局) (출처: 藤井惠介, 角田眞弓 편저 (2012) 『明治大正昭和建築写真聚覽』, 文生書院, 2쪽)

된다.

그리고 다음의 1888년 『아사히 신문朝日新聞』 기사에는[21]

> 조선국 통상외무교제관通商外務交際官 변봉식卞奉植과 조선국 전환국典圜局 공사 감독 요시자와 토모타로吉澤友太郎, 이 두 사람은 소속 부하 박도수朴道秀, 이용이李龍伊 2인을 데리고 어제 해당 부청에 이르러 다테노建野 부지사府知事를 만나 부府 예하의 각 공장들을 방문하고 싶으니 소개해 줄 것을 의뢰하였고……(중략)……내일은 조폐국造幣局, 포병창砲兵廠 등을 순회한다는 소식이 있다고 한다.

라고 하여 공사 감독이 일본인 요시자와 도모타로吉澤友太郎이었음을 알 수 있다. 요시자와 도모타로는 배재학당의 설계에도 참여하였는데, 배재학당 건설과 조폐창 건설 시기가 겹치므로 한국에 머무는 동안 두 공사를 함께 진행했다고 볼 수 있다. 요시자와 도모타로는 서양건축 교육을 받은 인물이므로 한국에서 활동한 기술자 중에서 건축을 전공한 최초의 서양 건축 전문가라고 볼 수 있을 것이다.

전환국을 인천으로 옮기는 것은 1892년인데, 위 기사는 1888년 4월이므로 전환국 건설 직후이다. 따라서 기사에서 언급하는 전환국 공사감독이란 1887년의 공사를 의미하는 것이라고 볼 수 있다. 결국 전환국 건설에는 일본의 영향이 상당 부분 있었다는 점, 그리고 일본 조폐국(그림 4-6)을 참고로 하였음을 확인할 수 있다.

요컨대, 한국 개항 초기 한성에 건설된 서양식 또는 서양의 영향을 받은 건축물로 번사창, 일본공사관, 배재학당, 전환국을 들 수 있고, 이 건설에 참여하거나 주도한 국가는 당시의 조선 정부뿐만 아니라, 중국, 일본, 미국, 영국 등 각국의 기술자 및 관리자가 혼재되어 있는 것을 볼 수 있다. 조선 정부가 주도적으로 서양 건축을 건설할 역량이 없었음을 보여주는 사례라고 할 수 있다.

관문각 건립연대에 관한 고찰과 동일시기에 건설된 서양식 건축

한성에 배재학당이 건설되고 나서 본격적으로 서양식이라고 할 수 있는 건축물이 건설되기 시작하였다. 그중에서도 가장 두드러진 건축물이 외국의 공관들과 서양에서 온 선교사 및 신부들이 주도하여 건설한 교회당이다. 미국과 유럽 국가들의 공관은 주로 정동지역에 형성되었는데 1889년의 프랑스영사관, 1892년의 영국공사관, 1890년의 러시아공사관 등 유럽 각국의 공사관들이 이에 해당한다. 교회당의 경우, 정동뿐만 아니라 다소 넓게 분포하였다. 정동과 가까운 지역에 세워진 최초의 성당인 약현성당(藥峴聖堂, 1892~1893년)과 정동에서 다소 떨어진 니현泥峴에 건설된 명동성당(明洞聖堂, 鍾峴聖堂, 1892~1898년) 등의 천주교 교회당을 들 수 있다. 이 두 장소는 정동과는 관계가 없고 한성 내 천주교와 유고가 깊었던 지역을 성당 건축지로 선정한 것이다.[22] 아펜젤러(Henry G. Appenzeller)가 배재학당을 설립하고 나서 동일한 시기에 다른 선교사들도 각각 학교를 개설하였지만, 이들 학교의 대부분은 한국 전통식으로 건설하거나, 기존의 한국 가옥을 개조하여 사용하였다.

위에서 열거한 외교공관, 교회당 등의 서양식 건축물의 경우, 한성에 건설된 것으로 한정하고 있어서 인천 및 다른 지역에 건설된 것을 포함하면 그 수는 상당히 증가한다. 하지만 이들 서양식 건축의 건축주는 모두 서양인이라는 점에 주목할 필요가 있다. 한국에 세워진 특히 한성에 건설된 서양식 건축은 서양인들이 건축주가 되어 건설하였다는 점에서 한국 스스로 서양식 건축을 수용하여 건설한 서양식 건축과는 구분할 필요가 있다. 서양인이 자신의 자금으로 서양식 건축을 건설한 것은 자신의 국가에서 일반적으로 행해지는 건설 활동을 한국으로 옮겨 온 것에 지나지 않는다. 서양식 건축의 건설에 있어서 건축주뿐만 아니라 건축 설계나 시공의 주도적인 역할을 한 인물도 서양인이었고, 한국인의 역할은 미미했다. 당시의 한국 건축계 또는 건축 기술자들 중에서 서양의 건축기술을 제대로 습득하여 서양식 건축을 구현할 수 있을 정도의 기술자는 없었다고 보아도 무방하다. 당연히 자주적으로 서양식 건축을 건설할 수 있는 능력이 없었음은 물론이고 서양식 건축을 건설하고자 하는 의지도 없었다는 점이 건축 기술 발전을 더디게 하였다.

결국 주도적인 역할을 담당한 것은 서양인이었으므로 한성에 서양식 건축이 유입되었다고 하여도 한성 사람들이 조금이라도 서양식 건축의 영향을 받았다고 보기는 어렵다고 밖에 볼 수 없다. 오히려 한국인 중에서는 쇄국이 보다 좋은 방책이라고 판단하는 사람들이 여전히 많았으므로 그러한 상황 속에서 서양식 건축이 출현했다는 것은 역으로 당시 사람들에게 있어 이질감을 극대화시키고 반발을 불러일으켜 더더욱 자신들의 방식을 고수하려고 노력하게 만들 기도 하였다. 이는 다른 분야에서도 개항기 한국에서 자주 등장하는 현상이었고 건축에 있어서도 마찬가지라고 생각해도 무리가 없을 것이다.

반대로 정부 측에서의 입장은 달랐었다고 판단된다. 외부 세력에 의한 선택이든 한국 측 의지의 표출이든 개항을 주도한 당사자인 조선 정부는 서양식 건축을 건설하는 것에 거부감을 가졌다고 보기 어렵다. 당시 고종을 비롯한 위정자들은 서양식 건축에 대하여 상당히 이른 시기부터 그 사정을 알고 있었고 일부는 적극적으로 수용하고자 하는 의지를 보였다. 제2장에서 서술한 것처럼 여러 가지 루트를 통해 서양식 건축에 관한 사정을 입수하였다. 한국에 서양식 건축이 존재하지 않던 시기에도, 주로 외국을 다녀온 사신을 통하여 그 정보를 얻을 수 있었고, 사신들은 그러한 사정을 기록으로 남기고 당시 왕이었던 고종에게 보고하여 고관대작들에게는 그러한 정보가 널리 퍼졌다. 고종의 경우 오히려 적극적으로 그러한 정보를 요구하는 경우가 많았다.[23]

당연히 고종은 서양식 건축에 대한 소상한 정보를 가지고 있었고 서양식 제도가 유입되기 시작하자 그 기능과 함께 서양식 건축을 도입하는 것에 대하여 고려하기 시작했다고 볼 수 있다. 앞에서 언급한 번사창이나 전환국이 그러한 예로, 한국 정부가 주도하여 행해진 최초의 서양식 건축요소를 갖는 건축이라고 할 수 있다.[24] 그러나 이 두 건물, 번사창과 전환국의 경우 번사창은 중국인 기술자가 주도하였고, 전환국은 일본기술자가 주도하였다고 판단된다. 또 건축의 형태와 양식이라는 측면에서도 완전한 서양식 건축이라고 보기 어려운 것이 사실이다. 이 두 건축의 원형이 되는 중국과 일본에 있었던 건축도 완벽한 서양식 건축은 아니었으므로 이들을 바탕으로 건설된 두 건축물도 완전한 서양식이라고 보기 어렵다.

그렇다면 서양의 기술자가 담당한 최초의 정부 주도 서양식 건축으로 번사창과 전환국이 아닌, 경복궁 경내에 세워진 관문각觀文閣을 들 수 있다. 우선 관문각이라는 건물의 정보에 대하여 1888년의 『고종실록』에서는[25]

> 친군영親軍營에서 관문각觀文閣 개건改建을 시작하였다고 계상하였다.

라고 하여, 친군영이 주도하여 관문각 개건을 시작하였음을 밝히고 있다.[26] 관문각 공사가 시작된 시기에 대해서는 다음의 기록이 있다. 『아사히 신문朝日

新聞』 1888년 4월 29일 기사에서는[27]

> 조선왕궁은 현재 이를 수축하게 되어 이미 중건소(조영계)라고 하는 것을 설치하였고, 지난 5일부터 기공起工하였다고 한다……(중략)……화재를 당하기를 2차례 궁궐 절반을 소실하였지만 국용國用이 다단多端하여 수축修築할 여유가 없었는데, 근년近年 내치외교內治外交의 정무政務가 점점 빈번해 짐에 따라 오늘날에 이르러서 그 비좁음을 깨닫게 되어 이렇게 공사를 시작하게 되었다고 한다.

라고 적혀 있다. 경복궁이 화재로 큰 피해를 입지만 재정적인 문제로 재건을 미루었는데, 외교 대책이라는 측면에서 재건을 결정했다고 하고 있다. 『아사히 신문朝日新聞』 1888년 5월 11일 기사에서는[28]

> 왕궁을 건축하는 공사를 시작하였다는 소식은 지난 번 통신에 기재하였지만, 추가적으로 들은 바에 의하면 앞으로 건축해야만 하는 것은 2동으로 서양식과 서양식을 절충한 것을 시공하려는 방안을 가지고 있다. 지금까지 인천세관에 고용되어 있던 러시아인 모씨에게 그 제도 및 공사 감독을 시켰다고 한다. 이 사람은 건축학사建築學士의 칭호를 갖고 있으며 실무에 매우 숙련된 사람이라고 하며, 또 그 건축경비는 호조戶曹와 친군영親軍營이 부담한다고 하는데 그 외에도 내탕전內帑錢 50만량(우리의 4만 엔圓에 상당한다.)을 내려서 추가로 보조한다고 한다.

라고 기재되어 있다. 인천세관에 근무하는 러시아기술자가 궁궐 내에 2동의 서양식 건축과 서양식을 절충한 건축을 건설하였다는 내용으로 그 비용을 친군영과 호조가 담당한다고 밝히고 있다. 『고종실록』과 『아사히신문』의 내용을 종합하여 보면 관문각은 본래 궁궐 속에 있던 건축이었지만 화재로 전소하여 한동안 재건되지 않았고, 1888년이 되고 나서야 재건했다고 판단된다. 그리고 그렇게 재건한 관문각은 서양식이거나 서양식을 절충한 형태라고 볼 수 있다. 여기에서 서양식과 서양식을 절충한 형식 중 어느 쪽이 관문각인지 명확하지 않지만, 러시아의 건축가가 건설하였다는 기록으로부터 당시 한국에서 활동했던 서양 건축가 사바찐(A. S. Sabatin)이 설계하였다는 점은 유추할 수 있다.

여전히 의문으로 남아 있는 것은 관문각의 준공시기인데, 관문각은 1891년에 준공하였다는 견해[29]와 1892년에 준공한 것이라는 의견이 있었다.[30] 그러나 실제로 준공한 시기와 관련하여 『승정원일기』 1891년 8월 13일의 기사에서[31]

> 또한 친군영親軍營의 말을 전해 아뢰기를, 관문각觀文閣 개건 공사를 이미 준공하였다고 아뢰었으니 공장工匠들은 모두 해산함이 어떠하겠습니까? 하니 전교하시어 윤허하였다.

라고 하였으므로, 관문각의 준공보고를 하고 있으므로, 관문각 재건을 완공한 연도는 1891년이라고 보아야 한다. 그런데 다음의 새비지 랜도어(A. H. Savage-Landor)가 작성한 글을 보면[32]

> 궁궐 경내 뒤편에는 러시아 양식의 작은 별궁이 있다. 몇 년 전에 유럽식 건축미에 마음을 사로잡혔던 조선의 왕은 서양풍의 건물을 짓고자 했다. 건축기사가 없어서 왕은 사바틴(Seradin Sabatin)이라는 재간 있는 러시아 청년에게 러시아 양식으로 궁궐을 건축하도록 위임했다. 그 러시아 청년은 비록 전문적인 건축기사는 아니었지만 받은 경비 내에서 최선을 다하여 왕이 만족하도록, 난방 장치와 다른 모든 근대 장치를 갖춘 매우 견고하고 멋있는 러시아 양식의 작은 별궁을 완공했다. 그 별궁은 2층으로 되어 있으며 방은 그렇게 많지 않다. 그러나 왕은 대단히 기뻐하기는 했으나 건물이 완성되었을 무렵 다른 나라 외교관이 부추기는 바람에 일본에서 건너온 프랑스 건축 기

사에게 그 별궁에서 좀 떨어진 곳에 큰 규모로 다른 건물을 짓도록 명령했다……(중략)……비용이 이미 애초에 계획했던 전체 건물 비용의 거의 3배나 더 들었다. 왕은 외국인들의 속임수라 여기고 화를 냈으나 실은 조선 관리들 내에 부패한 자들이 있었던 탓이었다. 어쨌든 왕이 신축공사를 중지하도록 결정하는 바람에 그 건물은 지상에서 약 3피트 정도만 건축되었다.

라고 하였다. 새비지 랜도어가 한성을 방문한 시기가 1890년 겨울에서 1891년 봄까지였는데, 러시아 건축가가 지은 1동은 완공되었고, 프랑스 건축가가 지은 다른 1동은 공사가 중지되었다는 기록으로 보면 적어도 이 시기에 이미 관문각은 완성되었다고 보는 편이 타당하다. 그렇게 되면 준공보고가 이루어진 것은 1891년 8월이었지만 1891년 봄을 기준으로 이미 관문각 공사 및 함께 진행되었던 서양 건축 관련 공사가 마무리되었다고 판단할 수 있다. 다른 기록을 통해 새비지 랜도어가 관문각 건축가 사바찐(A. S. Sabatin)과 직접 만났었고 초대를 받았을 정도로[33] 친밀한 관계였음을 확인할 수 있으므로, 위의 인용문은 사바찐으로부터 직접 들었을 가능성이 높다는 점에서 비록 개인의 기록이라 하더라도 신뢰도가 높은 정보라고 할 수 있다.

관문각 건설과 관련하여 위에서 인용한 『아사히 신문』 기록을 보면, 본래 계획은 서양풍 건축 1동과 서양식을 절충한 건축 1동, 총 2동을 건설하는 것이었음을 확인할 수 있다. 이는 새비지 랜도어의 기록에서도 2동의 건물을 건설 중이었지만 1동은 도중에 중지하였다는 점에서 확인할 수 있다. 결국 계획과는 달리 1동만 완성하였고, 다른 1동은 도중에 중단되었다고 볼 수 있지만, 이 2동이 모두 관문각이었는지는 명확하지 않다.

관문각 건축은 어려운 시도였지만 그 수명은 그리 길지 않았다. 『관보官報』[34]와 『각부청의서존안各部請議書存案』[35] 기록을 보면 각각 관문각을 철거하여 운반하였다는 기록이 있으므로 1901년에 철거하여 경운궁 및 다른 건물 재료로 사용하였다고 보인다.

관문각 건설 중에 찍힌 사진인 〈그림 4-7〉을 보면 전체적으로 2층이며

그림 4-7 공사 중인 관문각 (출처: 한러수교 20주년 기념 전시)

일부 3층탑을 갖는 형태로, 앞에서 언급했던 배재학당보다 수준 높은 서양식 건축이었음에는 틀림이 없다. 결국 관문각은 준공보고와는 관계없이 1891년 이전에 완공된 서양식 건축이었다고 볼 수 있는 것이다.

중국식 건축과 일본식 건축의 등장

개항은 서양식 건축의 유입만을 불러일으킨 것은 아니다. 일본식 건축과 중국식 건축이 함께 유입되었다. 실제 중국식 건축 유입의 시작은 개항하기 훨씬 이전으로 거슬러 올라간다. 개항을 전후하여 건설되었던 중국식 건축은 석파정石坡亭, 승화루承華樓, 선향재善香齋, 집옥재集玉齋 등이 있고, 『동궐도東闕圖』 속에서도 이를 확인할 수 있다. 이들은 공통적으로 「경산옥정硬山屋頂」(이후 경산식)이라는 형식의 건축이다.[36] 이 경산식硬山式 건물들의 건립연대는 상당히 이른 시기로 거슬러 올라간다. 개항하기 훨씬 전부터 이러한 건축이 궁궐을 중심으로 상당수 건립되었다. 당시 이러한 건축을 중국에서 접했다고 하더라도 한국에 돌아와 이를 구현하는 것은 사실상 불가능하므로, 중국의 기술

그림 4-8 현재의 인천 소재 중국식 가옥 (출처: 구글맵 스트리트뷰)

자가 직접 한국에 와서 건축을 하는 인적 교류가 있었다고 추정된다. 조선은 후기 300여 년 동안 기본적인 외교 자세는 쇄국이었지만, 사대의 대상이었던 중국은 예외였다. 따라서 이 시기에도 중국과의 교류는 비교적 자유로운 편이었고, 중국 기술자들을 초청하여 직접 건축하였다고 볼 수 있다.

이러한 형식의 건축은 왕실과 귀족 등의 상류층 건축뿐만 아니라 앞의 제2장에서 확인한 것처럼 포전布廛 등의 상점에서도 확인된다. 〈그림 2-13〉 이 상점 건축이 재건된 것은 1900년경으로 추정되므로, 개항이후 한성에 중국 상인들이 자리 잡고, 중국 건축기술자들의 활동이 정착된 이후이다. 이 시기는 중국식 건축을 건설하는 것이 어렵지 않은 시기였다. 비슷한 시기에 경운궁 석어당과 같이 궁궐 내의 건축도 조성되므로, 이 시기가 되면 중국식 건축이 다양한 계층과 구성원으로 확장되었다고 볼 수 있다. 궁궐을 중심으로 특정 계층만이 향유하던 건축양식에서 높은 계층이라 할 수 없는 상인들에게도 퍼져나가는 현상이 확인되는 것이다.

개항 이전의 중국식 건축은 주로 건축주가 한국인이었다고 한다면, 개

그림 4-9 1903년 경운궁 앞(상)과 대안문 건너편(하)
(출처: 서울특별시사편찬위원회, 「개항이후 서울의 근대화와 시련(1876~1910)」, 2002년, 57쪽, 165쪽)

항 이후 건설된 중국식 건축은 중국인이 건축주가 되는 경우가 많았다. 전술한 경산식 건축 이외에도 새로운 양식이 등장하였다. 대표적인 예가 2층 상점이다. 현재 한성에는 중국식 이층상점이 남아 있지 않지만 인천의 중국인 거류지에 〈그림 4-8〉의 상점 건축이 남아 있다. 동일한 형식의 건축이 당시의 한성에도 상당수 건설되었을 것이라고 판단된다. 2층 건물로 2층에 발코니가 있고, 1층은 상점으로 구성된 건축물이다. 〈그림 4-9〉의 사진에서 확인 가능한데, 경운궁慶運宮 대한문大漢門 바로 앞 선너편의 건물이나. 이러한 건축형식은 전국의 중국인 거류지에서 상업용 건축으로 활용된 것이다. 중국인이 원래부터 있던 한국인의 건물을 매입하여 중국식 건축물로 재건했다는 기록도 남아 있다.[37] 이는 1885년부터 1888년까지의 기록으로 한성이 잡거지가 된 직후 중국인의 거주 양상을 알 수 있다. 〈표 4-1〉에서 정리하였고, 이에 대해서는 뒤에서 다시 언급하기로 한다. 중국 건축에 관한 서양인의 기록에는 중국 상인들의 조악하고 값싼 건물은 한국식 건축과 어울리지 않고, 중국 상인들은 벽돌과 진흙으로 한국 건축 위에 증축하였다고,[38] 중국인의 건축은 조악하다고 지적하고 있다. 중국인이 건물을 멋대로 개축하거나 증축하여 기존 한국 전통식 건축을 불량하시켰다고도 볼 수 있지만, 개축이나 증축이 이루어진 부분은 중국식으로 세워졌다고 판단되므로 여기에서 한국 전통식과 중국식의 절충이나 융합이 이루어졌다고도 볼 수 있는 것이다. 구체적인 형태는 확인할 수 없지만, 중국인들이 적극적으로 건축 활동을 영위하였음을 알 수 있고, 기존의 한국 건축과 어떤 식으로든 접점을 생성하였음을 알 수 있다.

대부분의 한성 중국인은 상업이나 노동에 종사하였다고 전해지는데, 상업을 통해 부를 축적하여 부호가 된 인물도 있었던 반면, 도시 빈민으로 전락한 사람도 있었다. 그 과정에서 자신의 집을 재건축하거나 매매하는 경우도 있었다. 다음기록을 보면[39]

지나인(중국인)은 남대문통南大門通에 한 무리, 정동에 한 무리, 수표교변에 한 무리, 동대문통東大門通에 한 무리가 있는데, 각각 지나(중국)풍의 점포를 운영

한다.……(후략)

라고 하여 1901년이 되면 중국인은 자신의 집이나 상점을 중국식으로 건설하는 것이 일반적이었음을 알 수 있다.

결국 한성에 중국인이 살게 된 시기부터 한국 전통식 건축을 재건축하여 중국식으로 바꾸는 경향이 있었다고 볼 수 있다. 이 건축 활동에 있어서 건축주가 중국인인 경우 주로 중국식 건축을 지었다고 생각되고, 시공도 중국인 목수가 담당하는 경우가 많았다. 건축주가 한국인이면서 중국인 목수에게 의뢰하여 건축 공사를 진행한 경우[40]나 중국식 건축을 중국인으로부터 매입한 경우도 있었다고 보인다. 중국인의 활동무대가 한성의 다양한 공간으로 확산되어 간 점, 중국인이 왕성히 건축 활동을 하였던 점, 이 두 가지가 겹쳐지면서 중국식 건축의 확산도 빠르게 진행되었다. 게다가 중국인은 건설공사에서 벽돌을 주로 사용하였다는 점에서 서양식 건축과도 연결된다는 점에서 이점이 있었다. 즉, 벽돌에 익숙한 중국인 건설노동자는 서양식 건축에도 투입될 수 있는 장점이 있었다. 중국식 건축을 시공하는 중국인이 한국에서 이루어졌던 대부분의 서양식 건축도 시공했다는 점에서 중국인의 건축 활동 확장은 서양식 건축의 확산으로 이어졌다고 판단된다.[41]

일본식 건축의 대부분은 건축주가 일본인이었다. 거류민의 구성을 보면 목수를 직업으로 삼는 무리가 있었고, 이들이 일본식 가옥과 일본식 양풍洋風 건축을 건설하였다. 이 시기의 서양인 기록에서 일본인이 거주하는 곳에는 일본식 건축이 상당수 건설된 것을 알 수 있다. 『경성부사京城府史』에 의하면 1885년 한성에 최초로 일본식 건축이 건설되고, 1887년 3월에 우노 도쿠타로宇野德太郎가 한성에 이층의 일본풍 건축을 건설하였으며, 1888년에 오오쿠라구미大倉組 조원인 도미타 스즈키치富田鈴吉가 화재로 사라진 일본공사관을 본 따서 최초로 양풍 목조 주택을 건설했다고 기록되어 있다. 한성에서 가까운 인천에 1883년부터 일본거류지가 정착되어 건축업을 하는 일본인 기술자도 상당수 있었으므로 한성에서 일본식 건축을 짓기 위해 기술자를 구하고자 한다면 그리 어려운 일은 아니었다고 추정된다. 실제로 제 6장에 실려 있는 〈표 6-4〉에서 한성에서 생활하는 일본인 중에서 건축업 종사자의 직종과 수를 알 수 있다.

이에 더하여 일본식 건축의 경우 서양식 건축을 모방하여 건설한 건축도 있다. 주로 한성 내 일본의 외교공관이나 공공시설이 이에 해당한다. 벽은 목재로 구성되어 있었지만 외형이나 장식은 서양식과 유사하게 표현한 목재를 이용하여 서양식 건축을 구현하고자 한 것이다. 일본에서는 이른바 의양풍擬洋風이라 불리는 형식의 건축인데, 이 시기는 일본에서도 의양풍이 유행했던 시기이기도 하므로, 의양풍은 일본과 한국에서 동시에 활용되었다. 그러나 아쉽게도 이 시기 목재를 이용하여 서양식 건축을 표현한 의양풍 건축의 실례가 한국에 남아 있지 않아서, 일본에서 근대 건축을 서술하면서 언급하는 수준으로 세분화하여 한국에 있었던 의양풍 건축을 서술하기는 어렵고, 단지 그 개황을 추정할 뿐이다. 1884년 한성의 박영효朴泳孝 소유 가옥에 일본공사관이 건설되었는데, 공사관 부지 1000평에 정면 10칸, 측면 12칸 중층 건물로 목재, 기와, 유리를 사용한 건물이라고 『경성부사京城府史』에서[42] 설명하였다. 사용된 재료와 규모로 보면 의양풍 건축이라고 추정되며, 『아사히 신문』 기록을 보면[43] 전소하여 사라진 1884년의 일본 공사관과 재건한 1885년의 일본 공사관, 둘 다 이치무라 쇼타로市村正太郎라고 하는 대목수가 건설을 담당하였으므로, 이 둘은 동일하거나 유사한 형식의 건물이었을 것으로 추정된다. 1885년 일본공사관과 관련하여 『아사히 신문』에서[44] 그 형식과 관련하여

> 경성공사관 및 병영, 조선 경성京城 남산에 지금 새롭게 축조되는 우리 공사관의 모양은 외곽은 서양풍西洋風이고 내부는 모두 일본풍日本風으로 된다. 또 병영은 목조 서양풍이고 또 고무로 신스케小室信介씨는 이들 건축의 책임을 맡았다고 한다.

라고 하여, 외관은 서양풍이고 내부는 모두 일본풍이라고 하였다. 다른 기사에서는[45]

> 우리 공사관 건축도 최근 공사 착수하였다는 풍문이 있다. 들리는 말에 의하면 이번에는 상당히 조잡한 건축으로 앞에 지었던 공사관과 비슷한 구조라고 한다.

라고 하여 형식에 있어서 1885년의 공사관이 1884년의 공사관보다 조잡하다고 설명하였지만, 구조는 동일하다고 하였다. 1885년에 다시 건설된 공사관도 〈그림 4-4〉에서 보이는 바와 같이 개략적으로만 확인 가능하고, 그 형태와 형식에 관해서는 정확히 고찰하기 어렵지만, 1884년과 1885년의 일본공사관은 모두 의양풍 건물이었다는 점은 추정하기 어렵지 않다. 이 시기는 한성 전체로 보아도 서양식 건축이라 불릴 만한 건물이 거의 전무한 시기였으므로 완전한 서양식 건축은 아니었다고 할지라도 의양풍 건축만으로도 당시로서는 상당히 획기적인 건축이었음에는 틀림이 없다.

개항 초기 중국식 건축의 유입과 일본식 건축의 유입은 각각 중국인과 일본인이 주도하였음을 확인할 수 있다. 따라서 그러한 건축물은 중국인 거류지역과 일본인 거류지역에 주로 분포되었다. 이들이 한국 건축에 어느 정도 영향을 미쳤는지 상세히 확인하기는 어렵지만, 중국인 영역이 일본인 영역보다 넓게 퍼져 있었고 한국인 생활영역 속에 섞여 있었으므로, 중국식 건축이 한국 건축에 미친 영향력이 보다 컸을 가능성이 크다고 추정된다.

서양 제도 및 사상의 유입이 건축에 미친 영향

개항 이후 서양 제도의 도입에 의한 시설의 건설: 내용과 건축의 이질성

개항은 서양의 제도와 문화의 유입을 가져왔다. 문화와 제도가 유입되었다는 것은 새로운 건축 수요가 생겼다는 것을 의미한다. 당시 새로운 제도를 수용하기 위해 정부와 민간 모두 활발히 움직였다. 정부 주도로 근대식 우정제도郵政制度가 도입되었고, 인쇄시설이 생겨났으며, 화폐제도를 개혁하였다. 그리고 근대식 의료제도를 정비하였고, 개항지에는 세무서가 생겨났다. 경찰이나 군대 제도가 개선되었고, 교육제도도 개선되어 학교가 신설되기도 하였다. 민간에서도 이러한 변화에 편승하여 주로 서양에서 온 선교사들이 변화에서 중요한 역할을 담당하였다. 선교활동이 자유로워졌고, 가톨릭과 미국의 장로교와 감리교 등의 개신교, 영국 성공회, 러시아 정교회 등 다양한 서양의 종교와 교파가 정착하였으며 이들 종교단체는 근대 사상을 가르치는 학교를 설립하였다. 그리고 서양의 의료기술을 바탕으로 민간 병원도 설립하였다. 이러한 변화는 사회 전반에 걸쳐서 다양한 효과를 불러일으켰고, 건축에 있어서도 새로운 수요가 생겨났다. 사회 전반에서 일어난 이러한 변화를 수용하여 기능할 수 있도록 하는 건축이 필요하게 된 것이다. 각각의 제도와 문화를 실행하고 구체화하기 위한 공간으로서 새로운 건축을 요하게 된 것이다.

이러한 필요성에 부응하여 우정총국郵政總局, 인쇄소, 주전소鑄錢所, 병원, 세무서, 관립 학교, 병영 등이 설립되었다. 그 외에 민간에서도 교회, 사립학교, 사립병원 등이 선교사들에 의해 설립되었다. 본래 건축을 새로 건설할 때는 그 기능에 상응하는 건축을 세우고 활용해야 한다. 서양에서도 이 새로운 제도를 수용하는 건축물은 서양식이었던 만큼, 제대로 기능하기 위해서는 새 건축물은 서양식 건축이어야만 할 것이다. 그러나 당시 서양식 제도에 상응하는 서양식 건축을 세웠다는 기록이나 사료는 찾아보기 어렵다. 우정사업을 시작하기 위해서 건설한 우정총국은 〈그림 4-10〉에서 보이는 바와 같이 한국 전통식 건축을 답습하여 건립되었다. 『조선경성기담朝鮮京城奇談』에서는[46]

> 문 안에는 하나 더 간략한 서양풍 문을 설치하였다. 이는 우정총변郵政總辨 홍영식洪英植의 주문으로 개명한 세계에서는 집의 경계가 이와 같은 문으로 하여야 한다는 것을 어리석은 백성들에게 보여주고자 한 것이라 함.

라고 하여 서양 제도에 의한 건축물이지만 한국전통식으로 건축을 짓고 문만을 서양풍으로 하였다고 밝혔다. 최초의 국립병원이라고 할 수 있는 제중원濟衆院도 한국 전통식 건축으로 세워졌다. 〈그림 4-10〉 박문국博文局이나 전환국典圜局과 같은 건물은 앞에서 언급한 것처럼 중국식과 일본식 요소가 서양식 요소와 함께 적용된 이례적인 사례에 해당한다. 제도가 도입되는 과정에서 중국인과 일본인도 깊이 관여하였고, 그 영향이 건축에도 반영되었음을 알 수 있다.

이상의 서양 제도와 이에 따른 새로운 건축물 중에서 당시의 정부가 주도한 사업은 건축주가 정부이므로 한국 전통식 건축이 주를 이룬다는 점은 당연하다고 여겨진다. 그러나 서양인 선교사들이 주도하여 건설한 건축에서도 한국 전통식 건축을 그대로 활용하였고, 내장이나 입구, 일부 장식 등에만 부

그림 4-10 우정총국(창건 당시의 것인지 분명치 않음)과 제중원
(출처: 국립고궁박물관(2010)『100년전의 기억, 대한민국』, 92쪽, 146쪽)

분적으로 서양식을 도입하였다. 이는 당시 서양 건축을 건설할 수 있는 능력을 갖추지 못했던 한국의 건축적 상황이 반영된 것이다. 초기의 교회는 한옥을 그대로 사용하거나 신축하더라도 한국 전통식으로 건축하는 경우가 많았다. 언더우드의 당시 기록에서 한옥으로 200인 정도 수용할 수 있는 교회를 여러 채 세웠는데, 튼튼하고 견고하였으며, 당시는 유리창이나 석조, 벽돌 등이 알려져 있지 않던 때였다고 설명하고 있다.[47] 당시 선교활동에 서양식 건축

이 필요하다는 점은 인지하면서도 이를 위해 필요한 재력 기반을 갖추는 것은 간단하지 않았다. 그러나 계몽활동의 시급함에 관하여 공감하고 있었으므로 그들은 궁여지책으로 일단 한국의 건물을 그대로 이용하거나 또는 개수하여 편리성을 추구하였다고 할 수 있다.

개항 초기에는 한국 전통식 건축을 활용하였지만 어느 정도 시간이 지나자 점차 서양식으로 개축하는 경향이 드러난다. 이러한 경향은 교회당뿐만 아니라 공사관이나 영사관 등 외교공관에서도 비슷한 양상이 보인다. 일본 공사관을 제외한 다른 국가의 공관은 모두 처음에는 한국 전통식 건축을 공관으로 활용하였고 일정 시간이 지나자 서양식으로 개축하는 공통점을 보인다.

각국의 공관들이 어떠했는지 살펴보자. 중국의 경우 조선후기부터 중국의 사신들이 한국을 방문했을 때 숙박시설로 사용하였던 남별궁이 있었으므로, 남별궁이 그대로 중국 공관의 기능을 수행하게 되었고, 이후 1884년 남대문로 동측으로 이전하였다. 일본의 경우 최초의 공사관은 1880년 12월에 한성 돈의문 밖 경기중영 부지 내 청수관에 있었는데, 이후 1884년 한성 성내에 공사관을 새로 지어서 옮겼다. 일본은 한성에 공관을 마련한 국가들 중에서 유일하게 공사관과 영사관을 별도 설치하였다. 1884년 갑신정변 때 불타서 없어진 공사관, 1885년에 한성 남쪽에 부지를 이전하여 새로 건설한 공사관, 이 둘 다 서양식 요소를 갖는 일본식이었다는 점에 대해서는 앞에서도 언급하였다. 〈그림 4-4〉 반면, 일본영사관은 1884년 일어난 화재 이후에는 새롭게 건설하지 않고, 공사관 앞의 한국 전통식 건축을 그대로 영사관으로 활용하였다. 서양 각국도 공관 설치 초기에는 한국 전통식 건축을 활용하였지만 미국만 한국이 외교권을 상실하는 1905년까지 그대로 한국 전통식 건축을 사용하였을 뿐 〈그림 4-11〉 모두 새로 서양식 건축을 건설하였다. 영국은 1891년, (〈그림 4-12〉와 〈그림 4-13〉) 러시아는 1890년, 프랑스는 1896년, 독일은 1901년, 벨기에는 1901년, 이탈리아는 1902년 각각 서양식 건축으로 재건하였다.

그림 4-11 미국공사관
(위: 국립고궁박물관, 『100년전의 기억, 대한민국』, 2010년, 96쪽)
(아래: 서울학연구소, 『대한제국기 정동을 중심으로 한 국제교류와 도시건축에 대한 학술연구』, 서울역사박물관, 2010년, 27쪽)

따라서 이 시기에 서양의 제도가 들어왔지만 서양에서 들어온 제도와 문화를 수용할 수 있는 건축은 비교적 유입이 늦어져서 제대로 대응하지 못했음을 알 수 있다. 물론 그 기능을 수행하기 위하여 제도나 문화와 함께 건축이 유입되는 것이 가장 이상적이지만, 이 시기 한국은 서양식 건축을 지을 수 있는 기반이 약했을 뿐만 아니라, 건축 전반에 있어서도 능력이 저하된 상황이었으므로 새로운 건축양식을 활용하여 새로운 제도와 문화를 수용한다는

그림 4-12 1883년 최초의 영국공사관
(출처: 서울학연구소, 『대한제국기 정동을 중심으로 한 국제교류와 도시건축에 대한 학술연구』, 서울역사박물관, 2010년, 105쪽)

그림 4-13 영국공사관 1호관(1891년 건설)
(출처: 국립고궁박물관, 『100년전의 기억, 대한민국』, 국립고궁박물관, 2010년, 28쪽)

자세를 취할 수 있을 정도의 여력이 없었다. 고종이 경복궁 후원에 건설을 계획했던 관문각과 같이 2동을 계획했음에도 수행력과 자본력의 문제로 1동밖에 건설하지 못했고, 그 1동도 부실 공사 등의 문제로 10년 뒤에는 철거하게 되었다. 이 시기 한국에 있어서의 건축 전반의 능력과 기반이 서양식 건축으로의 변화를 이끌어 갈 정도로 힘을 갖추지 못했다고 지적할 수 있다.

결과적으로 기술과 자본의 제약이 있었음을 감안하더라도 건축의 변화와 제도의 변화 사이에는 간극이 존재하여 이 시기 서양식 건축은 아직 고려할 만한 대상이 아니었다고 판단된다. 이는 당시 한국에 거주하던 서양인에게도 마찬가지였다. 한국에서 서양식 건축을 건설하기 위해서는 여러 가지 제약이 뒤따른다. 새로운 건축물이 생겨나기 위해서는 기술자, 재료, 자본이라고 하는 요건이 맞아야 한다. 그러나 당시 서양식 건축에 필요한 기술자와 재료가 거의 전무한 상황이었다. 서양식 건축을 건설하기 위해서는 숙련된 기술자가 없으므로, 기술자 인프라를 갖추고 있는 가까운 상해나 나가사키 등지에서 데려와야 하는 문제가 있다. 재료도 서양식 건축에서 가장 중요한 재료가 벽돌과 유리라고 할 수 있는데 이 두 재료 모두 한반도에서 거의 생산되지 않거나 극소량만 생산되었기 때문에 전량 수입에 의존하는 수밖에 없었다. 결국 서양식 건축에 필요한 기술자와 재료가 없었으므로, 수입에 의존하여 서양식 건축을 지으려 한다면 막대한 자본을 필요로 하였던 것이다. 투자 대비 효용성에 있어서 매우 낮을 수밖에 없는 것이 서양식 건축 건설이었다. 반면 중국식 건축이나 일본식 건축은 이미 한성 내에 중국인 기술자와 일본인 기술자 인프라를 갖추고 있었고, 이 인프라를 통해서 공급할 수 있는 여력이 되었으므로 모두 새로 유입된 건축 양식이라고 하더라도 서양식 건축에 비하여 상대적으로 수월하게 건설할 수 있었다. 외교공관과 같이 국가적인 지원이 뒷받침되는 시설에서도 서양식 건축을 건설하지 못했을 정도로 이 시기 한반도의 건축 인프라는 서양식 건축을 수용할 수 있을 정도의 능력을 갖추지 못했다고 볼 수 있는 것이다.

건축에 도입된 변화요소

앞 절에서 본 바와 같이 이 시기에 있어서 서양식 건축은 질과 양에 있어서 상당히 낮은 수준에 머물러있었다. 한국인이 주도하여 서양식 건축을 건설한 예가 거의 없었으므로 서양식 건축이 한국인 또는 한국 건축계에 미친 영향은 미미했다고 보는 편이 타당하다. 그럼에도 불구하고 서양식 건축 요소가 한국 전통식 건축에 조금씩 영향을 미치기 시작했다. 소수의 특권 계층과 제한된 계급에서만 보이는 변화이었지만 이러한 변화가 보이기 시작했다는 것은 한국 건축에 존재하지 않았던 변화가 보이기 시작한 것이라고 볼 수 있다.

개항과 개항 이후의 변화에 있어서 주도적 역할을 담당한 세력이 개화파이다. 이 개화파 중에서도 갑신정변을 일으켜서 급진적인 개화를 추구했던 세력을 급진개화파라고 하였으며, 천천히 상황에 맞추어 개화하기를 주장했던 세력을 온건개화파라고 불렀다. 급진개화파를 대표하는 인물로 김옥균金玉均과 박영효朴泳孝를 들 수 있다. 김옥균은 갑신정변이 일어나기 전에 이미 3회 일본을 방문하였다. 첫 번째는 1881년 12월로 이때는 임오군란이 발발하였다는 소식을 듣고 바로 귀국하였다. 두 번째 방문은 박영효의 고문 자격으로 1882년 9월부터 1883년 3월까지 다녀왔다. 세 번째 방문은 1883년 6월부터 1884년 4월까지였다. 장기간 일본에 체류하면서 일본의 근대화를 보며 한국의 근대화를 모색하였다고 생각된다. 박영효는 1882년 임오군란의 수습을 위해 수신사로서 일본을 다녀왔고, 이 때 김옥균과 함께 방일하였다. 이후 박영효는 1883년에 한성부판윤이 되었고, 박문국博文局, 순경부巡警部, 치도국治道局을 설치하여 근대적 도입을 주도하였다. 이들은 일본 세력을 등에 업고 갑신정변을 일으켰고, 불과 3일 만에 실패하면서 일본으로 망명하게 되었다. 이후 급진개화파는 거의 절멸하게 되었다.

급진개화파는 정치적인 세력으로서의 변화뿐만 아니라 자신들의 생활에 있어서도 개화를 추구하였다. 급진개화파를 구성하는 사람들은 대부분명문 양반가의 자제들이었고, 박규수朴珪壽의 사랑방을 거점으로 개화사상을 공부하였다는 공통된 배경을 가지고 있다. 이들은 경제력을 갖추고 있었으며, 모두 당시 최고의 권력자들이 모여 살던 북촌北村에 집이 있었으므로 지근거리에서 생활하면서 끊임없이 교류하였다. 이들은 개화사상에 대한 학습과 정보 공유만 함께 한 것이 아니라 서구의 생활과 문물에 대한 정보도 공유하면서 그들만이 누릴 수 있는 선진 서구 문화도 일찍이 유입하였다. 『조선경성기담朝鮮京城奇談』에서 김옥균金玉均에 관한 기록을 보면[48]

> 김옥균金玉均은 빼어난 재능을 가진 인물로 성심으로 국사國事에 진력하여 한때는 묘당廟堂에 어느 정도의 세력을 가졌으며, 급진적인 개화주의의 마음을 품고, 자택(작년 12월 7일, 즉 우리 공사관 퇴거일에 폭도들에 의해 소실되었다.)에는 일본풍 또는 서양풍의 건물이 있었고, 가재도구에 이르기까지 일본 또는 서양제로 갖추었을 정도로 일본인과 교제하기를 매우 좋아한다.

라고 하여 김옥균 저택 안에는 일본풍이나 서양풍 건물이 세워졌고, 일본제나 서양제 가구나 생활용구까지 갖추고 있었다고 설명하고 있다. 김옥균의 생활이 서양화되어 있었음을 확인할 수 있는 부분이다. 『조선경성기담朝鮮京城奇談』에는 그밖에 박영효朴泳孝에 대한 기록도 있어서,[49]

> 박영효朴泳孝는 김옥균金玉均과 마찬가지로, 이번 변란 후 어디로 갔는지 여전히 종적이 불확실하다고 한다. 그는 작년 우리나라에 와서 일본의 제도와 문물을 보고 큰 깨달음을 얻은 바 있어 자국의 제도 풍속을 개량하고자 하였다. 경성京城 이곳저곳에 일본처럼 변소를 설치하여 도로가를 가득채운 더러움을 개선하고자 하였으며, 또 정원은 완전히 서양풍西洋風으로 꾸미거나 서양 마구馬具를 얹은 말에 타 단기單騎로 한성부내를 돌아다닐 정도였으니 특히 수구당守舊黨의 미움을 받았다고 한다.

라고 기술하였다. 여기에서는 박영효가 한성부판윤으로서 시행했던 개혁정책을 소개하고 자신의 집 내부에 서양식 정원을 가꾸었다고 하고 있다. 그의 개혁적인 사고나 행동에 대한 설명도 있어서 박영효도 김옥균과 마찬가지로 서양화된 생활을 추구한 것이라고 판단된다. 그러나 이러한 변화를 시도하고 실행할 수 있었던 것은 개화된 양반 귀족 계층으로 제한되어 있었다. 그 중에서도 극진개화파로 분류되는 젊은 귀족 계층에게서만 변화가 있었기 때문에, 서양식 건축과 생활 방식이 일반 백성들의 삶 속까지 스며드는 것은 당시로서는 요원한 일이었다. 또 다른 서양인의 기록을 보면,[50] 한성에 거주하는 귀족들 사이에서 스프링베드를 사는 것이 유행하였고 중국인과 일본인이 경영하는 상인들을 통해 각종 수입품들이 판매되고 있다는 기록이 확인된다. 서양식 가옥은 없었지만 많은 귀족 가정에서 유리창을 설치하였다는 기록도 있어서[51] 고관대작의 최상류층을 중심으로 서서히 변화가 이루어졌음을 감지할 수 있다. 그러나 이들은 대부분 갑신정변甲申政變의 영향으로 실권하게 되었다. 한국에서의 새로운 건축적 시도를 주도했던 이들이 갑신정변의 실패를 통해 일거에 사라지게 된 것이고, 이는 건축에 있어서의 변화 동력을 상실하게 되었음을 의미한다. 이렇게 한 번 변화에 제동이 걸리면 다시 그 추진력을 얻기까지 시간이 걸릴 수밖에 없고, 이후의 한국의 건축 변화를 살펴보면 그러한 부분이 여실히 드러난다.

건축 변화의 시작

개항 이후 청일전쟁 이전까지의 시기는 서양식 건축, 일본식 건축, 중국식 건축 그리고 한국 전통식 건축, 개항기 한성에 존재했던 이 4가지 건축 요소[52]가 상호 영향관계를 형성하기 이전 단계에 해당한다. 그러나 조금씩 위에서 언급한 특징과 움직임이 나타나기 시작하면서 건축에 변화가 일어나기 시작한 시기라고 볼 수 있다. 외부에서 유입된 건축인 서양식, 일본식, 중국식 건축은 각각 서양인, 일본인, 중국인이 주체가 되어 한국에 유입되었으므로 한국 전통식 건축과 혼합되거나 한국인의 건축 안에 녹아들기 쉽지 않았다. 이들 외부에서 들여 온 건축양식들은 한국인이 적극적으로 도입한 건축양식이 아니었으므로 한국인들의 수요로까지 발전하기에는 시간이 필요하다고 할 수 있을 것이다. 각자 자국의 건축양식을 자국의 생활터전에 건설하는 방식이었으므로 서로 분리된 채로 존재했다고 보는 편이 타당하다. 따라서 이 시기의 새로 유입된 건축양식들, 그리고 한국의 전통식 건축양식은 서로 영향관계를 형성하지는 못했다고 판단된다. 그러나 중국인들의 건축양식은 다소 다른 양상을 보인다. 중국인들은 다른 서양인이나 일본인과 달리 한성 전체에 점적으로 퍼져서 생활하였기 때문에, (〈그림 4-14〉 참조) 중국식 건축은 파생과 확장의 가능성을 잠재적으로 갖추고 있었다고 볼 수 있다.

한편, 이 시기 한국 건축에 드러난 변화는 당장 변화할 수 있는 부분만을 변화시키는 변화였다. 서양식 건축에 대한 수요는 있었지만 기술과 재료의 한계로 인해 서양식 구조를 도입하기 어려운 상황이었으므로 구조는 그대로 사용하면서, 창, 문, 장식 등 당장 적용할 수 있는 부분만을 변화시키는 데 머물렀다. 한국 전통식 건축이 새로운 형식으로 전개하였다고 보기는 어렵지만, 건축 의장에 있어서 부분적으로 서양식 또는 새로운 재료를 활용하기 시작하였다는 점에서 변화의 시작이라고 평할 수 있을 것이다.

한성의 잡거지화와 일본인 거주공간의 형성[53]

잡거지가 되는 경위와 이와 관련한 기존 문헌

한성 내에 외국인 거류를 허용한 것은 한국이 의도한 바는 아니었다. 당시 한국 정부는 한성 개시에 대해 부정적이었지만, 외국 입장에서는 한성이 한국 인에서 가장 매력적인 시장이었다. 이렇게 한성을 개방하려는 외세의 의도와 국가 간의 역학 관계가 맞물려서, 한성이 개 방되기에 이르렀다.

한국은 개항 이전에도 중국이나 일본과 교류하였다. 중국과는 사신을 통해 교역하였고, 일 본과는 부산에 초량왜관을 설치하여 교역 관계를 유지하였다. 이 교류는 전근대적인 관습에 의한 교역이었고, 근대적 조약을 통해 개방한 것은 1876년 일본과 맺은 「조일수호조규」가 최 초이다. 그러나 한국은 이것이 이전 교류와는 다른 성격의 조약이라는 것을 인지하지 못했다. 당시의 『고종실록』 기사에서[54]

> 일본은 서로 3백 년 동안 수호修好의 관계를 유지해 온 나라인데, 이제 서류에 대한 계약 문제가 있고 이를 두고 여러 날 서로 버티고 있으니, 심히 헤아리기 어렵도다……(중략)…… 영돈녕부사領敦寧府事 김병학金炳學이 아뢰기를,

> 그들은 비록 수호修好하러 온다고 하지만 여러 정황으로 보아 수호가 아니라 불화를 일으키려고 하는 것입니다. 결국 어떻게 될지 아직 알지 못하겠기에, 신들은 날마다 상의하고 있습니다.……(하략)

라고 하여, 일본과의 수호조약이 어떠한 의미를 갖는지에 대해 왕을 비롯해 정부 관료들도 전혀 이해하지 못하고 있음을 알 수 있다. 실제로 한국을 방문한 서양인의 기록에서도 한국의 개항이 1882년 미국과 체결한 조약을 통해 이루어졌다는 시각이 드러난다.[55] 한국이 쇄국정책을 통해 견제하고자 한 대상은 서양세력이었으므로 이웃 국가인 중국이나 일본과의 개항은 안전하다는 의견과 일본을 통해 서양세력이 들어오는 것을 두려워하는 의견이 모두 보인다.[56]

한국의 개항 이후에도 한성은 외국인의 출입이 철저히 제한된 도시였다. 일본인은 부산의 초량왜관을 벗어날 수 없었고, 중국인도 사신으로서 왕래하는 외교관 일행과 그들을 수행하는 일부 상인들만 한성에 들어오도록 제한되었다. 특히 일본인은 1592년 임진왜란 이후로 엄격히 초량왜관을 벗어나는 것이 금지되었다. 임진왜란 전에는 일본인들의 한성 왕래가 비교적 자유롭고, 일본과 유구琉球의 사신들이 머무르는 동평관東平館이라는 숙소도 따로 마련되어 있었다. 그러나 임진왜란이 일어나자 이들의 경험이 전쟁침략로로 활용되었다는 지적에 따라 철저히 금지시켰다. 따라서 공식적으로 한성은 외국인의 출입이 금지된 도시였다. 이 규칙이 깨진 것이 1882년 임오군란이었다. 임오군란이 발발하자 중국과 일본의 군대가 한성에 주둔하였고, 이들을 위한 군수상인들이 함께 거주하게 되었다. 이 시기, 중국군은 삼간정동三間井洞에 주둔하였고, 일본군은 왜성대倭城臺에 주둔하였다. 1885년의 기록에는[57]

> 지나(중국) 병사들의 주둔지는 옛 대궐 정문 앞에 있고, 그 남쪽에 삼간정동三間井洞이라 불리는 동서 횡으로 뻗어 있는 거리가 있는데……(하략)

라고 하였다. 임오군란 이후에도 중국의 군수상인은 그대로 한성에 머물면서 한성 안에 정착하였고, 이것이 한성에 외국인이 거주하게 된 계기가 되었다. 그 상인의 수는 40명으로 알려져 있다.[58]

임오군란 이후, 한국은 다양한 국가와 개항 관련 조약을 체결하였다. 1882년 5월 22일에 미국과의 「조미수호통상조약朝美修好通商條約」, 1882년 8월 22일에 중국과 「조청상민수륙무역장정朝淸商民水陸貿易章程」, 1882년 8월 30일에 일본과 1876년의 조약의 추가사항을 기재한 「조일수호조규속약朝日修好條規續約」을 체결하였다. 그 가운데 중국과의 「조청상민수륙무역장정」에서 처음으로 양화진楊花津 개시에 대한 내용이 보인다. 이 조약에서 보이는 중국의 「한성개잔권漢城開棧權」은 양화진에 한정된 것이었다. 그러나 임오군란 이후 한국 정부는, 한성 안에 정착한 중국 상인에게 점포 이전이나 폐쇄 등의 조취를 취하지 않았고, 결과적으로 1883년 2월을 기준으로 22가구, 82명의 중국인이 한성 안에 거주하게 되었다.[59] 1883년 7월 25일에는 일본과 「조일통상장정朝日通商章程」을 체결하면서, 최혜국 대우에 관한 조목이 추가되어, 일본도 중국과 동등한 대우를 받을 권리가 생겨났다. 이 권리를 통해 일본 상인이 중국 상인과 동등하게 한성에서 활동할 수 있는 근거가 마련되었다. 1883년 11월에 영국과 체결한 「조영수호통상조약朝英修好通商條約」에서 한성 개시에 관한 내용이 공식적으로 등장하였으나, 이 조약이 비준된 것은 1884년 4월이었다. 이 시기에 이미 일본과 중국 상인이 한성에 거주하고 있었으므로, 한성 개잔開棧이 실질적으로 시작된 시기는 1882년의 임오군란부터라고 할 수 있다.

당시 청과는 사대事大 관계에 있었던 한국에 대하여 중국은 한국을 속국이라고 주장하였고, 미국과의 조약도 중국과 함께 체결할 정도로 그 영향력을 무시할 수 없었다. 이미 들어 와 있었던 청국 상인들을 밖으로 내쫓기 어려운 상황 속에서 결과적으로 한성을 개잔할 수밖에 없는 상황으로 몰리고 말았다. 그러나 한국 정부는 여전히 개항이나 개잔이 불러올 수 있는 상황에 대하여 명확히 이해하지 못했다. 위에서 언급한 일본과의 조약 체결에 대해서도 본질을 이해하지 못하였던 점, 그리고 임오군란 때에 중국에 군대 파견을 요청하여 스스로 화를 자초했던 점 등에서 한국 정부의 무능함을 엿볼 수 있다. 그리고 그러한 그릇된 판단이 그대로 한성의 공간에 드러나게 된 것이다.

중국은 사대 관계를 바탕으로 한국에 강력한 영향력을 행사하고 있었으므로, 한국 정부가 새로운 조계지를 조성하고 기존 중국 상인들을 강제 이주시키는 것은 간단한 일이 아니었다. 무분별한 개시가 가져올 심각성을 인식하지 못한 한국 정부가 중국 상인들을 방치하는 사이, 이들의 수는 기하급수적으로 증가하였다. 중국 상인들은 한성 각지로 퍼져나갔으며, 불과 몇 개월 사이에 한국 정부가 대응하기 어려운 상황이 되고 말았다. 뿐만 아니라, 중국 상인들과 동일한 권리를 주장하며 한성에 들어오는 일본 상인들에 대해서도 한국은 수수방관할 수밖에 없었다. 결국 중국 상인들은 상행위의 대상을 중국 군인에서 한국의 일반인들로 확대하면서 급격히 세력을 확장하였고, 일본 상인들도 동일한 방식으로 한성에서의 상행위를 확대하였다. 당시의 『요미우리신문讀賣新聞』 기사에서는[60]

> (전략) …… 위에서 언급한 사람들은 오로지 주재하는 일본 병사들을 상대로 상업을 하는 자이다. 그러나 점점 동업자의 증가와 함께 이윤이 낮아졌고, 점점 이 병사들을 본국으로 철수시키게 되면서 어쩔 수 없이 폐업하게 되는 자들도 많아질 것이다. 따라서 주요 상인들은 각자 점점 무역상으로 전업하든지, 또는 양품良品을 선택하여 가격을 일정히 하는 상법商法을 시도해 보고자 협의 중이라 한다. 원래 한국인은 어떤 제품이든지 일반적으로 일본 상품을 좋아하여 이미 의류나 원단을 수용需用하는 상황이라고 한다. 따라서 이를 보다 깊이 대처하고 주의하면 금건金巾 등을 포함한 우리 잡품雜品의 수출고도 또한 증가하게 될 것이다.

라고 다루어, 한성에서 중국 상인들과 일본 상인들 모두 군인뿐만 아니라 일반인들에게도 상행위를 확대하려고 하고 있음을 시사하고 있다. 일반적인 조계지와는 전혀 다른 성격을 지닌 잡거지로서의 한성은 이렇게 탄생하게 되었다. 한성은 도시 전체가 외국인 거류지로 개방되어 내국인과 외국인이 섞여서 생활하는 특징을 지니게 되었다. 동아시아의 여러 국가에 개항과 조계지가 설치되었지만, 수도 전체가 완전히 개방된 사례는 없었다. 따라서 한성이 잡거지가 되는 과정은 당시 한국의 힘이 얼마나 약했는지를 보여주는 사례라고 할 수 있다. 한국 정부는 잡거를 철회하고 한성 대신 용산을 개항하고자 하였다. 그러나 이를 실행할 수 있는 자금과 능력이 부족하였으므로, 결국 한성의 잡거지화를 방관할 수밖에 없는 상태로 전개되었다. 한국 정부가 외국인 주거에 대한 명확한 가이드라인을 제시하지 못하면서 한성 전체가 잡거지가 되는 결과를 낳게 된 것이다.

국가별 영역에 관한 고찰: 암묵적 경계의 형성

잡거 초기의 정착과정에 관한 고찰: 외교공관의 거점화

비록 한성 전체가 개방되었으나, 거류민이나 이를 관리하는 자국 영사 측에서는 일정 부분 제한 사항을 둘 수밖에 없다. 특히 중국과 일본은 사소한 충돌도 군사적인 대립으로 발전할 우려가 있었으므로, 협의를 통해 제한 구역을 설정하였다. 중국은 중국상인들이 처음 정착했 던 곳인 수표교를 중심으로 활동하였고, 일본은 공사관이 있었던 진고개泥峴 지방을 거점의 중심으로 삼았다. 수표교에 비하여 니현은 상업활동에 불리한 환경이었지만, 안전상 유리하다 는 점과 일본인에게 익숙한 장소라는 점이 일본의 선택에 크게 작용하였다. 중국인은 한성에서 가장 왕성한 상업가로인 종로와 남대문로의 교차점을 중심으로 활동한 반면 일본인 거주 지역은 다소 떨어진 외곽에 위치했으므로 일본 측이 대립을 피하기 위해 양보했다는 견해도 있지만, 『아사히신문』의 기사를 보면[61]

우리 상인도 드디어 예전과 같이 경성잡거京城雜居를 허락받게 되었지만, 과거의 참상이 떠올라 시가지의 주요 거점은 매입하여 주거하는 자가 없고, 대체로 공사관 근방 즉 남산 기슭에 거주하며, 종로의 번화가 지역은 모두 지나(支那, 중국) 상인으로 채워졌다.

라고 기술하여, 일본의 거류지가 남쪽에 자리 잡게 된 것은 안전 문제가 가장 컸다는 점을 알 수 있다. 또 『요미우리 신문』 기사에서는[62]

(전략)……하나부사花房 공사公使 일행은 호위병에 전후로 둘러싸여 숙연히 경성에 들어가서 이미 그쪽(조선) 정부가 마련해 두었던 여관니현旅館泥峴이라는 집에 도착하였는데, 그 인원이 800여명에 달하여 심히 좁은 바 근일 다른 곳으로 이전한다는 설이 있다고 한다.

라고 하여 처음 한성에 들어왔을 당시부터 거점이었던 장소가 니현泥峴이었으므로 친숙한 장소를 고른 것이라고도 볼 수 있다. 당시 일본의 거류영역 선정에서 한성의 상권은 중요한 고려 요인이 아니었다고 보이며, 유사시 대피와 안전에 대한 생각이 크게 작용했다고 볼 수 있다.

한편 서양인들의 거류지 결정 과정에서도 상업 활동이 전혀 고려되지 않았다. 서양인은 중국인과 일본인에 비해 그 수가 극히 적었으며, 일반적인 상업 활동에는 관심이 없었다. 그들은 주로 정치적인 활동이나 종교, 교육, 의료 등 복지 활동에 집중하였다. 개항 이후 무역이나 상업을 목적으로 한성에 들어온 서양인은 독일와 미국의 상사가 각각 하나씩 있었을 뿐이었고, 이들은 주로 정부를 상대로 하여 무기, 주류 등을 공급하였으므로 일반인을 대상으로 하는 상업 활동과는 관계가 없었다.[63]

공식적으로 한성에 거주하게 된 최초의 서양인은 독일인 묄렌도르프(Möllendorff)였다. 그는 재청독일영사관에서 근무하던 중 이홍장李鴻章의 추천을 받아 현재의 외교통상부 차관보에 해당하는 통리아문統理衙門 참의로 임명을 받고 한국에 들어왔다. 그의 임무는 주로 세무 업무였다. 그가 한성에 와서 생활하기 시작 한 곳은 경복궁 주변의 박동礡洞 지역이었다.[64] 이곳은 당시 한국의 고위 관리들의 집이 모여 있던 곳으로 훗날 서양인 거리가 되는 정동 지역과는 다소 거리가 있었다.

묄렌도르프 이후에 한성에 들어온 서양인은 미국의 푸트(L. H. Foote) 공사公使였다. 그는 처 음 한성에 들어와서는 묄렌도르프의 집에서 생활하다가, 1883년 정동에 공관을 설치하변서 그쪽으로 거처를 옮겼다. 이를 계기로 이후 한국에 들어 온 서양인들은 대부분 정동에 정착하게 되었고, 정동이 서양인 거리로 발전하게 되었다.[65] 이후 영국 영사관도 정동에 소재하게 되었고, 다른 서양 국가들의 공관도 주로 정동에 자리를 잡았다. 이처럼 정동에 서양 각국 공관이 밀집하게 된 데에는 이곳이 유사시 퇴각하기에 유리한 장소라는 점이 가장 큰 이유로 작용하였다고 보인다. 이는 동아시아 지역 대부분의 개항지에서 조계를 설정하는 기준이라는 기록이 있어[66] 이를 뒷받침하고 있다. 이러한 현상은 동아시아 개항도시 내 서양 공관의 입지에서 공통적으로 나타나는 특징이기도 하다. 그리고 이후 한성에 들어오는 서양인들 역시 주로 정동에 거주하게 되었는데, 이는 자국 영사관 주변에서 얻을 수 있는 편의 때문이었다고 판단된다. 한성은 잡거지였으므로 원칙적으로는 거주에 제한이 없었지만, 공관 주변 은 치안이나 정보 수집에서 유리하였으므로 당연한 선택이라 할 수 있다. 그렇게 정동 지역이 서양인 밀집주거지화함에 따라, 서양 물품을 판매하는 상점도 생겨났는데, 이 상점들은 주로 중국인이 경영하였다.[67] 이렇게 점차 정동은 서양인 거리로 변화해 갔다.

이와 같이 서양, 중국, 일본의 각국 간에 암묵적인 거류 영역은 설정되었지만 법적인 강제성도 없었고, 정확한 경계선을 정하기 위하여 토지 측량도 실시되지 않았기 때문에 이러한 영역 구분은 지극히 불완전한 것으로 언제든 상황에 따라 변할 수 있는 유동적인 성격을 띤 것이었다. 또 이 시기 한성에는 이미 20만 명의 한국인이 정착하여 살고 있었으므로, 외국인에게 전용 영역을 할애할 만한 여유 공간이 없었다. 중국인, 일본인, 서양인 영역이 각각 수표교와 니현, 정동으로 분리되었다고 하더라도, 이미 그 안에서 살고 있던 한국인들과 잡거하는 형태가 될 수밖에 없었던 것이다. 결국 당시로서는 내국인과 외국인이 잡거하게 되는 상황은 피할 수 없는 것이었다.

중국 상인과 일본 상인의 세력다툼

한성이 잡거지로 개방된 것도 조선이 의도하던 바는 아니었기 때문에 조선 정부로서는 서서히 외국인에 의해 잠식되는 한성의 잡거 상황을 변화시키고자 하였다.[68] 이를 위해 재원을 마련하고 중국 측의 동의도 얻어냈다. 이 과정을 한국의 주체성과 자주적 내셔널리즘의 표출로 보기도 한다.[69]

한성 개시 직후의 국가별 영역 분화를 보면 일본인과 서양인은 공관 주변을 선택하여 안전 성 확보를 중시하는 특징을 보인다. 반면 중국인은 공관의 위치에 별로 개의치 않고, 오로지 상업 활동에 유리한 장소를 적극적으로 선점하려는 경향을 보인다. 이 차이가 청일전쟁 이전 중국인의 급속한 인구 증가와 영역 확장으로 이어졌다. 다음의 『요미우리 신문』을 보면[70]

> 6월 4일부, 조선경성영사관朝鮮京城領事館으로부터의 보고에 의하면, 올해 1월 1일부터 동 5월 31일까지 영업을 위해 경성에 들어 온 우리 국민은 177명이며 그 중 여성 20명이다. 또 경성에서 나간 자는 92명이고 그 중 여성은 1명이다. 현재 경성에 머물러 있는 자는 남자 62명, 여자 19명으로 그 중 가옥을 매입하여 상점을 연 자는 9채로, 그 중 화양요리겸여인숙和洋料理兼旅人宿 1, 여인숙旅人宿 및 주류소간물점酒類小間物店 1, 여인숙겸일본요리점旅人宿兼日本料理店 3, 주류화양소간물점酒類和洋小間物店 2, 주류酒類 및 과자점菓子店 1, 목욕탕 1, 또 임대하여 상업하는 자 6채로, 이 중 화양소간물和洋小間物 및 주연초류(酒煙草類, 협동상회 출점), 주류화양소간물酒類和洋小間物 및 연초반물점煙草反物店 1, 주류 및 소간물小間物, 연초점煙草店 1, 주류동소간물점酒類同小間物店 3 ……(중략)……중국 상인은 개점하여 상업하는 자 20에서 30호 정도이지

만, 무명, 명주 등의 모직물을 판매하는 중등中等 이상의 점포는 2~3호 정도에 지나지 않고, 그 외에는 잡품(중국 신발, 지필묵 등) 또는 식품 등을 조금 팔아서 겨우 연명하는 수준이라고 한다.

라고 기술하여 당시 한성의 일본 상인들의 구체적인 업종까지 알 수 있다. 1885년 기준으로 일본인이 경영하는 상점은 본인 소유 9호, 임대가 6호로 총 15호였고, 중국인은 20~30호 정도의 상점을 갖추고 있었지만, 제대로 점포를 두고 상업하는 중국인이 많지 않았으므로 두 국가의 상업 활동의 격차는 거의 없거나 일본이 우세했다고 볼 수 있다. 이 기사가 1885년이므로 공식적으로 한성 잡거가 허용된 지 불과 1년 지난 시점으로, 이때까지 중국과 일본 상인 사이의 격차는 없었다고 판단된다. 또 다른 기사에서는[71]

해당 지역에 거류하는 중국 상인은 중국 병사가 아직 철병하지 않았던 시기에서도 어제도 오늘도 날로 증가하는 것이 보일 정도로 날마다 증가하는 상점들이 늘어서 있는데 중국 병사가 철병한 후에는 중국 상인도 또한 점차 줄어 현새에는 손가락으로 꼽을 정도가 되었으므로 이는 중국 상인의 상행위는 우선 중국 병사들의 수요를 충족시키는 것이었다는 증거라 할 것이다. 그러나 우리 일본 상인은 우리 병사 철병 후에야 겨우 상업이 증진하여 조선인의 수요에 공급하게 되었다. 인구도 증가하는 모습이고, 여기 그 추세를 보면 지난 6월 중은 우리 일본 상인의 호수 16호 인구 75인 매출액 1,600원, 7월 중은 호수 15호 인구 68인, 매출액 1,200원이 되어……(중략)……외형에 대해서 보자면, 7월의 매출은 6월 매출보다 감소하는 모습인데, 그렇지만 다시 이를 살펴보면 6월 중은 오히려 우리 경비병이 주재하였으므로 매출이 주로 여기에 대한 공급에 한정되어 있었고……(중략)……가령 감퇴하여 호수와 인구가 감소하였지만 매출 상대가 늘어난 것은 모두 조선인을 대상으로 한 것이고, 뿐만 아니라 이 달에는 일본 상인의 호수 이미 3호 증가하여, 도합 18호가 되었다고 하니 이제부터 점차 상권을 되찾아 올 수 있을 터이

다.……(후략)

라고 하여, 중국인과 일본인 모두 병사들을 주요 고객으로 하여 상행위를 했지만, 병사들이 본국으로 돌아간 후에는 일본인 상인들이 재빨리 고객을 일반 조선인으로 전환하여 군수용품을 공급하는 상인이 아닌 조선인들을 상대로 자립하기 위해 노력하는 모습을 묘사하고 있다. 또 다른 기사에서는[72]

> 일본당日本黨과 왕정당王政黨의 알력이 심하고 논쟁이 멈추지 않아 일본국 사람을 천거한다는 풍설이 있어서 경성 내외가 흉흉하고 청국淸國 상인 중 본국에 귀국하는 자 많다고 한다.

라고 하여, 중국 상인의 상당수가 본국으로 돌아갔다는 기록도 있어, 중국 상인보다 일본 상인이 우세함을 보여주고 있다. 이후 2년이 지난 시기의 기사를 보면[73]

> 해당 지역은 작년이래 자주 철잔徹棧이라는 풍문이 있음에도 불구하고 일본 상점은 점점 증가하는 추세이며……(중략)……상점의 증가는 지금에 이르러 한 층 그 기세가 더해져 건축에서도 날로 빈망繁忙해 지니 이미 호수도 44~45호에 달하여, 니현통泥峴通 몇몇 거리는 일본마을이라고 해도 될 정도의 모습을 갖추었다.……(후략)

라고 하여 일본 상인의 활동상이 중국 상인들보다 활발해졌다는 평가와 함께, 1887년을 기준으로, 한성 내에서 45호 정도의 상점을 운영할 정도로 일본 상인이 성장한 점도 확인된 다. 그러나 1888년이 되면 상황이 일변하여, 중국 상품의 우수한 품질을 기반으로 중국이 일 본 상권을 넘어서고 있다고 평가하였다. 다음 기록에서처럼[74]

우리의 상권 장차 중국 상인에 빼앗기려 한다……(중략)……조악품이나 위조품이라고 부를 만한 물품을 마구 수입하여 우리 상인이 판매하는 잡화는 근래 평판이 떨어지고 있으며 중국 상인으로서는 상권을 되돌릴 수 있는 기회라 하더라.

실로 이 나라와 같이 민력이 아직 부유하지 않은 지방에서는 매우 견고하고 또한 양질인 물품을 들여와 판매하는 것은 도저히 기대할 수 없는 것이라 하더라도 그 품질을 조악하게 하고 그 제조를 적당히 하여 실용에 적합한가는 따지지 않고, 길게 보존할 수 있는가를 논하지 않고 오로지 그 염가만으로 주안점을 두면 일시적으로는 이로 인해 다소 수요가 있을 지라도 조악품은 버리고 돌아보지 않게 되는 것이 이치이니……(중략)……조선인은 이미 이를 깨달은 바 있으니 듣기로는 경성에서도 근래 중국 상인의 세력은 점차 증가하게 되어 우리 상행위에도 주의를 기울여야 하는 추세이지만 그 원인은 마찬가지로 조악품이 범람에 기인하여 우리 매출이 예전 같지 않고 어려움을 겪고 있다고 한다.

라고 기술하여 중국 상인의 성장세를 설명하였다. 또 1893년의 기록을 보면[75]

조선 경성京城에서는 일본인의 신용이 두터워 수입품도 많은 바, 근래는 이에 반하여 청국 상인의 세력이 크게 증가하여 일본 상인을 압도하는 흐름이 있어서 그 때문에 수입고도 점차 감소하고 있는 추세라고 본국 영사관으로부터의 최근 보고에서 보이는 바이다.

라고 하여, 이미 중국 상인이 일본 상인을 압도하여 한성의 상권을 장악하였음을 알 수 있다. 결국 한성 내 중국 상인과 일본 상인의 경쟁은 중국 상인의 우세로 결착되었고, 이러한 상황이 청일전쟁 때까지 지속되었다고 할 수 있다.

중국 상인의 약진과 활동 영역

이처럼 중국 상인이 급속도로 성장할 수 있었던 것은 중국 상인들의 가족 구성도 중요한 배경이었다. 당시 한성의 중국인은 가족 중 여성이 차지하는 비율이 매우 낮았다. 중국인들은 가정생활에는 관심이 없었고 오로지 경제 활동에만 초점을 맞추었기 때문이라고 볼 수 있다. 즉 다른 가족은 중국에 남겨둔 채로 남성들이 단신으로 한성에 와서 상업 활동에 매진하였던 것이다. 실제로 중국인 가운데는 노점을 운영하기 시작한 지 불과 1개월 반 만에 점포를 개설한 사례[76]가 있을 정도였다.

이와 같은 중국 상인의 성장세로 인하여 암묵적인 영역 구분은 이내 무너지게 되었다. 한성 개시 후 얼마 지나지 않아, 중국인은 급속한 인구 성장과 더불어 수표교 지역을 벗어나 각지로 퍼져나갔다. 이 시기의 중국인의 상업지역 및 거주지 분포를 정확히 추적하는 것은 사실상 불가능하다. 가족 단위가 아닌 단신 생활을 하는 경우가 많았으므로 거주 시설을 마련하지 않고 한국인 가옥에 기거하거나 방을 임대하여 생활하기도 하였고, 상점을 거주 병용의 공간으로 사용하는 경우도 많았다. 따라서 그 활동 상황이 자세한 기록으로 남아 있지 않아 개략적으로만 언급되었다. 그 언급은 대부분 비슷하여 당시 중국인은 수표교 지역을 중심으로 모여 있어 그곳을 중심으로 활동하였다고 기술하고 있다.[77] 그러나 기존 연구에서의 언급처럼 이 시기 중국인의 생활공간이 수표교 영역에 집중되어 있었다고는 보기 어렵다.

〈그림 4-14〉는 1887년부터 1889년까지 중국인과 일본인 가옥을 매입한 기록을 지도 위에 표시한 것이다. 본 장 뒤에 첨부된 〈표 4-1〉이 기본 데이터이다. 수표교 주변인 장통방長通坊, 경행방慶幸坊 지역의 구입 기록이 가장 많지만, 서양인 지역인 정동 지역과 소공동 및 남대문로 주변에도 많은 수의 매입이 이루어져, 중국인의 활동 영역이 한성 전역으로 퍼졌음을 알 수 있다. 일본인의 가옥 매입 기록을 보면, 대부분이 니현 부근에 집중되어 있는 것을 알 수 있다. 〈그림 4-14〉에 나타난 자료는 대부분 1885~1889년의 상황으로서,

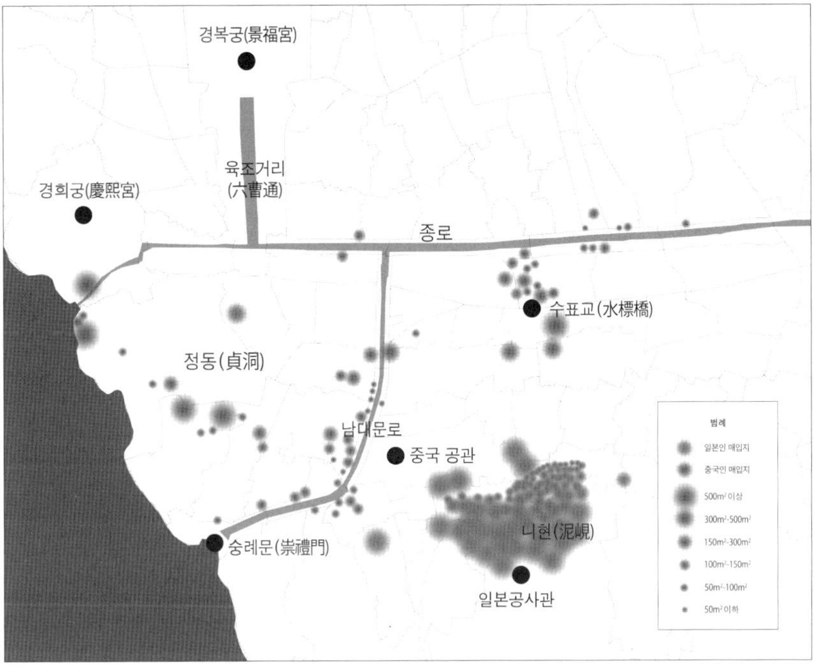

그림 4-14 1885년부터 1889년까지 중국인과 일본인의 토지 매입지 ⇒ [원색도판 1] 참조
(바탕도면: 서울시립대 도시공학과 도시설계역사연구실, 『도시구조/공간의 역사적 변화 연구: 1912/1929년 지적도의 디지털화』, 2006년)

한성 잡거가 시작되고 불과 3년 정도 지난 시점이다. 이 시기에 이미 중국인의 영역 확장이 급속도로 이루어졌음을 확인할 수 있다. 이후 일본 상인들은 상업 활동이 어렵다고 판단하여 남대문로나 종로로 진출할 필요성이 있음을 깨닫기 시작하였고, 이를 달성하기 위하여 노력했다고 판단된다. 이러한 시도는 필연적으로 중국 상인과의 분쟁을 낳을 수밖에 없었다. 이미 중국 상인들을 수와 규모, 품질 등에서 이기기 어려운 상황이었고, 이를 개선하기 위해서는 입지조건이라도 만회하지 않으면 안 되었다. 이를 위해 니현에서 가장 가까운 남대문로로 진출하고자 했지만 결국 그 뜻을 이루지 못했다. 1894년에 이르면 『조선시사朝鮮時事』에서[78]

현재 경성京城에 재류하는 중국 상인은 거의 3000인에 가깝고, 상업도 상당히 번창하여 더욱 자본도 풍부해졌지만, 아직 인천과 경성 간을 항해하는

한 척의 선박도 소유하고 있지 않으나 이번에 원세개袁世凱씨와 공사公使 사이에서 1만원 정도, 그리고 재류하는 거상 등으로부터 응분의 의손을 거두어 기선을 구입하기로 결정하였고……(중략)…… 청국 이사청에 있어서는 앞으로 한 층 상업을 보호하고 열심히 공부하고 열정을 가지고 각 도에 상점을 설치하여 외국 상인과 경쟁을 하겠다는 논의 중이라 한다.

라고 하여, 중국 상인의 수가 3,000명에 달하였다는 기록이 있을 정도로 중국 상인은 폭발적으로 증가하며 그 세력을 넓혀갔다. 다른 기록에서 종로에서 상업 활동을 하는 한국인은 가가假家나 노점과 같은 불법 가설물과 시설을 활용하였으므로, 종로는 이러한 상행위와 시설물 탓에 원래의 도로 폭보다 좁다고 하였다.[79] 그러나 이러한 노점은 한국 상인만의 전유물은 아니었다. 『경성부사京城府史』를 보면 일본 상인들이 남대문로에 노점을 설치하기 위해 노력하였고, 이미 종로에 진출한 중국인들, 그리고 뒤따른 일본 상인들에게 있어서도 노점 설치가 상업을 용이하게 하기 위한 일반적인 행위였다고 추정된다.[80]

한성에 대한 정부의 방치와 외국의 침식

한성이 개잔開棧하는 과정에서 한국 정부가 적극적인 의지를 가지고 대책을 마련하는 모습이 전혀 보이지 않았다. 대부분의 개잔 절차와 과정은 열강들의 힘의 논리에 지배되었고, 대처하기 어려운 상황에 처해졌다. 그 영향인지 한국 측에 없었던 것인지 모르지만, 한국은 1882년 본격적인 개항 이후에도 10년간 이상 개항과 이에 의한 변화라고 하는 당연하다고 여겨지는 것들에 대하여 어떠한 대처도 취하지 않았다. 개항을 진행하는 과정 속에서 한국 정부의 적극적인 의지와 그 실천 결과라고 할 수 있는 부분이 전혀 없었다. 당시의 상황이 한국 정부가 능동적으로 대처하고 이끌어 나가기 어려운 방향으로 전개되었기에 한국 정부로서도 어쩔 수 없는 상황이었다고 판단된다. 그렇지만 중국이나 일본과 달리 한국 정부는 개항과 서양 세력과의 접촉에 대한 경험도 없었고 축적된 정보도 없었으므로, 적어도 개항이란 무엇이고 어떤 결과를 초래할 것인지에 대하여 의문을 가지고 해답을 찾기 위한 노력은 했어야 했다. 한국 정부의 무책임으로 인해서 한국은 급변하는 시대 흐름에 편승하지 못하고 도태되고 만 것이다.

1882년의 임오군란과 1884년의 갑신정변과 같은 변란에 휩싸여 일련의 개혁정책이 실패로 끝나버렸다는 점에서 과감히 정책을 결의하고 시행하는 데 있어 부담을 느꼈을 수도 있지만, 그 변란 자체가 미성숙하고 적극적이지 못했던 한국 정부의 대응이 나은 결과였고, 당시 정부의 한계를 보여주는 결과라고 할 수 있다.

1873년 고종이 친정을 시작했던 시기의 한성, 1882년 개잔 당시의 한성, 1894년 청일전쟁이 발발했던 당시의 한성, 이렇게 세 시기의 한성 공간을 비교해 보면, 변화가 있다고 여겨지는 지역은 외국인들의 영역밖에 없다. 종로와 남대문로 주변에 정착하였던 중국인, 정동에 정착하였던 서양인, 니현 지역에 영역을 구축했던 일본인, 이 세 지역이 정비와 확산을 반복하면서 잡거지 한성의 변화를 보여 주었다. 이를 제외하면 개잔 이전의 한성과 크게 다름없는 생활을 유지하고 있었으므로, 당연히 건축과 도시에도 변화는 없었다. 기존 생활을 유지하면서도 변화의 필요성을 역설했던 일부 지식층의 주장은 그들만의 세계에서만 통용하여 일반인들에게는 전해지지 않았다. 여전히 대부분의 사람들은 청결하지 못한 가옥에서 불청결한 생활을 지속하였고 관리들의 부정부패는 여전하였으며,[81] 일부 계층의 착취에 의한 서민들의 고충에는 전혀 변화가 없었다.

표 4-1 중국인의 가옥 매입 기록 (1887~1889년)

구분	부	지역	건물설명	부지정보	매매자	매입자	시기	가격
	南部	九里介	瓦家30間	前面5丈9尺, 東面6丈4尺, 西面6丈9尺, 東西 幅3丈9尺, 前後 幅5丈9尺	吳敬賢	廣亨號의 鄭杰南		700両
	中部	上米廛契	瓦家22間	前面2丈3尺, 後面2丈3尺, 前後 幅4丈9尺	李敬賢	德興號의 鄭翼之		230両
	中部	典獄後洞	瓦家20間	南北 幅4丈2尺5寸, 東西 幅3丈3尺, 後面3丈3尺	玄景初	德興號의 鄭翼之		560両
	中部	長通坊笠廛契	瓦家13間	前面 空地25間, 後面空地 0.5間	金景三	北公會의 順寶號	1887.5.27	2800両
契約書1号	西部	養生坊 太平洞	瓦家3間	空地10間	李明來	天順泰號	1888.5	1200両
契約書2号	中部	長通坊 兪士益	瓦家10.5間	空地10間		東順利	1888.1	1800両
契約書3号	南部	會賢坊 長興洞	瓦家8.5間	空地10間	朴元一	姜延誌號	1887.潤4	2000両
契約書4号	南部	會賢坊	無	空地8間	文弘奎	姜延誌號	1888.3	150両
契約書5号	南部	南北宮 南通の東側長興洞	無		東興永, 萬文愷	姜延誌號	1888.8	7吊
契約書6号	中部	長通坊布廛契	草家9間	空地5間	金龍雲	永順號	1889.5	1020両
契約書7号	中部	漢成府內二宮街	瓦家14間		和豊東	永順號	1888.9.24	140両
契約書8号			瓦家14間	道路에 南面, 川에 北面	恒泰 永順德	和順號	1887.7.6	100조
契約書9号	中國	慶幸坊 布廛		空地7間	張致善	李維藻	1889.3.14	750両
契約書10号	中部	京成內 二宮街	瓦家7間·草家2間	西向 店舖, 瓦家가 東側에, 草家가 南側에 있음	厲應九	錦成東	1886.9.16	210조
契約書11号	中部	張通坊 笠泉洞·二宮街 西側	瓦家7間·草家4.5間	道路에 南面, 華商義順盛의 家에 北面, 道路에 東面, 金氏 家에 西面	李千得	錦成東	1889.3.12	150조
契約書12号	西部	養生坊 水橋	草家12間	空地10間, 孫五衛将의 家에 東面, 金氏의 家에 南面, 大路에 西面, 小路에 北面	安用成	陳餘奎/陳餘慶/陳餘琛	1889.5.16	1425両
契約書13号	南部	薰陶坊 아래乭池坊 水標橋邊	建物85間	空地 120間, 街路에 東面, 小路에 西面, 後門側에 朝鮮人 家에 南面, 小路에 北面	永源順	公會	1888.5	650원
契約書14号	南部	會賢坊 小龍洞	瓦家4間·草家2間	金氏 土地에 南面	李昌植	湧順福	1889.1.23	90조
契約書15号	南部	會賢坊 小龍洞	瓦家3間·草家4間	小路에 東面, 大路에 西面	金壽昌	湧順福	1889.2.8	70조

구분	부	지역	건물설명	부지정보	매매자	매입자	시기	가격
契約書16号	南部	會賢坊 小龍洞	瓦家7.5間	川에 東面, 大路에 西面, 李氏의 家에 南面, 双和東의 家에 北面	協順昌	湧順福	1888.8.2	190조
契約書17号	中部	長通坊 兪士益· 二宮街 西側	瓦家11.5間	大路에 東面, 金氏 家에 西面, 李氏 家에 南面, 華商 東順利 店에 北面	尹基善	義順盛	1889.3.2	200조
契約書18号	南部	長洞	瓦家11間	空地10間	洪在元	廣順號의 王殿卿	1889.7	2500両
契約書19号	南部	會賢坊 儲慶洞	瓦家6間	空地8間	宋種完	三合順	1888.8	1100両
契約書20号		朝鮮別將兵君大街路	瓦家16間	南側 6.5間, 北側 6.5間, 西側3間, 永来盛에 東面, 金氏 家에 西面, 道路에 南北面	于培芬·蕭汝菁·趙維棫·王慕田	永成和	1887.12.16	300両
契約書21号	南部	小公洞	瓦家7.5間	동쪽 店 2.5間, 北側 2.5間, 西側 2.5間, 大路에 東面, 朝鮮人 家에 西南面, 小路에 北面	吉盛號	劉安石	1889.2.21	190조
契約書22号	南部	會賢坊 小廣橋	瓦家16.5間	空地10間	孔聖池	興順號	1889.7	3300両
契約書23号	南部	會賢坊長興洞	無	空地15間	金昌曄	東興永房·萬雲亭號	1887.3	90両
契約書24号	南部	會賢坊 宜山尉	瓦家9間	空地10間	金慶信	吉盛號	1887.6	2000량
契約書25号	南部	會賢洞 小龍洞	草家2.5間	空地2間	金昌鎭	牟承訓房號(商会)	1886.9	250량
契約書26号	南部	會賢坊義山吾	瓦家6間	空地10間	姜致彦	福昌興號	1887.4	950량
契約書27号	中部	貞善坊義城貞	無	空地8間	金永甫	公源利	1889.3	550량
契約書28号	中部	貞善坊義城貞	無	空地15間	吳聖安	公源利號	1889.3	700량
契約書29号		王京 城内	-	-	劉漢世	公源利號(華商利順號)	1886.6.	100조
契約書30号	中部	長通坊 笠廛	瓦家10.5間·草家3間	空地10間	金景完	仁昌盛號	1889.4	2550량
契約書31号		裡洞街路の西側	瓦家10間	西側 店舖4間, 西側 2間, 北側4間, 和興順에 南面, 川에 北面, 朝鮮民家에 西面, 道路에 東面	和興順	煙台 仁昌號	1887.2	95千文

구분	부	지역	건물설명	부지정보	매매자	매입자	시기	가격
契約書32号	中部	長通坊布廛	田5間	空地5間	李學奎	仁昌盛號	1889.5	150량
契約書33号	中部	長通坊大笠洞	瓦家30間		崔福龍	雙盛泰號	1888.2	4000량
契約書34号	南部	薰陶坊政丞	瓦家35間	空地20間	金喆鍊	雙盛泰號	1888.11	3600량
契約書35号		小龍洞	瓦家5間(自建築)	湧順福에 南面, 原興号에 北面, 大路에 西面, 朝鮮人住宅에 東面	王豫章·牟東岩	雙盛泰號·湧順福號	1889.3	120千文
契約書36号	南部	會賢坊小龍洞	瓦家9.5間·店3間	空地10間	李致明	孫oo號	1889.8.1	2000량
契約書37号	南部	會賢坊小公洞	草家8間	空地15間	鄭斗運	裕和昌號	1888.7	600량
契約書38号	中部	長通坊衣裳	瓦家14間	空地10間	梁永柏	李交彬	1889.3	2300량
契約書39号	西部	皇華坊小貞洞	草家6間	空地7間	李聖仁	劉志通	1889.6	700량
契約書40号	南部	會賢坊小公洞	草家9.5間·仮家2間	空地10間	池根植	張泮	1888.8	730량
契約書41号	南部	會賢坊小公洞	瓦家14間	空地20間	金潤敎	傅利	1889.6	1650량
契約書42号	南部	公洞	瓦家9.5間	空地10間	崔化	恒利昌	1887.3	1300량
契約書43号	南部	會賢坊長興洞	13間	店舗 4間, 本家 4間, 東側 4間, 南側 1間	高栢亭	劉德潤	1889.4.20	240조
契約書44号	南部	會賢坊 宜山尉	瓦家18間	空地10間	李聖業	任奎興	1887.3	1600량
契約書45号	中部	長通坊	瓦家13間	空地10間	朴永植	寶興盛號	1889.1.25	2500량
契約書46号	中部	貞善坊 錦紬洞	瓦家12.5間	空地10間	宋來遠	ooo	1889.3.25	2500량
契約書47号	南部	會賢坊 公洞	草家10間	空地10間	呂玉山	郭金章	1888.9.13	400両
契約書48号	南部	會賢坊 二門洞	無	空地 17間, 大路에 東面, 水路에 西面, 30尺X45尺	李石化	德興號	1889.8	5000両
契約書49号	南部	會賢坊 二門洞	無	空地 17.5間, 大路에 東面, 石永根 家에 南面, 行路에 西面, 李石化 家에 北面, 23尺X45尺	辛興模	德興號	1889.8	5300両
契約書50号	南部	會賢坊美洞	瓦家16間	空地20間	成載明	美洞의 怡泰號	1888.7	7850両
契約書51号	南部	會賢坊	瓦家6間	空地15間	李學徐	美洞의 怡泰號	1888.1	3500両
契約書52号	西部	皇華坊 新村洞	草家11間	空地15間	閔參判宅	怡泰號	1886.6	450両

구분	부	지역	건물설명	부지정보	매매자	매입자	시기	가격
契約書53号	西部	皇華坊 聚賢洞	草家9間	空地5間	尹春日	貞洞 怡泰號	1888.9	600両
契約書54号	西部	朝鮮國 西大門 貞洞	自ら建てた家	怡泰號의 東側, 54尺X18尺	雲逢岸	貞洞 怡泰號	1889.7.11	洋銀56圓
契約書55号	西部	朝鮮國 西大門 貞洞	自ら建てた家	118尺X89尺	雲逢岸	貞洞 怡泰號	1887.6	50천문
契約書56号	西部	大貞洞	瓦家60間	空地50間	閔氏집奴萬一	雲逢岸	1886.9	300両
契約書57号	西部	新門內皇華坊	瓦家6間	空地 100여 間	外務衙門	雲逢岸		780両
契約書58号	西部	皇華坊	瓦家43間	空地100間	姜氏집奴同伊	雲逢岸	1886.7.18	2700両
契約書59号	西部	皇華坊大貞洞	瓦家14.5間	空地20間	趙洪吉	安昌號	1888.5	850両
契約書60号	西部	皇華坊大貞洞	草家6間	空地10間	長公集	鄭福星號	1889.5	630両
契約書61号	西部	皇華坊大貞洞·聚賢洞	瓦家6間	空地9間	申鐘旭	鄭福星號	1888.9	700両
契約書62号	西部	皇華坊大貞洞	瓦家7間·草家2間	空地5間	崔士連	麗興號	1889.4	1350両
契約書63号	中部	長通坊大笠洞二宮	瓦家35間	西庁 22間, 前面 回廊 4間, 回廊 9間	崔皇	森記號	1888.11	5000両
契約書64号		小廣橋	瓦家36.5間	空地30間	韓國信	周文參號	1888.7.16	洋銀350圓
契約書65号	南部	會賢坊 會洞	草家4.5間·瓦家2間	空地10間	梅占魁	周文齊號	1888.8.10	1500両

출처: 『漢城府來去案』

소결

본 장에서는 한성에 외국인이 유입됨과 함께, 서양식, 중국식, 일본식의 건축도 함께 생겨나는 양상과 한성의 독특한 잡거지화 과정을 고찰하였다. 건축에 있어서 한성은 서양의 제도가 유입됨과 함께 그 제도에 따른 새로운 시설이 건축되었지만, 새로운 시설은 서양식 건축이 아닌 한국 전통식 건축을 신축하거나 개조하는 방식으로 대응하였다. 우정총국, 박문국, 번사창, 전환국 등의 관영시설과 육영공원, 관립 외국어 학교 등의 공립학교, 제중원 등의 병원이 설립되는 등 서양의 제도가 도입되면서 이에 따른 필요한 시설도 함께 생겨났고, 그밖에 외국인이 건립한 사립학교 등도 있다. 이 시설들은 모두 한국 전통식 건축으로 세워졌고, 일부는 한국 전통식 건축을 기본구조로 창호나 장식, 난간 등을 서양식으로 개조하였다. 이 시기 주요 서양식 건축은 대체로 외교공관에서만 볼 수 있다. 한국이 건축기술, 재료, 자본에 있어서 건축 전반 상황이 서양식 건축을 활용할 정도의 수준까지 도달하지 못했기 때문이라고 볼 수 있다. 결국 새로운 제도가 들어와 새로운 기능을 수용할 건축이 필요하게 되었지만 이에 걸 맞는 공간을 갖추지 못했음을 의미한다. 이와는 별도로 일본식과 중국식 건축은 일본인과 중국인이 주도 하여 각각의 거류지역에 건설되었다. 상대적으로 중국식과 일본식 건축은 한국 전통식과 구조와 재료에 있어서 유사하기도 하고, 건축업자들도 상당수 있었으므로 각각 한성 내에 건설 인프라를 갖추고 있었기 때문에 가능했다.

한성은 외국인과 내국인이 함께 거주하는 잡거지가 되었는데, 일본인과 서양인은 어느 정도 영역을 정하고 그 지역에서 생활하였다. 반면 중국인은 거주 영역에서의 뚜렷한 경계가 없이 한성 전역으로 확산되어, 중국인과 한국인의 잡거가 두드러진다. 한성이 잡거지가 된 것은 한국 정부로서는 바라지 않던 바이지만, 당시의 한국의 힘으로는 이를 막지 못했고, 어쩔 수 없이 한성은 잡거지로 전락하고 만다. 제대로 된 대응이 불가능한 한국 정부였기에 건축이나 도시도 외국의 영향을 받기 쉬운 상황이 되었다고 판단된다. 그러나 이 시기는 아직 건축에 그 영향은 두드러지지 않았지만, 조금씩의 변화는 감지되기 시작하였다.

주_

1 장승순 (2004) 「초량왜관(草梁倭館)의 폐쇄와 일본 조계화 과정」, 『일본사상』 제7호, 145~146쪽

2 (전략) …… 上曰, 今番倭使, 何時當出來耶。綺秀曰, 似不出此月旬間矣。上曰, 然則今已可發行耶。綺秀曰, 似已發行, 而來時, 少留草梁館爲言矣, 雖留草梁館, 不通知于東萊府爲言矣。上曰, 草梁館, 非我國鎭耶。來于倭館, 而何不通奇乎, 恐其接待之爲弊故耶。綺秀曰, 似然矣。…… (후략) (『承政院日記』 원본 2827책(탈초본 131책), 1876(高宗13)년 6월 1일, 14번째 기사)

3 東萊府使黃正淵狀啓以爲, …… (중략) …… 而宴鄕之尙未設行, 專由於服色與正門出入之不遵舊式矣。…… (중략) …… 而彼人終不遵舊, 期欲創新者, 事體所在, 臣不敢擅便。…… (후략) (『高宗實錄』 12권, 1875(高宗12)년 8월 2일, 2번째 기사)

4 개항 직후 서양 세력에 의해 건설된 건물이나 시설은 기존 한국 전통식 건축을 전용한 것과 수리하여 사용한 것이 많았으므로, 이러한 건물은 양식을 판단하는 대상에서 제외하는 것으로 한다.

5 (전략) …… 于時倣屋制於中華, 占基址於北嶽 …… (후략) (서울역사박물관 (2009) 『서울의 近代 建築』, 11쪽)

6 敎曰, 上海所購機器, 今將來到云。設廠製造之方, 令軍國衙門, 成節目以入。時協辦穆麟德奉上旨, 購十二馬力火輪機器。主事金明均雇天津工匠袁榮燦等四人東來。(『高宗實錄』 20권, 1883(高宗20)년 5월 11일, 2번째 기사)

7 서울역사박물관, 앞의 책, 11쪽

8 윤일주 (1966) 『韓國·洋式建築 80年史』, 冶庭文化社, 22쪽

9 실제 모습은 명확히 판단하기 어렵지만, 『京城府史』의 기록에 의하면 외관은 서양식 건축의 모습을 하고 있으며, 재료는 목조라고 추정된다.

10 1885년의 일본공사관 건설 경위에 관해서는 제7장에서 자세히 다루도록 한다.

11 京城府 (1936) 『京城府史』 2권, 京城府, 578쪽

12 배재학당의 준공연도와 관련하여 두 가지의 견해가 있다. 윤일주는 『韓國·洋式建築 80年史』에서 1886년이라고 하였고, 『서울건축사』에서는 1887년이라고 하였다. 『서울건축사』의 근거가 명확하게 제시되어 있으므로 본고에서는 1887년을 기준으로 한다. (윤일주, 앞의 책, 29쪽; 서울특별시 (1999) 『서울건축사』, 157쪽)

13 유일주, 앞의 책, 27쪽

14 敎曰, 典圜局造幣廠, 機器局機器廠, 今旣告竣。經年效勞, 不可無示意之擧。機器局總辦韓圭卨, 典圜局總辦鄭洛鎔, 竝加資。(『高宗實錄』 24권, 1887(高宗24)년 10월 29일, 5번째 기사)

15 閔正植, 以典圜局言啓曰, 本局造幣廠木役所, 今月二十五日亥時量, 自房中火起, 東北庫舍二十四間及庫中所置新造窓戶三十兩隻, 長松板一千二百立, 木手·船匠等所用器械, 沒數燒燼, 萬萬驚悚。…… (후략) (『承政院日記』 원본 2941책(탈초본 135책), 1885(高宗22)년 10월 28일, 17번째 기사)

16 中の島五丁目の協同商会に寄留する朝鮮人三名は, 来月一日より造幣局にて分析法の教授を受るとの事。是は来年彼地に於て, 新に通貨を鋳造せらるる為なりこと。(『朝日新聞』 1882년 4월 22일, 2면 1단)

17 (전략) …… 又同局 (造幣局) 御雇英国人ガウランド氏は, 同局休業の例期中朝鮮国に航しらるるよしなり。(『朝日新聞』 1884년 9년 14일, 2면 1단)

18 彫刻手入雇広告　現今朝鮮政府造幣局ニテ銭貨ノ彫刻模型手二人限リ入雇セントス望ノ諸方ハ宜シク当府中之島五丁目後藤玉城方へ来談アラシ事 但シ給金ノ方ハ相当ノ余裕ヲ以テス可シ　朝鮮國造幣局委員　金鶴羽　告 (『朝日新聞』 1887년 11월 10일, 4면 광고)

19 当造幣局にては俄に泉布館及び其の他構内を立派に修繕して居られますが, これは近々我国へ渡来する朝鮮の使節が一度該局の拝見を乞はんと予て通知有りえを以て斯はせらるるものなりと聞ぬ (『朝日新聞』 1880년 5월 5일, 1면 3단)

20 『朝日新聞』 1882년 5월 9일, 2면 1단
『朝日新聞』 1883년 4월 26일, 1면 3단
『朝日新聞』 1883년 7월 19일, 2면 1단
『朝日新聞』 1885년 2월 14일, 1면 1단

21 朝鮮国通商外務交際官卞奉植, 同国典圜局工事監督吉澤友太郎の両氏は, 属隷朴道秀, 李龍伊の二名を随へ, 昨日当府庁に到り, 建野府知事に面晤し, 府下の各工場を一覧せんことを望み, 其紹介を依頼し……(중략)……明日は造幣局砲兵廠等を巡覧する筈なりといふ (『朝日新聞』 1888년 4월 26일, 1면 5단)

22 약현성당은 서소문 밖 순교지가 내려다보이는 곳을 선정한 것이고, 명동성당은 조선후기의 순교자 윤정현(尹正鉉)의 주택지였던 곳을 구입하여 건설한 것이다.

23 제5장에서 고종의 건축관에 대하여 언급하면서 상술하도록 한다.

24 번사창(飜沙廠)이나 전환국(典圜局)에 대하여 서양식 건축이라고 단정하기 어려운 것은 앞에서 언급한 것처럼 서양식 건축이라고 하기에는 부족한 점이 많다.

25 親軍營以, 観文閣改建始役, 啓. (『高宗實錄』 25권, 1888(高宗25)년 2월 13일, 3번째 기사)

26 이 문장을 오역하여 관문각이 친군영에 속하는 관아의 하나로서 궁궐 밖에 있던 건물이라고 보는 의견도 있고,(김태중 (1996) 「개화기 궁정건축가 사바찐(A. I. Scredin Sabatine)에 관한 연구」, 『대한건축학회논문집』 제12권 제7호, 113쪽) 그밖에 원래 한국 전통식 건축이었지만 1893년경에 서양식 건축으로 재건했다는 이견도 있다. 전자의 경우는 착각으로 보이고, 후자의 경우는 원래 한국 전통식 건축으로 문서를 보관하는 장소였던 것은 분명하다고 보이지만, 서양식으로 재건한 시기에 관한 검증은 필요하다고 여겨진다.

27 朝鮮王宮は此の度之を修築する事となり已に重建所(造営掛)といえるを置き去五日より起工せりといふ……(중략)……火災に罹りしこと前後二回宮殿の半を焼亡したりしかども国用多端にて修築をなすの余裕あらざりしも近年内治外交の政務追々頻繁を告げ今日に於いては其の狭隘を憾むに至りたるを以て斯くは今日の挙あるに至りしものなりといふ (『朝日新聞』, 1888년 4월 29일, 2면 2단)

28 王宮建築の役興りし趣は全便の通信に記載せしが猶聞く所を以てすれば右建築すべき者は二棟と西洋式と西洋風とを折衷して之を施すの考案にて是まで仁川税関に雇われ居たる魯国人某をして其の製図並びに工事監督をなさしむるよし此の某は建築学士の称号をこそ有せされ頗る事の実際に熟練せし人なりといへり又右建築経費は戸曹と親軍営との負担する所なれども此の程更に内帑銭五十万両(我が四万円強に相当す)を下して之が補助に供せり (『朝日新聞』, 1888년 5월 11일, 2면 5단)

29 이혜원 (2009) 『景福宮 중건 이후 殿閣構成의 변화: 「경복궁배치도」와 「北闕圖形」을 중심으로』, 경기대학교 박사학위논문, 109쪽

30 김태중 (1996) 「개화기 궁정건축가 사바찐(A. I. Scredin Sabatine)에 관한 연구」, 『대한건축학회 논문집』 제12권 제7호, 113쪽

31 又以親軍營言啓曰, 觀文閣改建之役, 今旣告竣, 工匠竝皆放送, 何如? 傳曰, 允. (『承政院日記』 원본 3012책(탈초본 137책), 1891(高宗28)년 8월 13일, 12번째 기사)

32 새비지 랜도어, 신복룡 역 (1999) 『고요한 아침의 나라 朝鮮』, 集文堂, 168~169쪽(원저: A. Henry Savage-Landor (1895) 『Corea or Cho-sen: The Land of the Morning Calm』, William Heinemann)

33 새비지 랜도어, 신복룡 역, 앞의 책, 51쪽

34 『官報』 1901(光武5)년 6월 4일

35 『各部請議書存案』(규17715) 十八冊, 壽仁堂行閣新建及觀文閣撤毁費를 預算外支出請議書 第三十五號, 1901(光武5)년 5월 21일

『各部請議書存案』(규17715) 十九冊, 慶運宮殿堂以下諸處修理費를 預算外支出請議書 第六十二號, 1901(光武5)년 8월 1일

36 屋頂은 중국어로 지붕을 의미하는 단어로, 硬山式이라고 불리기도 한다.

37 『한성부거래안(漢城府去來案)』(규17984) 「각국가계(各國家契)」; 서울특별시사편찬위원회 (1996) 『國譯 漢城府來法文(上)』, 서울특별시, 221~241쪽)

38 H. B. 헐버트, 신복룡 역 (1999) 『대한제국 멸망사』, 集文堂, 524쪽 (원저: Homer B. Hulbert (1906) 『The Passing of Korea』, William Heinemann Co.)

39 支那人は南大門通に一団, 貞洞に一団, 水標橋辺に一団, 東大門通に一団各支那風の店舗を構ふ……(후략) (恒屋盛服 (1901) 『朝鮮開化史』, 博文館, 87쪽)

40 경복궁 집옥재(集玉齋)는 고종의 기호에 의해 중국인 기술자들에게 의뢰하여 건설되었다.

41 중국인 건축 활동이나 건설조직에 관하여, 제7장에서 자세히 언급하기로 한다.

42 京城府 (1936) 『京城府史』 2권, 京城府

43 『朝日新聞』 1885년 1월 23일, 1면 1단
『朝日新聞』 1885년 4월 24일, 1면 3단

44 京城公使館及び兵営　朝鮮京城の南山へ今回新たに築造せらる我が公使館の模様は外廓は西洋風にて内部は悉皆日本風なり又兵営は木造の西洋風なりと又小室信介氏は右建築御用を命ぜられたりと聞く(『朝日新聞』 1885년 2월 11일, 1면 1단)

45 我が公使館建築も近日工事着手の筈なり伝聞によれば今度は随分粗略の建築にて前の公使館には似るべくもあらぬ構造なりといふ (『朝日新聞』 1885년 4월 22일, 1면 3단)

46 門内には更に簡略なる西洋風の門を設立せり是は郵政総弁洪英植の注文にして開明世界にては家の経界は斯の如き門にて充分なる趣きを聊か人民に示すの趣○に出をたる由 (小尾直藏 (1885) 『朝鮮京城奇談』, 報告堂, 8쪽)

47 L. H. 언더우드, 신복룡 역, 『상투의 나라』, 集文堂, 1999년, 179쪽(원저: Lillias H. Underwood, 『Fifteen Years among the Top-Knots or Life in Korea』, American tract Society, 1904)

48 金玉均は頗る才智ある人物にて, 大に国事に尽力し, 一時廟堂に余程の勢力を有し, 頗る開進の主義を懐きたり, 自邸 (昨年十二月七日, 即ち我が公使館の引払日に, 暴徒の為めに焼失せられたり) には日本風或は西洋風の建物あり, 家財器具に至る迄和洋製のものを備へ, 頗る日本人と交際する○を好めり。(小尾直藏, 앞의 책, 10~11쪽)

49 朴泳孝は金玉均と同しぐ, 今回の変乱後何れへ往きしか, 未だ踪跡詳かならざる由, 氏は前年我国に来り, 日本の制度文物を見て頗る感ずる所ありて, 自国の制度風俗を改良せしと欲し, 京城の辻々に日本の如き便所を設け, 彼の道路を以て厠に充つる陋風を改めんとし, 又庭内は悉く西洋風に模擬し, 或は西洋馬具を置きたる馬に乗り, 単騎にて府内を通行せし程なれば殊の外守旧党の憎を受けたる由 (小尾直藏, 앞의 책, 11~12쪽)

50 G. W. 길모어, 신복룡 역 (1999) 『서울풍물지』, 集文堂, 188쪽 (원저: George W. Gilmore (1892) 『Korea from its Capital: with a Chapter on Mission』, Presbyterian Board of Publication and Sabbath-School Work)

51 G. W. 길모어, 신복룡 역, 앞의 책, 79쪽

52 그 상세에 대해서는 제7장에서 다루기로 한다.

53 졸고 Dongchun Seo (2019)의 일부를 요약정리하고 내용을 추가하였다. (Dongchun Seo (2019) 「Changes in Foreigners' Settlement Space in Seoul, Korea, 1882 to 1910: Focusing on Chinese and Japanese Demographic Changes and Commercial Activities」, 『Korea Journal』 vol.59, no.4, 171~177쪽)

54 與日本三百年修好之地, 今以書契事, 有此多日相持, 甚可叵測。…… (중략) …… 領敦寧金炳學曰, 彼人雖云修好而來, 許多情狀, 非修好, 卽搆釁也。未知竟當如何, 而臣等方日會商確矣 …… (하략) (『高宗實錄』 13권, 1876(高宗13)년 1월 13일, 2번째 기사)

55 I. B. 비숍, 신복룡 역 (1999) 『朝鮮과 그 이웃 나라들』, 集文堂 (원저: Isabella Bird Bishop (1897) 『Korea and Her Neighbors』, Fleming H. Revell Co.)

56 『高宗實錄』을 보면 여러 번 신하들이 상소하여 일본과의 수교에 반대하는 논리와 일본외교문서를 거절하는 과정에서 일본사신의 복식과 기존 관습을 따르지 않는 점을 문제시하고 있는 것을 알 수 있다.

57 支那兵の屯営は旧大闕の正門前にあり其南方は三間井洞と云ふ東西に横たわりたる町にて. …… (하략) (小尾直藏 (1885) 『朝鮮京城奇談』, 報告堂)

58 박정현 (2010) 「1882~1894년 조선인과 중국인의 갈등 해결방식을 통해 본 한중관계」, 『중국근현대사연구』 제45집, 6쪽

59 박경룡 (1995) 『개화기 한성부 연구』, 一志社, 117쪽

60 (전략) …… 右の者等は専ら駐在の日本兵員等を目的に商業する者なり然るに漸々同業者の増加するに従い商利薄く愈々此の兵員を内地に引揚ぐるに至らば忽ち廃業するに至るもの多かるべし依りて重立ち

たる商民等は各自漸漸貿易商に転ずるか又は良品を選み価格を一定して今一商法を試んかの協議中なり尤も韓人は何品に限らず一般に日本品を好み既に衣布縞地をも需用するの模様ありと云ふ故に今にして深く之に注意せば金巾等と斉しく我が雑品の輸入高も亦増加するに至るべし (『讀賣新聞』 1885년 6월 23일, 2면 2단, 「在朝鮮京城の日本商民状況」)

61 我が商人も漸く旧の如く京城雑居を許されたれども過日の惨状に懲り市街の主なる処は買い受けて住居する者なく大抵公使館近傍即ち南山の麓に住居せり鍾路繁華の地は全く支那商を以て充たしたり (『朝日新聞』 1885년 4월 22일, 1면 1단)

62 (전략)……花房公使の一行護衛兵が前後を囲みて粛然として京城へ入り豫て彼国政府にて設けて置きし旅館泥峴といふ家に着せしが同勢八百余人に合わせては甚だ手狭なれば近日他へ移転せらるる話なりといふ (『讀賣新聞』 1882년 8월 27일, 2면)

63 G. W. 길모어, 이복기 역 (2009) 『서양인 교사 윌리엄 길모어, 한성을 걷다 1894: 14개의 주제로 보는 1894년의 조선』, 살림, 106쪽 (원저: George W. Gilmore (1894) 『Corea of To-day』, T. Nelson and Sons)

64 이순우 (2012) 『정동과 각국 공사관』, 하늘재, 159쪽

65 이순우, 앞의 책, 125쪽

66 W. F. 샌즈, 신복룡 역 (1999) 『朝鮮備忘錄』, 集文堂, 53쪽(원저: William F. Sands (1930) 『Undiplomatic Memories』, McGraw-Hill Book Co. Inc.)

67 G. W. 길모어, 이복기 역, 앞의 책, 106쪽

68 朴俊炯 (2012) 『近代韓国における空間構造の再編と植民地雑居空間の成立: 清国及び清国租界の法的地位を中心に』, 早稲田大學 박사학위논문, 104쪽

69 朴俊炯, 앞의 책, 117쪽

70 6月4日附, 朝鮮京城領事館よりの報告に依れば, 本年1月1日より同5月31日迄営業の為め入京せし我が国人は, 177名内女性20名, 又退京せし者92名内女1人にして, 現在滞京する者は, 男62名·女19名, この内家屋を買収し開店する者9軒にして, この内和洋料理兼旅人宿1·旅人宿並に酒類小間物店1·旅人宿兼日本料理店3·酒類和洋小間物店2·酒類並に菓子店1·湯屋1, 又借家商業する者6軒にして, この内和洋小間物並びに酒煙草類(協同商会出店)·酒類和洋小間物並に煙草反物店1·酒類同小間物に煙草店1·酒類同小間物店3 ……(중략)……支那商民は開店商業するもの20·30戸程あり, 然れども金巾羅紗繻子等の類を商ふ中等以上の者僅かに2·3戸に過ぎず, 其の他は雑品(支那靴○燭筆墨の類)又は食品等を○ぎ僅かに○口を淩ぐものなりといふ。(『讀賣新聞』 1885년 6월 23일, 2면 1~2단, 「在朝鮮京城の日本商民状況」)

71 当地に居留する清国商人は清兵の未だ撤去せざりし時に於て, 昨日も増し今日も加はりたりと見える許に日々増加し軒を並べて店を張りしが, 清兵撤去の後は清商も亦次第に減却し, 目今にては指を屈めて数ふる程となれり蓋し是れ清商の商売は一に清兵の需用を仰ぎて成立ちし証跡なるべし, 然るに我が日本商人は我兵の撤去後却て漸く商売を一進し頻に朝鮮人の需用に供給する事になり, 戸口も増加するの姿あり, 猶斯に其比例を挙ぐれば, 去六月中は我日本商人の戸数十六戸人口七十五人売上金高千六百円˝七月中は戸数十五戸人口六十八人売上金高千二百円なれば,……(중략)……外面に就いて観来れば, 七月の商売は現に六月の商売よりも衰へたる姿あり, 然れども退いた再び之を察すれば˝六月中は猶我警備隊兵の駐在したるを以て商売は重に之に対するの供給に限れり……(중략)……仮令減退するも, 戸数人口減少するも, 取る所の益は皆朝鮮人より取るもの也然のみならず今月は日本商人の戸数更に三戸を増し, 都合十八戸となりしといへば, 自今追々商権とりもどしをなし得べき。……(후략) (『朝日新聞』 1885년 8월 30일, 3면 3단)

72 日本党·王政党の軋轢甚だしく争論止まず日本国人推挙の風説ありて京城内外恂々たり清国商人中本国へ帰国する者巨多あり。(『讀賣新聞』 1885년 12월 20일, 2면 1단)

73 当地は昨年而来頻に徹棧の風聞あるにも拘らず日本商店追々増加せる趣……(중략)……商店の増加は昨今に至りて一層の甚しきを加へ建築上日に繁忙を告げ今は既に四十四五戸にも達すべき戸数となりて泥峴通数町の間は日本町とでもいひ程度の姿を成しぬ。……(후략) (『朝日新聞』 1887년 4월 10일, 4면 2단)

74 我商権将に清商に奪はれんとす……(중략)……粗悪品否贋造品とも称すべき品物を濫りに輸入したる

を以て我商人の販売する雑貨は近時倍々声価を墮し随つて支那商をして漸く商勢を振しめたる義なりといふ尤も同国の如き民力未だ富裕ならざる地方に向ひ極めて堅牢且良質にしてなる物品を売込まんとするは到底期すべからざれども左りとて其品位を粗悪にし其製造を等閑にし実用の適否を論ぜず保存の久暫を問はず只管その廉価のみを以て主眼とする時は一時はこれに因て稍需用の低価なるも粗悪品は棄て顧みざるに至るは自然の理なり……(중략)……朝鮮人は既に此に悟る所あるをや聞くが如きは京城に於いても近時支那商の勢力漸次増長し来りたるを以て大に我が商売の注意を換気したる趣なるが其原因は同じく粗悪品氾濫に起因し我が商売も一方ならず苦慮し居ると云(『朝日新聞』 1888년 8월 15일, 4면 1단)

75 朝鮮京城にては日本人の信用厚く為めに輸入品も多かりし処近来は之れに反して清商の勢力大に加はり日本商人を圧倒せんとする傾きありて夫れが為め輸入高も追々減少せんとする有様なりと本邦領事館より近着の報に見えたり(『讀賣新聞』 1893년 7월 7일, 3면 2단)

76 상호가 공성화(公盛和)라는 가게의 주인 공련덕(鞏連德)이 60량 정도의 잡화로 가게를 열고, 1개월 반 만에 40량의 매상을 달성하여 장통방(長通坊)에 13.5간 건물을 사서 점원 1명을 고용하였다. (박정현(2010) 「1882~1894년 조선인과 중국인의 갈등 해결방식을 통해 본 한중관계」, 『중국근현대사연구』 제45집, 7쪽)

77 이는 외교문서 「龍山及漢城雜居約定案」에 잡거의 최초 설정에 있어 중국인은 수표교 주변으로, 일본인은 지금의 명동 부근인 니현(泥峴)으로 제한하였다는 내용이 있다. 이 내용이 반복되어 『京城府史』, 『京城發達史』에 실려 있다. 이것이 근거가 되어 손정목 (1982)에서 수표교에 중국상인이 정착하였다고 기술하였고, 당시의 중국인 상권은 이를 정설로써 받아들여졌다. 그러나 중국과 일본 상점의 철잔(撤棧)을 진행하지 못했던 것은 朴俊炯 (2012)에 자세히 서술하였고, 「約定」도 지켜지지 않았다. (손정목 (1982) 『(한국 개항기) 도시사회 경제사 연구』, 일지사; 朴俊炯 (2012) 『近代韓国における空間構造の再編と植民地雑居空間の成立: 清国及び清国租界の法的地位を中心に』, 早稲田大學 박사학위논문)

78 目下京城に在留する支那商人はほとんど3000人近にて, 商売も中々繁盛し, 且つ資本も豊かなれども, 未だ仁川京城間を航行する一艘の船舶をも所有せざりしが, 此の程袁世凱氏より公使間の中より一万円余亦在留の巨商等各々応分の義捐をなして, 汽船を買入るる事に決し……(중략)……清国理事庁に於いては今後一層商估を保護し, 非常の勉強と熱心とを以て各道に商店を設置し外商と競争を為さんとの目論見中なりと。(柵瀬軍之佐, 久保田光僊 (1894) 『朝鮮時事』, 春陽堂, 115~116쪽)

79 H. B. 헐버트, 신복룡 역 (1999) 『대한제국 멸망사』, 集文堂, 292~293쪽 (원저: Homer B. Hulbert (1906) 『The Passing of Korea』, William Heinemann Co.)

80 清水橘郎 (1894) 『朝鮮事情: 鶏の腸』, 梅原出張店, 58쪽

81 『朝日新聞』 1895년 5월 18일, 2면 2단

제5장

청일전쟁 이후 건축과 도시의 변화 (1894~1904년)

서양식 건축의 확산과 도시의 다변화

청일전쟁 이후 한성은 다양한 변화를 경험하였다. 한성은 새로운 제국의 수도가 되었고, 도시는 새롭게 정비되어 도시로서의 기능을 하기 시작하였다. 철도와 전철이라고 하는 새로운 교통수단이 생겨났고, 서양의 문화와 기술이 조금씩 실현되었다. 이러한 흐름에 발맞추어 건축 활동도 양과 질 모두 큰 폭으로 성장하였다. 한성에 서양식 건축 수가 대폭으로 늘어났고, 한성에 다양성이 보이기 시작한 시기이다.

본 장에서는 건축의 변화를 주도하는 인물로서 고종을, 도시 변화를 주도하는 인물로서 이채연을 들어서 건축과 도시 변화를 고찰하고자 한다. 한국 측의 변화와는 별도로 외국 측의 변화도 두드러졌다. 특히 일본의 세력이 강력해진 시기로 그 관계 속에서 도시가 어떻게 변화하는지, 그리고 서양과 중국의 대응과 변화에 대해서도 고찰해 보고자 한다.

고종의 서양식 건축에 대한 자세

고종은 흥선대원군과 마찬가지로, 건축에 관하여 관심이 깊었다고 판단된다. 경복궁의 공사가 끝났음에도 불구하고 주변 반대에 아랑곳하지 않고 건청궁乾淸宮 공사를 강행하였을 정도로 관심이 많았다. 고종은 신하들의 반대에도 무릅쓰고, 내탕금만을 사용하여 국고에 부담을 주지 않는다는 점과 규모가 크지 않고 화려하지 않다는 점을 들어 진행하였다.[1]

고종 친정 이후에도 경복궁은 크고 작은 수리가 계속된다. 고종의 친정 이후에 맞은 첫 수리 시에 고종은 수리 방침과 관련하여 이례적으로 관심을 보인 기록이 승정원일기에 남아 있다. 영조나 정조도 경모궁과 수원화성 등, 정치적 목적이나 유교적 도리에 부합하는 경우에 한하여 건축 공사에 대하여 적극적으로 관심을 표명하였지만, 선대왕들과 비교하여 1874년 5월에 시행된 경복궁 수리에 대한 고종이 보이는 관심도는 이례적으로 높다고 평가할 수 있다, 시강에서 신하들과 나눈 대화를 보면, 구조에서 재료에 이르기까지 구체적이면서도 전문적인 식견을 내보이고 있다. 목재의 벌채시기를 지정해 주거나, 목재의 보유 수량과 공사 가능한 규모를 확인하기도 하였으며,[2] 현재 경복궁의 구조는 화재에 취약하므로 회랑을 연결하는 방식을 바꾸고 벽돌을 활용해야 한다고 지적하였고,[3] 그리고 너무 높게 기둥과 주춧돌을 세우는 것을 개선해야 한다고 지적하였다. 또 토벽이 판벽보다 화재에 강하다는 점을 들어 토벽을 권장하기도 하였다.[4] 그밖에 채색기와에 대한 활용 가능성에 대해서도 확인하여[5] 실용성뿐만 아니라 건축의 외관도 함께 고민했음을 알 수 있다. 이러한 지적이 경복궁 수리를 앞둔 상황에서 이루어졌다는 점에서 고종은 건축에 대하여 자신만의 견해를 분명히 가지고 있었다고 할 수 있다. 뿐만 아니라 일본의 신사건축에서 주로 행해지는 식년조체式年造替에 대해서도 이해하고 있어,[6] 한국 이외의 건축에도 식견이 있었음을 알 수 있다.

선대왕들은 건설공사에 대하여 보고를 받거나 윤허를 할 때, 먼저 공사의 내용에 대하여 언급하는 경우는 거의 없고, 주로 신하들이 구체적인 공사 계획을 주청하거나 보고하면 간단하게 윤허만 내린다. 그러나 고종의 경우 자신의 견해를 가지고 계획자의 입장에서 구체적으로 지적하는 모습을 보이고 있고, 그만큼 건축에 대하여 관심이 높고 잘 이해하고 있기 때문에 가능한 것이라고 볼 수 있다.

고종 초기 강력한 쇄국정책을 주도했던 흥선대원군에 비하여 고종은 서양문물의 수용에 대하여 보다 적극적이었다는 것은 주지의 사실이다. 동도서기東道西器나 구본신참舊本新參을 자주 강조하였다는 점에서도 알 수 있다. 고종은 사상과 기술을 분리하여 사상은 공맹의 도리에 맞는 예법을 갖추지 못하였으므로 배척해야 하지만 그들의 기계는 이로워서 널리 이용후생할 수 있으므로 활용하여야 한다고 하였다.[7]

서양건축에 대한 관심도 서양의 기술을 활용하는 것과 연관이 있다고 볼 수 있다. 원래 건축에 대하여 관심이 많았던 고종에게 서양 문물의 유입과 함께 서양 건축이라는 새로운 관심사가 생겨난 것이라고 할 수 있는 것이다. 『승정원일기承政院日記』나 『일성록日省錄』에는 고종이 중국이나 일본을 다녀온 사신들과 상세히 대화를 나누는 기록이 남아 있어, 선대왕들에 비해 비교적 상세하게 문답을 진행한 것을 알 수 있다. 당시에는 서양에 대한 정보를 얻고, 급박한 국제적 정세를 이해하기 위해서 현지를 다녀온 사람과 대화를 나누는 것 이상의 좋은 방법이 없었을 것으로 추정되므로,[8] 그 대화를 통해 해당 국가 및 주변 국가의 정세를 비롯하여 사회, 문화, 풍습, 식생에 대한 정보까지 모두 습득할 수 있었다.

그 속에는 당연히 서양건축에 대한 질문도 포함되어 있었다. 개항 전에 중국을 다녀온 사신들과의 대화에서는 궁궐제도나 성벽 수축과 관련된 질문들이 많았다.[9] 그러나 개항 이후가 되면서 중국에 들어온 서양인과 일본인들의 건축이 어떠한지,[10] 또 수신사들과의 대화에서는 일본에서 서양 건축이 차지하는 비율이 어느 정도인지[11] 등에 대한 질문을 하였고, 철도 건설 등의 토목 공사에 대하여도 관심[12]을 보였다. 당시 조선을 방문한 서양인의 기록에도 고종이 서양 건축에 매료되었다고 적혀 있어,[13] 고종의 서양건축에 대한 관심을 뒷받침한다.

그 관심을 실제로 옮기기까지는 오랜 시간이 걸렸다. 1888년에 고종은 경복궁 내에 2동의 서양식 건축을 계획하는 등 서양식 건축에 대해 적극적인 자세를 취하였다. 주로 서양인과의 외교활동에 필요한 공간으로서 활용하기 위해 건설하였다는 점에서 당시 왕으로서 취해야 한 공적 활동의 하나였다고도 볼 수 있다. 개인적인 취미나 기호에 의해 건설한 자신 만을 위한 건축이라기보다는 외교활동을 위한 건설이었다고도 볼 수 있는 것이다. 그러한 의미에서 보면 고종의 서양식 건축에 대한 흥미는 외교 활동의 하나로서 어쩔 수 없는 선택이었는지, 개인적으로 건축에 대해 관심이 높아서 취미 활동의 하나로 여겼던 것인지 명확히 결론을 내리기 어렵다. 새비지 랜도어(A. H. Savage-Landor)의 글에서도, 고종이 서양식 건축에 매료되었다고 서술하고 있다. 이것이 대외적으로 보여주기 위한 접대성 표현이었는지, 실제 자신의 심경이 반영된 것인지 판단하기 어렵다. 결국 고종의 서양식 건축에 대한 생각과 관심은 고종의 기록을 통해서 보다 면밀히 고찰할 필요가 있다고 할 수 있다.

관문각 건축 이후 고종이 서양식 건축 계획이나 건설에 관여했다는 기록은 보이지 않는다. 관문각 건설이 생각보다 큰 효과를 가져 오지 못했던 것이 가장 큰 원인이라고 추정된다. 효과가 미미했다고 판단할 수 있는 것은 다음의 세 가지를 통해 확인할 수 있다.

첫째, 서양에서 온 외교사절 및 귀빈으로부터의 평가가 좋지 못했다. 길모어(G. W. Gilmore)의 문장을 보면,[14] 왕궁에 갖춘 서양식 시설과 설비 자체에는 놀라움을 표하였지만, 시설의 질과 수준에 있어서는 다소 부족함을 지적하였다. 당시 한국을 방문한 서양인에게 있어서 자국에서 경험하고 생활하던 건축물보다 한참이나 떨어지는 어설픈 서양식 건축이나 가구보다는 한국 전통식 건축이 보다 매력적으로 느껴졌을 것이다.

둘째, 관문각의 실패에서 원인과 결과를 잘못 이해했을 가능성이 높다. 앞에서 언급한 것처럼 관문각은 2동을 세울 계획이었지만 결과적으로 1동만 완공된 건물이다. 원래 계획을 수행하지 못했던 가장 큰 이유로 지적되는 것이 바로 경제적인 문제이었다. 그러나 자금 유통 문제의 원인은 담당 관리들의 부정부패에서 기인하였다고 추정된다. 당시 서양식 건축을 건설하기에 용이한 상황이 아니었으므로 높은 공사비는 어쩔 수 없다고 할지라도 예상을 뛰어 넘는 막대한 자금이 소요된 것에는 관리들의 건축비 착복이 있었다. 고종 입장에서는 이러한 거액을 감내하면서 2동을 모두 건설할 이유가 없었다.[15] 또 한국의 관료들은 성리학의 영향으로 왕의 건설 사업에 대하여 부정적이었다.

셋째, 서양식 건축 또는 관문각을 설계한 사바틴에 대한 불신을 들 수 있다. 관문각은 완공 이후에도 부실 공사로인해 여러 문제를 드러냈다. 여기에는 관리들의 비협조적인 태도로 인해 물자 수급문제가 있었고, 또 관리들은 건축비뿐만 아니라 건설재료도 유용하고 횡령했던 것으로 보인다. 그 과정에서 사바틴과 관리 사이에 갈등과 분쟁이 생겨났고 제대로 공사를 진행할 수 없었다. 결국 졸속으로 공사를 마치게 되었다. 고종 입장에서는 사바틴의 설계 능력을 의심할 수밖에 없는 상황이었다. 당시 사바틴을 대신할 정도의 서양식 건축 설계 능력을 갖춘 인물이 없었고, 사바틴에 대한 불신은 일정 부분 서양식 건축에 대한 불신으로 이어졌다고 판단된다. 결국 고종은 그렇게 서양

그림 5-1 건설 중인 러시아공사관 (출처: 林武一 (1892)『朝鮮國眞景』, 林龜子, 14쪽)

식 건축에 대한 관심을 접었다고 생각된다.

아관파천의 경험과 서양식 건축에 대한 생각 변화

고종은 경복궁 속에 서양식 건축을 세운 경험도 있고, 전혀 관심이 없었다고는 볼 수 없지만, 앞에서 언급한 것처럼 상황이 좋지 못하여 서양식 건축 건설에 대하여 적극적인 자세를 취하지는 않았다. 그러나 아관파천을 계기로 고종의 서양식 건축에 대한 인식에도 변화가 생겨났다. 아관파천 당시 고종은 러시아공사관에서 생활하였다. 〈그림 5-1〉 이 시기 고종으로서는 처음으로 제대로 된 서양식 건축에서의 생활을 경험하게 된 것이다. 기존에 생활하던 공간은 좌식 생활을 기반으로 하여 바닥에 앉아서 주로 일상생활 및 집무를 보았지만, 러시아공사관에서는 침대와 책상을 사용하는 입식생활로 바뀌었다. 이러한 생활은 고종으로서는 익숙하지 않았을 것이고, 당시 고종의 연령이 40대였던 것을 감안하면 새로운 생활에 익숙해지는 것은 쉽지 않았을 것으로 판단된다. 신하들도 이 점을 염려하여 다음과 같이 고종에게 문후하면서 한국 전통식 생활이 가능하도록 한국식 가옥으로 옮길 것을 추천하였다.[16]

(전략) …… 정범조鄭範朝가 아뢰기를, 이곳에 임어하시어 이미 세 계절을 보내셨습니다. 여름철과 같은 무덥고 답답한 기운이 부득이하게 옥체를 조섭함에 해가 되지 않겠사옵니까? 하니, 짐朕이 이르기를, 과연 덥고 답답함이 없지 않으나, 근일에는 문을 닫으니 바로 시원해진다. 또한 양옥洋屋의 건축계획은 넓고 높게 건설하였으니, 서늘한 기운이 한 번 들어오면 밖으로 빠져나가지 않는다. 정범조鄭範朝가 아뢰기를, 점차 서늘한 가을로 접어들고 있습니다. 비록 난로가 있어 추위를 막는다고는 하나 추위와 더위를 막론하고 공기가 통하지 않게 막는 것이 서늘하고 따뜻함이 수시로 적절한 궁전만 같겠습

> 니까? 침수寢睡는 혹 온돌에서 드십니까? 짐朕이 이르기를, 비록 온들은 아니지만 상탑床榻이 두껍고 높아 조금도 냉기가 없다. 정범조鄭範朝가 아뢰기를, 더운 계절에는 비록 지내시더라도 추운 계절에는 절대 아니 될 일입니다. 이 점에 대하여 대소 신료와 민중을 막론하고 우려하지 않는 자가 없습니다.……(후략)

라고 하여, 고종은 뜻밖의 대답을 하였다. 여름과 겨울을 지내보았는데 여름에는 한국 전통식 가옥보다 시원함을 유지하는 데 장점이 많았고, 겨울에도 온돌에 비해서 나쁘지 않다고 대답하였다. 위의 정범조鄭範朝의 간언을 보면 서양식 건축은 생활하기에 불편하다는 인식이 일반적이었다고 판단된다. 그러나 고종은 실제로 서양식 건축에서 생활해 봄으로써 고종과 일반의 서양식 건축에 대한 생각이 편견이었음을 확인하였다고 추정된다. 고종은 커피 마시기를 좋아하였고 갑오경장 때에는 직접 단발을 하며 복식을 바꾸는 등, 이미 생활방식에 있어서는 한국 전통식을 고집하고 있지 않았다. 또 영국인 기자 위그햄(H. J. Whigham)의 기록에서 왕이 러시아공사관을 맘에 들어서 그 언덕에 새로운 궁궐을 짓기로 결심하였다고 했다.[17] 이 기록을 통해 고종이 러시아 공사관에서의 생활에 만족하였음을 알 수 있다. 실제로 경운궁의 위치가 러시아 공사관에서 생활한 영향 하에서 결정된 것으로 보기는 어렵다. 러시아 공사관을 비롯하여 여러 서구열강의 공사관이 있었으므로 일본을 견제하기 위해 좋은 장소라는 판단이 가장 중요한 경운궁의 입지조건이었다고 여겨진다. 그렇더라도 고종이 서양 건축에 대하여 긍정적인 인식을 갖게 되었고 서양 건축 건설에 대하여 적극적으로 전향하게 된 계기가 되었음은 분명하다 할 수 있다.

아관파천 이후 고종의 서양식 건축 활동 전개 양상

러시아 공사관에서 돌아오기 전, 고종은 경운궁을 신축에 가까울 정도로 대대적으로 보수하였다. 1896년 2월부터 1897년 2월까지 1년 동안의 아관파천을 마치고 경운궁으로 환궁하였다. 그해 1897년 10월에 환구단圜丘壇에서 황제로 즉위하고 광무光武라는 연호를 사용하기 시작하였지만, 1896년 1월 1일부터 이미 건양建陽이라는 독자적인 연호를 사용하고 있었다. 경운궁은 처음부터 황궁으로 조성된 공간이었고, 전통 궁궐의 형식에 맞추어 조성되었다.

그러나 고종이 경운궁으로 환궁한 이후의 건축 활동을 보면, 서양 건축의 건설에 집중되어 있음을 알 수 있다. 원수부(元帥府, 1899년), 정관헌(靜觀軒, 1900년), 구성헌(九成軒, 1900년), 돈덕전(惇德殿, 1900~1901년), 중명전(重明殿, 1902년), 환벽정(環碧亭, 1900년경), 석조전(1901~1909년) 등의 서양 건축이 차례로 건설되었다.〈그림 5-2〉 경운궁이 입지한 정동은 이미 다양한 미국, 영국, 프랑스, 독일 등의 공관이 위치해 있었으므로, 공간이 넓지 않았다. 따라서 경운궁은 경복궁이나 다른 궁궐들처럼 명확하게 공간구획이 불가능한 상황이었다. 각국의 공사관이 산재해 있는 곳에 경운궁도 필요한 공간을 확보해 가는 형태가 되었다. 따라서 새롭게 들어선 경운궁의 서양건축들도 모두 서양 공간 사이에 위치해 있었고 전체적으로는 경운궁의 서양건축과 외국 공관이 어우러져 서양 건축이 산재해 있는 광경이 완성되었다. 〈그림 5-3〉

경운궁에 서양건축이 조성된 것은 고종의 의지가 가장 강력하게 작용하였다고 보는 것이 타당하겠지만, 기술이나 재료를 수급하는 문제도 개선되었기에 동시에 여러 채의 서양 건축 건설이 가능했음을 의미한다. 관문각에서 부실 공사로 이어진 것은 관료들의 부정부패의 탓도 있었지만, 경험 및 기술 부족이나 재료수급의 문제도 있었다고 볼 수 있다. 당시 한국에는 벽돌을 대량생산할 수 없었고, 서양식 창호도 전량을 수입에 의존해야 했으며, 제대로 된 기술자가 많지 않았으므로 서양 건축을 건설하는 것은 제약이 많이 따랐

그림 5-2 돈덕전(좌상), 중명전(우상), 정관헌(좌하), 구성헌(우하)

(출처: 국립고궁박물관 (2010)『100년전의 기억, 대한민국』, 70쪽, 76쪽, 77쪽. 서울학연구소 (2010)『대한제국기 정동을 중심으로 한 국제교류와 도시건축에 대한 학술연구』, 서울역사박물관, 90쪽)

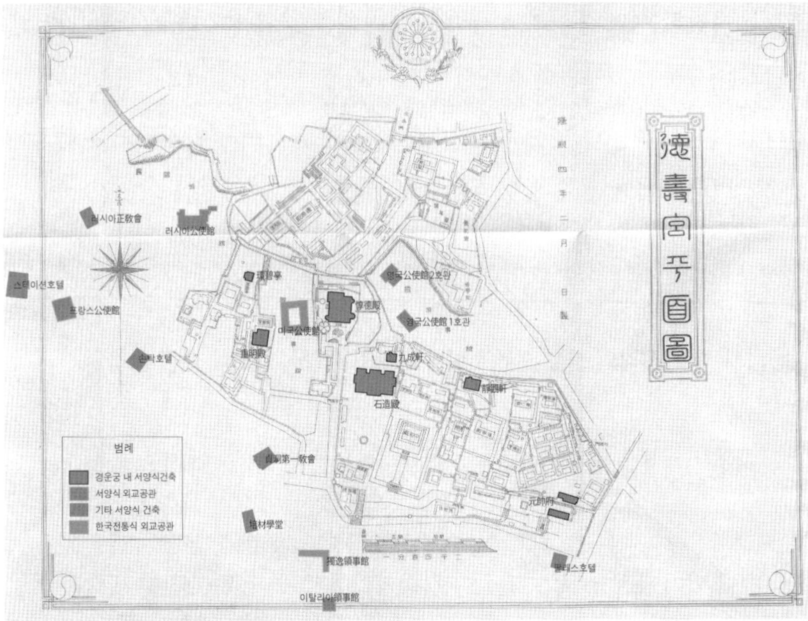

그림 5-3 1902년경의 정동 경운궁 주변 서양식 건축: 「德壽宮平面圖」(小田省吾, 1938, 80) 위에 서양식과 전통식 구분하여 표시 (小田省吾 (1938)『德壽宮史』, 李王職)

그림 5-4 1904년 화재 이전 경운궁 중화전(출처: 국립고궁박물관(2010)『100년전의 기억, 대한민국』, 70쪽)

다. 그러나 이 시기 경운궁의 동시다발적 서양건축 건설은 그러한 문제가 개선되었음을 의미한다. 관문각을 훼철하여 그 재료를 경운궁 건설에 활용할 정도로[18] 여전히 재료 수급과 비용에서 어려움은 겪고 있었다고 할 수 있지만, 이전과 비교하면 서양건축에 대한 인식 변화에 있어서는 비약적인 전환이 있었다고 볼 수 있다. 고종의 의지와 더불어 주변 환경이 뒷받침되어 관문각의 실패를 반복하지 않을 수 있었다고 할 것이다.

경운궁 내 주요 전각의 건설 순서로 보는 고종의 서양식 건축에 대한 생각

그러나 경운궁에서 가장 중요하다고 할 수 있는 건물은 법전의 경우, 제대로 된 격식을 갖춘 법전을 갖추지 않고 즉조당을 법전으로 사용하다가,[19] 1901년이 되어 새로운 법전 건설이 결정되었다.[20] 그 후 1902년에 새로운 법전인 중화전이 준공되었다.[21] 〈그림 5-4〉 법전 건설에 착수하는 것은 앞에서 언급한 서양 건축이 거의 완성된 이후이다. 중화전의 건설이 늦어진 것은 재정상의 문제라고 지적하였지만,[22] 중화전에 앞서서 훨씬 많은 비용이 소요되는 서양 건축을 건설하였으므로[23] 설득력이 부족하다. 오히려 재정을 힘들게 했던 것은 과도한 서양 건축 건설 때문이었다고 보이며, 프랑스 차관을 빌려야 할 정도였다.[24] 결국 이렇게 어려운 상황 속에서도 새로운 황궁의 법전에 앞서 서양 건축을 건설했을 정도로 서양식 건축 건설을 중요시했다는 점을 알 수 있다.

석조전의 용도와 관련하여 석조전을 경운궁의 법전으로 계획하였다는 견해[25]와 석조전은 당시 총세무사였던 브라운의 건의가 반영된 것일 뿐, 법전으로 활용할 계획은 없었다는 견해[26]가 있다. 이 두 견해는 석조전 건축에 고종의 의지가 어느 정도 반영되었는지에 따라 다르게 해석하고 있는 차이가 보인다. 그렇지만 공통적으로 서양문물을 적극적으로 받아들이는 과정에서 나온 산물이라는 인식은 공유하고 있다.

고종이 아관파천 이후에 서양 건축에만 집중한 것은 아니었다. 경운궁 안에서도 중화전을 비롯한 다양한 한국전통 건축과 더불어 석어당昔御堂과 구여당(九如堂, 1913년) 등의 2층 건물을 건설하기도 하여 전통건축의 새로운 시도도 하였다. 한편으로는 평양에 새로운 행궁인 풍경궁(1902년)을 건설하였고, 환구단이나 남관왕묘(1899년), 석어당의 일부 측벽에서는 중국식 건축도 보이며, 원수부와 같은 단순한 형태의 서양식 건축도 적극적으로 건설하고 활용하였다. 고종이 서양건축 뿐만 아니라 건축 자체에 대하여 관심이 깊은 군주였음을 확인할 수 있다.

고종의 건축관에 대한 정리

고종과 같이 건축에 대한 관심이 높은 군주가 다양한 건축 활동을 벌였다는 점은 당연하다고 여겨진다. 마침 당시는 서양 문물이 들어오는 시기였고, 서양 건축의 유입도 함께 이루어졌다. 그러한 까닭에 고종이 서양건축에 관심을 보이며 다수의 서양건축 활동을 벌이는 것도 당연하다고 할 수 있는 것이다.

고종의 건축에 대한 관심과 관련하여 다음과 같이 두 가지로 설명할 수 있다. 첫째, 고종의 건축에 대한 관심은 순수한 취미나 기호의 차원에서 이루어진 것이라고 볼 수 있다. 흥선대원군 집권기의 어린 시절부터 경험했던 건축 공사가 고종이 건축에 대하여 흥미를 느끼는 데 좋은 자양분이 되었을 것이다. 둘째, 고종은 서양 건축이 국제 정세에 유용하다고 판단했을 것으로 생각된다. 고종은 원래 서양건축에 대한 관심도는 높았지만, 관문각 이후 적극적인 건축 활동은 보이지 않았다. 그러나 아관파천을 계기로 자세가 바뀌었으며, 이는 고종의 당시 외교 관계 등 정세에 대한 판단이 함께 작용한 것이라고 할 수 있다. 건축에 대한 관심에서 시작하여 서양건축에 대한 정보가 쌓이면서 서양건축에도 관심을 갖게 되었고, 외교적으로도 도움이 된다는 판단이 함께 작용했을 것으로 판단된다. 그러나 실제로 효과가 있었는지에 대해서는 의문이 있다. 서양인들의 경우 고종이 매력적이라고 느꼈던 것만큼, 자국의 건축보다 어설픈 서양건축에 대하여 매력을 느끼지 못했기 때문이다. 비용대비 효과를 고려할 때 고종의 건축 활동이 외교적 역할 수행에 있어 큰 도움은 주지 못하였다고 판단된다.

고종은 재위 내내 지속적으로 건축에 대한 관심을 보이고 실행에 옮겼다. 그 과정에서 아관파천이 계기가 되어 서양건축에 대한 관심이 증대되었고, 새로운 건축 활동에 서양건축을 적극적으로 활용하기 시작하였다. 이후의 건축 활동은 서양건축과 기존 한국의 전통건축을 병행하여 건설하는 모습을 보인다. 고종은 본인이 가진 건축에 대한 깊은 관심을 재위 기간 동안 지속적으로 표출한 것이고, 건축 양식과 형태 결정에 있어서는 그 당시의 시대적 특성과 요구가 중요한 역할을 한 것이라고 할 수 있을 것이다.

건축의 기능과 건축 형식의 일치

건축 기능과 공간의 관계

앞 장에서 서양식 제도가 수용되어 건축의 기능도 변화하였지만, 그럼에도 불구하고 건축형식은 변하지 않은 채 한국 전통식 건축을 그대로 사용하였다고 설명하였다. 그렇다면 결국 건축의 기능을 십분 발휘할 수 없게 되는 것은 당연하다. 건축의 공간은 그 건축이 가진 기능을 제대로 수행할 수 있어야 한다. 이 전제를 바탕으로 건축이 세워져야 비로소 제대로 역할을 수행할 수 있는데, 건축의 기능을 고려하지 않고 건축의 공간이 구성된다면 본래의 기능을 제대로 수행할 것이라고 기대하기 어렵다. 결국 건축의 변화, 서양식 제도와 기능에 맞는 서양식 건축으로 변화하는 것은 어쩔 수 없는 변화의 흐름이라 할 수 있다.

그러나 당시의 한국에서는 기능에 부합하는 서양식 건축을 건설할 정도의 역량을 갖추지 못하였고, 그래서 어쩔 수 없는 선택으로 한국 전통식 건축을 활용한 것이었다. 그런데 청일전쟁 이후 한반도의 상황이 변하면서 점차 서양식 건축을 건설할 수 있는 환경으로 변화하였고 점차 서양식 건축이 증가하기 시작하였다. 건축의 변화에서 필요한 기술자, 재료, 자금의 공급이 가능

해졌다고 할 수 있다. 이 세 요소가 어느 정도 충족되면서 건축

서양식 제도의 유입과 함께 새로 생겨나 건물에는 교회, 외교공관, 병원, 학교 등을 들 수 있다. 이 중에서도 건축의 기능에 따라 공간이 크게 변화하지 않더라도 무방하다고 판단되는 것이 교회와 외교공관이다. 어느 정도의 불편은 예상할 수 있지만 공간의 형태 및 크기와 상관없이 역할을 수행할 수 있다.

그림 5-5 1898년과 1903년의 한성전기회사 사옥
(위) 서울시정개발연구원, 서울학연구소, 『20세기, 서울 100년의 기록』, 2000년, 37쪽
(아래) 국립고궁박물관, 『100년전의 기억, 대한민국』, 2010년, 104쪽

그러나 한성에 있는 교회와 외교공관은 가장 먼저 서양식 건축으로 변화해 갔다. 이는 교회와 외교공관이 가진 자본에 기인한다고 할 수 있다. 자금력을 갖추고 있으면 한국 내에 기술력과 재료를 갖추지 못하더라도 수입을 통해 서양식 건축 건설을 진행할 수 있기 때문이다. 기능과 공간이 일치하지 않으면 가장 불편하다고 예상되는 병원과 학교는 상대적으로 늦게 서양식 건축으로 바뀌기 시작하여, 이 시기에 상당수가 서양식 건축으로 재건되었다.

이 시기에 건설된 서양식 교회로는 약현성당, 명동성당, 정동교회, 상동교회 등이 있다. 서양식 학교로는 상당히 이른 시기에 건설되었던 배재학당이 있지만, 다른 학교는 대부분 한국 전통식 건축을 활용하거나 일본인이 건설한 일본식 건축을 사용하였다. 교회 주변에는 의료 선교의 일환으로 서양식 병원도 건설되었는데 세브란스 병원이 건설된 1904년 이전까지는 한국 전통식 건축을 병원으로 사용하였다. 이렇게 서양식 건축으로 변화하는 시기에 있어서 차이가 나는 것은 경제적인 이유가 클 것이라고 생각된다. 학교나 병원도 건축주가 종교인이었으므로 교회를 우선시하여 서양식 건축으로 재건하였던 것은 당연하다고 여겨진다.

이러한 변화 속에서도 우정총국이나 전보총사도 마찬가지로 새롭게 건설된 건축이었지만 서양식이 한국 전통식이라고 볼 수 있는 형식의 건물로 건설되었다. 정부관청이라고 할 수 있는 건물에는 주로 한국 전통식 건축이 중시되어, 벽돌이나 유리창만을 부분적으로 적용하여 서양식을 활용하였다. 고종이 주도했던 궁궐 건축은 서양식을 중요시하였지만, 여전히 일반 관청은 한국 전통식 건축을 주로 활용했음을 알 수 있다.

교통기관의 발달과 건설사업의 전개

위에서 언급한 것처럼 서양식 건축의 수요가 증가함에 따라 서양식 건축의 수는 증가하지만, 그 필요성을 느끼고 수요가 증가한다고 하여도 실제로 서양식 건축이 지어지기까지는 여러 문제들을 안고 있었다. 결국 아무리 서양식 건축을 건설하고자 하여도, 필요한 조건을 갖추지 못하면 공급이 불가능하였다. 기술자, 재료, 자금 문제를 해결하는 것이 선결과제였다고 볼 수 있는 것이다.

이를 해결해 준 것이 철도 건설이었다. 철도가 부설되면서 유통 환경이 비약적으로 발전하게 되었다. 인천과 한성을 연결하는 경인선철도가 1897년 3월 착공하여 1899년 8월에 완공하였고, 1899년 9월부터 노량진-인천간의 운행을 시작하여 1900년부터 전 구간 운행하였다. 이보다 먼저 한성은 전차를 부설하고 1898년부터 운행을 시작하였다. 그러나 전차는 물자 수송의 역할은 거의 없었고, 교통수단의 역할만 하였지만 속도가 느리고 객차가 적어서 그 기여도는 미미했다고 할 수 있다. 반면, 경인선 철도 개통은 사회 전반에서의 변화를 이끌어 내기 충분한 동인이었다.

당시 인천은 한국에서 물류량이 가장 많은 개항지였고, 일본과 중국을 비롯한 서양 국가들의 조계지가 형성되었다. 인천은 수도 한성에서 가장 가까운 항구였고, 한국에서 가장 큰 소비도시인 한성의 물류 공급을 담당하는 도시였다. 그런데 철도 이전의 운송수단은 주로 육로나 수로였다. 육로는 운송량에 한계도 있지만, 시간이 오래 걸리고, 한강을 이용하는 수로는 운송량은 크지만 물에 약한 재료는 옮길 수 없고, 위험 요소가 크다는 한계를 가지고 있었다. 특히 동절기는 강이 얼고, 하절기는 장마 등으로 유속이 강해져서 이용이 불가능한 계절에 따른 제약도 있었다. 철도가 부설되면서 이러한 상황은 일변하였다. 사시사철 언제든 대량의 물자를 운송할 수 있는 환경으로 변화한 것이다.

인천을 통해 들어오거나 인천에 거주하는 건축기술자들은 경인선을 타고 반나절 만에 한성에 들어올 수 있게 되었고, 무거워서 배로 옮기기 어렵고, 파손의 위험이 있어서 수레를 사용할 수 없었던 건축 재료들도 쉽게 유통할 수 있게 되었다.[27] 이 뿐만 아니라 경인선의 역을 따라서 건축자재를 만드는 공장이 생겨나기 시작하였다. 한성 내부는 이미 포화상태여서 대규모 공장을 만드는 것이 불가능하였다. 그러나 한성을 너무 많이 벗어나서 공장을 만들면 수송에 어려움이 있으므로 벽돌 공장 등의 건축 재료를 생산하는 공장을 마련하기 어려운 상황이었는데, 경인선 부설과 함께 경인선 연선지역에 건축 자재를 생산하는 공장이 들어섰다.[28] 경인선 개통과 함께 건축기술자 공급, 재료 공급 상황이 나아졌고, 당연히 건설단가도 내려갈 수 있는 환경이 조성되었다고 할 수 있는 것이다. 바로 이 시기 서양식 건축이 증가하기 시작한 데에는 경인선 부설이 가장 큰 영향 요소라고 볼 수 있을 것이다.

대규모 토목사업의 전개

경인선 건설과 일본인 회사의 참가

일본은 경인선 공사에 참가하기 위하여 상당한 노력을 기울였다. 1898년 5월의 『아사히 신문朝日新聞』 기사에는[29]

경인선京仁線 철도를 인수하는 조합 명의에 대하여 미국인 모스씨로부터 한국 정부의 특허권을 양도받은 이후로 착착 공사가 진행 중이다. 경성 인천 간을 경인철도합자회사京仁鐵道合資會社라고 칭하는 회사를 시부자와澁澤씨 저택 내에 설치하게 되었고, 지난 17일 등기를 마쳤다. 그리고 그 조합원으로는 이와사키 히사야岩崎久彌, 이마무라 세이노스케今村清之助, 오오쿠라 키하치로大倉喜八郎, 나카미가와 히코지로中上川彦次郎, 우류 신瓜生震, 야스다 젠지로安田善次郎, 마스다 타카시益田孝, 미츠이 타카야스三井高保, 쇼다 헤이고로莊田平五郎, 시부자와 에이이치澁澤榮一 (이상 6만2천5백원씩 출자), 하라 로쿠로原六郎, 하라 토미타로原富太郎, 오오타니 카헤에大谷嘉兵衛, 마에지마 히소카前島密, 마츠모토 쥬타로松本重太郎 (이상 2만원씩 출자) 이상 15명으로 구성되었고, 또 업무 담당 사원으로는 조합 창립이래 그 위원이었던 시부자와, 마스다, 우류 3인이 계속 역임하는 것으로 당선되었다. 자본액은 72만5천원으로 그밖에 정부 대부 자금 180만원이 있고, 경인간은 27리(哩, 마일)로 올해 가을까지는 인천 한강 간의 운수運輸를 개시하고 내년 봄까지 전구간 개통을 볼 수 있으리라 한다.

라고 경인철도합자회사京仁鐵道合資會社 설립에 관한 내용을 기록하였다. 1897년 3월에 이미 착공하여 준공까지 그렇게 많이 남아 있지 않은 시기에 경인철도합자회사를 세웠다는 것은 건설에 참가하는 것보다는 건설 이후 운영권을 획득하는 것에 더 많은 관심을 가졌을 것이라는 것은 쉽게 이해할 수 있다. 또한 위 기사에 합자회사의 발기인으로 이름이 거론되고 있는 인물들은 모두 오오쿠라구미大倉組의 수장이었던 오오쿠라 기하치로大倉喜八郎를 제외하면 건축업과는 관계가 없는 인물들이었다. 그러나 이름의 면면을 보면 시부자와 에이이치澁澤栄一를 비롯하여 일본 정재계의 거두들이 대부분 출자자로 거명되고 있음을 알 수 있다. 그만큼 경인선 철도사업은 일본 안에서도 주목하고 있던 것이라고 할 수 있다. 다음의 5월 27일 기사에는[30]

경인철도는 준공에 있어 우리나라 사람들이 만든 신디게이트(컨소시엄) 회사에 넘어가게 될 것이라는 것은 앞에서 언급한 바와 같지만 시부자와 에이이치澁澤栄一씨와 동행하여 이 선로 공사 현황을 시찰하고 그 토목공사 청부를 계약한 후 최근 귀국한 카지마구미鹿島組 이사理事 니이미 시치노죠新見七之丞씨의 이야기를 들어보면 경인철도 부설권은 세인들에게 알려진 것처럼 미국인 모스씨에게 있지만 그 공사 청부자는 미국 동양건축회사 대표자 콜브란씨에게 있다. 작년 4월에 기공하였는데 근래 모스씨와 우리 컨소시엄 사이의 교섭을 거쳐 준공 후에 우리에게 인도하는 것으로 계약하게 됨에 따라 사정상 우리가 감독할 필요가 있어서 컨소시엄으로부터 기사 요시카와 산지로吉川參次郎씨를 특파하였고 그 공사에 참여시키고 있다고 한다.……(후략)

라고 하여, 카지마구미鹿島組가 공사를 담당하게 되었음을 알 수 있다. 그 경위를 보면 공사 계약과 진행은 미국인이 담당하지만 공사 완료 후에 운영권을 일본 측에서 넘겨받는 계약을 성사시켰고, 나중에 인수인계 및 품질관리를 용이하게 할 수 있도록 공사 후반부부터 감독역할로 카지마구미鹿島組에서 기사를 파견하였다고 하고 있다. 카지마구미鹿島組는 한강철교 건설도 담당하였다.

이채연(李采淵)이 주도한 도시정비와 전차사업

한성의 불결함과 불편함에 관한 기록은 셀 수 없을 정도로 많았다. 한성을 방문한 대부분의 서양인 기록에서 한국과 한성은 불결하며 더럽고, 악취로 견딜 수 없다는 표현이 발견되었다. 이 사람들 대부분은 일본과 중국을 방문한 경험이 있으므로, 이 두 국가의 수도인 북경과 동경을 한성과 비교하면서 설명하기도 하였다. 동경은 특유의 청결함을 간직하고 있으며 한성은 더럽지만 북경만큼 더럽지는 않다는 기록도 있으므로, 한국의 청결도가 최악은 아니라고 할 수 있을 지도 모른다. 그러나 한성의 위생과 청결도도 상식적으로 수용할 수 있을 정도는 아니었음이 분명하다. 아래 『조선사정朝鮮事情』에서는[31]

> (전략) …… 불결은 조선의 「특권」이다. 경성이라고 더할 것도 없이 팔도八道 어디나 시가市街라고 할 만한 거리를 볼 수 없고, 소, 말, 사람의 분糞이 길에 넘쳐나서 그 불결함은 말할 것도 없고, 시장 중앙에는 공유 변소를 설치해 두었지만 그것은 겨우 초가로 지붕을 덮고, 멍석으로 사방을 둘러놓은 조악하기 그지없는 것이다. 그리고 그 분뇨로 돼지를 키우기 때문에 사람이 들어가면 돼지는 옆에서 이를 먹는다. 그 출입을 옆에서 보고 있노라면 대부분 구토할 수밖에 없을 것이다. …… (후략)

라고 하여, 한성에서의 불결함과 불편함에 대한 추억을 기술하였다. 한성을 방문한 서양인은 물론이고 일본인에게 있어서도 충격적일 정도로 불결함을 느꼈다고 볼 수 있다. 그런데 이러한 한성의 불결함에 대한 기록들이 사라지기 시작하고 호의적으로 변하기 시작하는 시점이 있다. 바로 1896년부터이다. 이사벨 비숍(I. B. Bishop)은 1894년 1월부터 1897년 3월까지 네 차례에 걸쳐 한국을 방문하였다. 이 4회의 방문을 기록으로 남겼는데, 그 기록을 보면[32]

> 서울은 여러 면에서, 특히 남대문과 서대문 방향으로는 너무 변하여 옛 모습을 알아볼 수가 없었다. 최소한 55피트의 노폭의 도로 양쪽에는 돌로 된 깊숙한 통로와 돌의 후판으로 다리가 놓임으로써 콜레라의 근원이 되었던 지저분한 골목을 바꾸어 놓았다. 좁은 길이 넓혀지고 진흙의 개울이 포장되었으며 도로는 이제 더 이상 쓰레기를 자유롭게 버릴 수 있는 장소가 아니다……(중략)……좋은 부지에 프랑스 호텔을 세우려는 준비가 진행되고 있으며, 유리를 정면으로 한 상점들이 많이 생겨났다. 거리에 쓰레기를 버리지 못하게 하는 금지법이 발효되고 있으며 쓰레기 문제는 지금 공식적인 청소부에 의해 처리되고 있다. 지저분했던 서울은 이제 극동에서 가장 깨끗한 도시로 바뀌어가는 중이다.

라고 서술하였다. 당시 한성이 변화하고 있는 모습은 외국인의 눈으로 보아도 놀라운 것이었다. 당시의 변화에 이사벨 비숍은 감동하고 있었다. 한성에 대한 다른 외국인의 기록을 보면, 그녀보다 나중에 방문한 사람이라 할지라도 한성의 위생과 청결도가 좋은 편이라고 평가하는 사람은 없었던 것은 실제 한성의 청결도가 높은 수준에 도달했다고 보기는 어려울 것으로 판단된다. 반면 그녀는 단기체류이기는 했지만 4회에 걸쳐서 한성을 방문하였고, 그 변화를 스스로 경험할 수 있었기 때문에 한성의 위생과 청결도가 놀랍게 좋아졌다는 평가가 가능했던 것이라고 판단된다. 또 다른 기록에서는[33] 이채연은 워싱턴 시티를 시찰한 적도 있는 능력이 출중한 인물로, 한성의 요철이 심한 도로 평탄화, 위취 제거, 불법 건물 철거, 그리고 주변 가옥과 상점을 초가에서 와가瓦家로 일신했다고 하였다. 한성의 변화가 불과 4개월 만에 실현된 것이고, 그 성과의 주역으로 당시 한성판윤이었던 이채연과, 세관을 담당했던 브라운(J. M. Brown)을 거론하였다. 또 이어지는 기록에서 이채연은 매우 정력적인 시장으로 그의 호의로 한성 서부의 특징인 악취와 오물은 사라졌다고 하여[34] 이채연의 주요 성과로서 도로 정비, 불법가설시설물 철거, 위생상황 개선, 도시경관 정비를 들고 있다. 결국 한성이라는 도시가 합리적인 변화를 향해 움직이고 있었음을 보여주는 것이며, 이 시기의 변화가 가져온 한성의 변화를 긍정적으로 평가하고 있다. 이 변화의 속도와 관련해서는 미국 공사 알렌이 1896년의 4개월은 그가 조선에 머물렀던 12년간보다 큰 변화가 일어난 시기로 최근 3개월은 매주 변화가 일어났다고 언급하였다.[35] 한성부의 변화가 단순히 앞을 향해 나아가고 있는 과정으로만 볼 것이 아니라 변화의 속도가 급진적이라는 점에 잠재력이 있다고 판단하였고, 앞으로의 한성의 변화에 기대를 걸고 있는 것으로 보인다. 또 이러한 변화가 서양을 지향하는 것이 아닌, 한국적인 변화라는 측면도 중요하다고 보고 있다.[36] 위에서 열거하였던 도시정비는 실제로 한성이 처음 조선의 수도가 되었을 당시의 모습과 그게 차이가 없었다. 조선 초기에는 한성의 도로에 불법 점거 시설이 없었고, 한성의 경사 지형을 활용하여 생활하수와 오물을 처리하는 시스템이 정착되어 있었으므로 무분별한 오물 폐기도 없었다. 이는 조선 초기 한성의 이상적인 상황으로의 복귀이며, 도시 근간을 되돌려놓기 위한 시도라고 판단된다. 이러한 측면에서 이채연의 도시정비는 한국적이라고 평가할 수 있는 것이고, 그 한국적이라는 평가에는 한성의 본래 모습, 즉 조선초기로의 복고라는 의미도 포함되어 있다고 볼 수 있다.

흥선대원군 집권기에도 한성의 조선초기로의 복고가 진행되었다. 당시의 변화는 한성의 정치적 상황을 바탕으로 복고가 이루어졌으므로 위정자에 의한 관념적이고 상징적인 복고라고 할 수 있다. 반면 이채연이 실행한 한성의 복고는 민중들의 삶과 생활의 질을 향상시키기 위한 복고였다. 이 시기의 변화야말로 도시의 삶을 한 단계 끌어올린 의미 있는 성과라고 할 수 있을 것이다.

한성 정비사업이 끝나자 이채연이 주도한 것은 전차사업이었다. 한성부 내에 전차를 설치하였고 이는 고종의 의도와도 합치하는 것이라고 할 수 있다. 당시 『아사히 신문』에서는[37]

> 경성의 왕궁 홍화문으로부터 동대문을 거쳐서 왕비의 묘소 앞에 이르는 5마일40체인의 거리에 전기철도를 부설하여 완전히 공사를 마쳤다고 한다. 이 공사는 경성전기철도회사가 경영하게 되고 이 회사는 옛 한성부윤 이채연씨가 발기하였고 공사는 미국 동양건축회사가 청부하였는데, ……(후략)

라고 하여, 전차 공사에 이채연이 깊이 관련되어 있음을 지적하고 있다. 1898년 이채연은 이윤용李允用과 함께 한성전기회사를 설립하였고, 회사의 사업과 운영은 모두 미국인 콜브란(H. Collbran)과 보스윅(H. R. Bostwick)에게 맡겨졌다. 이후 이채연은 한성전기회사漢城電氣會社 사장과 한성재판소漢城裁判所 수반판사首班判事를 겸임하였고,[38] 1895년에는 한성부관찰사로 임명되어[39] 급거한 1900년까지 한성부와 관련된 업무를 맡았다.

이채연은 1900년 8월 16일에 급사하였다.[40] 이채연은 친미파로 알려진 인물로, 친러파인 이용익이 불러온 권력 다툼 속에서 독살되었다는 설도 있지만, 정확히 그 진위를 확인하는 것은 어렵다.[41] 그러나 급사하기 3일 전인 1900년 8월 13일까지 한성재판소 수반판사로서의 업무를 보았다는 기록이 남아있으므로,[42] 독살의 가능성도 배제하기 어렵다고 판단된다. 결과적으로 이채연의 돌연사는 당시 급진적으로 진행했던 한성의 개조 사업에도 영향을 미쳤다. 1884년의 갑신정변의 결과 개혁적이고 진보적인 인재가 그 능력을 발휘할 수 있는 장을 잃고 외척세력으로 대표되는 수구세력이 득세하게 된 것과 마찬가지로, 건축과 도시에 있어서의 개혁적 행보를 주도한 인사가 사라지자 그 동력도 상실하게 되었다. 갑신정변을 주도했던 김옥균과 박영효 등 급진개화파는 적극적으로 서양식 건축을 도입하고자 시도했던 세력이기도 했다. 이들의 실패, 그리고 도시 개혁을 주도하였던 이채연의 급사, 이 두 사건은 근대화 물결 속에서 한국 건축과 도시의 변화를 주도했던 동력을 상실하게 된 사건이었다고 볼 수 있는 것이다.

일본인과 중국인의 영역 분할과 확장[43]

청일전쟁은 일본과 중국 사이의 전쟁이었지만 그 영향은 한국이 더 크게 받았다고 볼 수 있다. 물론 동아시아의 패권이 중국에서 일본으로 넘어가는 계기가 되었다는 해석이 있고 동아시아 전체의 판세를 읽는 중요한 견해이다. 그러나 청일전쟁이 발발하고 그 전장이 되었던 곳이 한반도였으므로 한반도에 끼친 피해와 영향은 매우 컸다고 할 수 있다. 청일전쟁을 통해 한국정부의 한계가 다시 또 드러났다. 동학농민운동과 청일전쟁을 겪으면서 12년 전에 임오군란을 겪으면서 보였던 당시 정부의 무능함이 그대로 드러났다.

그 영향은 한성에도 미쳤다. 먼저 드러난 현상은 한성에 거주하던 중국 상인이 중국으로 돌아갔다는 것이다. 모국으로 돌아간 중국 상인을 대신하여 일본 상인이 그 곳을 점하게 되었다. 일본인은 청일전쟁을 계기로 숙원 사업이었던 남대문로의 진출을 이루게 되었다. 이 시기를 기준으로 일본과 중국의 상황이 역전되었다고 볼 수 없지만, 동등한 수준으로 변화하였다고 볼 수 있다.

청일전쟁과 한성 내 중국 상권과 일본 상권의 충돌

이 시기 한성의 상황에 대하여 『조선개화사朝鮮開化史』에서는[44]

> 한성은 중앙정부가 위치한 곳으로 불충분하지만 정치기관을 그 지역에 갖추어, 서쪽으로 경희궁慶熙宮 터가 있고, 그 아래 경운궁慶運宮이 있으며, 한편으로 명례궁明禮宮이라고 불린다. 임진의 역(임진왜란) 때 다른 궁궐은 모두 불타서 사라지고 이 궁궐이 유일하게 보존되어 일본의 모든 장수는 여기에 머물렀고 전쟁 후에는 선조宣祖가 여기에 옮겨 왔다고 한다. 동쪽으로는 창덕궁, 창경궁이 있고 이들을 동궐 대궐이라고 부르거나 옛 대궐이라고 한다. 지금의 왕조 24년에 난이 있어 일본 병사들이 이곳을 수호하였고 청국淸國과 한국韓國의 병사들로부터 습격을 받은 곳이기도 하다. 창덕궁과 경복궁 사이에 별궁이 있으며, 그 남쪽으로 남별궁이 있다. 경복궁 정문 광화문 앞 대로 양측에 여러 관아가 정연히 배치되어 있다. 또 종묘, 사직, 각종의 묘사, 왕족의 궁이 있어 모두 대가大家를 갖추었으며, 높게 솟은 영국, 프랑스, 러시아, 독일의 공관은 서대문 안쪽에 늘어서 있으며, 일본공사관은 남산 아래 홀로 서 있고 공사관 앞에는 왜성倭城이라고 불리는 언덕이 있는데 듣자하니 임진왜란 때 일본 수장이 구축한 요새 였다고……(후략)

라고 1900년경의 한성을 설명하고 있는데, 위 기록 속에서 영국, 프랑스 러시아, 독일 공사관 등 외국의 공관에 대한 설명을 제외하면, 기록만으로는 어느 시기의 한성을 묘사하고 있는지 추정하기 어렵다. 바꾸어 말하면 한성은 조선 초기부터 개항까지 거의 변화가 없었으므로, 한성 내 자리 잡은 외국인들에 대한 언급을 제외하면 크게 변화가 없었다고 할 수 있고 어느 시대의 한성인지 명확히 드러나지 않는다고 할 수 있다.

한성에 거주하던 서양인들은 서로 간의 견제가 없었다. 서양인은 한성의 상권商圈에 관심이 없었고 그 다툼에 참전할 정도로 수가 많지도 않았다. 당시 서양인들의 구성을 보면 일반 상인은 거의 없었고, 대부분은 한국정부에 고용된 사람들이나 자국 정부에서 파견한 공관 직원이었고, 그밖에 종교인, 교육자, 소수의 의료진이 있었다. 그리고 상업에 종사하는 사람들도 있었지만, 주로 광산 채굴이나 목재 채벌, 또는 정부를 상대로 한 군수산업 등, 대규모 사업에 관계되어 있었으므로, 소매상들을 중심으로 벌어졌던 한성의 상권 싸움은 서양 상인들의 활동무대가 아니었다.

그러나 한성에 거주하는 일본인과 중국인의 대다수는 상인이었으며, 이들 상인은 서로 상권을 장악하기 위하여 경쟁을 계속하였다. 그러나 청일전쟁 직전의 상황을 보면, 일본인 848명, 중국인 2,500~3,000명 정도로, 중국인이 압도적으로 많았고,[45] 한성의 주요한 상업 거점도 이미 중국인의 차지였다.[46] 한성에서 강력한 힘을 떨친 중국 상인과 반대로, 한성을 제외한 많은 지역에서는 왕성하게 활약했던 일본 상인들이 유독 한성에서는 활동이 저조하였다. 다음 기사에서는[47]

> (전략)…… 해당 지역에서 외국 화물의 판매업에 종사하는 자는 일본과 중국 양국 상인뿐이지만, 근래 중국인의 상업 매출이 지속적으로 증가하는 추세이며 그 거류민의 수도 작년 연말 조사에 의하면 이미 2천명이상에 도달해서 성내 주요 거점 어디에나 중국인 상점을 볼 수 있다. 조선에 있는 무역장(개항장) 중에서 중국 상인이 가장 큰 세력을 떨치는 곳이다. 이에 반하여 우리 상인은 그 인구가 적을 뿐만 아니라, 상업 매출도 중국인에 비하면 점차 감소하고 있어서 실로 해당 국가에 있는 개항장 중에서 우리 상인의 세력이 가장 저조한 곳이라고 칭할 수 있다.……(후략)

라고 하여, 한국 전체에서 일본인 상권이 가장 약한 지역으로 한성을 꼽았다. 실제로 한성에서 일본 상인이 실패할 수밖에 없는 이유로서 중국인은 서양 문물을 상해에서 수입하여 판매하는 반면, 일본 상인은 나가사키長崎에서 가져와 판매하므로 단가가 높을 수밖에 없고 동등한 경쟁으로는 이기기 어렵다는 내용의 기사가 자주 등장하였다. 이 국면을 타개하기 위하여 일본 상인은 한성의 주요 상업가로인 남대문로와 종로에 진출하고자 하였다. 중국인들은 이미 이 지역에 진출하여 번성하고 있었지만 상대적으로 일본인들이 밀집해 있던 지역인 니현은 상업이 번성하지 않고 도로도 좁아 상업에 불리했다. 여기와 가까운 남대문로로 진출하고자 다각도의 노력을 기울였지만, 중국 상인에 밀려 번번이 실패하였다.

청일전쟁 이후 중국인 영역과 일본인 영역의 변화

청일전쟁 이전까지 중국인 세력은 일본인 세력을 압도했었다. 그런데 청일전쟁에서 일본군이 이기면서 이 상황은 크게 변화하였다. 일본이 청일전쟁에 승리하면서 일본 상인도 한성의 상권을 확장하기 시작했다. 청일전쟁이 발발하자 대부분의 중국인이 일시 귀국하였다. 다음 기사에서[48]

> 경성에 체재하는 중국 상인들이 속속 귀국하는 것은 전편에서도 보도했지만, 그 중 이태호怡泰號외 두셋의 대형 상점은 잔류하였는데 최근에는 이들 대형 상점들조차도 말을 맞춘 듯 상품을 정리하여 폐점하고 귀국하게 되었다. 또 각국 공사관에서 고용하고 있는 중국인 요리사들도 탈주하여 공사관에 요리할 사람이 없어 크게 곤란한 상황이라 한다.

라고 하여, 마지막까지 남아 있던 이태호怡泰號 외 두셋의 큰 상점도 단결한 듯 폐점하고 중국으로 돌아가면서, 한성 상권에는 공동화 현상이 생겼다고 설명하였다. 일본 상권이 남대문로, 종로, 정동 등의 주요 상업 지역에 진출할 수 있는 적기였다. 일본 상인들은 이 틈을 놓치지 않고 기존에 중국 상인들이 장악했던 남대문로와 정동 일대, 그리고 한국인의 토착 상권이었던 종로까지도 진출하였다.〈그림 5-6〉[49] 다음 기사에서는[50]

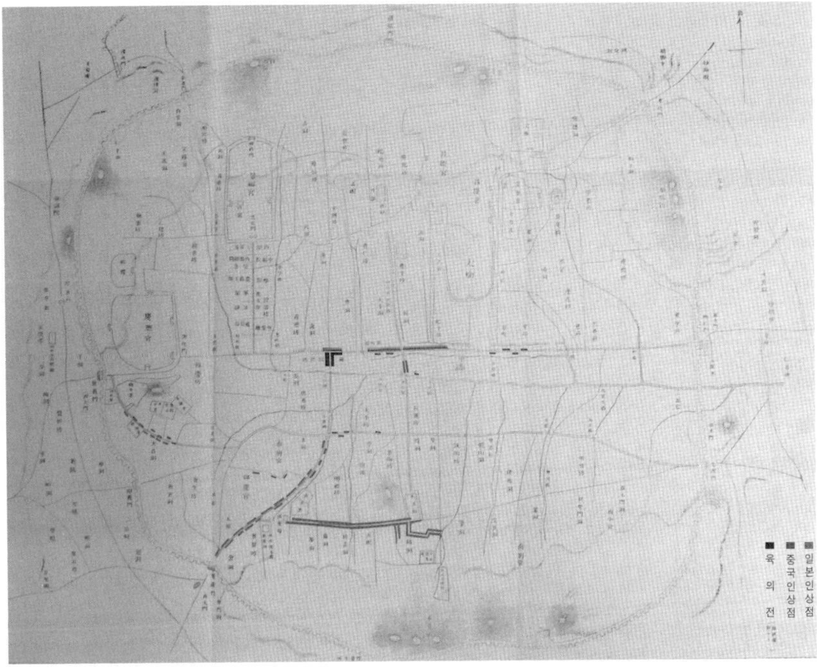

그림 5-6 1895년의 중국인 상인과 일본인 상인의 상권「漢陽京城之圖」(日韓通商協會,『日韓通商協會報告』1권, 1895)를 보기 쉽게 수정⇒[원색도판 2] 참조

> (전략)……해당 지역에 체재 중인 우치다內田 영사의 보고에 의하면 올해 6월 중 우리 군대가 조선국에 주둔하게 된 이후 거류 중국 상인은 속속 점포를 폐쇄하고 본국으로 도망치듯 귀국하였고, 경성에 거주하는 한국인도 난을 두려워하여 각 지방으로 도주하는 자가 상당히 많다고 한다.……(후략)

라고 하여 한국 상인들마저도 피신하였음을 알 수 있다. 전쟁 때문에 중국 상인뿐 아니라 한국 상인들도 지방으로 피신해 있었기 때문에, 이 공동화空洞化 시기를 계기로 일본 상인들은 남대문로, 종로, 정동 등의 지역으로 진출할 수 있었다.

청일전쟁에서의 승리를 통해 일본인은 한성에서 안정적인 상업 활동을 보장 받았고, 한성 내 일본인 영역도 더불어 확장되었으며, 일본인 인구도 급속히 증가하였다.[51] 위 기사에서 이어지는 내용을 보면[52]

(생목 및 서양 포목 등의 제반 상품의 판매처)는 원래 9할 정도를 중국 상인이 취급하여 그들 상인들은 이번 사건을 계기로 모두 본국으로 철수하였으며, 그 상업은 자연히 우리 상인의 손에 들어오게 되는 흐름을 낳았다……(중략)……만약 이 때를 노려 우리 상인 중 유력자가 해당 지역에 생목 및 기타 서양 포목류를 대량으로 수출하게 되면 다년간 중국 상인들에게 점령되었던 해당 물품의 판매업이 일조하여 우리 상인의 손에 귀속하여 정착하게 될 것임은 의심할 여지가 없을 것이다.

라고 하여, 한성 내 포목 무역량의 90%를 담당했던 중국 상인들의 비중이 청일전쟁을 계기로 급락하였고 일본인이 이를 차지하였음을 알 수 있다. 그리고 일본 상인들은 이 기회에 중국 상인이 독점하던 물품을 차지해야 한다고 주장하면서, 중국인이 돌아오면 다시 전세가 역전될 것을 우려하기도 하였다. 실제로 중국 상인들이 한성으로 돌아오자 일본 상인 사이에 위기감이 고조되었다. 당시 기사에서는 평화를 회복하면서 중국의 대형 상인들이 다시 한국으로 돌아오고 있으며, 그 예로서 안창호安昌號[53]가 돌아와 정동에 개점하였고, 그밖에 인천항의 동순태同順泰 지점을 비롯해, 덕흥호德興號, 쌍성호雙盛號 등도 한국으로 돌아왔으며, 이태호怡泰號도 새 점포를 신축하고 있다고 전하였다.[54] 또 중국 상인 세력이 원래대로 다시 돌아오고 있으며, 한 달 사이 일본의 무역량이 1만5천1백원 감소했다는 기사도 있어,[55] 한국에 돌아온 중국 상인들이 본격적으로 활동을 재개했음을 알 수 있다. 그밖에도 「청상淸商의 장점長點」이라는 기사에서는,[56] 상인들 사이에 단결력이 좋은 점, 언변이 뛰어나서 저가에 공급이 가능한 점, 도매와 소매가 명확히 구분되어 서로 경쟁이 없는 점 등을 들어 중국 상인들이 활약하는 이유에 대하여 분석하였다. 이 기사가 작성된 시기는 1895년 9월로 청일전쟁의 여파로 일본인이 한성 상업을 장악하고 있던 시기이다. 그럼에도 불구하고 언젠가 다시 상권을 중국에게 빼앗길 수 있다는 위기감을 드러내고 있는 것이다.

이상에서 보면 청일전쟁의 승리로 일본 상인이 이전보다 안정된 지위를 확보한 것은 사실이지만, 그들이 여전히 중국 상인에 대한 경계와 두려움을 가졌음을 확인할 수 있다. 그리고 전쟁 이전에 한성 내 중국 상인이 2000인 이상에 달했다는 기록이 있었지만, 전쟁이 끝나고 한성으로 돌아온 중국 상인에 대한 다음 기사에[57]

> 한성부 조사에 의하면 경성에 있는 중국 상인은 이미 227인에 이르며, 모두 대형 상인이다.

라고 하였다. 청일전쟁 직후 귀국했다가 돌아온 중국인 상인의 숫자를 살펴보면, 1895년 5월의 한성부 조사에서 중국 상인이 227명으로 늘어났다고 밝혔으며, 이들은 모두 대상大商이었다고 하였다. 그러나 이는 청일전쟁 직전 2,000명 이상에 달했던 것과 비교하면 적은 숫자이다. 또한 1895년에 작성된 지도인 〈그림 5-6〉을 보면, 일본인 상인이 남대문로를 벗어나 서양인과 중국인의 활동 무대였던 정동에도 진출했음을 확인할 수 있다. 더구나 한성에는 일본 군대가 주둔하게 되었고, 이전에 중국이 한국에 행사했던 정치적 군사적 영향력은 이미 사라지고, 그러한 영향력 행사를 오히려 일본이 가능한 상황이었으므로, 일본 상인들의 확장과 성장은 지속되었으며 이러한 상황이 러일전쟁이 일어나기 전까지 유지되었다고 볼 수 있다. 1901년 자료에는[58]

> 외국인 거류민 수는 일본인 1,992명, 중국인 1,272명, 미국인 95명, 러시아인 7명, 영국인 39명, 프랑스인 36명, 독일인 9명, 기타 외국인 5명, 도합 3,456명이다. 일본의 수비대 및 헌병, 러시아의 공사관 수호 병사는 통계 외에 있다.

라고 하여 이미 일본인 인구가 중국인 인구를 넘어섰음을 알 수 있다. 그러나 여기에 일본군의 수가 포함되어 있지 않았기 때문에 실제 일본인의 규모는 다른 국가와 비교할 수 없을 정도로 압도적이었다고 볼 수 있다. 그리고 위 기록에 이어지는 내용에서[59]

외국 상인 중에서 일본인이 가장 많아서 남대문에서 명동 및 니현 근처에 넓게 포진하여 니현을 중심으로 점포를 차렸다. 중국인은 남대문통에 일단, 정동에 일단, 수표교변에 일단, 동대문통에 일단이 있어 각각 중국풍 점포를 차렸다. 구미 상인은 매우 적어서 정동 근처에 두셋이 있을 뿐이다. 한성 내 온갖 곳에 퍼지게 된 것은 중국 상인이 출점出店한 것을 필두로 영한조약英韓條約에 의해 균등한 권리가 정해졌고 일본 또한 균등한 권리를 얻게 되었는데, 그 시작시기에는 중국인이 가장 많고 일본인은 그 3분의 1에 지나지 않았었다. 그런데 청일전쟁이 일어나자 중국인들은 난을 피해서 모두 본국으로 돌아가 일본인이 대신하여 다수가 이동해 왔는데 현재는 일본인 수가 훨씬 중국인 수를 능가하게 되었다.

라고 기술되어 있어, 이 시기에는 일본인 세력이 중국을 넘어섰음을 보여주고 있다. 그리고 일본인 영역의 확장을 보여주는 또 다른 지표로서 1896년 일본 영사관이 남대문로 부근으로 신축 이전한 것을 들 수 있다. 영사관은 현지 생활에 있어서는 공사관보다도 중요한 역할을 하는 공관이다. 전술한 바와 같이 일본인의 거류 영역은 공관 주변으로 형성되는 경향이 있었으므로, 일본 영사관이 남대문로로 새로이 이전하였다는 사실은, 이 시기에 일본인들의 거류 영역이 이미 그 부근까지 확장되어 있었음을 의미한다.

〈그림 5-7〉은 1912년의 『지적원도地籍原圖』에 1912년의 『토지조사부土地調査簿』 내용을 담은 중국인 소유지 지도이다. 1912년의 현황이므로 러일전쟁 이전 한성의 중국인 소유 현황과는 다소 차이가 날 수밖에 없다. 그러나 1900년 이후 중국인 인구는 거의 변화가 없으므로 세부적인 부분에서의 차이는 있겠지만, 인구 변화가 없는 만큼 전반적인 영역이나 그 규모를 추정함에 있어서 1912년 자료는 유용하게 활용할 수 있다. 〈그림 5-7〉을 보면 1894년까지 중국 상인의 중심구역이라고 여겨지는 수표교 부근보다도 정동이나 남대문로 쪽에 모여 있는 것을 알 수 있다. 앞서의 〈그림 5-6〉을 보면 중국인 구역이 셋으로 나뉘어져 수표교 부근, 정동, 남대문로로 분리되어 있음

그림 5-7 1912년 한성의 중국인 소유지(1912년 지적도 위에 토지조사부 내용을 바탕으로 소유지를 추적하여 표시) ⇒ [원색도판 3] 참조
(바탕도면: 서울시립대 도시공학과 도시설계역사연구실, 『도시구조/공간의 역사적 변화 연구: 1912/1929년 지적도의 디지털화』, 2006년)

을 볼 수 있다. 〈그림 5-7〉에서도 세 구역으로 나뉘어져 있음이 확인된다. 그러나 〈그림 5-6〉에서는 종로에도 상당한 수의 중국인 상점이 보이지만, 〈그림 5-7〉에서는 종로에 상점을 연 중국인이 극소수이고, 정동의 상점도 줄어든 것을 확인할 수 있으며, 경운궁에서 환구단에 이르는 지역으로 많은 수가 이주했음을 확인할 수 있다.

일본의 경우 공사관이나 영사관이 있던 장소, 그리고 상업회의소, 경성거류민단역소가 있던 곳이 일본인 상업이 가장 성행했던 곳이었으므로 행정과 상업의 장소가 일치하였다. 반면 중국 공사관이나 영사관이라고 할 수 있는 「상무총서商務總署」가 남대문로 동측에 자리하였으므로,[60] 그 근처에 중국인 상인조합이나 전신국도 자리하였다. 그럼에도 불구하고 중국의 상점은 대체로 중국의 외교시설과 떨어진 곳에서도 성행하였다는 점이 일본 상인들과는 다른 특징으로 들 수 있다.

한성 서부 지역으로의 중심 변화와 서양인 영역

고종의 경운궁 이어(移御)와 중심 변화

고종이 아관파천으로부터 경운궁으로 돌아오면서 한성 중심도 경운궁 지역으로 변화하였다.[61] 경운궁을 중심으로 하여 다양한 건설 활동이 이루어지고 새로운 문화와 시설이 집중되었으므로 경운궁이 새로운 중심으로 위치하게 되었다. 실제로 이 정동지역은 아관파천 당시 러시아공사관이 위치해 있기도 했지만 고종이 경운궁으로 이어하기 이전부터 중심지로서의 역할을 담당하였다고 할 수 있다. 이에 더하여 고종이 경운궁으로 돌아왔고 대한제국을 선포하면서 고종이 기거하는 경운궁과 그 주변은 기존 왕궁에서 황궁으로 격이 올랐고, 이에 상응하는 도시정비사업도 추진되었다.

이 경우 고종이 주도하는 건설사업에 있어서 건설행위 자체는 서양식 건설이 주를 이룰지도 모르지만 그 내용은 고종이 황권을 지키는 방향으로 전개될 수밖에 없었다. 결국 건축이 서양식이 되었다고 하더라도 도시변화가 반드시 서양화를 향해 움직였다고 볼 수는 없다는 것을 의미한다. 샌즈(W. F. Sands)의 기록에서는[62] 미국인 선교사 한명이 신성한 궁궐이 내려다보이는 곳에 집을 지었다. 당시의 실정법에 따라 황제보다 높은 위치에서 백성들이 거주하는 것은 있을 수 없는 일이지만, 정부는 이 법을 적용시키지 못했고, 서양 공사관들은 이 법을 지킬 생각이 없었으므로 대한제국 정부는 해당 건물을 막대한 돈을 들여서 구입할 수밖에 없었다. 이러한 행위는 실리적인 결정이라고 보기 어렵지만 당시의 대한제국 황실의 권위를 지키기 위한 결정이고 정부가 중요시하는 가치가 황실의 권위를 지키는 전통적인 가치라는 것을 보여주고 있다. 이러한 결정들은 세부적으로는 서양식 가옥을 매입하여 황실 소유의 서양식 건축이 늘어나는 변화라고 할 수 있지만, 실제로 추구하는 방향성은 서양화의 정반대인 전통적인 가치 존중에 있다고 할 수 있는 것이다.

경운궁이 정동에 위치해 있고, 경운궁 주변에 언덕이 있었으므로 황궁이 내려다보이는 곳에 건물을 지을 수 없다는 실정법은 지켜지지 않았다고 판단된다. 『한성부래거안漢城府來去案』에서ㄷ도[63] 궁궐 부근에 가옥을 건축하는 것을 금지하는 것에 대하여 프랑스 영사가 받아들이지 못하고 문서를 통해 확인을 요청하고 있는 것을 확인할 수 있다. 일반적으로 외교적 분쟁을 일으키면서 그 지역을 점유하려는 태도가 납득하기 어렵지만, 이 지역이 중심지가 된 이상 정동 지역의 가치는 올라갔을 것이고 프랑스 측에서도 국제법상 합법인 부지를 국내 실정법 위반이라는 이유로 내어줄 수는 없다고 판단한 것이라고 추측된다. 이러한 사건도 경운궁을 중심으로 하는 한성으로 한성의 중심이 이동하였기 때문에 생겨난 것이라고 볼 수 있다.

러일전쟁 이전의 한성 내 서양인 거류 현황

이 시기 서양 외교공관이 경운궁 주변에 위치하였으므로, 서양인 거류지역이 정동이었다고 알려져 있다. 그러나 실제로 서양인이 거류하던 지역은 알려진 것과는 다소 차이가 있다. 인구 변화 폭에 있어서 서양인은 일본인이나 중국인과는 달리 크게 변동이 없었다. 〈표 5-1〉에서 보면 총 인구수가 갑자기 줄거나 늘어나는 변화가 확인되지만, 이는 영국인과 프랑스인 인구가 급변하는 변화가 있었기 때문으로 조사 과정상의 오류가 아닐까 추정된다.

표 5-1 한성 내 서양인의 인구 추이

연도	미국	영국	프랑스	독일	러시아	기타	계
1894년	58	14	10	3	4	1	90
1897년	95	37	31	7	57	1	228
1900년	95	39	36	9	7	5	191
1906년	146	73	78	23	6	5	331
1907년	98	29	10	14	2	5	158
1908년	131	88	61	22	12	7	321
1909년	130	85	56	22	11	2	306

출처: 京城府, 『京城府史』 제1권, 京城府, 1934년, 518~521쪽. 恒屋盛服, 『朝鮮開化史』, 博文館, 1901년, 87쪽. 統監府, 『第一次~第四次 統監府統計年報』, 1907~1910년

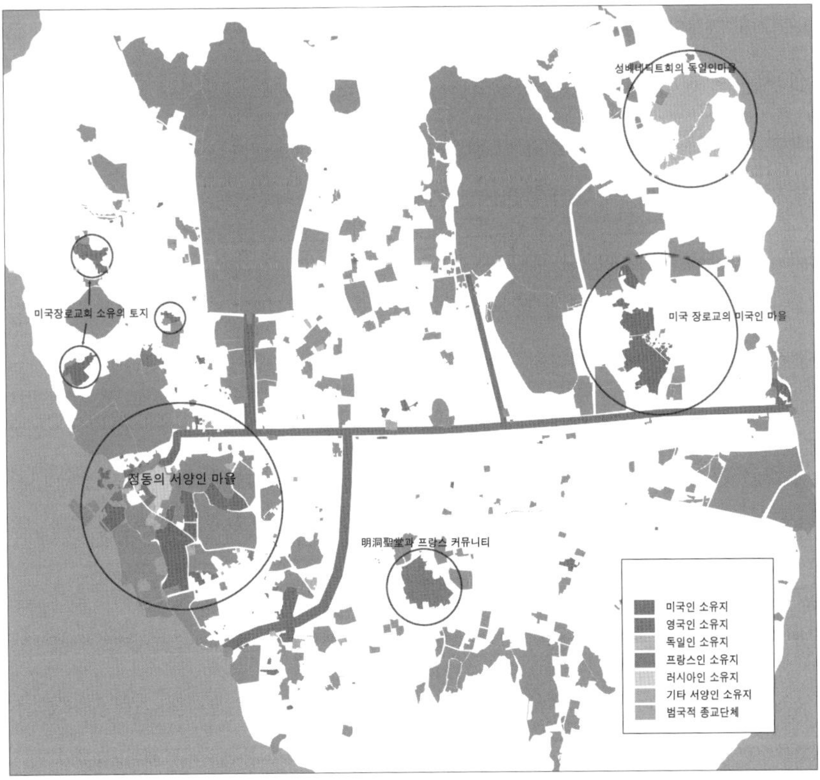

그림 5-8 한성 내 서양인의 국적별 소유지 (1912년 지적도 위에 토지조사부 내용을 바탕으로 소유지를 추적하여 표시)
⇒ [원색도판 4] 참조

서양인 거류 지역을 구체적으로 확인하기 위해 1912년의 『지적도』 위에 『토지조사부』 내용을 기재하여 서양인의 토지 소유를 살펴보았다. 1912년과 1894년의 상황이 일치할 것이라고 보기 어렵지만, 서양인은 인구 변화가 거의 없고, 변화가 있더라도 원인과 결과를 어느 정도 추정 가능하므로 활용도가 높다고 볼 수 있다. 당시 서양인들은 정치나 경제적인 시대 상황에 크게 좌우되지 않는 양상을 보였다. 당시의 서양인들은 대체로 종교중심의 공동체를 형성하고 있었고 종교 거점은 시간이 변화하더라도 크게 변화하지 않는다는 점에서 1912년의 자료를 통해 개항기 외국인 거류지역의 전반을 살펴볼 수 있다고 할 수 있다.

〈그림 5-8〉를 통해 1912년 서양인이 토지를 소유한 상황을 보면 실제로 정동에 서양인이 가장 많이 밀집해 있는 것을 확인할 수 있지만, 다른 지역에도 넓게 퍼져 있다는 것도 확인된다. 정동은 상당히 좁은 지역인데 이 지역의 대부분은 경운궁과 외국 공관이 차지하고 있다. 따라서 일반 서양인이 이 지역에 거주하는 것은 제약이 따를 수밖에 없다. 이 시기에 정동이 외국인거리로서 정착한 것은 사실이지만, 이는 정치적 행정적 측면에서의 해석이라고 보는 편이 타당하다. 실제 거류지역을 보면 흥인지문 북측, 혜화문 안쪽, 정동 북측, 경복궁 서측, 명동성당 주변 등에 각각 일단의 서양인 공동체가 있었음을 파악할 수 있다.

그 양상을 보다 구체적으로 고찰해 보자. 지금까지 다양한 연구를 통해 정동은 서양인거리로서 알려져 있는 것처럼,[64] 〈그림 5-9〉에서 보면 가장 거대한 서양인 소유지가 있고 거의 대부분을 경운궁과 서양인이 차지하고 있음을 알 수 있다. 가장 큰 영역은 경운궁이고 그 외 지역은 대부분 영국공사관, 미국공사관, 프랑스공사관, 러시아공사관 등의 공사관이 차지하고 있다. 공사관은 단순히 외교 공관만 있는 것이 아니라 종교시설이 함께 위치하였다. 처음에 정동에 서양인이 살기 시작할 때부터 그러했기 때문에, 영국공사관과 영국성공회, 미국공사관과 북감리교회, 러시아공사관과 러시아정교회가 함께 자리 잡았다. 이들이 남아 있는 정동 지역을 점유하고 있었다. 단, 프랑스공

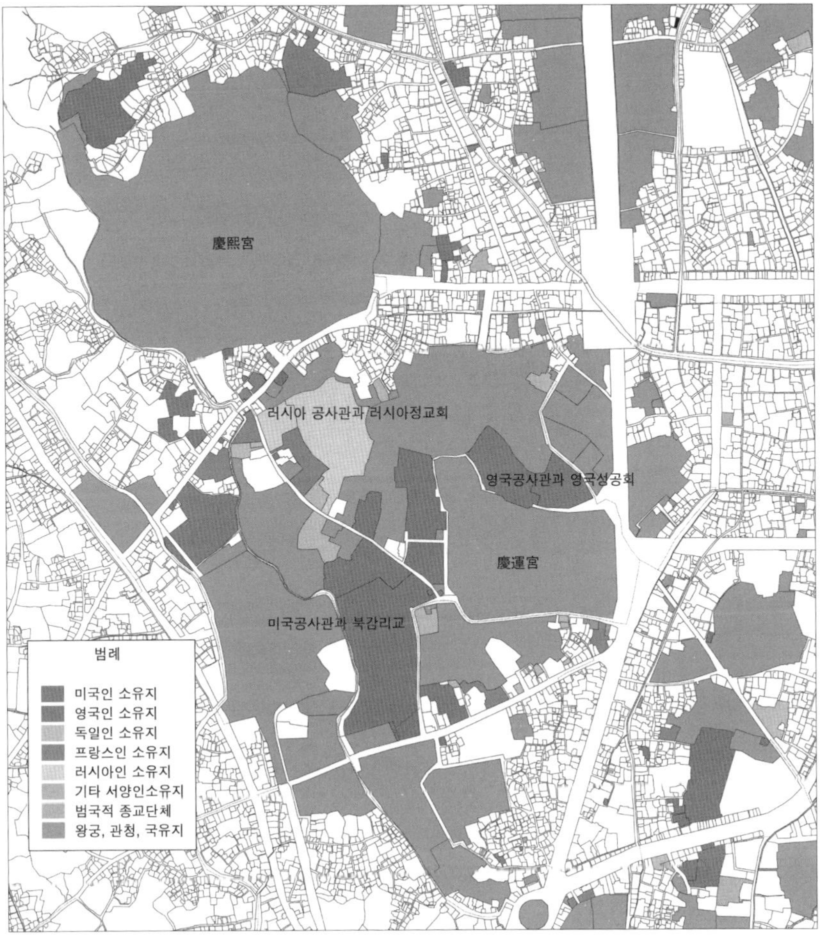

그림 5-9 1912년 정동지역의 국적별 서양인 소유지 (1912년 지적도 위에 토지조사부 내용을 바탕으로 소유지를 추적하여 표시) ⇒ [원색도판 6] 참조
(바탕도면: 서울시립대 도시공학과 도시설계역사연구실, 『도시구조/공간의 역사적 변화 연구: 1912/1929년 지적도의 디지털화』, 2006년)

사관의 경우, 당시 프랑스 가톨릭교회가 유럽 가톨릭교 전체를 대변하는 지위였으므로 프랑스 가톨릭교회만은 정동에서 벗어나 명동에 커다란 교회를 세우고 공동체를 형성하였다. 결국 정동이 서양인 거리라고 하더라도 생활감을 가진 일반적 마을과는 다른 성격을 가진 공간이라고 볼 수 있다. 즉 여타 동아시아 개항지 내 서양인 조계지에서 보이는 서양인 거리와는 다소 성격이 다르다고 볼 수 있는 것이다. 개항기 한국을 방문한 서양인 기록에는 정동을 외교

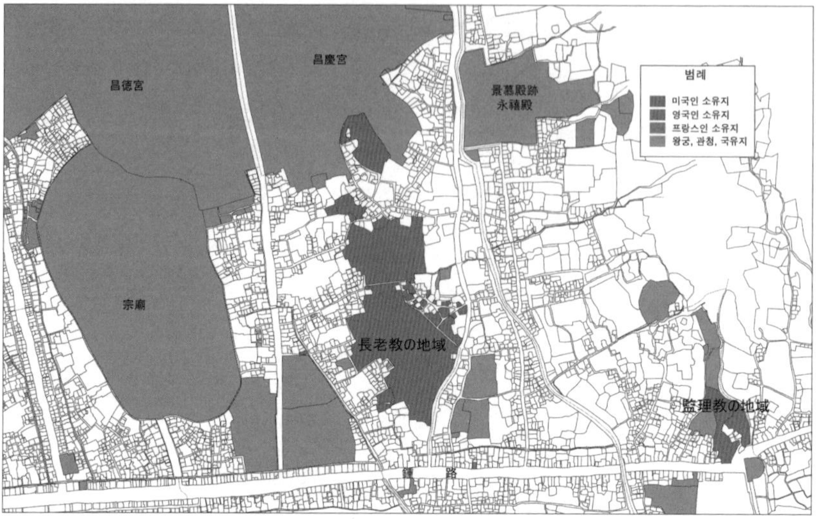

그림 5-10 동대문로 북측 미국장로교 및 감로교 소유지 (1912년 지적도 위에 토지조사부 내용을 바탕으로 소유지를 추적하여 표시) ⇒ [원색도판 5] 참조
(바탕도면: 서울시립대 도시공학과 도시설계역사연구실, 『도시구조/공간의 역사적 변화 연구: 1912/1929년 지적도의 디지털화』, 2006년)

관거리라고 표현한 경우가 많은데, 이러한 표현이 타당하다고 여겨진다. 실제 서양인은 정동 이외의 지역에도 분산하여 생활하고 있었다.

서구 국가별 영역을 보면, 그 넓이와 집중도에 있어 가장 두드러진다고 판단되는 것이 미국인이었다. 서양인 중에서도 인구가 가장 많았고, 한국에 들어온 종교단체 수도 가장 많았다. 남감리교, 북감리교, 장로교, 침례교 등의 선교사가 활동하였고 한성 내 한국 주민과의 관계도 가장 친밀하여 여러 커뮤니티를 구성하였다. 〈그림 5-10〉이 동대문로 북측 미국인 소유지이다. 동쪽으로 감리교 미국인 지역이 있어서 미국인들이 넓게 퍼져 있음을 확인할 수 있다. 흥인지문 안쪽에 있는 감리교 구역은 거기 있는 전기발전소 종업원들의 공간이었을 가능성이 높다. 인구수에서 영국인이 두 번째인데, 정동 이외에 특정 영역을 설정하지 않았던 것은 종교나 언어가 유사했던 미국인과 함께 사는 것에 문제가 없었기 때문이라고 추정된다.

소결

고종이라는 한국 최대의 건축주가 가진 서양식 건축에 대한 관심, 이채연이라고 하는 개혁적인 한성판윤, 그들이 주도한 건축과 도시의 건설 활동은 이 시기 건축과 도시의 방향성을 결정하기에 중요한 역할을 담당하였다. 고종이나 이채연의 경우, 지속적으로 변화를 주도하는 것은 가능했지만 다양한 변화의 계기를 마련하기에 불충분했다고 평가할 수 있다.

당시의 건축 상황에 대하여 논하자면 한국 전통식 건축을 유지하는 입장에서 완전히 탈피하였다고 보기는 어렵지만, 고종과 이채연이 보여준 변화를 적극적으로 수용하고자 했다는 자세만으로도 큰 변화라고 할 수 있다. 또 일본인과 중국인의 경우 각각 일본식과 중국식 건축을 고집하였기 때문에, 일본인의 인구 증가는 일본식 건축 활동의 증가를 의미하고, 마찬가지로 중국식 건축도 활발히 건설되었다고 볼 수 있다.

이에 더하여 서양인들이 이미 사용하고 있었던 한국 전통식 건축의 교회, 병원, 학교가 서양식으로 변화하면서, 정동에만 집중되어 있던 서양식 건축이 확산하는 시기라고 할 수 있다. 즉 철도 건설 등 교통이 발전하고, 건설 활동의 전반적 상황이 나아졌으며, 그러한 개선 양상이 서양식, 일본식, 중국식 건축의 증가를 불러온 것은 물론이고, 한국 전통식 건축의 양적 성장에도 기여했다고 판단된다.

결과적으로 이러한 변화는 외국인의 영역이 확산하는 결과로 이어졌으며, 일본인 구역의 성장이 현저하지만, 서양인과 중국인 영역도 넓어지는 특징을 확인할 수 있다. 청일전쟁 이전까지 한성은 잡거지라고 하여도 국가별 영역이 어느 정도 정해져 있었지만, 이 시기에 들어서 한성이 완전히 잡거지로 변모해갔음을 확인할 수 있는 것이다.

주_

1 (전략)……於此而伏聞乾清宮經始之役, 頗尙宏麗云. 此不過時備臨幸之所, 而將焉用彼壯麗, 而過爲靡費也……(중략)……適因舊趾, 肯構幾十間堂屋, 予意攸在, 六偉幾竣, 而自內經紀, 初不任有司, 是不欲壯麗之意也……(후략) (『承政院日記』 1873(高宗10)년 5월 10일)

2 (전략)…… 上曰, 闕內墻垣頹圮殿閣, 亦有滲漏處矣. 世均曰, 闕內修補, 係是臣曹所掌, 誠不勝悶然矣. 仍奏曰, 日前次對, 有景福宮修理材木, 待秋發關之敎, 爲民聖念, 誠不勝欽仰萬萬, 而臣於伊日, 未參筵席, 不及詳奏矣. 材木, 則果自臣曹, 買私養山, 已有如干斫伐者, 此則先爲編筏運下, 恐好矣. 上曰, 予亦聞之矣. 已伐者先爲運下, 未伐者待秋爲之, 可也……(중략)…… 上曰, 大樑所用, 可爲幾介耶. 世均曰, 可爲五六十箇矣. 上曰, 間數爲幾何耶? 世均曰, 可爲四百間矣...(후략) (『承政院日記』 1874(高宗11)년 5월 5일)

3 (전략)…… 上曰, 改建時, 少變前制, 好矣, 以交泰殿言之, 前後殿廡相接, 回廊曲閣, 連續不絶, 若有意外之事, 易致難言之境. 此不可不變通處也. 世均曰, 制度變通, 謹當待下敎奉行矣. 上曰, 複道築甎, 架屋僅令避雨, 殿閣亦不必高立柱石矣. 世均曰, 然矣. 我國無禁火之具, 最爲寒心處也……(후략) (『承政院日記』 1874(高宗11)년 5월 5일)

4 (전략)…… 上曰, 闕內板壁, 不如土壁矣. 世均曰, 昨冬蒼黃修理之際, 時値隆沍, 不得土役, 故皆用板壁, 長松所用, 至於屢千立之多矣. 上曰, 事勢固然. 然而今番修理, 則皆以土壁爲之好矣. 世均曰, 閭閻家舍, 皆用土壁, 而惟公家倉庫與廛市, 皆用板壁者, 爲防偸竊之故也. 其外則無論公私, 上壁好矣. 上曰, 土壁之效, 旣見於昨冬回祿時矣. 世均曰, 臣待罪惠局時, 觀其庫舍, 不用仰土, 其後修理時, 皆用仰土矣……(후략) (『承政院日記』 1874(高宗11)년 5월 12일)

5 (전략)…… 上曰, 古有色瓦, 大勝於常瓦, 而後世不知此法, 甚可歎也. 曾聞營建都監, 時造色瓦云矣, 終未解其法耶? 世均曰, 古有此匠, 獨其法祕而不傳, 故世無知者矣. 上曰, 宣政殿靑瓦, 今已屢百年, 而猶勝常瓦, 況新造時乎. 予聞北京第宅, 皆用色瓦, 而燕行人, 聞或得來云, 然否? 世均曰, 北京則雖私家市肆, 多用設彩, 或用色瓦, 而燕行人, 雖或有得來者, 似不過幾箇矣. 上曰, 古者我國公廨, 皆用丹靑, 而壬亂以後, 因廢不用云, 此其事力不及而然耶. 世均曰, 然矣. 非特丹靑之遂廢, 壬亂之後, 國用罄竭, 至於朝臣祿俸, 亦皆減省, 所存不過丨之一矣……(후략) (『承政院日記』 1874(高宗11)년 5월 12일)

6 (전략)…… 上曰, 彼之宮闕營建, 將以二十年爲限云, 一何宏侈至此曠歲云耶……(후략) (『承政院日記』 1880(高宗17)년 8월 28일)

7 (전략)……初不許傳敎內地, 則爾等素習孔孟之訓, 久沐禮義之俗, 豈或一朝捨正而趨邪乎. 設有愚夫蚩氓, 潛相傳習, 則邦有常憲, 誅殛不赦, 何憂乎崇闢之無其術也. 且見器械製造之稍效西法, 則輒以染邪目之, 此又不諒之甚也. 其敎則邪, 當如淫聲美色而遠之, 其器則利, 苟可以利用厚生, 則農桑醫藥甲兵舟車之製, 何憚而不爲也? 斥其敎而效其器, 固可以竝行不悖也. 況强弱之形, 旣相懸絶, 苟不效彼之器, 何以禦彼之侮而防其覬覦乎……(후략) (『高宗實錄』 1882(高宗19)년 8월 5일, 5번째 기사)

8 중국과 일본을 다녀온 사신들은 공식적으로 문서를 작성하여 제출하므로, 일성록(日省錄)과 승정원일기(承政院日記) 속에서 고종과 사신의 대화를 보면, 고종의 질문에 대하여 제출한 문서를 참고하라고 주청하지만, 고종은 직접 듣고 싶다면서 질문을 계속하는 것을 확인할 수 있다.

9 (전략)…… 上曰, 以我國宮闕比之, 則壽皇殿在正殿之後乎? 珪壽曰, 紫禁城北門, 中國亦稱神武門, 門外渡石橋入, 壽皇殿之南門, 以我景福宮比之, 則壽皇殿, 如在景武臺, 而卽咸豐皇帝影幀奉安處云矣. 上曰, 然則後苑也, 他影幀亦同奉云耶? 珪壽曰, 是則未詳矣……(후략) (『承政院日記』, 1872(高宗9)年 12月 26日); (전략)…… 上曰, 受賀必於太和殿爲之, 而亦果幾次乎? 壽鉉曰, 正月初一日朝賀及皇上親政, 皇太后加上徽號, 皆於太和殿爲之, 而太廟 · 社稷 · 天壇 · 堂子擧動時, 皆於午門外祗迎矣……(후략) (『承政院日記』 1873(高宗10)년 8월 9일); (전략)…… 上曰, 然則行宮, 兩處而已乎? 根弼曰, 行宮不知爲幾處, 而瀋陽亦有行宮, 與六部諸司, 一如皇城之制, 而極其富饒矣……(후략) (『承政院日記』 1873(高宗10)년 8월 13일); (전략)……瀋陽, 比皇城同乎? 健朝曰, 大同小異, 而城周回, 爲四十里云矣. 上曰, 我國城周回, 亦四十里矣. 健朝曰, 我國則依山爲城, 而彼地則平地爲城, 累甎築之矣. 上曰, 何由堅固乎? 健朝曰, 比我國城, 高厚倍蓰故矣. 上曰, 雉堞女墻, 亦如我國之制乎? 健朝曰, 然矣, 但內外俱峻, 內設女垣而無垜口, 與我國之制異矣……(중략)…… 上曰, 太和殿, 比我國法殿, 何如? 健朝曰, 比勤政殿稍大, 而間架則東

西爲十一間矣……(후략) (『承政院日記』, 1874(高宗11)년 3월 30일)

10 (전략)…… 上曰 洋醜之來留中國自近來始也道光時毁洋館而逐洋人云矣今則不然實係運數也. 最應曰然矣. 炳國曰. 毁洋館尙矣無論至熱河事後無往非力弱而然也予曰以中國朝報見之則不可知名之國多矣最應曰然矣. 予曰倭使之來也. 不得不把守矣. 最應曰 以三營輪回把守之意分付, 而今則總戎廳軍幾名出送伴接官所而接待之方亦難矣……(후략) (『日省錄』 1877(高宗14)년 8월 15일); (전략)…… 上曰, 洋人多增築室, 倭人亦爲設館云, 洋倭皆比前愈盛耶? 舜澤曰, 見其增築, 則較前稍盛, 槪可推知, 扁額則題以勅建矣. 上曰, 然則物議必有咈鬱, 而漢人則似當有甚矣. 舜澤曰, 中國人素愼樞機, 且恥言洋說, 別無顯著, 其所咈鬱, 亦可知矣. 上曰, 李鴻章, 左宗棠, 皆有經國之才, 而不爲保安之策乎? 見今洋人來留者, 比前幾倍. 舜澤曰, 新建洋館板題, 以大法國大臣公署, 而其數之幾許, 雖未聞知, 蓋不少云矣. 上曰, 洋館距宮闕, 幾何? 舜澤曰, 可數里矣. 上曰, 洋館之宏麗, 不及宮闕乎? 舜澤曰, 制作甚巧, 丹靑極鮮, 而其大則似不及於宮闕矣. 上曰, 見洋人乎? 舜澤曰, 無常往來, 故出門輒逢矣……(후략) (『承政院日記』, 1879(高宗16)년 3월 25일); (전략)…… 上曰, 洋倭之來住皇城者, 其氣勢, 何如? 應準曰, 洋倭混雜華人, 臣亦見其狀貌, 而但見洋館處處壯麗, 高臺臨望, 則其勢可知也. 上曰, 得見皇帝乎? 應準曰, 保和殿·西廠子宴, 三次入參, 賜宴後, 必有勞問賜酒之擧, 賜酒時昵近詳瞻矣. 上曰, 容貌, 果何如? 應準曰, 今爲十一齡, 而見甚淸弱, 身體短小矣...(후략) (『承政院日記』 1881(高宗18)년 8월 8일)

11 (전략)…… 上曰, 彼之宮闕營建, 將以二十年爲限云, 一何宏侈至此曠歲云耶? 弘集曰, 傳聞如此, 未可深信矣……(후략) (『承政院日記』 1880(高宗17)년 8월 28일)

12 (전략)…… 上曰, 開造鐵路, 只許泗川·西藏也. 種默曰, 泗川至西藏, 只許作路矣. 上曰, 鐵路之設, 爲幾許里乎? 種默曰, 西藏之距泗川, 爲數百里矣……(후략) (『承政院日記』 1876(高宗13)년 9월 24일)

13 A. H. 새비지 랜도어, 신복룡 역 (1999) 『고요한 아침의 나라 조선』, 集文堂, 168쪽

14 G. W. 길모어, 신복룡 역 (1999) 『서울풍물지』, 集文堂, 188쪽

15 A. H. 새비지 랜도어, 신복룡 역, 앞의 책, 169쪽

16 (전략)…… 範朝曰, 久御此所已閱三序, 如夏節則蒸鬱之氣, 得不有妨於節宣乎。朕曰, 果無蒸鬱, 而近日閉戶, 則始爲納涼矣。且洋屋制度廣高, 涼氣一入自不洩外矣。範朝曰, 漸至秋涼, 則雖有煖爐之禦寒, 而無論寒暑氣不通洩曷, 若宮殿涼煖隨時適宜乎。寢睡或於溫堗乎。朕曰, 雖非溫堗床榻厚高, 少無冷氣矣。範朝曰, 暑節雖過, 寒節萬萬不可矣。此所以大小群情莫不憂慮者也。……(후략) (『日省錄』 428책, 1896(建陽元)년 8월 14일, 「召見監董大臣以下及奉審秘書卿于行在所, 特進官, 鄭範朝, 宮內府大臣, 李載純, 掌禮院卿, 閔種默, 營繕司長, 姜湕, 秘書卿, 金明圭」)

17 H. J. 위그햄, 이영옥 역 (2009) 『영국인 기자의 눈으로 본 근대 만주와 대한제국』, 살림, 250쪽

18 (전략)…… 內開 慶運宮厨房 第各處新建新築費二萬九千四百五十元七十七戔四里와 各殿堂以下諸處修理費八千九百五十六元과 觀文閣撤毁及石物輸運費不足條五百七十九元과 布德門越邊買家費二千八百元를 幷卽知照度支部ᄒᆞ야 預算外支出事로 玆奉旨意ᄒᆞ왓기 玆用仰佈ᄒᆞ오니 照亮ᄒᆞ시고……(후략) (『各司謄錄』 1901년 8월 1일)

19 又奏, 今此權停例頒詔處所, 以何處擧行乎. 敢奏. 奉旨, 凡於法殿行禮, 姑以卽阼堂定行. (『承政院日記』 1897(高宗34)년 7월 16일, 13번째 기사)

20 (전략)…… 上曰, 營建都監提調進前. 定求進前. 上曰, 法殿營建, 旣有成命矣. 基址以中和殿前庭爲定, 而材石及今措備, 然後可以營建. 見今所在材木, 有可用者耶? 定求曰, 基址謹依聖教擧行, 而慶運宮營建所所在材木, 臣未及躬審, 而無可合用云矣. 高柱大樑與可合殿材者, 不容不及今知委於江原道, 不日斫取輸上, 然後可以經紀, 而石材將於牛洞, 浮取入用矣……(후략) (『承政院日記』 1901(高宗38)년 8월 14일, 14번째 기사)

21 詔曰, 法殿今將營建, 殿號以中和殿爲之, 前中和殿, 還稱卽阼堂. (『承政院日記』 1902(高宗39)년 4월 5일, 5번째 기사)

22 詔曰, 法殿營建之尙此未遑, 實由國計, 而其在事體, 亦不可因循, 設都監卽爲擧行, 都監堂郞, 令宮內府差出. (『承政院日記』, 1901(高宗38)년 7월 12일, 3번째 기사)

23 석조전은 여러 가지 문제가 겹치면서 공사비가 올라가긴 했지만 129만원(元)이라는 당시로서는 천문학적인 액수의 공사비가 소요됐다. (小田省吾 (1938) 『德壽宮史』, 李王職, 70쪽)

24 H. J. 위그햄, 이영옥 역, 앞의 책, 251쪽

25 김은주 (2014),『석조전: 잊혀진 대한제국의 황궁』, 민속원, 22~30쪽

26 김윤희 (2014),「대한제국기 덕수궁 석조전 건립과 서양가구 유입」,『문화재』 제47권 제3호, 5~8쪽

27 度支部 (1911)『隆熙三年上半期　韓國財務経過報告　第三回』, 537쪽

28 건축재료 공장과 관련해서는 제6장에서 자세히 다루었다.

29 先に京仁鉄道引き受け組合の名義を持って米国人モールス氏より韓国政府の特許権を譲り受け爾来着々進工中なる京城仁川間を京仁鉄道合資会社と称し本社を○町に番地渋沢氏邸内に置くこととなり一昨十七日を以て登記を終へたり而して其の組合員は岩崎久弥, 今村清之助, 大倉喜八郎, 中上川彦次郎, 瓜生宸, 安田善次郎, 益田孝, 三井高保, 荘田平五郎, 澁澤栄一（以上六万二千五百円づつ出資）原六郎, 原富太郎, 大谷嘉兵衛, 前島密, 松本重太郎（以上二万円づつ出資）の十五名にして又業務担当社員には組合創立以来其の委員たりし澁澤, 益田, 瓜生三氏引続き当選したり資本額はじ丨二万五千円にして外に政府貸付資金百八十万円あり京仁間二十七哩にして本年秋季までには仁川漢江間の運輸を開始し来年春季に於いて全通を見るに至るべしと云う (『朝日新聞』 1898년 5월 19일, 2면 4단)

30 京仁鉄道は成工の上我が国人のシンジケートの手に落つべきことは前記の如くなるが渋沢栄一氏と同行して同線路工事の模様を視察し且つ其の土工の請負を契約し此の頃帰朝したる鹿島組理事新見七之丞氏の談を聞くに京仁鉄道の布設権は世人の知る如く米人モールス氏にあるも其の工事請負者は米国東洋建築会社代表者コロモラン氏の手に依り昨年四月に起工せられたるものを先般来モールス氏と我がシンジケートとの間に交渉を経て成工後我に引き渡すの約成りたる次第なるを以て事情我が監督を要するものありシンジケートより技師吉川参次郎氏を特派し其の工事に参与せしめつつあり……(후략) (『朝日新聞』 1898년 5월 27일, 2면 2~3단)

31 (전략)……不潔は朝鮮の「パテント」なるべし, 京城には更にもいはず, 八道至る所として, 市街らしき市街を見ること能はず, 牛馬人糞は市中に溢れ, 其の不潔なることいふべきやうもなし, 市場の中央には, 共有の便所の設けあれども, それは唯藁にて屋根を葺き, 蓆にて四方を囲みしいと粗末なるものなり, 而して其の糞汁にて, 犬豚を養ふが故に, 苦し人の入るあれば, 犬豚は傍に侍して, 其の出去るを待つに至っては, 殆ど嘔吐を催すべきなり……(후략) (清水橘郎 (1894)『朝鮮事情: 鶏の腸』, 梅原出張店, 111쪽)

32 I. B. 비숍, 신복룡 역 (1999)『조선과 그 이웃 나라들』, 집문당, 414쪽 (원저: Isabella Bird Bishop (1897)『Korea and Her Neighbors』, Fleming H. Revell Co.)

33 I. B. 비숍, 신복룡 역, 앞의 책, 415쪽

34 I. B. 비숍, 신복룡 역, 앞의 책, 404쪽

35 I. B. 비숍, 신복룡 역, 앞의 책, 422쪽

36 I. B. 비숍, 신복룡 역, 앞의 책, 416쪽

37 京城にては王宮興化門より東大門を経て王妃の墓前に至る五哩(マイル)四十鎖の間に電気鉄道を布設し全く竣成せし由此の工事は京城電気鉄道会社の経営に属し同会社は旧漢城府尹李采淵氏の発起になり工事は米国東洋建築会社の請負なるも……(후략) (『朝日新聞』 1899년 2월 16일, 2면 5단)

38 『高宗實錄』 37권, 1898(高宗35)년 2월 12일, 2번째 기사

39 『高宗實錄』 33권, 1895(高宗32)년 5월 29일, 첫번째 기사

40 『漢城府来去案』(규17984) 二冊, 通牒, 1900(光武4)년 8월 16일

41 오진석 (2007)「1898~1904년 한성전기회사(漢城電氣會社)의 성립과 경영변동」,『東方學志』 제139집, 206쪽

42 『司法稟報(乙)』(규17279) 二十五冊, 質稟第七十五號, 1900(光武4)년 8월 13일

43 졸고 Dongchun Seo (2019)의 일부를 요약정리하고 내용을 추가하였다. (Dongchun Seo (2019)「Changes in Foreigners' Settlement Space in Seoul, Korea, 1882 to 1910: Focusing on Chinese and Japanese Demographic Changes and Commercial Activities」,『Korea Journal』 vol.59, no.4, 178~182쪽)

44 漢城は中央政府の在る處不十分ながらも政治其の地の機関備はれり西に慶熙宮の廃趾あり其南に慶運宮あり一に明礼宮と称す壬辰の役, 他の宮闕皆灰燼となり此宮独り完きを得たるより日本の諸将之に依り戦後には宣祖之に遷りたりと云ふ東に昌徳宮, 昌慶宮あり之を東闕大闕と称し或は旧大闕と唱ふ今王

二十四年の乱に日本兵之を守護し清韓兵の襲撃をうけたる所なり昌徳宮と景福宮との間に別宮あり其の南には南別宮あり景福宮の正門なる光化門前大街の両側には諸官衙整然排列ス又宗廟, 社稷, 各種の廟社, 王族の宮あり皆大厦を構へ高○を繞らす英仏露独の公館は西門の内に○然と○立し日本公使館は南山の下に特立す公使館の前に倭城と称する一丘あり聞く壬辰の役日本の守将築く所の砦○なりと……(후략) (恒屋盛服 (1901)『朝鮮開化史』, 博文館, 86쪽)

45 『朝日新聞』 1894년 6월 10일, 1면 3단

46 『讀賣新聞』 1893년 7월 7일, 3면 2단

47 (전략)……当地において外国貨物の販売業に従事せる者は日清両国の商人のみなりしが, 近年清国人の商業高は逐年増加の勢ありて, 其の居留人民の数は昨年年末の調査によるも既に二千人以上に達し, 城内枢要の地には到る処, 清国人の商店を見ざるなく, 朝鮮国に於ける貿易場中清国商人の最も勢力を有する所とす。之に反し本邦商人は其の人口僅少なるのみならず, 商業高も清国人に比すれば益々減少をきたし, 実に当国に於ける貿易場中本邦人の商勢最も振はざるの地と称せしなり……(후략) (『讀賣新聞』, 1895년 1월 10일, 5면 4단)

48 京城滞在の清国商人続々帰国することは前便にも報道せり其の内怡泰号外二三大商店は残留せしに昨今是等の大商店すらも言合せたる如く悉く商品を纏め閉店帰国の途につきたり又各国公使館雇支那コツクボーイ等も窃に脱走するものあり公使館は料理人なきため大に困難せりと (『朝日新聞』 1894년 7월 28일, 2면 1단)

49 Dongchun Seo (2019) 「Changes in Foreigners' Settlement Space in Seoul, Korea, 1882 to 1910: Focusing on Chinese and Japanese Demographic Changes and Commercial Activities」, 『Korea Journal vol.59, no.4, 180

50 (전략)……当地滞在中の内田領事の報告によれば, 本年六月中我軍隊の朝鮮国に帰着せし以来, 居留清国商人は続々店舗を閉鎖して, 本国へ逃れ帰り, 京城に居住する韓人も亦乱を恐れて, 各地方へ逃敬する者頗る多きを致せし……(후략) (『朝日新聞』 1894년 9월 21일, 2면 1단)

51 『讀賣新聞』 1895년 1월 13일, 1면 1단

52 (金巾・洋段物等の諸商品の売れ行き)は従来九分通清国商人にて取扱ひたるに同国商人等は今回の事件に際し悉く本国に引き上げたるを以て其商業は自然本邦人の手に帰するの傾向を生ずる……(중략)……若し此の際に当たり本邦商人の有力者にて当地へ向け金巾其他洋段物類を盛に輸入するときは多年清国商人のために占められたる該品の売込業は一朝にして本邦人の手に依復し得べきこと固より疑を容れずとなり。(『朝日新聞』 1895년 9월 21일, 2면 1~2단)

53 기사 원문에는 요창호(要昌號)라고 하였는데 이는 안창호(安昌號)의 오기라고 추정된다.

54 従来当地に大株を以て称されたる支那商の平和回復後追々帰来し, 要昌号も既に貞洞に開店ひ, 其の他仁川港なる同順泰の支店を始め, 徳興号・双盛号等も帰来し, 怡泰号も新築中なりとのことは既に報道したるが如し……(후략) (『朝日新聞』 1895년 9월 6일, 2면 1단)

55 (전략)……本年六月中仁川港に於ける清商の輸入総額は僅かに三万圓余にすぎずして日本商の輸入総額との間に著大の懸隔を見たり……(중략)……然るに油断すべからざるは去七月中における清商輸入額増加の一現象是なり去六月に比較し日本商は輸入に於て一万五千百圓余を減少し居れるにあらずや.……(후략) (『朝日新聞』 1895년 9월 6일, 2면 1단)

56 『朝日新聞』 1895년 9월 6일, 2면 1~2단

57 漢城府の調査に依るに在京城の支那商人已に二百廿七人の多きに及び皆大商人なり (『朝日新聞』 1895년 5월 9일, 2면 1단)

58 外国居留民の数は日本人1,992名, 清国人1,272名, 米人95名, 露人7名, 英人39名, 仏人36名, 独人9名, 其の他国人5名合計3,456名なり日本の守備隊及び憲兵, 露の公使館護衛兵は此の外に在り (恒屋盛服, 앞의 책, 87쪽)

59 外国商人は日本人最も多数にして南大門より明洞及び泥峴の辺に広延し泥峴を中心として店舗を構ふ支那人は南大門通に一团, 貞洞に一团, 水標橋辺に一团, 東大門通に一团各支那風の店舗を構ふ欧米商人は甚だ少数にして貞洞の辺に二三の店舗を有するに過ぎず抑も漢城内の五方雑処となりたるは支那

商人の出店に初まり英韓条約に之が均〇の条を定め日本亦之に均〇したるものなれば其の初めは支那人尤も多く日本人は其の三分一に過ぎざりしと雖も日清戦役の起るに及で支那人難を恐れて多く本国に帰り日本人之に代て多数移来したれば今は日本人の数遥かに支那人を陵駕するに至れり (恒屋盛服, 앞의 책, 87쪽)

60 대한제국이 되어서 완전히 중국으로부터 독립하였는데, 그 전에는 중국이 한국의 독립을 인정하지 않았으므로, 공사관이나 영사관이 아닌 상무총서(商務總署)라고 하였다. 1899년 12월 28일에 중국 공사관으로 개칭하였다.

61 이규철 (2011) 『대한제국 한성부 도시공간의 재편』, 서울대학교 박사학위논문

62 W. F. 샌즈, 신복룡 역 (1999) 『조선비망록』, 집문당, 139쪽 (원저: William F. Sands (1930) 『Undiplomatic Memories』, McGraw-Hill Book Co. Inc.)

63 貞洞皇闕附近에 我民家屋이 將爲宮垣內所入이기로 自本府附印紙ᄒᆞ고 聲明于各館ᄒᆞᆫ 事ᄂᆞᆫ 業因法領事駁詰ᄒᆞ와 仰報在案이온바 現又德領事所覆를 接閱ᄒᆞ온즉 與法領事의 駁對ᄒᆞᆫ 主旨와 無所異同ᄒᆞ오니 各國約章에 漢陽京城이 與他開港口岸租界內應行各事宜와 逈然不同ᄒᆞᆷ을 不容不明確駁辨이옵기 立卽行文辦明ᄒᆞ옵고 右案에 關ᄒᆞᆫ 去照來覆를 幷此謄附仰報ᄒᆞ오니 查照辦理ᄒᆞ심을 爲要 (『漢城府來去案』(규17984) 一冊, 報告書第二十四号, 1902(光武6)년 12월 10일)

64 김갑득, 김순일 (2001) 「구한말 한성 정동 외국인 거류지의 형성과정에 관한 연구」, 『대한건축학회논문집』 제17권 제7호, 153~162쪽
김정동 (2004) 『정동과 덕수궁』, 발언

제6장

일본인 영역의 확장과 건축 및 도시의 변화(1904~1910년)

일본인 건설 활동 및 거주영역의 한성 전체로의 확장

러일전쟁을 계기로 일본이 주도하여 동아시아를 재편하였고, 그 영향으로 한국의 식민지화가 진행되었으며, 그 변화가 한국의 역사에서 중요한 변곡점이 되었던 것은 다수의 연구자들의 견해를 통해 이미 확인되었다.[1] 그렇다면 건축사와 도시사 분석에 있어서도 그러한 견해를 그대로 따라서 러일전쟁 이후의 식민지화와 흐름을 같이 해도 되는 것인지 의문을 가질 필요가 있다. 본고에서 러일전쟁을 기준으로 시기를 구분하여 분석한 것은 러일전쟁 자체보다는 러일전쟁을 전후하여 건축과 도시에 있어서의 상황 변화가 감지되었기 때문이다. 그 변화가 러일전쟁과 직접적인 관련이 있는 경우도 있지만, 고종의 아관파천이 건축에 미친 영향과 같이 직접적인 영향관계가 확인 불가능한 경우도 있을 수 있다.

그렇다면 러일전쟁이 미치는 건축 및 도시에의 영향력은 어떠했을까? 실제로 건축 및 도시의 변화는 러일전쟁의 영향을 받았다고 명확히 판단할 수 있을 만한 요소들을 많이 가지고 있다. 경부선 및 경의선 건설이 급진전했던 것은 러일전쟁의 발발이 영향을 미친 것이고, 그 영향에 의한 파급효과로서 한성에 변화가 일어났다. 건축에 있어서는 일본의 건설회사가 한국에 진출하여 한국 건설계를 장악한 계기가 되었으며, 도시에서는 일본 세력의 확장이라고 하는 결과를 가져왔다. 건축과 도시, 양쪽에 있어서 일본의 힘이 강력해지는 계기가 바로 러일전쟁이었으므로 이 시기를 기준으로 건축과 도시의 변화를 살펴보고자 하는 것이다.

이 시기 도시 변화에 있어서 가장 강력한 세력은 일본인이었으므로, 본 장에서는 일본인의 건축 활동과 영역 확장을 중점적으로 살펴보고 이를 통해 이 시기 도시 변화의 흐름을 파악할 수 있는지를 가늠해 보고자 한다.

한국인 건설 기술자에 대한 고찰

한국인의 건설 인프라

한국은 개항하고 나서 서양식이라고 부를 만한 건축 신기술이 들어와서 퍼지기 시작했다. 그러나 그 역할은 한국인 기술자가 아닌 한국에 들어와 있던 서양인, 중국인, 일본인 기술자의 몫이었다. 개항 이후에도 한국인 건설조직이 주도하여 건설한 서양식 또는 외국의 영향을 받아 건설되었다고 판단되는 건축물은 거의 없었다. 개항 이후 20년 이상 한국인이 서양식 건축에 관여한 사례가 거의 없었고, 대부분의 한국인 건설조직은 기존에 있었던 전통 체계를 그대로 답습하였다. 앞에서도 언급하였지만 개항 이후 새로운 건축양식이 유입되는 과정에 있어서도 한국인 건설조직은 중요한 역할을 수행하지 못했다. 또 서양식 건축이 유입되면서 한국 전통식 건축에도 다양한 영향을 미쳤다고 하더라도, 그 영향을 받았다고 할 수 있는 부분은 극히 적다는 점도 확인하였다. 벽 일부에 벽돌을 사용하거나, 장지문 대신 유리창을 설치하는 정도이며, 또 상점에서는 가설판매대의 지붕을 기와 대신 동판으로 대신하는 정도의 변화에 머물렀다. 개항 이후 일본이 취했던 대응처럼 대목수나 장인들의 힘에 의해 의양풍이라는 양식을 만들어 내거나 적극적으로 건축교육기관을 통해 건축기술자를 길러내는 변화가 한국에서는 일어나지 않았다. 세부 장식이나 외관을 조금씩 바꾸는 정도의 변화가 있었을 뿐이었고, 건축의 골격이 되는 구조는 전통식 목조기법을 그대로 사용하였다.

한국인이 전통식 이외의 건설 공사에 참가했다는 것을 확인할 수 있는 기록으로서, 최초라고 판단되는 것은 『조선경성기담朝鮮京城奇談』에[2]

> 작년 우리 공사관 건축 중에 조선인 직공職工이 일본 대공大工의 대패 하나를 훔쳤기에 이 사실을 바로 그쪽 정부에 전하여서, 그자를 구속하고 벌칙을 내리게 하여야 하는 상황이었는데, ……(하략)

라고 적혀 있어, 조선의 직공이 1884년에 건설된 재한일본공사관 공사에 참가하였다가 일본인 목수의 대패를 훔친 사건에 대하여 설명하였다. 한국인 근로자에 대해서는 「직공職工」이라고 표현하였고, 일본인 근로자에 대해서는 「대공大工」이라고 표기한 것으로 보아, 한국인은 단순 노무자로서 근무하였고, 일본인은 기술직 목수로 근무하였다고 추정된다.

전통식 기법에서 벗어나서 새로운 건축방식으로 전환하기 위해서는 필수 조건이 있다. 새로운 건축 기술을 몸에 익힌 선각자가 새로운 길로 이끌어 주거나, 건축에 관여하는 계층 및 집단의 능동적인 대응을 통해 새로운 건축 양식으로의 전환되는 방식, 이 두 가지를 들 수 있다. 그밖에 건축종사자의 인프라와도 관계가 있다. 특별히 우수한 장인이 아니더라도, 건축에 관여하는 사람들의 수가 증가하면 살아남기 위하여 신기술을 연마하거나, 정보를 교환하기 위하여 조합 등의 단체를 만들고 이를 활용하여 세력을 넓혀 가는 등, 기술자들 사이의 교류와 경쟁을 통해 새로운 변화가 생겨날 수도 있다. 그러나 한국은 장인의 수는 극단적으로 적었다. 서로 견제하고 기술력을 높이기 위한 경쟁 자체가 일어날 가능성이 거의 없었다. 결국 건축 관련 산업에 대한 양적 인프라를 제대로 갖추지 못했던 것도 새로운 건축을 받아들이고 발전시키지 못한 중요한 원인이라고 볼 수 있는 것이다.

당시의 서양인 기록을 보면 당시 행해진 일반 주민의 가옥공사에는 전문 기술자라고 불릴 만한 사람이 참가하지 않고 마을 사람들이 모여서 적당히 건설하였다고 하여 건축 활동의 비전문성을 지적하고 있다.[3] 제3장에서 언급했던 것처럼 왕궁이나 관청의 대공사 시에는 지방에서 목수를 불러서 진행하는 등 전국적인 힘을 쏟아부었지만, 보통 민간에서 행해진 공사는 전문 목수가 참여하지 않고, 마을 주민들이 모여서 적당히 건축하는 경우가 많았다. 이는 직업인으로서의 목수가 적었던 점에서 기인하는 것이라고 볼 수 있다.

1896년, 1903년, 1906년의 『한성부 호적 자료』(京都大學博物館 소장)에 그 가족戶 별로 호주戶主의 직업을 기재해 놓았다. 이를 바탕으로 건축 관계의 직업 종사자를 찾아서, 당시 한국인 건설업자의 양적 규모를 파악해 보았다. 직업별 호구 조사기록으로는 『민적통계표民籍通計表』[4]가 있지만, 이 자료로는 건축업 종사자의 통계를 낼 수가 없다. 건축업은 상업, 공업 등의 분류만으로 통계를 낼 수 없기 때문이다. 예를 들어 목재를 판매하는 직업 종사자는 상업에 속하고, 목재를 벌채하는 사람들은 임업에, 건축부재를 만드는 사람들은 공업에 속한다. 따라서 직업이 구체적으로 적시되어 있는 자료가 아니면 건축종사자로 분류될 수 있는 지에 대한 판단이 불가능하고 당연히 그 규모와 통계를 파악하는 것도 불가능하다. 그렇기 때문에 『한성부 호적 자료』는 활용도가 높다고 볼 수 있다. 『한성부 호적 자료』에는 호별로 직업을 기재하였기 때문에, 건축 관련 직업 종사자들을 모두 찾아내고 산출하여 리스트를 작성하였다. 지금 남아 있는 『한성부 호적 자료』 속 건축업에 해당하는 직업군을 열거해 보면, 목재상木材商, 목상木商, 목수木手, 목공木工, 석수石手, 석공石工, 야장冶匠, 와장瓦匠, 공장工匠[5], 장공匠工 등을 들 수 있다. 이렇게 석수石手나 석공石工과 같이 동일한 직업군이더라도 다른 표현으로 표기한 것은 호적자료 작성 주체가 주민들 재량에 의해 이루어졌기 때문이다. 현재 남아 있는 『한성부 호적 자료』를 보면 표기에 대한 가이드라인 등이 있었다고 보이지 않는다.

호적자료 속 건축업의 호수를 계산하면 〈표 6-1〉과 같다. 1896년 호적의 경우 양덕방陽德坊이 164호 중 1호(0.61%), 1903년의 경우 두모방豆毛坊 430호 중 2호(0.47%), 훈도방薰陶坊 791호 중 6호(0.76%), 회현방會賢坊 262호 중 2호(0.76%), 반송방盤松坊 495호 중 0호(0%), 순화방順化坊 241호 중 1호(0.41%), 1906년의 경우 안국방安國坊 177호 중 1호(0.56%), 정선방貞善坊 1,177호 중 3호(0.25%)로 전체 비율로서는 1%를 넘지 않는 정도였다고 확인된다. 그 중에서도 두모방이나 반송방처럼 성벽 바깥쪽은 관청이나 왕궁이 거의 없고, 또 양질의 건축물을 건설할 만한 건축주, 즉 경제력을 갖춘 양반계층이 거의 거주하지 않기 때문에, 목수나 목재상과 같은 건축업 종사자도 상대적으로 더 비율이 낮을 수밖에 없다. 대상 자료는 한성의 전체 지역을 조사한 것이 아니다. 또 직업은 하나만 기재되어 있으므로 부업으로 건축에 종사하는 사람들은 통계에서 제외되었을 것이고, 지역이나 기록의 정확도에 따라 오차가 있을 수 있으므로 수치자체에 대한 신뢰도는 낮다고 할 수 있다. 그러나 대체적인 양상을 파악할 수 있다는 점에서는 의의가 있다고 할 수 있다. 결국 궁궐 공사 등에서 목수가 부족하여, 지방의 기술자를 소환하는 것도 목수 부족 상황과 관계가 있다고 볼 수 있을 것이다.

그렇다면 실제로 얼마나 낮은 편이라고 할 수 있을까? 당시의 일본인과 중국인에 대한 기록과 비교해 보자. 일본인의 경우 1902년 1월을 기준으로 한성에 거주했던 일본인을 조사한 자료를 참고해 보면,[6] 총829인 중 건설관련 직업에 종사하는 사람들을 산출해 보면, 대공직大工職 83인, 좌관左官 6인, 목면木挽 5인, 석공직石工職 3인, 벽돌 기와 직공瓦煉瓦職 4인, 페인트공 6인, 다다미 직공畳刺職 2인, 토목청부土木請負 16인이 확인되어, 829인 중 합계 125인이 건축업에 종사하였다. 그 비율은 15.1%에 달한다. 중국인은 개항기의 관련 자료를 확인하지 못했으므로 1914년 자료 『제16회 상공자산신용록第十六回商工資産信用錄』[7]을 참고하면 당시 한성에 있었던 중국인 상점은 42호인데, 4호가 건축청부업에 종사하였다. 이는 점포를 열고 청부업에 종사하는 경우에 한한 것이므로, 목수와 인부로 현장에서 일하는 건축종사자를 포함하면, 훨씬 늘어날 것으로 보이며 적어도 10%이상은 당시 중국인 중 건축업에 종사하였을 것으로 추정해 볼 수 있다. 중국인 자료의 경우 1914년 자료이므로 다른 자료와는 약 10년 정도 시차가 있으므로 단순비교는 어렵지만, 1914년은 중국인 건축기술자들의 세력이 상당히 약화된 상태였던 반면 1894년 청일전쟁 이전에는 중국인의 건설업이 호황이었으므로, 1914년보다 10년 전에 건축업이 차지하는 비중이 높았을 가능성이 있다. 일본인 자료를 제외하면, 한국인 자료와 중국인 자료는 정확하게 건축업의 비율을 산출하기 어려운 자료이므로 오차가 있다는 점을 부정하기 어렵다. 그러나 그 오차를 차지하고라도, 한성 내 건축업 종사자 비율에 있어서 중국인과 일본인이 한국인보다 압도적으로 높았음은 확인할 수 있다.

표 6-1 연도·지역별 건축업에 종사하는 호수(戶數)

구분 구분	1896년	1903년					1906년	
	北署 陽德坊	南署 豆毛坊	南署 薰陶坊	南署 会賢坊	西署 盤松坊	北署 順化坊	北署 安国坊	中署 貞善坊
총호	164	430	791	262	495	241	177	1177
건축업호수	1	2	6	2	0	1	1	3
비율	0.61%	0.47%	0.76%	0.76%	0%	0.41%	0.56%	0.26%

출처: 『韓國戶籍盛冊』(學習院大學 東洋學研究所 소장 마이크로필름본)

한성에서 건축직에 종사하는 한국인의 총수를 정확히 파악하는 것은 불가능하지만, 〈표 6-1〉통계의 평균 비율을 한성 전체로 확대하여 산출하여 대략적인 상황을 확인해 보자. 한성 전체 호수가 약 4만5천호 정도라고 보고 건축업 종사 비율 0.67%를 적용해 보면 한성 전체에서 건설업 종사자는 300호 정도에 지나지 않는다. 1906년이 되면 일본인 건축업자 수가 2,326인까지 증가하였다는 점에서[8] 절대적인 숫자에 있어서도 일본인 건설업자에 한참 못 미치는 것을 확인할 수 있다.

결국, 이 시기에 있어서 한국 건축업자 수는 질을 논하는 것은 차치하더라도, 중국이나 일본에 비해서 양적인 인프라에서도 훨씬 뒤떨어져 있었음을 알 수 있다. 이는 건축 공사 수행 능력에 있어서도 당시 한성 내에서 중국인이나 일본인이 가진 역량과는 상당한 차이가 있었을 것이라고 추정해도 무방하다. 서양식 건축이 유입되면서 중국인과 일본인은 그 방식을 적극적으로 배워서 익혔고, 그 기술을 가진 사람들이 한성에도 진출하면서 한성 내 대부분의 서양식 건축 건설을 담당하게 되었다. 당시 한국 또는 한국인 건축종사자들이 얼마나 이러한 상황을 개선하고자 하였는지 그 의지도 불명확하지만, 의지가 있다고 하더라도 제대로 대응할 수 있는 인적 자원이 부족했다고 볼 수 있는 것이다.

다음 『아사히신문朝日新聞』 기사에서는[9] 한국과 중국의 건설업과 관련하여,

> 예를 들어 가옥의 건축의 경우, 팔조八畳 정도의 작은 주택을 건설하고자 하여도 장인의 손을 빌리지 않으면 불가능하다. 대회당大會堂 또는 대가람大伽藍의 건축을 하고자 한다면, 장인의 필요성이 더욱 커질 것이다. 건축 자금은 몇 십만 몇 백만을 마련해 두더라도 장인의 설계가 없으면 그 건축도 이루어지지 않음이라. 최근 들어 중요해진 것은 자금력보다도 오히려 기술력이라. 때에 따라서는 기술자가 먼저 설계를 하고 나중에 자금을 모으는 경우도 있으니. 이는 실제로 그럴 수밖에 없는 것으로 설계를 정하지 않으면 곧 자금이 얼마나 필요한지도 정하지 못하는 것이 대부분 큰 건축 건설의 일반이다.
> 지금 저기 중국과 조선에서의 대사업, 즉 철도사업이나 광산사업 같은 것은 대대적으로 회당과 대대적으로 가람을 건축하는 것과 비할 만 하다. 그 토목 건축의 기술가 또는 채광 야금冶金 기술가가 필요한 것은 마치 회당會堂 가람伽藍 건축의 장인 기술자가 필요한 것과 같으니. 기술상의 설계가 완성되어 이에 따라 자본의 과소가 따라오는 것이 마땅함도 대대적인 건축과 흡사하다. 구미 여러 강국이 중국과 조선 대륙에 착수하고 있는 사업도 기술가의 설계가 먼저 이루어지고 자본가의 투합이 따라오는 것이 일반적이다. 아무리 자본에 여유가 있는 국가라도 만약 기술이 부족하면, 그 사업은 이루어지지 않는다. 따라서 바로 우리나라의 중국과 조선에서의 사업도 강하게 자본가만을 떠 밀것이 아니라 오히려 우리 기술가에게 바라지 않으면 안 된다. 어쨌든

우리 일본은 기업의 자본은 부족하여도 기업의 기술은 그렇게 부족하지 않느니라.

라고 서술하였다. 건축공사에서는 자본보다 기술력이 더 중요함을 강조한 대목이다. 일본의 경우에는 서구 국가들보다 자본은 부족하지만 기술은 가지고 있음을 강조하고 있다. 중국이나 한국이 아닌 서양 열강들을 경쟁상대로 여기고 서술한 글임을 알 수 있다.

한국건설업계가 대규모 공사를 진행하기에 기술력이 부족하다는 다른 기록이 있다. 아래 『아사히 신문』의 기사에서는,[10] 경인선 철도공사와 관련하여

(전략) …… 고로모란씨는 기공 이후 백인 철도기사 3명을 고용하였고, 수작업을 필요로 하는 부분은 중국인을 썼고, 인부로는 한국인으로 충당하여 공사를 진척시키고 있는데 올해 1월 낙성 예정인데도 모든 재료와 자금 공급이 충분치 않아서 비교적 공사에 곤란을 겪고 있다. …… (후략)

라고 적혀 있다. 위 기사에서 고로모란(コロモラン)이라고 표기한 인물은 이채연과 이윤용이 설립한 한성전기회사의 사업을 보스트윅(H. R. Bostwick)과 함께 독점 계약했던 콜브란(H. Collbran)을 칭하는 것이다. 경인선 철도 부설권은 미국인 모스(J. R. Morse)가 가지고 있었는데 콜브란을 고용하여 공사를 진행하였다. 1898년의 기사이므로 1899년에 공사가 시작되는 경부선 철도공사도 한국인 건설업자의 역할은 경인선 철도공사와 크게 다르지 않을 것으로 생각된다. 한국은 이 시기까지도 독자적으로 공사를 시행할 정도의 기술과 인재를 갖추지 못했다고 판단된다.

당시 한국 정부가 한국인 건설조직에 대한 배려가 없었다고는 할 수 없다. 다음의 「조선정부명령朝鮮政府命令」에는[11]

> (전략)……6번째, 조선인 및 외국인은 모두 고용할 수 있으므로, 감독의 뜻에 따른다. 그러나 반드시 조선인을 우선 고용해야 하며, 토역土役의 고용에서는 10분의 9를 조선인으로 쓰지만, 만약 조선인 고용가가 높아지고 해당 회사를 차리는 등 업무가 혼란해지는 때에는 따로 청국인 혹은 타국인을 고용할 수 있다. 외국에서 초청하여 고용된 자는 반드시 해당 철도가 준공되면 바로 청국인과 타국인을 해고하고 해당국가에 환송하여야 한다. 그리고 해당 청국인과 타국인이 출항하는 시에는 마땅히 해관에서 그 이름을 검열 대조하여 한 사람이라도 남기는 일이 없어야 할 것이다.……(후략)

라고 하여, 경인선 철도공사에 참가하는 직공의 90%를 한국인으로 할 것과, 중국인이나 외국인을 고용하더라도 공사가 끝나는 순간 바로 본국으로 돌아갈 것 등을 규정하고 있다. 예외조항으로 한국인 고용자의 임금이 높을 경우에만 외국인 고용비율을 높아도 좋다고 하였지만, 높음의 기준이 명시되지 않았기 때문에 이 명령이 어느 정도의 강제력을 가지고 집행되었는지는 확인할 수 없다. 그러나 외국인 노동자가 본국으로 돌아가야 한다는 규정도 있으므로 한국 정부가 한국인 건설업을 보호하기 위한 노력이 없지 않았다는 근거라고도 볼 수 있을 것이다.

결국 한국인 건설기술자가 자립하여 나름의 활약을 하기 위해서는 기본적으로 인재 부족이라고 하는 점을 개선해야 할 필요가 있었다. 정부의 보호정책 등이 수반되더라도 인재가 부족하여 기술력을 갖추지 못한 상황에서는 건축의 성장을 기대하기 어려웠다고 할 수 있다.

한국인 건설회사의 성장

한국에 본격적인 토목건설 관련 회사가 등장하는 것은 경부선 철도공사 계획과 함께이다. 경부선 철도공사는 초기와 후기로 나뉘어 러일전쟁을 기점으로 그 이전을 초기로, 그 이후를 후기로 나눌 수 있다. 초기의 공사는 러일전쟁과 관계없이 진행되어, 초기 공사에는 몇몇 한국인 토목회사 또는 건설조직이 참가하였다. 그러나 참가 업체 중 대다수는 일본인 건설회사가 점유하였다. 경부선 철도공사에 참가한 한국인 건설회사의 명단은 〈표 6-2〉[12]와 같다.

그런데 러일전쟁 발발과 함께 일본 측은 경부선과 경의선을 전쟁에서 군수물자 수송에 활용하기 위하여 그 공사를 서두르게 되었다. 이 시기에는 일본 건설회사가 대량으로 두입되어 급속도로 공사를 진행하였다. 기존의 한국인 토목회사의 대부분은 공사에서 철수하여, 이들을 일본인 건설회사가 대신하게 되었다.[13] 한국 정부로서는 경부선 철도공사를 통제할 정도의 경제력을 갖추지 못했으므로, 어쩔 수 없이 재정문제를 해결하는 방법으로서 일본인 회사의 참가를 허가했다. 이 공사에 참가했던 한국인 건설회사는 원래 건설업을 하던 회사는 아니었고, 일종의 합자회사 형태로 정부 고위 관리가 주도하여 사장직을 맡고 그 공사만을 위해 기술자나 인력을 모은 합자회사였다. 따라서 경부선 철도 공사에서 물러나자 회사는 와해되었고, 다른 건축 건설사업을 하는 등 건축업의 확산으로 이어졌다는 기록은 없었다.

그리고 이 경부선 철도공사에 참여한 한국인 건설조직을 과연 한국인 건설조직으로 간주하여도 무방한지에 관해서는 의문이 있다. 경부선 공사에 참여하기 위해 급조된 회사였기 때문에 당연히 철도공사를 수행할 수 있을 정도의 기술력을 갖추지 못하였고, 부설권을 다른 회사에 다시 팔거나, 일본인이나 서양인 기술자를 고용하여 운영하는 형태였으며,[14] 기술력을 요하지 않는 부분인 물자나 인력을 공급하는 역할만 담당하였다. 따라서 이 건설조직을 한국인 건설조직으로 볼 수 있는지, 그리고 실적이 없이 공사 부설권을 확보한 후 일본이나 외국의 회사에 되파는 형식으로 존재했던 회사에 대해서도 건축회사로 볼 수 있는지에 대해서는 재고할 필요가 있다.

표 6-2 경부선 철도공사에 참가한 한국인 건설회사

설립연도	회사명	대표자 및 참가자	공사활동과 참고사항
1898년	大韓運輸會社	李完用(초대사장, 외부대신) 李采淵(2대사장, 한성판윤) 權重顯(3대사장, 궁내부대신)	1898년 徐午淳이 설립, 1899년 주식회사로 개편, 경부선 공사 永登浦-振威구간 참가, 경의선공사 운수 참가
1899년	大韓國內鐵道用達會社	李秉承(초대사장, 관찰사) 李夏榮(2대사장, 중추원의장) 李載純(3대사장, 궁내부대신) 李根培(4대사장, 내장원경) 閔泳喆(5대사장)	일본인 기사 內田錄雄등을 고용, 趙秉稷 탄광회사를 흡수, 경원구간 실측, 京釜線 永登浦-振威구간 참가, 공사 물품 및 인부 공급
1899년	鐵道木石等物用達會社	李赫九	경부선공사에 木石등을 調達
1900년	興業會社	金在政	경부선공사에 木石등을 調達
1900년	大韓京釜鐵道役夫會社 (京城土木會社)	閔丙奭(사장, 탁지부대신, 철도원총재) 成岐運(부사장, 농상공부대신) 嚴俊源(총무, 한성부판윤)	경부선공사 永登浦-振威구간 참가, 경부선공사에 인부와 물자 공급
1901년	京城北濟特許會社	–	경부선공사 永登浦-振威구간 참가
1901년	釜山土木合資會社	玄明運(통역관, 동래부사) 福田增兵衛(일본인, 부산거류)	玄明運의 運輸會社와 福田의 土木會社가 합병, 경부선공사의 草梁-密陽구간 참가
1901년	韓日興業組	–	한국과 일본 양국의 합자회사, 경부선구간 永登浦-芙江/草梁-密陽구간 참가
1902년	京釜鐵道慶尙會社	黃鶴柱, 金容國	경부선공사 참가

주: 정재정 (1999)에서 발췌하여 인용하고, 내용을 편집하여 작성(정재정 (1999) 『일제침략과 한국철도(1892~1945)』, 서울대학교출판부, 194~196쪽)

한국인 건축회사로서 실적도 있고, 이름을 확인할 수 있는 몇몇 회사가 있다. 「건축회사建築會社」, 「대한토목건축회사大韓土木建築會社」, 「토목건축회사土木建築會社」, 「청축회사請築會社」 등이 그것이다. 그러나 이들 회사명이 고유명사로서의 특정 회사명을 지칭하는 것인지, 일반적으로 건축업을 행하는 회사라는 의미로 사용된 것인지에 대해서는 면밀히 살펴 볼 필요가 있다.

먼저, 「건축회사建築會社」의 경우, 다음 기사에서[15]

청안군淸安君 이재순씨李載純氏가 농상공부農商工部에 청원請願ᄒᆞ기를 건축회사建築會社를 설設ᄒᆞ고 부석처소浮石處所는 홍지문외옥천동弘智門外玉川洞 좌우산암석左右山巖石을 청허請許ᄒᆞ고 목석치련소木石治鍊所와 물료장치가物料藏置家는 사촌강변沙村江邊에 정定ᄒᆞ고 유주전사有主田土는 종시매수가從時價收買ᄒᆞ고

부속공광지附屬空曠地를 해사該社에 획부劃付홈을 청請ᄒᆞ얏더라

라고 하여 1900년에 설립되었음을 확인할 수 있다. 그러나 그 이전인 1899년 6월 5일 기사에서 남대문 밖에 국내철도용달회사國內鐵道用達會社[16]를 차리어 이재순은 사장이 되고 김종한이 부사장이 되었다고 하고 있다.[17] 그리고 6월 20일 기사에서[18] 국내철도용달회사의 사원 박기종朴琪宗과 이규환李圭桓이 경원선 부설권을 농상공부에 청원하였다는 내용이 적혀 있으며 이 회사의 사장이 이재순이라고 밝히고 있다. 그리고 7월 12일 기사에서 국내철도용달회사는 경원선 부설권을 확보한 것으로 확인된다.[19] 여기서의 국내철도용달회사와 위 기사에서의 건축회사는 다른 회사라고 볼 수 있다.

위 기사를 내고 한 달여 뒤인 1900년 7월 11일의 기사에서[20]

청축사請築社 청원請願 청축회사장請築會社長 이재순씨李載純氏가 농부農部에 청원請願ᄒᆞ기를 본사本社에셔 운현궁雲峴宮 사우건축祠宇建築과 궁내건축宮內建築에 소용토목석철석회所用土木石鉄石灰를 일체구관一切句管ᄒᆞᄂᆞᆫᄃᆡ 송도백천금천등군松都白川金川等郡에 소산석회所産石灰를 무 득치히기買得次下去ᄒᆞ얏디니 소위회도가所謂灰都賈가 금지禁止ᄒᆞ기로 공행空行ᄒᆞ얏스니 해군該郡에 엄훈嚴訓ᄒᆞ야 회도가灰都賈ᄂᆞᆫ 혁파革罷ᄒᆞ고 균일수용均一需用케ᄒᆞ라ᄒᆞ얏더라

라고 하여 운현궁과 궁궐 내의 건축에 관여한 것을 확인할 수 있다. 여기서의 건축회사와 청축회사는 동일한 회사로 보이며, 청축사請築社라는 표현과 청축회사請築會社라는 표현이 반복적으로 등장하는 것으로 보아 정식명칭은 청축사 또는 청축회사였을 것으로 추정된다.

위의 청축회사를 설립한 청안군清安君 이재순李載純은 다양한 사업에서 그 행적이 확인된다.

보신회사라는 집을 전당典當하는 회사를 차렸다는 기록이 있고,[21] 홍엽정회사紅葉亭會社라는 연초회사의 사장을 지냈고[22] 이윤용에 이어 제생사濟生

社의 사장이 되기도 하였다.[23]

또 다른 청축회사 관련 기록으로는 『사법품보司法稟報』 1902년 9월 기록에[24]

> 피고 김익승金益昇의 안건 …… (중략) …… 피고는 청축회사請築會社를 창설한 다음 동소문東小門 밖 청수정淸水亭을 매입하고 그곳에서 친분이 있는 정교훈鄭敎勳과 동거하였는데 …… (후략)

라고 하였다. 「청축회사請築會社」는 김익승金益昇이 설립한 회사로 목재 도벌이 문제가 되어 처벌을 받았다고 되어 있다. 1906년 5월 기사에서[25] 김익승을 청축회사의 총무라고 언급하였고 당시 총무는 실질적인 사장의 역할이었으므로 김익승이 경영하는 회사라고 볼 수 있다. 그러나 김익승도 이재순과 마찬가지로 관료 출신으로 주조장[26], 우선회사[27] 등 여러 회사의 설립에 관여한 것을 확인할 수 있다. 이는 당시 회사를 세울 때 보다 쉽게 운영하기 위해서 고위 관리나 관리 출신을 사장으로 내세우는 관행과 맞닿아 있다고 볼 수 있다.[28] 따라서 이재순이 관여한 청축회사와 김익승이 관여한 청축회사가 동일한 회사인지에 대해서는 분명치 않지만, 운현궁과 궁궐 내의 여러 건축에 대한 공사를 실제로 진행했던 회사임은 명확하다.

「청축회사請築會社」가 담당한 공사 중에서 의정부議政府와 관련된 기록은 비교적 상세하여 의정부 공사를 살펴보고자 한다. 의정부 주사 김중연金重演이 탁지부度支部 주사 김순정金淳貞에게 보낸 1904년 4월 1일 공문에서,[29]

> 좌개안건左開案件에 결재決裁ᄒᆞ시믈 망望홈. 본부本府 건축비建築費 사事. 귀貴 통첩通牒을 접준接準ᄒᆞ온 즉 내개운운등인內開云云等因이온바 해該 오천원五千元을 본비저존우본부本非儲存于本府라 지출이후支出以後에 즉위출급어청축회사卽爲出給於請築會社ᄒᆞ온 고故 금승래첩今承來牒ᄒᆞ야 소문해회사인招問該會社人 즉해오천원則該五千元을 해회사該會社에서도 역비이원액亦非以原額으로 우금저

존于今儲存이라 이위구매물품已爲購買物品ᄒᆞ와 유대건축기지지지정惟待建築基址之指定이라ᄒᆞ온바 사상事狀의 여우如右ᄒᆞ믈 품명稟明ᄒᆞ라신 참정균교參政勻敎를 승承ᄒᆞ와 자玆에 앙첩仰牒ᄒᆞ오니 조량照亮ᄒᆞ신 후後 이차품명以此稟明ᄒᆞ시믈 위요爲要. 재再 청축회사청원서請築會社請願書를 업이접수業已接受ᄒᆞ얏기로 자玆에 점부송부粘付送交ᄒᆞ오니 역위조량亦爲照亮ᄒᆞ시믈 위요爲要……(후략)

라고 적혀 있다. 의성부 건축을 청축회사請築會社가 담당하였고, 그 건축비는 5000元이었음을 알 수 있다. 또 다른 의정부 참정 김성근金聲根이 탁지부 대신 민영기閔泳綺에게 보낸 1905년 1월 11일 공문에서[30]

좌개안건左開案件에 결재決裁ᄒᆞ시믈 망望홈. 건축비송교사建築費送交事. 본부건축비오천원중이천오백원本府建築費五千元中二千五百元를 청축회사請築會社로서 위선환납고爲先還納故로 자玆에 송교送交ᄒᆞ오니 조량사수照亮查收ᄒᆞ신 후後 해령수증該領收證을 즉위선송卽爲繕送ᄒᆞ심을 위요爲要……(후략)

라고 적혀 있다. 1905년 1월에 5000元의 의정부 건축비 중 2500元을 청축회사에 지불했다고 적혀 있고, 이 시점에 의정부 건설의 상황은 명확하지 않지만, 어느 정도 건축이 진행되었기 때문에 일정 금액을 공사비로 지불한 것이라고 볼 수 있다. 의정부청사 건축과 관련하여, 1900년 6월 기록에[31]

본부(本府, 의정부) 건축비建築費 청구請求 사事. 본부(本府, 의정부)를 경운궁慶運宮 인화문내仁化門內 장이서제건축將以西制建築 고故로 소입비액所入費額과 물품구매비物品購買費를 종략從略 타산打算ᄒᆞ와 지출支出 조서調書를 별지록교別紙錄交ᄒᆞ오니 조량照亮ᄒᆞ신 후後 상항上項 양비兩費를 예비금預備金 중中 지출支出ᄒᆞ야 이편경기以便經紀케 ᄒᆞ심을 위요爲要. 예비금지출조서預備金支出調書. 일금일만구천오백원一金一萬九千五百元 의정부건축비議政府建築費. 일금육천오백원一金六千五百元 물품구매비(物品購買費. (공계)共計) 이만육천원二萬六千元

그림 6-1 「한국경성전도」 속 인화문과 의정부 (출처: 「한국경성전도」, 경부철도주식회사, 1903년)

라고 하여, 1900년에 의정부를 서양식으로 신축하였고, 건축비는 19,500元임을 알 수 있다. 먼저 의정부에 관한 두 차례의 공사를 비교해 보자. 청축회사가 담당한 1904년의 공사는 건축양식은 확인할 수 없지만 공사비는 5000元이었다. 반면 1900년에 공사한 의정부 공사는 서양식이었고 공사비도 19,500元으로 4배에 달한다.

〈그림 6-1〉의 1903년 지도를 보면 인화문과 의정부라고 표기된 곳이 다소 거리가 있음을 확인할 수 있으므로 지도 속 의정부는 「인화문내」라고 표현하기에는 무리가 있고, 따라서 지도 속 의정부는 1900년에 신축한 서양식 건축과 다른 건물임을 알 수 있다. 즉 1900년의 인화문내 건설했던 의정부 청사를 1903년에는 사용하지 않고 다른 곳을 의정부로 사용하였음을 알 수 있다. 1903년 지도 속에서 보이는 의정부 주변 권역은 원수부元帥府를 비롯하여 간단한 벽돌조 벽체에 전통식 기와지붕을 얹은 건물이 다수 존재한다. 이러한 건물 중 하나를 의정부로 사용했을 것이라고 추정할 수 있다.

위 두 곳과 또 다른 곳에서 의정부의 흔적을 확인할 수 있다. 〈그림 6-2〉

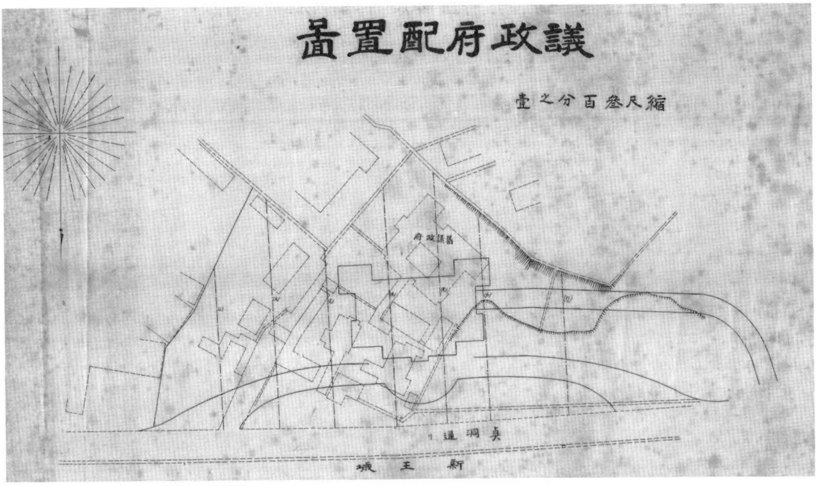

그림 6-2 구의정부와 신축 의정부 (1907년 작성 추정, 국가기록원 소장)

는 1907년 작성된 것으로 시미즈구미清水組가 의정부청사[32]를 신축하면서 작성한 의정부배치도이다. 이 도면에서 의정부의 위치를 보면 인화문 건너편 경운궁 남쪽에 의정부가 있었음을 알 수 있다. 그리고 이 도면에는 「구의정부」도 함께 표기되어 있어서 1907년의 신축 이전부터 이 곳에 의정부가 위치하였음을 알 수 있다. 그리고 도면의 표현 방식과 회랑으로 보이는 시설물들로 추정하건대 「구의정부」는 서양식 건축은 아니었고 한국 전통식 건축이었다고 볼 수 있다. 1900년에서 1907년 사이에도 다양한 건축이 의정부議政府 청사로 활용되었고 그 이동도 잦았음을 알 수 있다.

1907년에 시미즈구미가 건설한 의정부청사는 총 건축비가 81,034圓(원)이었다.(〈표 6-9〉를 참고) 〈그림 6-2〉에서 확인되는 구의정부, 1900년 기록에서 보이는 인화문 안 쪽의 의정부, 1903년 지도에서 보이는 의정부, 이들 중에서 청축회사가 어떠한 청사를 건설했는지는 명확하지 않지만 1900년의 서양식 건축이 19,500元이고, 1907년의 시미즈구미가 건설한 의정부 청사가 81,034圓이었던 것에 비교하면, 1904년의 청축회사가 수주한 공사비는 5000元이므로 상대적으로 적은 금액이므로 신축이었다면 간단한 구조의 건물이었고, 기존 건물의 보수나 수리에 해당하는 공사였을 가능성도 있다.

그밖에도 한국인 건축회사와 관련하여 『황성신문皇城新聞』 1906년 4월 26일 기사에는[33]

> 건축청원建築請願 유동거油洞居 박기영씨朴基英氏가 토목건축회사土木建築會社를 창설刱設하고 농상공부農商工部에 청원승인請願承認하얏는딕 기공역其工役의 담임擔任홈은 도로수축道路修築과 교량수축橋梁修築과 제언수축堤堰修築과 축지성토築地盛土와 착지공역鑿地工役과 양옥건축洋屋建築과 고제아옥古制我屋의 건축建築을 담임擔任훈 사事이라더라

라고 하였다. 동일한 날짜의 신문 광고에도[34]

> 본사本社에셔 토목석공업土木石工業의 발달發達을 위爲하야 농상공부農商工部에 승인承認하와 건축회사建築會社를 조직組織하야 중서中署 파자교把字橋 서변西邊 제삼가第三家에 사무소事務所를 정定하얏사오니 첨군자僉君子난 왕문枉問하심을 위망爲望. 본국제가옥건축本國製家屋建築, 양제옥건축洋製屋建築, 기타토공其他土工, 도로수치道路修治, 교량수개橋梁修改, 제언수축堤堰修築, 축지성토築地盛土, 착지절취鑿地折取, 토목건축회사土木建築會社 대표자代表者 박기영朴基英 고백告白

라고 하였다. 「토목건축회사土木建築會社」라는 회사를 설립하였고 이 회사는 서양식 건축이나 한국 전통식 건축을 비롯해 토목건축에 관한 모든 업무를 담당할 수 있다고 강조하였다. 「토목건축회사」는 『황성신문』 1906년 7월 5일의 기사에서[35]

> 공역입찰工役入札 토목건축주식회사土木建築株式會社 총무總務 박기영씨朴基英氏가 금번今番 성균관개조공역成均舘改造工役에 대對ᄒᆞ야 입찰시역지의入札始役之意로 학부學部에 청원請願ᄒᆞ얏는딕 지령指令ᄒᆞ기를 소청所請훈 입찰사入札事는

제대광고후第待廣告後에 응모應募ᄒᆞ깃다ᄒᆞ얏더라

라고 하여 실제로 공사 입찰의 광고도 나가기 전에 응모할 정도로 적극적이었음을 알 수 있다. 그 후 성균관 공사를 실행하였는지는 명확하지 않고, 시공 능력에 대해서도 단서가 없어 확인하기 어렵다. 단, 『대한매일신보大韓每日申報』 1906년 5월 19일 기사에는[36]

공기자工技者ᄂᆞᆫ 인민영업人民營業에 필요必要인바 한성내제반가옥결구漢城內諸般家屋結構를 다이외국인고용多以外國人雇用흠으로 허다재전許多財錢이 외인수중外人手中에 귀歸ᄒᆞ더니 근간모씨등近間某氏等이 토목건축회사土木建築會社를 설립刱立하야 각방리가옥건축등절各方里家屋建築等節을 해사該社에셔 담임건축擔任建築ᄒᆞ기로 규칙規則을 간포刊佈하니 종차한인영업상從此韓人營業上에 대유비익大有裨益하리라고 거개찬송擧皆讚頌ᄒᆞᆫ다더라

라고 하여 「토목청축회사」를 설립한 목적은 대부분의 한성 내 공사가 외국인의 손에 넘어가 막대한 재정 손실이 있으므로 이 상황을 개선하여 건설 이익을 한국인이 되찾고자 함임을 보여주고 있다. 토목건축회사의 역량 및 활동이 어떠했는지는 명확하지 않지만 적어도 당시 한국인 건축업자들의 활약이 미미하였음은 확인할 수 있다.

다음 1906년 4월 21일 기사는 「대한토목건축회사大韓土木建築會社」의 설립과 관련된 것으로[37]

토목건축회사土本建築會社 득인得認 근일近日 경성京城에서 송헌빈宋憲斌 유명균劉命均 이명건李命健 제씨諸氏가 발기發起ᄒᆞ야 대한토목건축회사大韓土木建築會社를 성립成立ᄒᆞᆯ 의意로 농상공부農商工部에 청원請願ᄒᆞ야 특인特認을 득得ᄒᆞ얏다고 사무소事務所를 대광교남천변大廣橋南川邊에 치置ᄒᆞ얏ᄂᆞᆫᄃᆡ 해회사該會社의 목적目的인즉 대한제국大韓帝國 황실병정부皇室幷政府에 계係ᄒᆞᆫ 도로수도급궤

> 도道路水道及軌道의 축조방수제언토공병築造防水隄堰土工幷 궁전옥사지건축공사宮殿屋舍之建築工事를 주장담임主張擔任ᄒᆞ며 겸兼ᄒᆞ야 개인個人의 가옥건축家屋建築ᄒᆞᄂᆞᆫ 공사工事에도 역위담임종사亦爲擔任從事ᄒᆞᆫ다ᄒᆞ니 아국我國이 유래건축등사由來建築等事에 회사會社가 불립不立ᄒᆞᆷ으로 허대許大ᄒᆞᆫ 공비이익工費利益이 진위외인지흡수盡爲外人之吸收이더니 금문해회사今聞該會社ᄂᆞᆫ 자금급기술資金及技術이 족足히 절대공사絶大工事에도 담임擔任ᄒᆞᆯ만ᄒᆞ다니……(중략)……기년전幾年前에도 모씨某氏가 차등회사此等會社를 설립設立ᄒᆞᆫ다고 미동등지美洞等地에 대서게액大書揭額ᄒᆞ얏더니 미기未幾에 선우철액旋又撤額ᄒᆞ고 귀지오유歸之烏有ᄒᆞ얏스니……(중략)……외인外人에 영리營利를 불고不做ᄒᆞ고 국민일대이익적실업가國民間一大利益的實業家를 작성作成ᄒᆞᆯ쥴노 확신確信ᄒᆞ노라

라고 하여 전술한 토목건축회사와 마찬가지로, 「대한토목건축회사」의 설립은 건축업의 이권을 외국 측에게 빼앗기고 있는 현 상황을 타개하기 위함이라고 표명하고 있다. 이 시기에 건축공사의 양이 팽창하지만, 그러나 한국인 건축회사가 참여하는 경우가 거의 없었음을 알 수 있다. 위의 글에서 몇 년 전에 미동美洞에 설립했다는 건설회사는 박기영의 토목건축주식회사와는 시기나 지역으로 보아 별개의 회사로 추정된다. 그러나 앞에서 언급했던 이재순의 청축회사나 김익승의 청축회사를 지칭하는 것인지, 또 다른 건설회사가 있었는지는 확인하기 어렵다.

결국 위의 두 회사를 비롯하여 앞에서 언급했던 청축회사 등의 한국인 건설회사는 건설 이권을 외국자본으로부터 지키는 데에는 실패했다고 판단된다. 당시 대부분의 건설 관련 이권은 이미 일본인 건설조직으로 넘어갔고, 모든 측면에서 한국인 건설회사가 열세를 만회하기에는 역부족이었다.[38]

한국인 건설조직 및 회사는 일본인 건설조직에 비하여 기술과 능력이 부족하였다는 점은 부정하기 어려운 사실이다. 그러나 한국인 건설회사의 능력도 일정수준까지 성장하여, 자력으로 서양식 건축을 건설할 수 있게 되었다는 점을 다음 글에서 확인할 수 있다. 『서북학회월보西北學會月報』 기사에서[39]

그림 6-3 서북학회회관 정면도 (필자 작도)

(전략)……본관本館 건축建築에 대對ᄒᆞ야 여하如何ᄒᆞᆫ 열성熱誠을 진盡ᄒᆞ며 여하如何ᄒᆞᆫ 의혈義血을 주注ᄒᆞ야 여하如此히 굉대宏大ᄒᆞᆫ 사업事業을 고흘告訖ᄒᆞ얏ᄂᆞᆫ가. 희噫라 십년전十年前 시대時代를 조遭ᄒᆞ얏드면 금일今日보다 십배十倍의 열성熱誠과 백배百倍의 의혈義血을 주진注盡ᄒᆞᆯ지라도 건축建築의 제한制限을 인因ᄒᆞ야 오배吾輩가 능能히 차此 옥屋을 성립成立치 못ᄒᆞ야슬지오 설設 우又 금일今日에 자유건축自由建築ᄒᆞᄂᆞᆫ 기회期會를 조遭ᄒᆞ야도 아국我國 도성내都城內에 웅립雄立ᄒᆞᆫ 만국청년회관萬國靑年會館과 한미전기회사韓美電氣會社가 능能히 본관本館으로 더부러 대치對峙가 될 자者이나 차此 이옥二屋은 순연純然ᄒᆞᆫ 본本 국민國民의 능력能力으로 결과結果ᄒᆞᆫ 자者ㅣ 아니오. 다소多少 외원外援을 시의是依ᄒᆞᆫ 자者이로ᄃᆡ 단但히 국민國民의 자력自力으로 여차如此ᄒᆞᆫ 거공鉅工을 시성是成ᄒᆞᆫ 자者ᄂᆞᆫ 사천년四千年 건축建築 역사歷史에 본관本館의 성립成立이 초유初有ᄒᆞᆫ 광채光彩가 될지로다.……(후략)

라고 하였다. 서북학회 회관에 대해 만국청년회관(YMCA)이나 한미전기회사와 함께 한성에서 가장 훌륭한 건축물로 꼽고 있다. 그러나 서북학회 회관만은 외국의 지원이 없이 자력으로 건설하였음을 강조하고 있다. 10년 전이었다면 건설하기 어려웠을 것이라고 설명하는 것으로 보아 그 사이 한국인 건축업의 기술력이 향상되어 서북학회회관이 건설된 1909년에는 자력으로 서양식 건축을 건설할 수 있는 수준까지 도달하였다고 볼 수 있는 것이다. 그러나 실제로 어떤 한국인 건설회사가 수주를 받고 건설했는지는 명확하지 않다.

1910년 전후를 기준으로 한국인 건설회사가 일정 수준의 기술력까지 도달하였음은 확인하였다. 그럼에도 불구하고 한국 정부가 발주한 건설에 참가한 건설회사는 대부분 일본인 회사였다.[40] 다음의 『대한매일신보』 기사에도[41]

> 의정부건축議政府建築을 탁지대신度支大臣이 담당擔當흔 모양貌樣인딕 공사계약工事契約에 운동비유무運動費有無는 세소공지世所共知라 민탁지閔度支가 혹유간섭或有干涉인지 한국공장韓國工匠은 일병물시一幷勿施하고 일인日人을 도급都給하야 기공起工하는 고故로 대령목주이하待令木手以下가 민탁지閔度大를 치원致寃하더라

라고 하여 의정부 건설공사에 한국인 건축업자를 배제시킨 점에 대하여 비난하고 있다. 이미 한국 정부는 일본에 의해 장악되었고, 경인선 철도공사 때처럼 자국 건설업자를 보호하기 위한 지령조차도 내기 어려운 상황이었으므로, 정부 주도의 공사는 대부분 일본인 건설회사의 손에 넘어가게 되었다. 결국 한국인 건설회사는 10년이라는 짧은 시간에 완성도 높은 서양식 건축 기술을 습득하였지만, 그 기술을 발휘할 기회를 잃었고 한국 건축회사의 도약은 사실상 어려운 상황이었다고 판단된다. 이 상황 속에서 일제강점기에 접어들게 되고 건축업에 있어서 한국인업자의 시련은 연속선상에 있다고 판단된다.

한국 내 일본인 건축업과 중국인 건축업의 양상

경부선 철도공사 이전 일본인 건설조직의 한국 진출 상황

일본인 건설조직이 한국에 진출한 이력으로서 최초의 기록이라고 보이는 것이 오오쿠라구미大倉組의 진출이다. 오오쿠라구미는 현재 일본 5대 건설회사 중 하나인 다이세이건설大成建設의 전신이다. 『요미우리신문讀賣新聞』 1876년 11월 2일의 기사에는[42]

> 외무성外務省 칠등출사七等出仕인 콘도마스키近藤眞鋤 군君은 관리관管理官으로서 조선국초량관朝鮮國草梁館에 근무할 것을 명 받았고, 또 오오쿠라구미大倉組 지점支店을 조선 부산포에 열고자 하여 담당자 2인이 그 지역으로 출항하였습니다.

라고 하여 오오쿠라구미가 부산에 지점을 설치하였음을 확인할 수 있다. 그러나 실제로 건설업에 관여하였는지는 명확하지 않다. 오히려 당시 오오쿠라구미의 주력 업종은 건설업보다는 군수품과 일상품 등의 해외무역이었으므로[43] 부산 지역의 건설업보다는 무역업에 관여했을 가능성이 크다고 판단된다. 『요미우리신문』 1878년 12월 18일 기사에서[44] 부산에 입항한 일본 군대의 대포의 주문을 오오쿠라구미가 담당하여 군수품을 조달하는 업무를 담당했음을 확인할 수 있다. 1882년 인천이 개항하면서 오오쿠라구미는 인천에도 진출하였다. 당시의 『요미우리신문』에서[45]

> 이번에 조선 경기도 인천부에 건설되는 영사관의 크기는 대략 600평 정도로 모두 오오쿠라구미大倉組에 의뢰하였으므로 이와 관련하여 후카가와深川 도미카와마치富川町에 공장을 설치하고, 다음 달 중으로 인부 백 명과 목재를 보낼 예정이라고 한다.

라고 하여 인천 영사관 건설을 오오쿠라구미가 담당하였고, 목수와 목재를 인천으로 운송하였다는 것을 알 수 있다. 오오쿠라구미가 한국에서 공사에 관여한 것이 확인되는 최초의 사례이다. 그러나 그 건설과 관련하여 다른 기록에서는[46]

> 조선국 인천항에 이번에 일본공사관을 설치하는 것과 관련하여 외무성으로부터 재목류材木類와 순사 12명 직공 80명을 이번에 선박으로 보낸다고 한다.

라고 하여, 외무성이 관여하였다는 기록도 있다. 오오쿠라구미가 전체 공사에 대한 청부를 받았는지는 불명확하지만, 또 다른 기사에서는[47]

> 에바라군荏原郡 이케지리무라池尻村의 오치아이엔지로落合圓次郞는 이번에 조선사건에 있어서 인부가 필요함을 알고 '내 손으로 인부 백 명 정도를 모집하여 두었으므로 필요할 때는 언제라도 요청을 해 달라.'라고 어제 경시청에 언질해 두었고, 기타시나가와北品川의 사사키요네키치佐々木米吉는 오오쿠라구미大倉組 인부 청부를 하여 지난 13일 인부 5백명을 조선으로 보내게 되었을

때, 시바타카나와芝高輪 주변의 인력거 인부 50여명을 그 사람에게 부탁하여 모집하였으므로 그 근처의 대차옥貸車屋은 일시적으로 인력거를 반납하여 약세가 되었다고 한다.

라고 기록되어 있다. 앞에서 목수와 목재의 운송을 담당한 것에 이어서, 500명의 인부를 추가로 보냈다는 기록이다. 따라서 외무성 직할의 공사였는지 오오쿠라구미가 맡았는지, 오오쿠라구미가 어느 정도 관여했는지는 불명확하지만, 오오쿠라구미가 인천의 일본영사관 건설에 깊이 관여했다는 것은 확인할 수 있다.

이후 1884년에 처음으로 한성 성내에 일본공사관이 건설되는데, 갑신정변 때에 화재로 불타서 사라지고 이듬해 1885년에 장소를 남쪽의 니현泥峴으로 옮겨서 새로 건설하였다. 1884년 최초로 건설된 일본공사관 공사에 관하여 『경성부사京城府史』에서는[48] 오오쿠라구미가 담당하였다고 기록하고 있지만, 『아사히신문朝日新聞』의 기사에는[49]

이치무라쇼타로市村正太郎 씨는 도쿄東京의 대공人工 동량棟梁으로 민첩하고 활발한 사람인데, 일찍이 우리 공사관을 경성에 건축하는 일의 청부를 맡아서 여러 명의 직공을 이끌고 그 지역에서 체제하고 있다고 한다.

라고 기록되어 있고, 또 『아사히신문』의 다른 기사에는,[50]

이치무라쇼타로市村正太郎는 위 사건(갑신정변)이 일어났을 때 진력을 다하여 이번에 다시 경성京城 공사관 재건축에서 청부를 맡았고, 지난 16일 요코하마橫濱에서 고베神戶에 도착하여, 다음날부터 그 항구에서 여러 공인을 고용하고 물품을 구입하여 어제 오후 출범하는 배편인 세이류마루靑龍丸로 인천을 향해 출발한다더라.

라고 하여 1884년의 공사관과 1885년의 공사관, 두 건물 모두 이치무라 쇼타로市村正太郎가 담당하였다고 되어 있다. 이치무라 쇼타로와 오오쿠라구미의 관계가 명확하지 않으므로 단정 짓기 어렵지만, 1884년의 일본공사관 공사는 청부회사가 오오쿠라구미이고, 이치무라 쇼타로는 하청으로 일하는 대목수였을 가능성도 있다. 그러나 1885년은 위 기사에서도 적힌 바와 같이 이치무라 쇼타로의 공을 인정하여 일본 정부가 직접 청부를 명하였으므로, 청부를 받은 인물이 이치무라 쇼타로라고 보는 것이 타당할 것이다.

이후 청일전쟁까지는 한성의 건축공사에 일본의 대규모 건설회사가 참여하였다는 기록이 보이지 않는다. 일본 건설업계가 호황이었기 때문에 개항지에 진출할 여력이 없었을 가능성도 있지만, 한성 내에 일본 측이 주도하여 진행한 대규모 건축공사가 없었기 때문이라고 판단된다. 한성 내 일본인의 건축 수요는 주로 민간 주택이나 상점 건설이 대부분으로 규모가 큰 공사는 없었다. 따라서 많은 건축공사는 거류지 내 일본인 목수만으로도 충분히 수요를 충족시킬 수 있었다고 보인다.

1894년 청일전쟁 이후 일본인 건설조직이 활동하기 쉬운 환경이 조성되었다. 일본인 거류민의 인구가 증가하였고, 중국과의 세력 다툼에서 승리하여 힘을 얻었으므로, 점차 일본인 거류지도 확장되어 갔다. 염원하던 남대문로 진출을 실현할 수 있었다.[51] 일본인 거류지 확장과 함께 새로운 건축 활동이 늘어나고 이 시기부터 건축공사도 이전과는 달리, 대규모 건축공사가 많아지기 시작하였다.

청일전쟁을 계기로 한성의 일본인 거류지는 다양한 변화가 일어나게 되었다. 우선 일본인 수가 증가하였다. 앞에서 언급한 것처럼 일본인은 중국세력에 압도되어 한성 안에서 제대로 힘을 펼치지 못하였지만 청일전쟁 이후 대부분의 중국 상인이 일시 귀국한 틈을 타 중국 상인의 상권을 일본 상인들이 장악할 수 있게 되었다. 이렇게 급속도로 세력을 확장하면서 거류지역의 확장도 함께 이루어지고, 기존의 거류지역을 벗어나 새로운 지역에 건축을 짓는 공사 수요가 생겨난 것이다.

이보다 앞서 한성에서 외국인이 공식으로 건물과 토지를 소유할 수 있게 된 것도 한몫했다. 1893년에 한성부는 한성 내 가옥에 대하여 새로운 가권(家券)을 발행하기 시작하였다.[52] 가권의 발행은 중국 상인의 가옥과 토지에 대한 소유권을 보장하는 것이 원래의 의도였다.[53] 그런데 이는 일본인에게도 유리한 상황이 되어 일본인이 토지와 건물 소유권을 안정적으로 유지할 수 있게 되었다. 그러자 일본인 건설조직의 활동에도 영향을 미쳐서 소유지에 새롭게 건축을 짓는 공사가 많아졌다. 이전까지 한국은 건물과 토지를 분리하여 소유하는 개념이 없었고, 실제로 매매하는 경우에 건물에만 가격을 매겨서 토지는 그 부속으로 여기는 것이 일반적이었다.[54] 건물을 사는 것만으로 부지를 얻을 수 있었으므로 비교적 가격이 싼 초가를 사서 새로 건물을 지으면 부지 매입에 드는 비용을 절감하는 효과도 얻을 수 있었다. 상대적으로 건물가격과 지가가 싼 지역에 모여 살았던 일본인들이 적극적으로 자신들의 양식으로 건축활동을 펼친 배경에는 이러한 시대상도 한몫했다고 볼 수 있다.

청일전쟁 이후 남대문로에서 가까운 곳으로 신영사관을 신축 이전하면서 그 공사를 오오쿠라구미가 담당하게 되었다.[55] 오오쿠라구미가 본격적으로 한성 내 건축 활동에 참가한 효시가 되는 건설공사이다. 이미 오오쿠라구미는 부산, 인천, 한성 등에서 건축 활동을 했던 정황이 확인되지만, 지점을 설치하여 건축청부업에 전념할 정도는 아니었다.

오오쿠라구미는 이미 인천과 부산에서 활발한 활동을 전개하여 기반을 마련한 기업이었으므로 건축청부업에 있어서도 다른 일본인 건축회사보다 한국에서 활동하기 쉬운 입장이었다고 할 수 있다. 경험도 충분하고, 재료와 인력 공급의 경로도 새로 개척할 필요가 없었다. 그럼에도 불구하고 오오쿠라구미의 활동이 두드러지지 않았던 것은 오오쿠라구미라는 대기업이 흥미를 느낄 정도의 대규모 공사가 없었기 때문이라고 볼 수 있다. 결국 오오쿠라구미가 한성에서 건설사업을 전개한 것은 1896년 12월에 완공한 일본영사관 신축공사였다. 당시로서는 한성 내 일본인 건설조직이 담당했던 건축공사 중에서 가장 규모가 큰 것이었다. 이 신축 이전까지 일본영사관은 한국 전통식

그림 6-4 일본영사관의 정면도: 위 도면은 1909년에 작성된 것으로 원래의 영사관을 경성이사청으로 증축하여 전용하기위해 작성된 도면으로 추정되지만, 증축하는 부분은 건물의 후면이므로 위 도면은 1896년에 신축한 영사관에 가깝다고 볼 수 있다. (국가기록원 소장)

건축을 개조하여 그대로 사용하였다. 새롭게 남대문로 바로 옆에 청사를 마련하였고, 이 청사는 이후 증축을 통해 경성이사청京城理事廳과 경성부청京城府廳으로 사용되었을 정도로 기존 일본영사관과 비교하면 훌륭한 건물이었다. (〈그림 6-4〉)

거의 비슷한 시기에 시미즈구미清水組도 한국 내 건축 활동에 착수하였다. 시미즈구미는 1897년에 제일은행 인천지점 건설을 담당한 것을 효시로 한국에 진출하였다. 그 후 1902년에 시미즈구미 경성지점을 설치하였는데,[56] 경부선 철도공사 이전까지는 다른 건축 공사를 담당했다는 기록이 없다.

경인선 철도건설은 일반적으로 미국인 세력이 주도하여 사업을 시작했지만, 이후 일본에 운영권이 양도되었고 한강철교 건설과 최종 준공은 일본인 건설회사가 담당하여 마무리하였다. 이를 담당한 건설회사가 가지마구미鹿島組였다. 가지마구미는 일반건축업과 철도공사를 병행하였는데, 1880년 4월 업종을 철도청부업으로 변경하여 철도공사에 주력하였다.[57] 따라서 1910년 이전까지 한국에서의 행적도 주로 철도청부업에 집중되어 있다. 경부선 공사이전에 이미 한국에 진출한 일본인 대규모 건설회사는 위의 3사를 들 수 있다.

건설 청부를 하는 회사는 앞에서 언급한 3사가 있지만 건설재료 공급이나 창호틀 제작 등을 하는 회사는 이미 진출해 있었다. 다카다高田 양가구洋

家具 제작소, 아사노淺野 시멘트, 다카토리타타미鷹取畳 공장 등을 들 수 있다. 1890년 9월에 다카토리타타미鷹取畳 공장이 창업하였고,[58] 아사노 시멘트는 러일전쟁 중 한성 황금정黃金町에 출장소를 설치하였다.[59]

중국인 건설조직의 활동

앞서 제4장에서 다룬 것처럼 다수의 중국인이 번사창 건설에 참여한 것을 확인하였다. 공식적으로 확인된 최초의 중국인 건설조직의 한성 내 활동이다. 번사창의 건축 양식은 완전한 서양식이라고 보기 어렵고, 단지 서양식 건축 요소가 포함되어 있는 건축이라고 보는 것이 타당하다. 지붕 가구나 창 등에서 서양식의 모습을 확인할 수 있다. 그러나 당시 중국인 기술자의 능력이 서양식 건축을 건설하기에 부족했다고는 볼 수 없다. 1895년 3월의 다음 기록에서[60]

> 상고할 것. 프랑스 사신使臣이 선달하는 말에 의하면 해당 건축공관의 공사에서 청국淸國 공장工匠 1백명을 모집하였고, 장차 도항하여 제물포濟物浦에 머물게 하고자 한다. 해당 지방에 명령하고 신칙하여 통행에 지장이 없도록 주비하여야 한다. 해당 청인淸人들은 이미 공역에 응모하여 온 것이니 마땅히 막지 말 것을 귀 아문에 청합니다. 인천항 경무관에게 관칙關飭하여 해당 선박이 정박하면 바로 검사하고 즉시 통행을 허가토록 하라. 그리고 반드시 청상淸商을 보호하는 규칙을 지키라는 뜻을 해당 공장들에게 면유面諭하여 법을 어기지 않도록 해야 할 것이니 모름지기 관계자는 이를 따르라.

라고 하여 프랑스공사관의 건설에 중국인 장인 100인이 참여한 것을 알 수 있다. 〈그림 6-5〉의 프랑스 공사관은 당시로서는 명동성당과 함께 가장 뛰어난 서양식 건축으로 꼽을 수 있는 것을 서양인의 기록에서 확인할 수 있으므

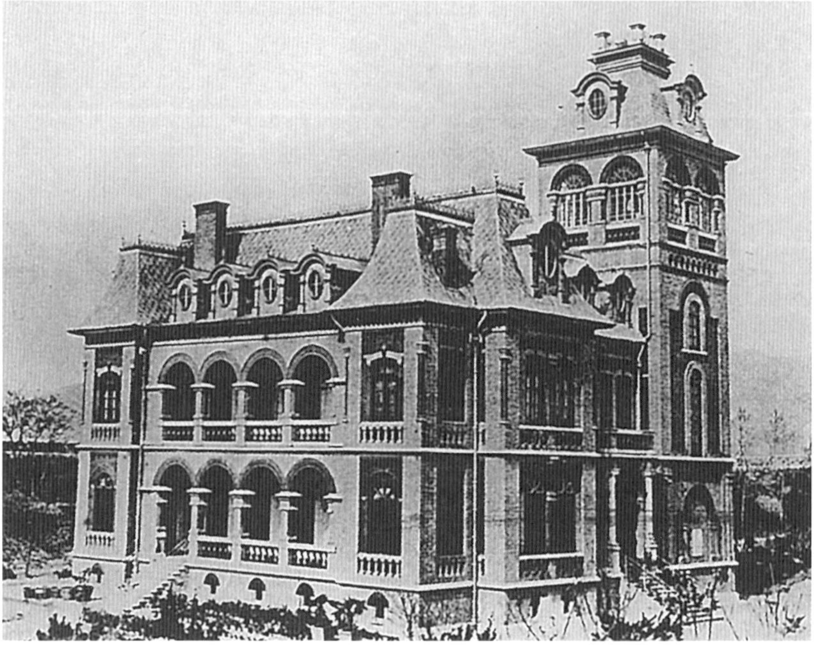

그림 6-5 프랑스공사관(1896년 시공)
(출처: 서울특별시사편찬위원회, 『개항이후 서울의 근대화와 시련(1876~1910)』, 2002년, 100쪽

로 중국인 기술자들의 시공능력은 높았다고 생각된다. 반면 현지의 한국인 기술자를 사용하지 않고, 일부러 중국인 기술자를 초청한 것은 한국인의 시공 능력이 서양식 건축을 건설하기에 부족하다는 반증이기도 하다.

그 이후의 기록에서는[61]

> 본월구일本月九日 궁내부대신宮內府大臣 서리署理 제칠호第七號 조회照會를 접준接準ᄒᆞ온즉 내개內開 휴게소休憩所 복도複道 양제소입비洋製所入費 은화이천육백칠십삼원칠십일전銀貨二千六百七十三元七十一戔을 …… (중략) …… 삼백오십원三百五十元, 청인淸人 목수도급木手都給, 십삼원삼십이전十三元三十二戔, 청인淸人 모군고가募軍雇價, 일백원一百元, 청인淸人 각수장공가刻手匠工價 …… (후략)

라고 하여 경운궁 휴게소에 서양식 복도를 설치하면서 중국인 기술자를 고용한 것을 알 수 있다. 중국인이 아닌 기술자로는 대패질을 담당하는 「인거장引鉅匠」도 명목에 있지만, 공사를 주도하는 전문 기술자는 중국인으로 구성되었으므로, 공사 전반을 중국인 기술자가 담당했다고 볼 수 있다. 위에서 언급한 경운궁 휴게소는 48칸 규모의 서양식 건축이며, 복도를 가지고 있고, 휴게소의 기능을 갖는다는 점에서 정관헌靜觀軒일 가능성이 높다고 판단된다. 정관헌의 경우 프랑스공사관과 같이 높은 기술을 요하는 건축물은 아니었고 비교적 간단한 서양식 건축이었다는 점에서 중국인 건설조직이 다양한 수준의 서양식 건축에서 폭넓게 활동하였음을 확인할 수 있다. 그밖에도 1909년 기록에는[62]

> 청원인請願人 광승호廣昇號 청국인淸國人 임택성林澤成 경성본정일정목팔십사번호京城本町一丁目八十四番戶 대리인代理人 암본영부岩本英夫 우右 융희이년오월삼십일隆熙二年五月三十日 제출提出혼바 공사청부대금工事請負代金 청구건請求件에 대對호야 제실책무심사회帝室債務審查會의 의결議決을 경經호고 좌左와 여如히 결정決定홈 주문主文 본건本件 청원請願은 차此를 청허聽許치아니홈 이유理由 청원請願의 요지要旨는 청원인請願人은 광무칠년유월光武七年六月 황실皇室의 대표자代表者된 궁내부宮內府 촉탁囑託 영국인英國人 여의女醫 곡류의曲柳意와 금삼만팔백칠환金三萬八百七圜으로써 경운궁慶運宮 내內의 공사工事를 청부請負호고 동년칠월이십일同年七月二十日 공사工事에 착수着手호야 동년십월삼십일同年十月三十日 공사工事를 준공竣功홈으로써 여의女醫 곡류의曲柳意 입회立會혼 후後 건조물建造物의 인도引渡를 료了혼지라 연이然而 궁내부宮內府에셔는 광무팔년구월光武八年九月에 지至호야 근僅히 금이만환金貳萬圜의 선급先給을 행行홈에 불과不過홈으로써 잔액殘額 금일만팔백칠환金一萬八百七圜의 지발支撥을 청구請求홈에 재在혼지라

라고 하여 1903년 경운궁 공사에 중국인 임택성林澤成이 참여하였음을 알 수 있다. 청부금액請負金額이 30,807圓이었고, 공사기간은 1903년 7월부터

1903년 10월까지였는데 담당한 건물이 무엇이었는지는 확인되지 않는다. 이 기록 이후에는 중국인 건설조직이 정부 공사에 참여하였다는 기록은 없다. 중국인이 정부 공사에 참여하지 않게 된 것은 중국인 건설 조직의 능력 저하보다 러일전쟁 이후 일본인 건설회사의 건설업 장악이 초래한 결과라고 볼 수 있다.

일본인 건설조직의 경부선 및 경의선 철도공사 참가와 그 이후 활동의 상세

일본인 건설조직이 본격적으로 한국에 진출한 계기는 경부선 철도공사 및 경의선 철도공사였다. 경부선과 경의선 건설 초기에는 경부선과 경의선의 건설공사에 상당수의 한국인 건설업체가 참여하였고 나름의 성과를 거두었다.[63] 그러나 러일전쟁이 발발하면서 일본은 급속도로 완성시켜 군수용으로 경부선과 경의선을 활용할 필요가 생겼다. 이때부터 일본인 건설조직에 의한 경부선 공사 재편이 이루어지고 일본인 건설조직이 주도적인 역할을 하게 되었다.[64] 경부철도주식회사京釜鐵道株式會社가 경부선京釜線 공사를 주도하고, 임시군용철도감부臨時軍用鐵道監部가 경의선京義線 공사를 주도하면서, 일본 건설회사들이 대거 참여하여 일본 본토에서보다 상당한 이윤을 남기며 공사를 진행하였다.[65] 경인설京仁線 건설에 이미 참여했던 가지마구미鹿島組를 비롯하여, 한국에서 건설 경험이 있는 오오쿠라구미大倉組와 시미즈구미清水組는 물론이고, 오바야시구미大林組, 하자마구미間組 등의 대형 건설회사가 총동원되어 경부선 철도공사에 참여하였고, 그밖에도 스기이구미杉井組, 이나바구미稻葉組, 요시다구미吉田組, 아가와구미阿川組, 시키구미志岐組, 사토구미佐藤組, 아라이구미荒井組, 하야카와구미早川組, 미야자키구미宮崎組 등 수많은 일본의 건설회사들이 경부선과 경의선 건설에 총동원되었다. 이후 이들은 한국에 지점을 설치하며 일제강점기에도 지속적으로 한반도에서 건설 활동을 유지하였다.

경부선과 경의선이 완공된 이후에는 운영권이 일본에 있었으므로, 통감부의 감독 하에서 추가 공사와 보수 공사가 이루어지고, 이 업체들에게 그대로 공사 기회가 제공되었다. 철도 공사는 이전보다 감소하였지만, 통감부에서 주도하는 여타 토목공사를 수주할 기회가 주어져 한반도에서의 성공적인 정착을 지원하였다.

표 6-3 한성 내 일본인 건설업 호수

업종	1888년	1893년	1896년	1898년	1902년	1906년	1910년
목재상(材木商)			3	2		50	33
토목청부업(土木請負業)					17	274	321
측량사(測量師)							14
대공직(大工職)	35	25	50	–	123	1022	961
좌관직(左官職)	20	5	10	10	15	160	137
대패공[木挽]	2	1	7	6	4	116	58
페인트공[漆油職, 塗職]	2	2		2	6	19	67
비계설치[鳶職]							22
벽돌 및 기와[瓦煉瓦製造]	1				5	127	8
가구제조업(建具製造業)						14	74
단야직(鍛冶職)	1	2	2				
석공('石工)	1		4	3	6	172	140
토공직(土工職)						35	
다타미제조[畳職]		1	2		2	52	59
시멘트 판매							2
일용직[土方]			6			285	

출처: 太田音次郎 (1907)『在韓本邦人狀況一覽表』, 朝鮮統監府總務務部, 23~29쪽
京城居留民團 (1912)『京城發達史』, 京城居留民團役所, 34쪽, 64~66쪽, 85~86쪽, 430~434쪽

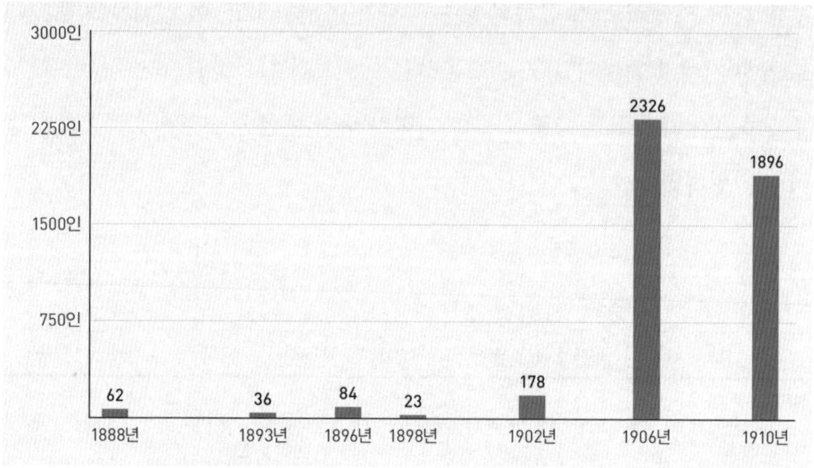

그림 6-6 한성 내 일본인 건설업자 수 변화 추이

1883년부터 1910년 사이에 한국에서 활동한 일본인 건설업자로서 『한국사데이터베이스』의 한국근현대인물자료[66]에서 확인되는 인물은 총 151명인데, 이 중에서 55명이 경부선과 경의선 철도 공사를 위해서 한국에 들어왔다. 이 중 17명은 정부 관계 부처에서 일하였고, 다른 17명은 그대로 철도청부업을 유지하였다. 따라서 총 34명이 경부선과 경의선 완공 이후에도 계속 철도관련업에 종사하였다. 나머지 21명 중 8명은 건축토목이 아닌 다른 업종으로 변경하였거나 일본으로 돌아갔으며, 13명은 일반건축청부업으로 업종을 변경하였다. 이 수치가 전체라고 보기 어렵지만 당시 철도공사의 비중과 일본인 건설업자가 한국에서 정착하는 양상을 보여준다고 할 수 있다. 전체적으로 이렇게 형성된 건설인프라는 한반도 전체가 일본의 영향력 하에 놓이는 상황과 맞물려 일본인 건설업자가 한국에서 정착할 수 있는 기회로 작용하였다고 볼 수 있다.

〈표 6-3〉의 한성 내 일본인 건설업자의 호수를 바탕으로 그래프를 그리면 〈그림 6-6〉와 같다. 러일전쟁 직후 급속도로 건설 관련 직업에 종사하는 사람 수가 늘어난 것을 확인할 수 있다. 『아사히신문』에서도[67]

러일전쟁 이후 만주와 한국에 진출하는 자 드디어 많아졌는데, 이들은 여관, 요리점, 잡화점, 약국 등의 상인들 아니면 대공大工, 인부 등의 직공 조직들이며……(후략)

라고 하여 목수[大工]의 수가 증가한 것을 확인할 수 있다. 물론 인구가 증가할수록 건설직에 종사하는 사람도 늘어나는 것이 당연하지만 그 증가에는 두 가지 원인을 들 수 있다.

첫째, 건설의 기본이 되는 주변 환경의 성장을 들 수 있다. 건축을 완성하기 위해서는 목수라고 하는 전문 인력이 절대적으로 필요하지만, 재료 및 주변 조건을 갖추는 것이 선결 조건이다. 이 시기의 변화로서 눈에 띄는 것은 목수, 칠장 등 기술력을 가져야만 하는 인력들의 수가 증가하는 것과 함께, 건축업을 지탱해 주는 업종에 종사하는 사람들의 수도 함께 늘었다는 점이다. 목재의 공급, 벽돌 및 기와 제조업 등의 수가 증가하였고, 창문틀이나 다타미畳, 페인트칠, 옻칠 등을 담당하는 장인들도 대폭으로 증가하였다. 건축에 관련된 전체적인 기반이 성장한 것이라 할 수 있다. 이는 건축공사에 있어서 필요한 모든 공정이 일본인만으로 수행할 수 있게 되었음을 의미한다. 특히 한국은 벽돌이나 시멘트라는 서양식 건축에서 필수불가결한 재료가 거의 자체생산이 불가능한 상황이었으므로, 그러한 시설을 세워서 제조량을 늘리고, 건설회사가 활동하기 쉬운 환경을 만들었던 것이 일본인 건설업 확장에서 중요한 역할을 했다고 할 수 있다. 1906년 용산에 연와제조소煉瓦製造所가 세워지고,[68] 1907년의 『요리우미신문』 기사에는[69]

한국 궁내부는 메가타다네타로目賀田種太郎 재정감사장관을 거쳐서 아사노소이치로淺野總一郎, 시부자와에이치澁野榮一 2인에 대한 공동 작업으로서 평양 석회산을 이용하여 대형 시멘트 제조업을 운영하고, 게다가 직산稷山 지방에서는 금광 채굴사업을 비롯해 각종 대공업을 일으키는 것을 교섭해 왔다. 이 두 사람은 바로 동의를 표하고 우선 아사노씨가 실지조사 및 계약 체

> 결의 임무를 맡게 되었다고 한다. 일단 한국 궁내부에 대한 아사노씨 및 시부자와씨 공동사업으로서 한국에 대공업을 발흥시키는 것은 그리 멀지 않아 반드시 일어날 것이라고.

라고 하여 시멘트 사업 등 건설에 필요한 재료 등의 지원도 시작되었음을 알 수 있다.

둘째, 건설청부업의 성장이다. 건축에 관한 공사를 청부하여 담당하게 되면 건축 개시부터 완성까지의 책임을 지게 된다. 앞에서 언급한 것처럼 모든 공정에 일본인 기술자가 대응할 수 있게 되면서 건축청부업자들은 편하게 건설을 진행할 수 있게 되었다. 따라서 청부업에 종사하는 사람들도 많아졌다. 건설청부업 종사자가 늘어난 다른 이유로 대규모 공사의 증가도 들 수 있다. 주택공사와 같이 비교적 단순한 공사는 청부 절차가 없어도 목수 1인 또는 2인이 충분히 대응할 수 있다. 그러나 규모가 큰 공사는 재료나 인력 공급은 물론이고, 건설 진행과정에서도 목수 이외에, 가설비계, 치목, 문양, 창호, 설비 등 다양한 기술자들을 필요로 하고 이들을 전체적으로 관리 감독하는 역할이 필요하다. 그 역할을 담당하는 것이 건축청부업자이다. 오늘날 대규모 건설회사가 하는 역할과 거의 비슷하다고 할 수 있는데, 일본의 경우 에도江戶 시대 중기부터 이미 청부업이 성행하였으므로 청부를 통해 건설을 진행하는 시스템은 일본인 건설업자에게 가장 익숙한 제도라고 할 수 있다. 결국 일본인 건설업자들의 한국 내 팽창은 일본의 청부시스템 도입이 가능하게 하였고, 당시는 일본의 영향력이 강한 시기였으므로 정책적인 지원도 문제가 없었다고 할 수 있다. 한국이 일본의 보호국으로 전락하는 1905년 이후, 탁지부 건축소라는 관청이 건축이나 토목 공사 전반을 장악하게 되었고, 관청이나 관사를 비롯해 한국의 통치에 필요한 시설 공사를 늘렸으며, 거기에 종사하는 일본인을 위한 관사도 건설하였다. 병원이나 공원, 학교 등 사회적인 인프라 구축도 활발히 이루어졌다. 그리고 일본의 대기업들이 한국으로 진출하면서 지점을 세우거나 은행 사옥을 건설하는 등 민간 분야에서의 건설도 대규모 공사가 늘어났다. 여기에 한국에서 건축청부업이 성장하게 된 이유가 있다고 볼 수 있다. 〈표 6-4〉는 일본인 건설회사 중에서 본점을 일본에 두고 한국에 지점을 설치하여 경영했던 건설회사들 중 그 실적이 압도적으로 높은 5개 대형 건설회사를 가려내어 그 실적을 정리하였다. 러일전쟁을 기점으로 그 실적도 왕성해 지는 것을 확인할 수 있다.

『각부통첩各部通牒』 탁지부건축소장이 의정부 참찬에게 보내는 문서에서[70]

표 6-4 한국에서 활동한 대규모 일본인 건설회사의 건설공사명

구분	회사명				
	오오쿠라구미(大倉組)	시미즈구미(清水組)	오바야시구미(大林組)	가지마구미(鹿島組)	하자마구미(間組)
1893년	한성 일본영사관 착공				
1894년					
1895년					
1896년					
1897년	한성 일본영사관 준공	제일은행 인천지점 착공			
1898년					
1899년				경인선 착공(한강철교 포함)	
1900년				경인선 준공	
1901년					
1902년	부산항 매립 착공	清水組 경성출장소 설치			
	경부선 착공				
1903년	덕수궁 석조전 착공(8월)				경부선 공사 일부 참가
1904년		경성 병기창 착공	경부철도 제5공구 제8소구에 참가	경부선 미호천(尾湖川) 교량가설공사 청부	경부선 신탄진-대전간 공사 청부
		원산주차대 본부 병사		경부선 제2면강 교량 가설공사 청부	
		경성 주차대 본부 병사		경부선 북부속성공사 착공(부강-신탄진간, 증약-옥천간)	
				부강(芙江)출장소 개설	

구분	회사명				
	오오쿠라구미(大倉組)	시미즈구미(清水組)	오바야시구미(大林組)	가지마구미(鹿島組)	하자마구미(間組)
1905년	돈덕전 수리공사	경성 병기창 준공			경의선 대령(大寧)교량 가설 공사
	도미타(富田) 임대주택 건축공사				
	탁지부 관사 공사				
	한성은행 신축				
	경성운유주식회사 신축				
	경성병원 신축				
	경성우편국 분실 신축 공사				
	한국군사령부 구내도로 공사				
1906년	통감부 경성관사 신축 공사	공립한성병원 진찰소 신축			
	수원권업모범농장 신축	궁내부 청사 건축			
	수원농림학교 건축	경성주차대 병사 증축			
	부산측후소 건축	제일은행 목포지점신축			
		제일은행 경성지점 남산사택			
	덕수궁 석조전 준공				
	경성우편국 벽돌담 공사				
	경성역임시공사				
1907년	대한의원 신축	경성출장소를 출장점으로 승격	용산보병연대 병영준공		경부선 대전–조치원간 수해 복구공사 청부
	용산 관사 신축	의정부 청사 건축	용산보병연대 기타부속 시설 준공		
	평양 관사 신축	제일은행 대구출장소	용산 및 평양 주둔군 병영 준공		
	궁궐 손잡이 공사	제일은행 경성지점	한국 주차군 보병연대 대련 본부 및 기타 준공		
	경성회의실 신축	제일은행 개성지점	용산병영 부지 토공 및 도로신설 준공		
	농공은행 신축 및 기타 공사	제일은행 마산지점			
		제일은행 함흥출장소 사무소			
		제일은행 평양지점			

구분	회사명				
	오오쿠라구미 (大倉組)	시미즈구미 (清水組)	오바야시구미 (大林組)	가지마구미 (鹿島組)	하자마구미 (間組)
1907년		제일은행 남대문사택			
		제일은행 원산지점			
1908년	신의주 이사청 및 부속 건물 신축		용산보병연대 위병소 및 기타 준공		경인선 복선공사 청부
	부산항 매립 준공		경성위무병원 및 기타 준공		
			한국주차군 사령부 장관관사 준공		
			용산 육군 병기창 사무소 준공		
1909년			한국주차군 사령부 관저준공		
1910년		한국은행 인천지점건축			압록강 교량 건설
					안동정차장 건설
					안봉선 구간 건설
					부산정차장 건설

출전: 大成建設株式會社社史發刊準備委員會(1963)『大成建設社史』, 大成建設株式會社
清水建設株式會社(1973)『清水建設百七十年』, 清水建設
清水建設株式會社(2003)『清水建設二百年』, 清水建設
大林組社史編纂委員會(1972)『大林組八十年史』, 大林組
鹿島建設社史編纂委員會(1971)『鹿島建設百三十年史』, 鹿島研究所出版會
間組(1972)『間組八十三年のあゆみ』, 間組

의정부議政府 신축공사와 관련하여 지급 입찰하는 것으로 하여 우리 부서 소관 해관공사부 기사 이와타사츠키미츠루岩田五月滿의 청원에 의해 해당 도면 4매와 사양서 2권을 청원서와 함께 첨부하여 제출하니 참조한 후 해당 청원서에 다음 6사로 하여금 경쟁입찰 하도록 요망……(중략)……

하나, 의정부 본관 및 부속 건물 신축공사

위 시급히 시공할 필요가 있는 바에 대하여 광고를 통해 일반 경쟁 입찰을 할 여유가 없습니다. 다음 신용 확실한 당업자를 지명 경쟁 입찰하는 청부에 대하여 별지 도면 및 사양서를 함께 첨부하여 보내니 결재해 주시기 바랍니다. 다음. 오오쿠라구미大倉組, 후지카츠구미藤勝組, 하세가와구미長谷川組, 하

자마구미間組, 오카다구미岡田組, 시미즈구미清水組……(하략)

라고 하여 시급하다는 이유로 의정부 건설 청부에 입찰하는 회사를「大倉組, 藤勝組, 長谷川組[71], 間組, 岡田組, 清水組」등의 6개 건설회사로 제한하도록 하고 있다. 결과적으로 의정부 청사는 시미즈구미清水組가 담당하여 진행하게 되지만, 입찰을 제한하였다는 것은 공정한 경쟁체제는 아니었음을 시사하고 있다.

표 6-5 건설관련 업종 고용임금 (단위: 원/일)

연도	1903년		1906년		1907년		1908년		1909년	
업종	일본인	한국인	일본인	한국인	일본인	한국인	일본인	한국인	일본인	한국인
목수	1.300	0.400	1.550	1.000	1.550	0.900	1.500	1.120	1.500	1.000
대패질	–	–	1.700	1.000	1.700	1.000	1.520	1.070	1.650	1.000
미장	1.400	0.450	1.600	1.000	1.700	0.800	1.540	–	1.630	–
벽돌쌓기	–	–	1.550	1.200	1.800	1.000	1.640	–	1.800	–
벽돌제조	–	–	–	–	–	–	1.300	–	0.880	–
지붕잇기	1.400	–	–	–	–	–	1.480	0.900	1.800	–
석공	1.400	–	1.800	–	1.000	1.000	1.860	–	1.950	–
타타미공	–	–	–	–	–	–	1.540	–	1.480	–
페인트공	–	–	–	–	–	–	1.510	–	1.280	–
표구사	–	–	–	–	–	–	1.350	0.960	1.400	0.900
창호소목	–	–	1.700	–	1.600	–	1.550	–	1.600	1.000
동판공	–	–	–	–	–	–	1.530	–	1.280	0.800
가설비계	–	–	1.200	0.650	1.400	–	1.400	–	1.500	–
일용직	0.800	0.450	1.200	0.600	1.200	0.500	1.100	–	1.200	–

출처: 長田信藏(1903)『韓國成業手引』, 渡韓奬勵會事務所, 92쪽, 94쪽
統監府(1907)『第一次統監府統計年報』, 151~152쪽
統監府(1908)『第二次統監府統計年報』, 330~331쪽
統監府(1909)『第三次統監府統計年報』, 330~331쪽
統監府(1910)『第四次統監府統計年報』, 330~331쪽

〈표 6-6〉은 이 시기 한국에 본사가 있는 일본인 건축회사 리스트이다. 대규모 건설회사들은 생략했지만 많은 수의 건설회사들이 성행하였음을 확인할 수 있다. 또 청부업에서 재료 공급, 시공까지 골고루 분포되어 있어서 건설공사를 진행함에 있어 일본인만으로도 어려움이 없을 것으로 판단된다. 〈표 6-5〉의 건설노동자 임금 변동을 보면 일본인 노동자의 일당도 올라가지만, 한국인 노동자의 일당이 급증하는 것을 확인할 수 있다. 일본인 목수의 경우 6년간 0.2圓이 올랐지만, 한국인 목수는 0.6圓이 올랐다. 이는 한국인 기술자와 일본인 기술자의 기술 차이가 적어지고 있음을 의미한다. 반면 기술을 필요로 하지 않는 일용직의 경우 한국인 노동자의 일당은 거의 변화가 없었다. 그렇게 보면 한국인 기술자의 기술력향상이 두드러졌다고 볼 수 있을 것이다.

표 6-6 개항기 한국의 일본인 건축업 리스트

회사명	설립연도	업종	대표자	주소
鷹取疊製造所	1890년 4월	다타미 제조	鷹取虎次郎	京城府南山町4丁目
井村洋家具店	1895년 6월	창호틀, 가구	井村元造	京城府永樂町1丁目29
山口鐵工長	1899년 2월	건축 자재	山口熊太郎	仁川
長島煉瓦工場	1900년 6월	벽돌	長島綱吉	永登浦
京城土木會社	1901년 8월	토목건축업	–	漢城
九成社	1901년 10월	철물 제조	–	漢城
京城北濟特許會社	1901년 12월	토목건축업	–	漢城
釜山土木(合資)	1901년 12월	토목건축업	玄明運, 福田增兵衛	釜山
韓日工業組	1901년 12월	토목건축업	–	–
仁川鐵工所	1904년 7월	건축 자재	安部長輔	仁川
浅野시멘트	1904~1905년	시멘트	淺野總一郎	京城府黄金町
横田鐵工場	1906년	건축용구	船津六藏	平壤
下條鐵工所	1906년 2월	건축 자재	下條茂三郎	釜山·大邱
稲葉組煉瓦工場	1906년 6월	벽돌	稲葉善之助	平壤
松井瓦工場	1906년 4월	기와	松井泰輔	富川
森安洋家具工場	1906년 3월	목재가공·가구	森安吉	京城府旭町4丁目
馬山鐵工所	1907년 3월	철물 제조	松本多藏	馬山
戸村鐵工所	1907년 4월	건축용 철물	戸村伊助	釜山

회사명	설립연도	업종	대표자	주소
安田疊製造工場	1907년	다타미 제조	安田光男	京城府本町2丁目
藤山疊製造工場	1907년	다타미 제조	藤山增吉	京城府黃金町3丁目
矢野鐵工所	1908년 3월	창호틀·가구	矢野源次郞	新義州
德久煉瓦工場	1908년 3월	벽돌	德久米藏	龍山
建築期成社	1908년 4월	토목건축업	미상	京畿道陽根
增田工場	1908년 3월	가구	增田三穗	京城府明治町1丁目
河內瓦煉瓦工場	1908년 4월	기와·벽돌	河內 미요시	釜山
測量製圖事務所	1908년 12월	건축설계	미상	公州
西田鐵工所	1909년 2월	건축용 철물	西田常次郞	淸津
島鐵工所	1909년 8월	토목건축용구	島岩太郞	全州
白神鐵工所	1909년 11월	건축 자재	白神專一	龍山
土井鐵工所	1909년 11월	철물 제조	土井豊三郞	仁川
深堀公務所	1909년 3월	창호틀·가구	深堀元市	京城府黃金町4丁目
雜賀建具工場	1909년 7월	창호틀·가구	雜賀英太郞	京城府
新原製材所	1910년	목재 가공	新原慶之助	釜山
土木用達(合資)	1910년 2월	토목건축업	谷口小次郞	京城府和泉町
尾島建具工場	1910년 3월	목재가공·가구	尾島作次郞	京城府櫻井町2丁目
木工會社	1910년 5월	목공	미상	京畿道長湍

출처: 『朝鮮總督府京畿道統計年報』, 『皇城新聞』, 『大韓每日申報』, 『請負業史』, 『朝鮮工場名簿』, 『釜山ニ於ケル工事請負會社』, 『在朝鮮實業家辭典』, 『朝鮮銀行會社要錄』

그럼에도 불구하고 일본인과 한국인 사이에는 여전히 능력의 차이가 있고 이것이 임금에도 반영되었다. 한국인 기술자들의 노력만으로 이를 넘어서는 것은 불가능하다. 공개입찰에서 제한입찰을 시키거나 탁지부 소관 공사에서 한국인 회사를 배제시키는 등의 일본인 회사 우대하는 불평등한 구조 속에서는 한국인 건축회사의 성장도 한계가 있을 수밖에 없다.

탁지부 건축소의 건축 활동 상세

탁지부 건축소의 설립 목적과 그 활동의 상세

탁지부 건축소의 설립과 관련하여 다음 기록에서는[72]

예전 한국 정부에서는 관청 건축 및 기타 토목공사를 진행할 필요가 있을 때에는 호조戶曹가 관장하여 수시로 영선도감營繕都監을 설치하고 감동監董으로 하여금 그 시공 감독 역할을 하도록 하였으며……(중략)……최근 국운의 발전과 함께 재래 여러 관아는 협소하며 정무를 집행하기에 그 구조가 편하지 않으므로 새로운 관아의 개축은 매우 급한 사정이 있으니, 특히 행정조직의 개선과 함께 각종 정무기관의 분립 증설되는 것들이 많아 이들의 청사를 설립할 필요가 있으니……(중략)……각각의 건축공사는 매우 급히 진행하고 있어서 종전의 조직으로는 도저히 만전을 기하기 어렵고 공사 실시 및 공사 사무의 통일을 유지하기 위하여 전문적으로 이를 집행할 기관을 특설할 필요가 있으므로 광무10년(명치 39년) 재정고문 감독 하에 탁지부 내에 건축소 창설에 이르게 되었는데……(후략)

라고 하여, 영건도감과 같이 임시기관에서는 방대하게 늘어나는 관영공사를 감독하기 어려워져 건축공사를 담임하는 상설기관이 필요하게 되었고, 그래서 탁지부 아래에 건축소를 설치하였다고 하였다. 탁지부 건축소는 1906년에 설립되었다. 건축소는 1906년 설립 당시에는 탁지부 대신大臣의 직속기관이었지만, 1908년에 관제가 바뀌어 탁지부 차관이 건축소소장을 겸임하게 되었다. 소장 아래에 사무관 3인, 기사 3인, 주사 6인, 기수 26인이 배치되었다. 탁지부 대신은 한국인이었지만, 차관은 일본인이었으므로 관제개편을 통해 건축소는 일본인이 관장하는 기관으로 변모했다고 볼 수 있다.[73] 〈표 6-7〉은 탁지부 건축소의 관직구성이다.[74] 총 25인 중에서 19인이 일본인이고 6인이 한국인인데, 소장을 비롯해 주요 관직은 모두 일본인임을 알 수 있다. 당시 건축소뿐만 아니라, 세관공사부稅關工事部, 등대국燈臺局, 연와제조소煉瓦製造所 등 탁지부 산하 건축토목 공사 관계 부처는 모두 압도적으로 일본인 비율이 높았다.

표 6-7 탁지부 건축소의 관직 구성

관직명		한국인	일본인	계
소장			1(1)	1(1)
사무관	3등		1	1
사무관	4등	1	1	2
기사(技師)	1등		1(1)	1(1)
기사(技師)	3등		2	2
기사(技師)	4등	2		2
주사(主事)	3등	3		3
주사(主事)	4등		1	1
기수(技手)	2등		1	1
기수(技手)	3등		6	6
기수(技手)	4등		5	5
총계		6	19(2)	25(2)

1908년 1월 1일을 기준으로 작성, ( )는 겸임하는 자의 수
출처: 度支部大臣官房統計課 (1907)『隆熙元年 第一回度支部統計年報』, 度支部, 192쪽

세관공사부는 28인 전원이 일본인으로 구성되었으며, 등대국은 52인 중 51인, 연와제조소는 13인 중 10인이 일본인이었다.[75] 게다가 전 부문에서 일본인이 수장이 되어 공식적으로는 한국 정부조직이었지만, 실질적으로 일본인이 운영하는 정부부서라 할 수 있다. 당시 정부기관은 탁지부나 탁지부 산하의 조직뿐만 아니라 전 정부조직에 있어서 일본인 비율이 압도적으로 높았으므로, 건축소만의 특징이라고 보기 어렵다. 건축소라는 상설기관의 설치는 전반적으로 건설의 양적 증가를 가져왔지만, 국정 운영 전반이 일본인에 의해서 이루어진 만큼 일본인 건축회사 및 일본인 건설조직이 건축소 소관 공사의 거의 대부분을 담당하게 되었다.

건축공사에 필요한 것은 건설회사의 기술력만은 아니었다. 한국에서 서양식 건축이 원활하게 확산되지 못했던 가장 큰 이유는 재료 수급 문제였다. 재료를 제대로 공급하지 못하면 건축이 제대로 지어질 리가 없다. 탁지부 건축소의 지원으로 일본인 건설회사가 청부를 하게 되었지만, 필요한 재료인 벽돌, 토관, 목재 등을 일본에서 공수해야 하는 상황이 생겼다.[76] 이를 타개하기 위하여 연와제조소煉瓦製造所를 설치하여 필요한 자재를 공급하였다. 목재는 동감부 영림창營林廠이나 철도관리국과 특약을 맺고 북부지방의 목재를 제재하여 저렴한 운반비로 특약을 맺어 철도로 운송하였고,[77] 벽돌, 토관, 기와는 연와제조소에서 생산하여 공급하였다. 『隆熙三年上半期韓國財務經過報告 第三回』에서는 철도 부설 및 압록강 부근 북부지역 임업 발달과 함께 목재 공급이 용이해져서, 건축 활동에 있어서 편리를 도모하게 되었다고 하였고, 그것이 가능해지면서 1909년 건축공사의 급격한 성장이 가능해졌다고 밝히고 있다.[78] 〈표 6-8〉는 건축소가 담당한 1906~1910년 5년간의 공사 목록과 공사 금액이다. 표에 적혀 있는 공사는 건축소가 담당한 공사의 전부를 실은 것은 아니고 공사액 10,000원이하는 제외한 것이다. 건축비가 1908년에 조금 감소하는 것은 이 시기는 2년 연속으로 진행하는 공사가 많았기 때문이라고 추정되며 〈표 6-9〉에서 보이는 것처럼 실제로는 1908년에서 1909년에 걸쳐서 진행한 공사가 급증하는 것을 확인할 수 있다. 1909년에 340건까지 증가하는 것은 연와제조소 설치 및 목재 공급 원활이라는 점을 보완하여 건축 공사를 진행함에 있어 중요한 재료, 운송, 기술, 감독 등 모든 조건을 완비하게 되어 안정적 운영이 가능해졌음을 보여주는 것이라고 할 수 있다.

표 6-8 탁지부 건축소가 담당한 주요 건축공사 일람

공사명	구조양식	공사비(圓)	시공연도	비고
木浦稅關上家 신축	목조 1층	16,090	1906년	
京城稅關 보세창고	벽돌조 1층 2동	38,800	1906년	
鎭南浦稅關 청사	벽돌조 1층 2동	58,390	1906년	
印刷局 확장공사	벽돌조공장외 4동, 목조 6동	202,003	1906년	
京城監獄	목조 1층	39,279	1906년	
水原農林學校	목조 1층	33,453	1906년	
木浦繰綿工場	목조 1층	15,800	1906년	
1906년도 총계		403,815		
議政府 신축	벽돌조 2층	81,034	1907년	
平理院 신축	벽돌조 2층	60,285	1907년	
大韓醫院	본관 벽돌조 2층 병실 7동 기타 부속건물	308,103	1907년	
群山 및 木浦稅關 廳舍	목조 1층	79,880	1907년	
釜山稅關檢疫所	목조 1층	41,752	1907년	
工業傳習所本館 및 校舍 기타 설비	목조 2층	77,860	1907년	
總理大臣官邸	목조 일부2층	48,368	1907년	
1907년도 총계		697,282		
學部 廳舍	목조 2층	19,800	1908년	
廣通館	벽돌조 2층	49,353	1908년	
釜山稅關 벽돌창고 기초공사		11,699	1908년	직영
釜山稅關 廳舍 기초공사		11,040	1908년	직영
釜山稅關 벽돌창고 신축	벽돌조 1층	22,540	1908년	
大邱警察署	목조 2층	28,712	1908년	
1908년도 총계		143,144		
仁川稅關上家 신축	목조 1층 3동	58,580	1909년	
建築所 廳舍	목조 2층	39,182	1909년	
內部 廳舍	벽돌조 2층	58,766	1909년	
農商工部 廳舍	벽돌조 2층	46,295	1909년	

공사명	구조양식	공사비(圓)	시공연도	비고
參政課	목조 2층	33,896	1909년	
大邱控訴院 廳舍 및 官舍	목조 2층	76,114	1909년	
平壤控訴院	목조 2층	42,720	1909년	
釜山製米所 신축	목조 1층	23,189	1909년	
東亞煙草會社工場	벽돌조 2층	23,294	1909년	수탁공사
元山稅關上家	목조 1층	27,946	1909년	
大邱監獄	목조 1층	47,296	1909년	
春川分監	목조 1층	13,878	1909년	
淸州分監	목조 1층	16,696	1909년	
度支部廳舍 증축	벽돌조 2층	47,500	1909년	
新義州稅關 廳舍 및 上家	목조 1층	16,182	1909년	
釜山輸出牛檢疫所	목조 1층	14,650	1909년	
元山財務監督局	목조 2층	21,115	1909년	
釀造試驗所	목조 1층	17,343	1909년	
1909년도 총계		624,642		
東亞煙草會社工場	벽돌조 2층 4동	41,716	1910년	수탁공사
釜山稅關上家	목조 1층	32,391	1910년	
仁川稅關 벽돌창고	벽돌조 1층	22,846	1910년	
大邱監獄事務所	목조 2층	25,047	1910년	
釜山稅關監視所	목조 2층	19,296	1910년	
土地調査局 廳舍	목조 2층	43,666	1910년	
廣梁灣鹽田 廳舍 및 官舍	목조	82,126	1910년	
南大門市場店舖	목조 1층	27,558	1910년	수탁공사
釜山稅關廳舍	목조 2층	54,041	1910년	
1910년도 총계		348,687		
1906~1910년의 총계		2,217,570		

(위 표는 공사 총액 10,000圓 이상의 공사만 기재한 것이다.)

표 6-9 탁지부 건축소 소관 건축공사 건수

항목	기공 건수 (년)						
	1905	1906	1907	1908	1909	1910	계
각부 제 청사 신축 및 수선		5	5	11	16	4	41
의원 신축 증축 및 수선		3	8	3	4	2	20
광통관 관련 공사				2	3		5
인쇄국 관련 공사	2	3	6	2	2		15
참정과 관련 공사					3	1	4
각지 재판소 신축 및 수선				12	67	12	91
각지 경찰서 신축 및 수선	1			2	69	10	82
감옥 및 기타 신축 및 수선		2		3	16	3	24
재무감독국 및 재무서 신축 수선				11	14	6	31
학교 관련 공사		6	3	2	5	3	19
권업모범장				1	2	1	4
벽돌제조 관련 제 설비				6			6
창고 관련 공사		10	3	2	10	4	29
제염 관련 제 설비			4		1	1	6
각도 관찰도 청사				2			2
도축장 관련 공사				1	3	1	5
엽연초 건조실 공사			2		2	1	5
양조시험소 제 공사					3		3
임업사무소 공사						2	2
수출우 검역소 제 설비					2	1	3
면화공장 제 공사		1				1	2
관사 및 순사 기타 제 숙사	3	8	19	21	98	25	174
세관설비 관련 제 건축		21	20	25	19	21	106
잡공사	2	2		3			7
광업소 제 공사						3	3
동아연초회사 공사					1	1	2
남대문시장 건축						1	1
합계	8	61	70	109	340	104	692

탁지부 건축소의 활동과 한성에 있어서 일본인 건축조직의 성장

한성에는 경성거류민단京城居留民團이라고 하는 한성에 거주하는 일본인 민간조합이 있었다. 경성거류민단이 소유하고 있던 건물에 관한 정보는 〈표 6-10〉에서 확인할 수 있다. 민단이 소유하고 있던 건물의 총액은 163,883원이었다. 그런데 통감부에서 1908년 상반기에 책정한 건축예산이 신축 34건으로 434,700원, 수선 102건으로 123,027원, 총액은 557,727원에 달한다. 민단 소유 건물가치는 일본인이 한성에 거주하기 시작해서 20년간 민단이 축적한 것이지만, 1909년 민단이 소유하고 있던 건축물 총액의 3배를 6개월 동안 지출하여 공사를 진행한 것이다. 그 건설공사에 관한 상세는 〈표 6-11〉[79]에서 확인할 수 있다.

표 6-10 경성거류민단 소유의 건물 (1909년 기준)

구분	평수	가격(圓)	건축재료
소학교 직원 사택	112.50	7,875	목조 기와지붕
民團役所 청사	78.75	15,750	목조 기와지붕
고등여학교 및 고등수상소학교 교사	405.25	51,805	목조 기와지붕
남산공원 내 제 건축	45.67	2,284	목조 기와지붕
남산분교 교사	82.60	3,350	목조 기와지붕
일출정소학교 교사 및 교장 사택	312.96	59,044	교사: 벽돌조 2층 사택: 목조 기와지붕
중학교 교사	155.00	4,755	
한성병원	199.40	16,000	본관: 벽돌조 2층 부속: 목조 벽돌지붕
유치원	53.26	1,000	목조 기와지붕
화장장	17.75	710	목조 기와 및 아연 지붕
청파병원	161.00	1,100	온돌 (한국 전통식)
공동묘지 감시인 사택	7.00	210	
계	1630.74	163,883	

출처: 京城居留民團 (1912)『京城發達史』, 京城居留民團役所, 231쪽

그런데 거액의 공사들 중에서 한국인이 수주한 것은 단 1건에 지나지 않는다. 공사 금액도 48원으로 전체 공사 금액의 0.01%에 해당한다. 러일전쟁 이후에 이루어진 통감부統監府 탁지부건축소度支部建築所 소관의 건축공사는 그 대부분이 서양식 건축이었다. 러일전쟁 이전 한성의 서양 건축 건설은 대부분 서양인 설계자와 중국인 시공자의 조합에 의해 이루어졌다. 1900년 이후 한국인 건축회사도 기술력을 높여 서양식 건축의 건설이 가능하게 되었고,[80] 경부선철도 건설에서 이미 실력을 입증한 바 있다.[81] 한국인과 중국인 건설업자가 배제된 상황은 단순히 기술력의 차이를 그 원인으로 생각하기는 어렵고, 일본인 건설업자를 지원하고자 하는 의도가 포함되어 있다고 볼 수 있다. 위에서 언급한 1908(융희2)년 상반기의 기록에서는 청부업자의 이름이 명시되어 있지만, 다른 연도의 기록에는 이름이 누락되어 있어 다른 시기는 확인하기 어렵지만, 당시 건설 공사는 연속적으로 시행된 것이 많았으므로 연도에 따라 상황이 변하였으리라고는 생각하기 어렵다. 이러한 정부 주도 건설 활동의 독점을 통해, 자본은 한국정부가 제공하고 이윤은 일본인 건설업자가 독차지하는 상황이었음을 알 수 있고, 일본인 건설업자에게는 더없이 좋은 환경이었다.

연와제조소와 영림창의 지원은 일본인 건축조직의 성장에 있어서 기폭제였다고 볼 수 있다. 〈표 6-12〉에서 벽돌 제조량과 공급처를 보면 대부분을 건축소소관의 공사에 공급하였음을 알 수 있다. 연와제조소는 벽돌뿐만이 아니라 기와나 토관과 같은 건축자재를 만들어서 공급하였다. 연와제조소에서 생산한 벽돌, 기와, 토관의 수량과 공급을 〈표 6-12〉에서 확인하면, 벽돌은 총 5,873,559개가 생산되어, 그 중 345,350개가 건축소 공사가 아닌 민간공사에 불하되었으므로 5.8%가 민간공사에 쓰였다. 기와는 총 299,198매 중 9,596매가 불하되어 3.2%를 민간에서 사용하였고, 토관은 26,363개 중 7,858개, 29.8%를 민간 공사에 사용하였다. 토관의 민간 사용률이 가장 높지만, 건축 공사에서 주로 사용하는 벽돌과 기와는 95%이상을 건축소 소관 공사에 사용하여 연와제조소의 역할이 건축소를 지원하는 것에 있음을 확인할 수 있다.

표 6-11 1908년 상반기 탁지부 건축소 담당 신축 공사 내역

공종	공사명	청부금액(원)	청부인
병원건설비	大韓醫院 本館 기타 신축공사	85,045,558	大倉久米馬
	大韓醫院 증기온수공급 조리급수 공사	17,246,728	高田愼藏
	大韓醫院 온수장치 부속 공사	629,500	高田愼藏
	大韓醫院 정문밖 3동 신축공사	3,800,000	藤田菊太郎
	大韓醫院 배수 매설 토류정 신축공사	512,000	額賀乙吉
	大韓醫院 토축 및 지반 공사	156,000	額賀乙吉
	大韓醫院 온수장치용 배관 및 배수관 설치 공사	483,750	高田愼藏
	계	107,873,536	
인쇄국 설비 확장비	印刷局 신축공사	121,297,260	利光小三郎
	印刷局 난방장치 공사	25,000,000	高田愼藏
	계	146,297,260	
영선비	開城 정부 벽돌창고 및 하수구 신축공사	4,779,000	藤田菊太郎
	廣通館 신축공사	49,353,400	佐藤熊太郎
	總理大臣 官邸 신축공사	48,368,060	井上久藏
	廣通館 증기난방장치 공사	4,950,000	齊藤一
	總理大臣 官邸 경관관사 및 기타 신축공사	1,040,000	井上久藏
	옛 시위대 병사 벽돌 붕괴 청소 공사	790,000	森安重吉
	大韓醫院 학교부지 지반 공사	530,000	森安重吉
	水原勸業模範場 급수장치 공사 및 온실난방기 공사	1,485,000	齊藤一
	水原勸業模範場 관사 및 기타 신축공사	19,518,000	藤原熊太郎
	內部官舍 부지 지반 공사	6,950,000	山本三平
	水原農林學校 校舍 기타 신축공사	9,590,000	藤原熊太郎
	大韓醫院 解剖室 기타 신축공사	7,158,750	白木爲次郎
	옛 시위대 병사 벽돌 붕괴 배립공사	22,800	森安重吉
	임시 帝室有及國有財産調査局 수리공사	48,000	崔聖老
	옛 시위대 병사 붕괴 벽돌 보관장 외 공사	12,000	森安重吉
	稅關工事部 官舍 수선공사	16,000	池邊三代吉
	계	155,419,000	

공종	공사명	청부금액(원)	청부인
연와제조소 확장비	麻浦 煉瓦製造所 기계실 기타 신축공사	3,679,800	清水彌三郎
	度支部 煉瓦工場 지반공사	3,650,000	清水彌三郎
	麻浦 煉瓦製造所 사무실 부속건물 신축공사	4,350,000	清水彌三郎
	永登浦 토관공장 및 시험실 기타 신축공사	2,800,000	濱村庄佐工門
	麻浦 煉瓦製造所 목조창고 신축공사	1,798,000	清水彌三郎
	麻浦 煉瓦工場 상하수 이전공사	61,500	清水彌三郎
	계	16,339,300	
내각청사 신축비	內閣 신축공사 정원 지반다짐 공사	1,240,000	額賀乙吉
	계	1,240,000	
화염 복구비	表動院細工場 신축 및 기타 공사	2,682,500	清水繁太郎
	계	2,682,500	
내각 세관	務安財務署 신축공사	4,300,000	浦田庄平
	계	4,300,000	
합계		434,701,596	

출처: 度支部(1911)『隆熙二年上半期 韓國財務經過報告 第一回』, 度支部, 494~497쪽

표 6-12 연와제조소(煉瓦製造所)의 벽돌, 기와, 토관(土管) 출하수량 명세 (단위: 매)

공급처	벽돌 수량			기와 수량			토관 수량		
	1908년 상반기	1908년 하반기	1909년 상반기	1908년 상반기	1908년 하반기	1909년 상반기	1908년 상반기	1908년 하반기	1909년 상반기
정부관청									
內閣 청사		32,500							
學部 청사					51,287				
度支部 청사			51,615		4,200				29
農商工部 청사					37,247				
平里院(한성재판소)			10,550		562				8
度支部建築所			400		40	31,779			
度支部印刷局	579,189	96,370	51,618	69,705	219				1,724
統監府 철도관리국							237	1,263	
土木局노량진공영소	71,330								
宮內府 土木課			118,300						656
宮內府 御苑事務局									1,600
會計檢査局			11,350						
度量衡課 용산분실			689			5,611			

공급처	벽돌 수량			기와 수량			토관 수량		
	1908년 상반기	1908년 하반기	1909년 상반기	1908년 상반기	1908년 하반기	1909년 상반기	1908년 상반기	1908년 하반기	1909년 상반기
위생, 상업, 교육시설									
第一銀行 건축소	464,000	1,036,000	500,000						
廣通館	81,957	268,533	1,000						188
漢城衛生會		265,876	12,650						
大韓醫院		8,792	35,474			7,144	3,775	1,500	196
大韓醫院學校								256	486
工業傳習所		10,218	7,300					27	131
관청의 관사									
學部次官 관사									365
法部次官 3호관사			78,500						
度支部 관사		17,200	720						
財務感得局長 관사			1,456			7,786			
內閣 관사						10,258			
司稅局長 관사			6,000			3,889			
建築所 관사						14,004			
지방 시설									
仁川燈臺局			145,000						2,830
鷺梁津水源地			419,105						
釜山稅關			100,000						
大邱控訴院			110,943						
釀造試驗所			13,010			15,578			
仁川埋立工事場									1,693
그 밖의 용도									
연와제조소 잔고	123,744	756,605	40,215	9,081	4,850	400	834	379	102
민간 매각	1,000	275,550	68,800		268	9,328	2,148	938	4,772
합계	1,321,220	2,767,644	1,784,695	78,786	98,673	121,739	6,994	4,473	14,896

출처: 度支部(1911)『隆熙二年上半期 韓國財務經過報告 第一回』, 度支部, 512~515쪽
度支部(1911)『隆熙二年下半期 韓國財務經過報告 第二回』, 度支部, 550~554쪽
度支部(1911)『隆熙三年上半期 韓國財務經過報告 第三回』, 度支部, 598~605쪽

연와제조소 이외에도 벽돌공장이 있어서, 민간공사에 필요한 벽돌과 기와는 이 공장에서 공급하였다고 판단된다. 〈표 6-13〉에서 민간 벽돌제조업자

와 공장을 정리하였다. 연와제조소가 세워지기 전에도 중국인과 일본인이 운영하는 공장이 있었다. 그러나 연와제조소와 같은 대규모는 아니었다고 판단되며, 따라서 건축소 설립과 함께 늘어난 대규모 공사를 기존 벽돌제조업에서 감당하기 어려웠고, 연와제조소 설립으로 이어졌다고 할 수 있다.

결국 이는 일본인 건설회사로서는 천혜의 조건이라고 할 수 있다. 연와제조소는 건축소를 지원하고, 건축소는 일본인 건설조직을 지원하는 시스템 속에서 일본인 건설회사는 염가 양질의 벽돌을 용이하게 사용할 수 있는 상황이 갖추어진 것이라고 할 수 있다. 당시의 정치 경제에 있어서 권력은 이미 일본 측에 넘어갔고, 한국 내 경제활동에 있어서도 모든 영역에서 일본인 회사가 장악하고 있던 시기이므로 건축계도 일본인에 의해 장악되는 것은 당연한 상황이었다고 할 수 있다. 그 중에서도 건축소의 활동은 일본인 건설회사의 한국 장악에 있어서 중요한 역할을 담당하였다고 평가할 수 있다.

표 6-13 한성 민간 건축재 제조 공장

명칭	소재지	창업시기	생산품 종류	국적
藤勝煉瓦工場	龍山 元町	1906년 8월	벽돌	일본인
松尾煉瓦工場	龍山 堂峴	1895년 6월	벽돌	일본인
德久煉瓦工場	龍山 堂峴	1906년 6월	벽돌	일본인
濱木瓦製造所	延禧坊 細橋里	1907년 4월	기와	일본인
酒井瓦製造所	延禧坊 細橋里	1907년 3월	기와	일본인
吉川鐵工場	大和町	1903년 11월	건축용 금물	일본인
吉田鐵工場	西大門外	1906년 11월	건축재료, 기계수선	일본인
京城鐵工場	蓬萊町	–	건축재료, 기계수선	일본인
釘本鐵工場	本町	1904년 7월	건축재료, 기구	일본인
煉瓦製造場	延禧坊 細橋里	1907년 3월	벽돌, 장식벽	중국인
煉瓦製造場	延禧坊 細橋里	1906년 4월	벽돌, 장식벽	중국인
煉瓦製造場	延禧坊 細橋里	1906년 4월	벽돌, 장식벽	중국인
煉瓦製造場	延禧坊 細橋里	1906년 4월	벽돌, 장식벽	중국인

出典: 統監府(1907)『第一次統監府統計年報』, 148~149쪽
統監府(1908)『第二次統監府統計年報』, 291~292쪽
統監府(1909)『第三次統監府統計年報』, 326~329쪽, 864~868쪽

한성의 일본 식민지화[82]

한성의 중심 변화: 중심의 분산화

러일전쟁 이전에는 한성의 중심은 경운궁이 위치해 있던 정동지역이었다. 러시아 공사관을 비롯하여 서양 각국의 공사관이 있었고, 한국 정부에게는 주위 외국 열강들 사이에서 힘의 균형을 조절할 수 있는 적절한 장소라고 여겨졌다. 그러나 러일전쟁이 끝나고 한국이 일본의 보호국으로 전락하면서 통치기반은 일본에 의해 재설정되었다. 거기에는 일본 측 의도가 포함되어 있었다고 볼 수 있다. 정동 주변에 모여 있던 한국 행정시설은 다시 고종초기와 마찬가지로 육조거리로 옮겨간다. 그러나 고종 초기와 다른 점은 육조거리뿐만이 아니라 다양한 장소로 분산되었다는 점이다. 육조거리를 비롯하여 관청이 밀집해 있던 정동이나 일본인이 많이 거주하는 남부지역에도 옮겨갔고, 정치의 중심이 분산되어 가는 모습을 확인할 수 있다. 1884년 한성 성내에 최초로 세워진 일본공사관은 북부의 정치 중심지에 가까운 곳이었지만, 갑신정변 이후 다시 지어진 1885년의 공사관은 남부 왜성대 쪽에 위치했으므로 한성의 변경 지역이었다. 일본은 이에 대해 항상 불만이었으므로[83] 이를 뒤집으려는 의도가 있었다고 여겨진다. 1894년 청일전쟁에서 승리하고 얻어낸 성과가

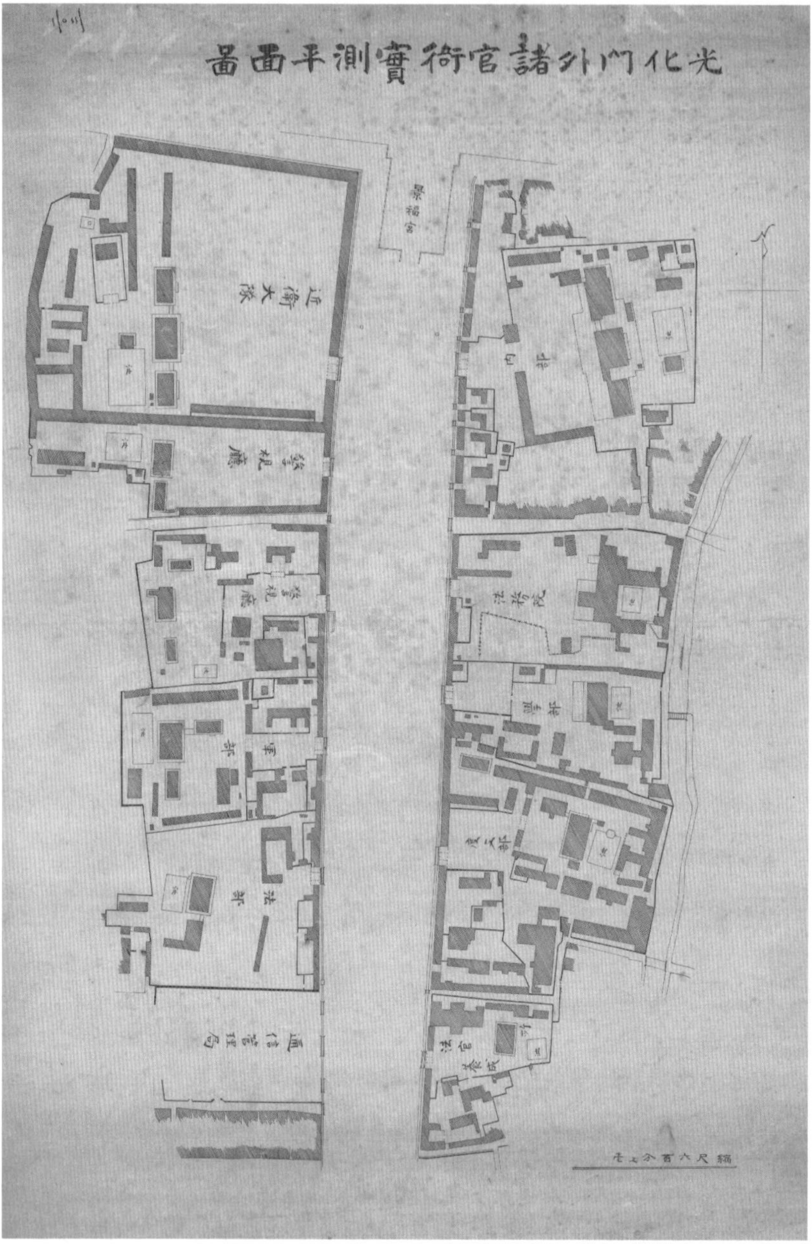

그림 6-7 광화문외제관아실측평면도(光化門外諸官衙實測平面圖) (1906~1908년 작성, 국가기록원 소장)

남대문로 진출이었다면, 1904년의 러일전쟁의 승리로 얻어낸 성과는 한성 중심부인 종로와 육조거리로의 진출이라고 할 수 있을 것이다.

일본은 한국의 외교권을 박탈했을 뿐만 아니라, 고문과 차관이라는 형태로 내정을 장악하였다. 일본은 이를 관장하는 통감부 청사는 일본공사관 바로 옆에 건설하였고, 기존 공사관은 통감관저로 활용하였다. 일본공사관과 함께 기능이 사라진 일본영사관은 새로운 제도에 따라 증축하여 경성이사청京城理事廳으로 사용하였다. 당시까지 한국의 정치 행정의 중심지였던 궁궐과 의정부는 1897년 대한제국 개국 이후 계속 경운궁과 그 주변에 있었지만, 고종과 의정부가 힘을 잃게 되면서 정치의 중심지가 통감부統監府와 이사청理事廳이 있는 남부로 옮겨갔다. 그러나 경운궁 주변에는 기존의 의정부 청사를 탁지부 청사로 활용하거나, 평리원 등 사법시설을 신축하는 등, 여전히 행정시설의 기능을 남겨두었다. 그리고 육조거리도 〈그림 6-7〉과 같이 기존 행정시설이 신축과 수리를 통해 그대로 활용되었다. 이에 더하여 남부 명동성당 근처에 농상공부를 신축하여 새로운 행정구역이 형성되었다. 한성의 다양한 장소로 정치와 행정 시설을 분산시킨 것을 알 수 있다.

1904년 이후 한성에서의 행정시실 변화를 살펴보면 새로운 행정중심지로 떠오른 지역은 원래 한성의 행정시설이 위치해 있던 장소이다. 행정중심의 확산이 보이기는 하지만 이전의 거점을 활용하였다. 한성 전체를 근대화된 공간으로 변화시키고자 하는 의지가 있었다면 새로운 중심지 형성을 통해 이루어져야 하지만, 이 시기의 변화는 단지 중심이 세넷으로 늘어난 것일 뿐이다. 전통적인 도시 구조를 그대로 활용하여 중심지가 늘어난 것은 단지 통감부를 통한 지배구조를 공고히 하려는 의도가 담긴 것이라고 판단된다.

일본인 영역의 확장: 한성 남부의 완전한 장악

한성의 일본인 인구는 〈그림 6-8〉과 같이 변화하였다. 1904년 러일전쟁의 발발을 계기로 일본인의 수가 급증하는 것을 알 수 있다. 이 시기에 있어서의 일본인 급증은 한성뿐만 아니라 용산으로의 확장이 두드러지게 드러나지만, 본고는 한성 성곽 안쪽을 대상으로 하므로[84] 상세한 영역의 변화에 대한 언급은 생략한다. 한성 내 일본인 인구가 급증하면서 소유하는 토지와 건물도 급증하였다. 〈표 6-14〉에서는 1909년 한성 내 일본인 소유의 토지와 건물을 보여주고 있는데, 여기에서의 한성은 경성이사청이 관할하는 지역 전체이므로 한성과 용산을 비롯하여, 수원, 대전, 개성까지 포함한 오늘날 경기도에서 충청도 일부까지를 포함한 지역이다.

표 6-14 한성 내 일본인 소유 토지와 건물 (1909년 6월 현재)

구분	소유자수(인)	토지 평수(평)	가격(원)
토지	1,915	7,170,259	11,695,292
건물	1,311	125,471	2,178,116
가격합계			13,873,408

출처: 統監府 (1909)『第三次統監府統計年報』, 統監府, 5쪽

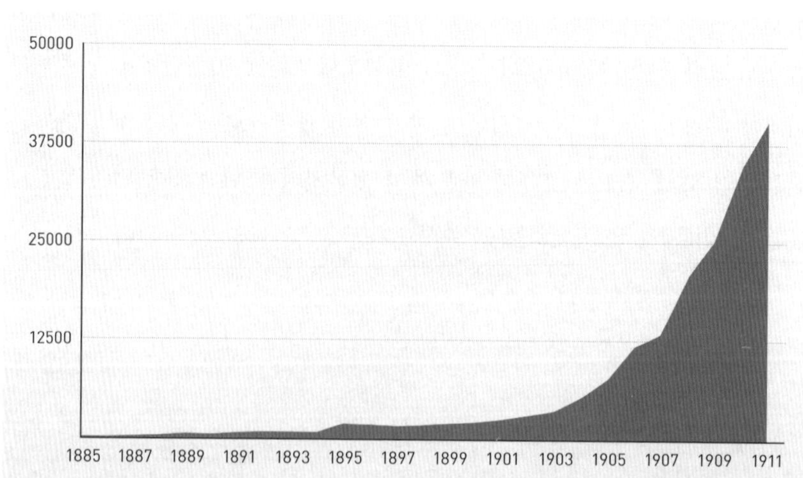

그림 6-8 한성 내 일본인 인구 변화

표 6-15 한성과 용산의 일본인 토지소유 현황 (1909년 6월 현재)

구분	택지		밭, 논, 산림, 원야		합계	
	한성	용산	한성	용산	한성	용산
소유자수	398	260	90	426	488	686
면적(평)	331,958	48,926	130,660	1,161,681	462,618	1,210,607
가격	9,626,782	464,797	82,457	653,477	9,709,239	1,118,274
1평당 가격	29,000	9,500	0,631	0,565	20,988	0,924

출처: 統監府 (1909) 『第三次統監府統計年報』, 統監府, 8쪽, 14쪽

〈표 6-15〉는 일본인 토지소유 정보를 검토하기 위하여 당시 한성과 용산의 정보만을 발췌하여 표를 작성한 것이다. 이 표를 통해 두 가지를 확인할 수 있다. 한성의 지가와 여타 도시의 지가를 비교하면 한국 내 한성의 위상을 알 수 있고, 한성 안에서 일본인이 점유하고 있는 면적과 비율을 알 수 있다.

먼저 〈표 6-15〉에서 보이는 것처럼, 한성은 용산과 비교하여 평균 20배, 택지만 보아도 3배정도 지가가 높다. 용산도 한국 안에서는 지가가 높은 편이다. 다른 일본인거류지의 택지 지가를 비교해 보면 인천이 1평당 23원정도, 평양이 11원, 목포가 9.3원, 원산이 3원이므로[85] 한성의 지가가 압도적으로 높은 것을 알 수 있다.

다음으로 한성 내 일본인 점유면적인데 일본인이 소유하고 있는 한성 내 면적은 총 462,618평으로 1.53㎢에 달한다. 한성의 총면적이 약 18㎢로 일본인이 9%를 차지하고 있다. 게다가 법률적으로는 한국정부 소유이지만 실제로는 일본인이 점유하고 있는 병영, 관사 등을 포함하면 10% 이상이 될 것이라고 판단된다. 〈그림 6-9〉과 〈그림 6-10〉에서[86] 1912년 일본인 소유 토지의 상황을 알 수 있는데 임야나 산지 등의 거주하기 힘든 장소를 제외하면 실제 그 비율은 더 높아질 것으로 생각된다. 인구 비율에 비해 일본인 점유면적이 높은 것은 경제력의 차이를 보아도 당연하다고 여겨지지만 1904년 이후 일본인 인구와 토지가 급성장했음을 알 수 있다.[87]

이러한 인구 변화는 일본인 소유의 건물과 토지 역시 비례하여 급증하였

음을 의미한다. 〈표 6-15〉는 1909년 한성 내 일본인의 토지 소유 정보를 나타낸 것이다. 이 표에 의하면, 일본인이 소유한 토지 가운데 임야를 제외한 면적은 약 1.53㎢이다. 당시 한성은 임야를 제외한 전체 면적이 13.37㎢에 불과하였다. 즉 한성에 거주하는 일본인이 소유한 생활공간의 면적이 한성 전체 면적의 11.44%에 달하였던 것이다.[88] 1909년 6월 자료에서 한성 거주 일본인은 7,311가구인데, 그 중 택지 소유자는 불과 398명에 지나지 않았다. 1904년 이후 진출한 일본인은 완전히 정착한 것은 아니었으며, 따라서 토지를 매수하기보다 임대하는 경우가 많았음을 보여주는 대목이다. 그러나 398명의 일본인이 한성 전체 면적의 11.44%에 이르는 토지를 소유한 사실은, 이전에 진출했던 일본인들이 엄청난 부를 축적하였음을 나타낸다. 〈표 6-15〉의 토지 가격을 보면 택지의 경우 1평당 가격이 용산의 3배를 넘고 있는데, 용산의 지가도 꽤 상승한 이후라고 볼 수 있으므로, 한성의 지가는 더욱 상승했다고 볼 수 있다. 일찍 진출한 일본인들은 한성의 지가가 상승하면서 시세 차익을 통해 부를 축적했다고 보이며 당시 한성에 거주하는 일본인들이 부를 축적하는 대표적인 방식이었다.

〈그림 6-9〉의 1912년 토지소유 현황을 보면, 한성 남부 지역은 대부분 일본인 소유이거나 일본인이 사용하는 영역임을 확인할 수 있다. 1909년 이후 3년 사이에 일본인 세력이 한층 더 성 장했음을 확인할 수 있다. 〈그림 6-9〉는 한국이 1910년에 일본의 식민지가 된 이후의 자료를 바탕으로 한 것이다. 따라서 1910년 이전 일본인의 토지 소유 규모는 〈그림 6-9〉에서 보이는 것보다는 그 성장세가 적었을 것으로 추정된다. 그러나 당시 일본인의 토지 소유 상황이 급속도로 증가 하는 추세였으며, 1910년 이후에도 그 추세가 지속되었음은 확인할 수 있다. 중국인이나 서양인의 경우 인구가 거의 변화가 없으므로 〈그림 6-10〉에서 보이는 것과 1910년의 상황이 크게 다르지 않을 것이라고 판단된다.

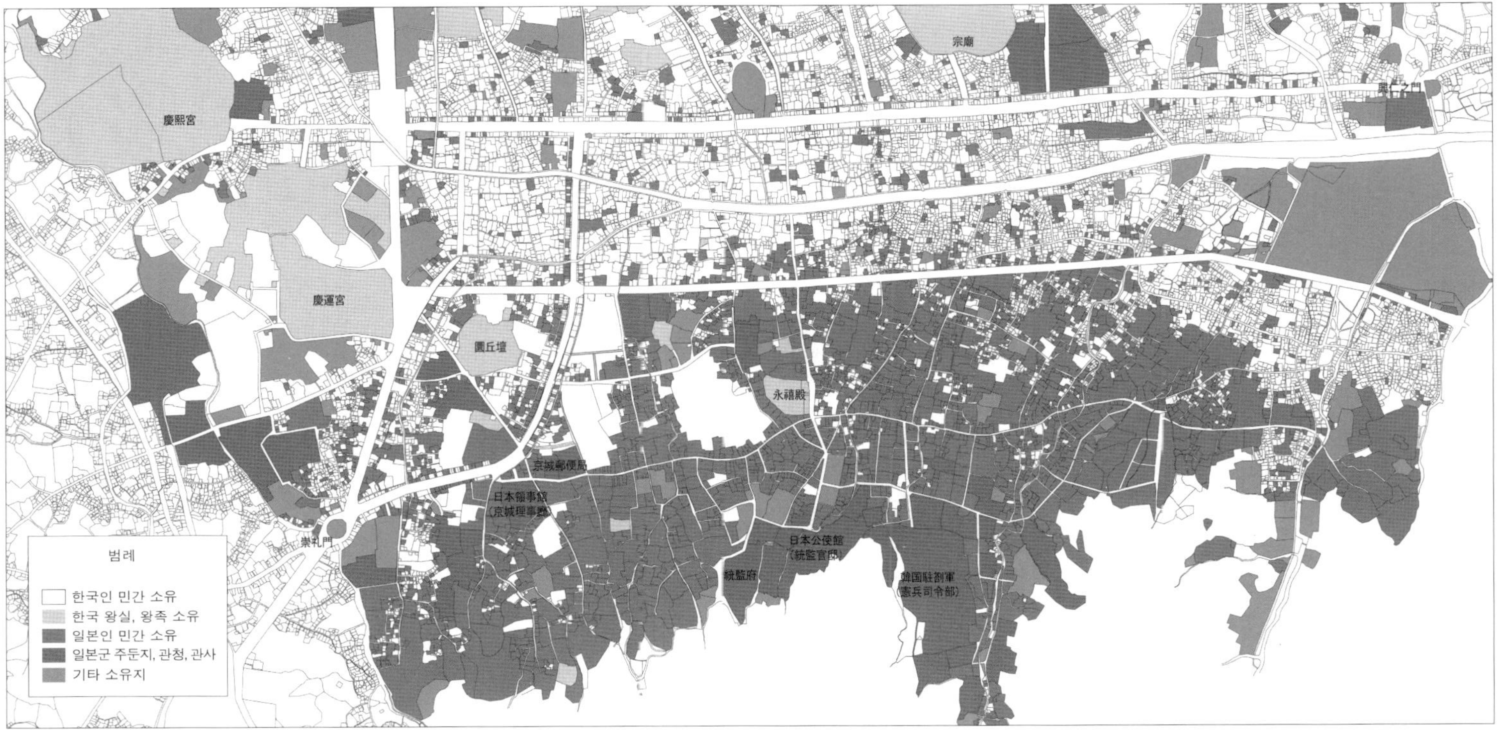

그림 6-9 한성 남부 일본인 소유지 및 일본 점유지 (1912년 지적도위에 1912년 토지조사부 내용을 표시) ⇒ [원색도판 7] 참조
(바탕도면: 서울시립대 도시공학과 도시설계역사연구실, 『도시구조/공간의 역사적 변화 연구: 1912/1929년 지적도의 디지털화』, 2006년)

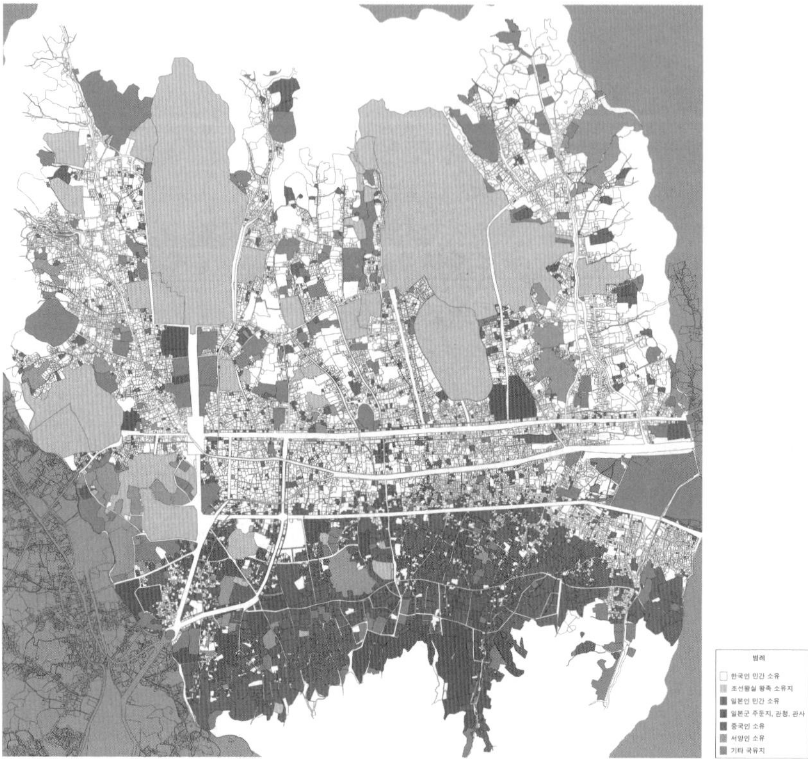

그림 6-10 한성 내 국적별 소유지 분포 (1912년 지적도위에 1912년 토지조사부 내용을 표시) ⇒ [원색도판 8] 참조
(바탕도면: 서울시립대 도시공학과 도시설계역사연구실, 『도시구조/공간의 역사적 변화 연구: 1912/1929년 지적도의 디지털화』, 2006년)

소결

러일전쟁 이후부터 일본의 식민지가 되는 1910년까지 한성 내 건축 활동을 주도한 것은 일본인 세력이었다. 경부선 철도공사를 비롯해 항만 공사 관청이나 관사에 이르기까지 한국 정부가 발주하는 공사는 대부분 일본인 건설회사가 청부하였다. 한국정부라고는 하지만, 통감부 관할 하에 있는 공사도 있고, 일본인이 소장을 맡는 탁지부 건축소가 관할하였기 때문에 일본인 건설회사 이외에 한국인과 중국인이 이러한 공사에 참여할 수 없었다.

그 이전의 한성에서는 서양식 건축 공사의 경우 주로 설계는 서양인, 시공은 중국인이 담당하는 방식이었지만, 이 시기에는 일본인에게 주도권을 빼앗겼다. 이 시기 건설을 일본인 회사가 담당하게 되면서 한성에 지금까지는 없었던 건축양식이 나타났다. 한국인 건설조직은 그 수나 규모에 있어서 중국이나 일본과 비교하여 미약했던 것도 있고, 주로 한국 전통식 건축 활동에 머물러 있었기 때문에 서양식 건축 시공능력을 갖추게 된 것은 1910년을 전후한 시기라고 판단된다.

한성에서 행해진 건축공사, 특히 통감부가 주도한 관청이나 건축공사는 육조거리와 경운궁 주변에 밀집되어 있었다. 육조거리의 정점에 해당하는 경복궁의 경우, 1895년 이후에는 사용되지 않았지만, 육조거리에는 여전히 다양한 관청 청사가 밀집되어 있었기 때문에 경운궁 주변과 니현의 일본인 영역과 함께 정부 기능을 삼분하여 수용하였다. 그 중에서도 일본인 영역은 현저히 성장하여 한성 전체로 넓혀 가는 것을 확인할 수 있었다 이 정부 기능의 삼분화도 일본의 힘에 의한 것으로 니현의 일본인 영역에서 한성 전체로의 확산과 연계되어 있다고도 할 수 있을 것이다.

주_

1 일본의 초대 통감이었던 이토 히로부미(伊藤博文)가 정한론(征韓論) 반대자였다는 점에서 이토 히로부미는 조선침략의 의지가 없었다는 견해도 있지만, 결국 이토 히로부미가 추구한 것도 다른 형태의 조선 병합이었다는 점에서 정한론과 크게 다르지 않았다. (小川原宏幸 (2010)『伊藤博文の韓国併合思想と朝鮮社会』, 岩波書店)

2 昨年我が公使館の建築中朝鮮の職工が日本大工の盤一挺を盗みたるに此事忽ち彼の政府の伝聞する所なり之を拘留して厳罰に成せんとするの様子なりしかば……(하략) (小尾直蔵 (1885)『朝鮮京城奇談』, 報告堂, 17~18쪽)

3 G. W. 길모어, 신복룡 역 (1999)『서울풍물지』, 집문당, 43쪽 (원저: George W. Gilmore (1892)『Korea from its Capital: with a Chapter on Mission』, Presbyterian Board of Publication and Sabbath-School Work)

4 韓國統監府警務顧問部編 (1910)『民籍通計表』, 朝鮮總督府 (吉田光男 (2009)『近世ソウル都市社会研究: 漢城の街と住民』, 草風館 89쪽, 재인용)

5 공장(工匠)에는 건축 기술자뿐만 아니라 다양한 분야의 기술자를 포함한다. 그러나 여기에서는 건축업 장인일 가능성을 제외하지 않고 통계에 포함시켰다. 조선시대 건축업의 공장에는 木匠, 石匠, 冶匠, 竹匠, 蓋匠, 塼匠, 塗彩匠 등을 들 수 있다.

6 香月源太郎 (1902)『韓國案内』, 木嵩山堂, 87~88쪽

7 商業興信所 (2009)「外國人」,『明治大正期 商工資産信用錄』(復刻版) 第8巻 大正四年(下), クロスカルチャー出版, 10~15쪽

8 〈그림 6-6〉참조

9 喩えば家屋の建築の如し。八畳の小座敷を造らんとするにも工匠の手を借りるにあらざれば即ち不可なり。大会堂若しくは大伽藍の建築に至りてば工匠の必要益々多し。建築の資金は幾十万幾百万を累ぬといへども, 工匠の設計成らざれば則ち其の建築も亦成らず。此の間に於いて貴重せらるるは, 資金の力よりも寧ろ技術の力なり。時としては技術家の設計先ず成りて而して後に始めて資金の集まることあり。こは実際然らざるを得ざる事にて, 設計定まざれば則ち資金を要するの多寡も亦定まらざるは, 殆ど大なる建築の常なればなり。今彼の支那朝鮮に於ける大事業, 即ち鉄道事業の如き若しくは鉱山事業の如きは, 大々的会堂大々的伽藍の建築に比す可し。其の土木建築の技術家若しくは採鉱冶金の技術家に待つことあるは, 恰も会堂伽藍の建築が工匠の技術に待つこと有るに似たり。技術上の設計先ず成りて, 之に要するの資本の多寡が之に従って定まる可きも, 又大々的建築の場合の如し。欧米諸強国が支那朝鮮の大陸に着手しつつある事業の如きも, 技術家の設計先ず成りて資本家の団結従って成るを常とするなり。いかで資本に裕なるの国も, 若し技術に貧なる有らば, 其の事業は成らざるなり。然らば則ち我が国の支那朝鮮に於ける事業の如きも, 強がちに資本家のみを責むべからずして, 却って大に我が技術家に望む所なきこと能はず。何となれば則ち我が日本は企業の資本に貧なりといへども, 企業の技術には必ずしも貧ならざらんと思へばなり。(『朝日新聞』1900년 1월 15일, 1면 1단)

10 (전략)……コロモラン氏は起工以来白人の鉄道技師三名を雇入れ手工を要するものは支那人に人夫には韓人を充て着々工事を進歩せしめ本年一月の落成予定なりしに諸材料資金の供給充分ならざると比較的に工事の困難なる……(후략) (『朝日新聞』, 1898년 5월 27일, 2쪽 2단~3단)

11 (전략)……第六, 朝鮮人及外國人皆可招僱作工, 惟遵監督之意, 而必優用朝鮮人, 至於土役雇人, 十分之九用朝鮮人, 而役務旁午之時, 若值朝鮮人雇價漸高設有該會社, 另將淸國人或別國人, 由外國招來而雇用者, 必於該鐵路竣役之後, 卽將該淸人或別國人還送該國, 而該淸人或國人進港出港之時, 應由海關, 照名査驗, 勿許一人仍留事……(후략) (『外部騰來件』(규19488) 第二十五號 日使 照覆, 1900(光武4/明治33)년 3월 24일)

12 정재정 (1999)『일제침략과 한국철도(1892~1945)』, 서울대학교출판부

13 정재정 (1999, 194~196)에서 발췌. (정재정, 앞의 책, 194~196쪽)

14 정재정, 앞의 책

15 『皇城新聞』, 1900년 6월 16일, 2면 1단

16 원 기사에는 '궁ᄂᆡ'라고 표기되어 있으나 '국ᄂᆡ'의 오기라고 추정된다. (주 16) 참조)

17 텰도 회샤) 궁ᄂᆡ 텰도 용달 회샤를 남대문 밧긔다 셜시 ᄒᆞ고 ᄉᆞ무를 확쟝 ᄒᆞᆫ다 ᄒᆞ더니 지금은 궁ᄂᆡ부 대신 리ᄌᆡ슌씨가 ᄒᆡ사 샤쟝이 되고 김죵한씨ᄂᆞᆫ 부 샤쟝이 되고 고본금은 二十원식으로 쟉뎡ᄒᆞ엿ᄂᆞᆫᄃᆡ 각 텰도에 쇼관ᄒᆞᆫ 사ᄅᆞᆷ들과 합동이 되엿다더라 (『독립신문』 1899년 6월 5일, 3면 2단)

18 (營設鐵道) 國內鉄道用達會社社員 朴琪宗 李圭桓 諸氏가 官民이 合資ᄒᆞ야 京元間鉄道를 敷設ᄒᆞᆯ 事로 農商工部에 請願ᄒᆞ얏ᄂᆞᆫᄃᆡ 該部에셔 題旨ᄒᆞ기를 依願認可ᄒᆞ니 만일 許施ᄒᆞᆫ 後에 該鉄道敷設權을 外國人에게 轉賣ᄒᆞᄂᆞᆫ 事가 有ᄒᆞ면 該人 等은 依律重勘ᄒᆞᆯ 것이오 請願事ᄂᆞᆫ 勿施ᄒᆞ리라 ᄒᆞ얏ᄂᆞᆫ다 該鉄道社長은 宮內大臣 李載純氏오 內下錢이 二百萬元이라더라 (『皇城新聞』 1899년 6월 20일, 3면 1단)

19 회샤 청의) 국ᄂᆡ 텰도 용달 회샤에셔 관민이 쟈본을 합 ᄒᆞ야 셔울과 원산 ᄉᆞ이에 텰도를 놋키로 인가를 엇고 그 역ᄉᆞᄒᆞᆯ 경비를 예산 ᄒᆞᆫ즉 千万원이 들지라 ᄒᆡ 샤쟝 리ᄌᆡ슌씨와 김죵한씨가 샤원 박긔죵 리규환 졔씨로 더브러 란만히 공의 ᄒᆞ야 ᄀᆞᆯᄋᆞᄃᆡ 지금 젼국에 대쇼 관인을 춍계 ᄒᆞ면 모도 二千여 인이라 칙 쥬임 관이 월급은 十분에 二를 감 ᄒᆞ고 판임관의 월급은 十분에 一을 감 ᄒᆞ야 텰도 놋ᄂᆞᆫ 경비를 보용 ᄒᆞ여 역ᄉᆞ를 ᄉᆞᆺ ᄂᆡ기로 졍부에 쳥의 ᄒᆞᆫ다ᄂᆞᆫ 말이 잇다더라 (『독립신문』 1899년 7월 12일, 2면 3단)

20 『皇城新聞』 1900년 7월 11일, 2면 3단

21 뎐당 회샤) 궁ᄂᆡ부 대신 리ᄌᆡ슌씨가 집 뎐당 잡ᄂᆞᆫ 회샤를 셜시 ᄒᆞ고 이름 ᄒᆞ야 ᄀᆞᆯᄋᆞᄃᆡ 보신 회샤라 ᄒᆞ야 롱샹공부에 허가 ᄒᆞᆷ을 쳥원 ᄒᆞ엿다더라 (『독립신문』 1899년 5월 17일, 2면 3단)

22 텬은 감츅) 챵골 홍엽뎡 회샤 샤쟝쳥안군 리ᄌᆡ슌씨가 ᄒᆡ 회샤에셔 새로 뎨조ᄒᆞᆫ 샹품 권연쵸 셰궤를 졍히 봉 ᄒᆞ야 二궤ᄂᆞᆫ 황샹 폐하ᄭᅴ 올니고 一궤ᄂᆞᆫ 황태ᄌᆞ 뎐하ᄭᅴ 올녓ᄂᆞᆫᄃᆡ ······ (후략) (『독립신문』 1899년 11월 10일, 3면 2단)

23 (濟生社長) 鍾路濟生社長李允用氏가 請願ᄒᆞᆫ 代에 李載純氏가 社長되얏더라(『皇城新聞』 1900년 6월 16일, 2면 3단)

24 被告, 金益昇, 案件, ······ (중략) ······ 被告以請築会社創設次, 買得東小門外所在清水亭與所親人鄭敎勳同居······ (후략) (『司法稟報(乙)』(규17279) 三十五冊, 報告書 第百七十八號, 1902(光武6)년 9월 25일)

25 請劃地價 請築會社総務金益昇氏가 農商工部에 請願ᄒᆞ되 本社永登浦에 所在ᄒᆞᆫ 煉化石製場地段五千七百六十七坪이 京釜鉄道停車場에 犯入ᄒᆞ야 放棄事業ᄒᆞ며 損害非常ᄒᆞ니 該地段價格을 每一坪에 金貨二十圓式劃下ᄒᆞ라ᄒᆞ얏다더라 (『皇城新聞』 1906년 5월 17일, 2면 5단)

26 (營業請願) 造酒勸業場事務長 金益昇氏가 農部에 請願ᄒᆞᆫ 內槩에 外國教師를 迎聘ᄒᆞ야 造酒勸業場을 設始ᄒᆞ오니 度支部에 轉照ᄒᆞ야 該處所를 龍山前別營倉으로 借得ᄒᆞ여 달나 ᄒᆞ엿더라 (『皇城新聞』 1899년 1월 21일, 3면 3단)

27 우션 회샤) 김익승씨가 우체 륜션 회샤를 롱샹공부에 쳥원 ᄒᆞ야 인가를 몯하 가시고 부산 원산 두항 뢰뎐쳔환(瀨田用丸) ᄒᆞᆫ쳑을 일본셔 사다가 지금 임의 ᄂᆡ디 각항 각포에 ᄅᆡ왕을 ᄒᆞ며 우션 규칙과 셰랍 쟝뎡도 임의 다 ᄉᆞᆱ엿ᄂᆞᆫᄃᆡ ᄯᅩ 쟝ᄎᆞ 확쟝 ᄒᆞᆫ다더라 (『독립신문』 1898년 11월 22일, 3면 3단)

28 전우용 (2011) 『한국 회사의 탄생』, 서울대학교출판문화원, 148~149쪽

29 『起案』(규17746) 八冊, 通牒 第二號, 1904(光武8)년 4월 1일

30 『起案』(규17746) 十一冊, 『照會』 第○號, 1905(光武9)년 1월 11일

31 『照會』 第五十三號, 1900(光武4)년 6월 18일

32 韓國度支部 (1910) 『韓國財政施設綱要』, 244쪽

33 『皇城新聞』 1906년 4월 26일, 3면 5단

34 『皇城新聞』 1906년 4월 26일, 4면 2단

35 『皇城新聞』 1906년 7월 5일, 2면 6단

36 『大韓每日申報』 1906년 5월 19일, 3면 3단

37 『皇城新聞』 1906년 4월 21일, 3면 2단

38 이와 관련하여 구체적인 언급은 이어지는 「2. 한국 내 일본인 건축업과 중국인 건축업의 양상」에서 다루기로 한다.

39 『西北學會月報』 제17호, 1909년 11월 1일, 「本會館의 撮影」

40 1908년 상반기에 있어서 탁지부 건축총액 434,701圓 중 한국인업자가 청부한 것은 겨우 48圓이었다. (朝鮮總督府度支部 (1911) 『韓國財務經過報告 第1回 (明治42年~44年)』, 朝鮮總督府度支部, 492~503쪽)

41 『大韓每日申報』 1906년 6월 1일, 2면 5단

42 外務省七等出仕の近藤真鋤君は管理官として朝鮮国草梁館の在勤を命ぜられ, また大倉組の支店を朝鮮の釜山浦へ開くので, 手代が二人彼の地へ向けて出帆いたしました。(『讀賣新聞』 1876년 11월 2일, 2면)

43 『讀賣新聞』 1880년 3월 28일, 4면 2단, 광고

44 先ごろ花房外務大書記官が乗って行かれた比叡艦は朝鮮へ着いた時, 水兵を百五十人ばかり上陸させ, 釜山浦の税関の近所まで行軍をして, それより鎮後山へ登り散兵操練を致して数発の空砲を放し, また軍艦にては大砲を打ち出したので, 朝鮮人はびっくりし兼ねて大倉組へ注文してある大砲の催促などをえたといふ。(『讀賣新聞』 1876년 12월 18일, 1면)

45 今度朝鮮京畿道仁川府下へ建てられる領事館の建坪は, 凡そ六百坪余にて悉皆大倉組へ申付けられしにつき, 深川富川町へ工場を設け, 来月中ごろ工夫百名と木口を廻送されるといふ。(『讀賣新聞』 1882년 6월 7일, 1면)

46 朝鮮國仁川港へ今度日本公使館を設けられるにつき, 外務省より材木類と巡査十二名職工八十名を此次の郵船にて差し送られるといふ。(『讀賣新聞』 1882년 7월 14일, 1면)

47 荏原郡池尻村の落合円次郎は今度朝鮮事件につき定めて人夫が御入用と存じ, 私の手にて人夫百人だけを呼集めて置きましたから, 御入用の節は何時にても御用を仰せ付けられる様にと, 昨日警視庁へやし出で, また北品川の佐々木米吉は大倉組の人足下請負をして, 去る十三日人夫五百名を朝鮮へ差し立てに成ったとき, 芝高輪辺の人力車夫五十名余を同人の手で呼び集めた為に, 芝辺の貸車屋は一時に人力車を返されたとて大弱りで居るとか。(『讀賣新聞』 1882년 8월 17일, 1면)

48 京城府 (1936) 『京城府史』 2권, 京城府

49 市村正太郎氏は東京の大工棟梁にて, 敏捷活発の人なるが, 曽て我が公使館を京城に建築する請負をなし, 多人数の職工を引き連れ同地に滞在せし折柄。(『朝日新聞』 1885년 1월 23일, 1면 1단)

50 市村正太郎氏は今度も亦右事変の際, 尽力したる故を以て, 京城の公使館再建築請負を命ぜられ, 去る十六日横浜より神戸に着し, 翌日より同港に於いて, 諸工人傭人諸品買入中なりしが, 昨日午後出航の便船青龍丸にて仁川へ向け出発したり。(『朝日新聞』 1885년 4월 24일, 1면 3단)

51 京城居留民團 (1912) 『京城發達史』, 京城居留民團役所, 71~72쪽

52 『日省錄』 1893년 2월 13일, 「綱, 命都下各坊諸戶令京兆刊出文券」

53 金光雨 (1990) 『大韓帝國 時期의 都市計劃: 漢城府 都市改造事業』, 향토서울 50, 107쪽

54 H. B. 헐버트, 신복룡 역 (1999) 『대한제국멸망사』, 집문당, 287~288쪽 (원저: Homer B. Hulbert (1906) 『The Passing of Korea』 William Heinemann Co.: London)

55 大成建設株式會社社史發刊準備委員會 (1963) 『大成建設社史』, 大成建設株式會社

56 清水建設 (2003) 『清水建設二百年』, 清水建設株式會社

57 鹿島建設社史編纂委員會 (1971) 『鹿島建設百三十年史』, 鹿島研究所出版會

58 朝鮮總督府殖産局 (1934) 『朝鮮工場名簿』, 朝鮮工業協會, 264쪽

59 『在朝鮮實業家辭典』, 1913, 320~321쪽

60 爲相考事, 玆據法國使臣送言, 該大臣建築公館之役, 募得淸國工匠一百名, 渡海將泊于濟物浦矣, 請飭該地方, 俾得無碍放行等語, 準此查, 該淸人等, 旣以應募工役而來, 理應勿阻, 請由貴衙門, 關飭仁港警務官, 俟該船到泊, 躬行查驗, 卽爲放行, 而必遵保護淸商規則之意, 面諭該工等, 無使違章可也, 須至關者 (『內各司(關草)』, 1895년 3월 19일)

61 『各部請議書存案』(규17715) 十三冊, 慶運宮休憩所複道所入費의 預算外支出請議書 第九號, 1900(光武4)년 1월 22일

62 『官報』, 1909(隆熙3)년 4월 26일

63 정재정, 앞의 책, 169~199쪽

64 정재정, 앞의 책, 215~224쪽

65 정재정, 앞의 책, 233~244쪽

66 『한국사데이터베이스』는 국사편찬위원회가 웹사이트를 통해 제공하는 자료이다.

67 日露戦役以後満韓に出稼する者漸く多く是等は旅館, 料理屋, 雑貨店, 売薬舗等の商人連か左なくば大工, 人夫などの職人組なりしが……(후략) (『朝日新聞』 1906년 5월 14일, 4면 6단)

68 자세한 내용은 이어지는 3절에서 기술하고자 한다.

69 韓國宮内府は目賀田財政監査長官を経て, 浅野総一郎, 渋沢栄一の二氏に対し共同事業として, 平壌の石炭山を利用し大セメント製造業を営み, 且つ稷山地方における金○採掘事業を初め, 各種の大工業を起さんことを交渉し来りしに, 二氏は直ちに同意を表し, 取敢へず浅野氏実地調査及契約締結の任に当ることとなれる由。兎に角韓国宮内府対浅野氏及渋沢氏の共同事業として, 韓国に大工業の勃興するは必ず遠からぬ内にやるべしと。(『讀賣新聞』, 1907년 5월 6일, 2면)

70 議政府新築工事に關して至急入札する事にし, 敝部所管海關工事部技師の岩田五月滿の請願に依り, 該圖面四紙及仕様書二冊を幷請願書添附仰佈するに照亮した後, 該請願書に左記の六人に使之競爭入札するよう爲要。……(중략)……一, 議政府本館幷附屬建物新築工事。右至急施工ノ必要有之候處, 廣告ニ依リ一般競爭入札ニ付スルノ暇無之候條, 左記信用確實ナル當業者ノ指名競爭入札ニ依リ請負ニ付シ度, 別紙圖面幷仕様書, 相添ヘ此段仰高裁候也。左記, 大倉組・藤勝組・長谷川組・間組・岡田組・清水組。度支部協辦兼任建築所長, 柳正秀。議政府參贊, 韓昌洙。閣下, 議政大臣, 參政大臣, 參贊, 局長, 課長。光武十一年三月十三日, 光武十一年十二月十三日, 接受, 第百三十三號。(『各公文來案』(규17824) 二冊, 『各部通牒』 一冊, 公函, 光武十一(1907)년 3월 13일)

71 목포 일본 영사관을 건설하였다. (井坂彌 (1904) 『請負之栞』, 國益新聞社, 54쪽)

72 古來韓國政府ニ於テ庁舎建築其他ノ土工ヲ起スノ要アルトキハ戸曹管掌ノ下ニ随時営繕都監ヲ設ケ監董ヲシテ之カ施工督役ノ衝ニ当ラシメ……(중략)……軌近国運ノ發展ニ伴ヒ在來ノ諸官衙ハ狭隘ニ失シ加フルニ政務ノ執行上構造其宜シキヲ得スシテ之カ新営改築ハ焦眉ノ急ニ迫ルモノアリ殊ニ行政組織ノ改善ニ従ヒ各種政務機關ノ分立增設セラルルモノアリテ是等庁舎ノ設立ヲ要スルモノアリ……(중략)……各般ノ建築工事ハ頗ル頻繁ヲ極ルニ至レリ於是乎従前ノ組織ヲ以テシテハ到底其萬全ヲ期シ難ク工事實施及工事事務ノ統一整々ヲ図ル上ニ於テ専門ニ之カ執行機関ヲ特設スルノ必要ヲ生シ光武十年(明治三十九年)財政顧問監督ノ下ニ度支部内ニ建築所ノ創設ヲ見ルニ至レリ……(후략) (韓國度支部 (1901) 『韓國財政施設綱要』, 度支部, 237쪽)

73 朝鮮總督府度支部 (1911) 『隆熙二年上半期　韓國財務經過報告 第一回』, 度支部, 493쪽

74 度支部大臣官房統計課 (1907) 『隆熙元年 第一回度支部統計年報』, 度支部, 192쪽

75 度支部大臣官房統計課, 앞의 책, 192~195쪽

76 朝鮮總督府度支部 (1911) 『隆熙二年上半期 韓國財務經過報告 第一回』, 度支部, 242쪽

77 朝鮮總督府度支部, 앞의 책, 243쪽

78 朝鮮總督府度支部 (1911) 『隆熙三年上半期 韓國財務經過報告 第三回』, 度支部, 537쪽

79 朝鮮總督府度支部 (1911) 『隆熙二年上半期　韓國財務經過報告 第一回』, 度支部, 492~503쪽

80 皇城新聞에는 한국인 박기영이 토목건축회사라는 회사를 차리고 서양건축 등의 다양한 건설 활동에 참여하려 한다는 기사가 있다.(『皇城新聞』 1906년 4월 26일, 5면 3단)

81 정재정, 앞의 책

82 졸고 Dongchun Seo (2019)의 일부를 요약정리하고 내용을 추가하였다. (Dongchun Seo (2019) 「Changes in Foreigners' Settlement Space in Seoul, Korea, 1882 to 1910: Focusing on Chinese and Japanese Demographic Changes and Commercial Activities」, 『Korea Journal』 vol.59, no.4, 183~184쪽, 186쪽)

83 그 불만에 관한 기록은 당시의 『朝日新聞』이나 『讀賣新聞』에서 자주 등장한다.

84 서론에서 언급한 연구대상을 참고할 것.

85 統監府 (1909) 『第三次 統監府統計年報』, 統監府, 6~11쪽

86 1912년의 『京城府地籍原圖』를 캐드로 트레이싱하여 지번을 기입한 파일을 바탕으로 1912년 『京城府土地調査簿』 내용에서 국적별 정보를 발췌하여, 포토샵으로 맵핑하였다. (작성지원: 남용협, 名古屋大學 박사과정)

87 1906년에 발행된 『最近朝鮮事情』에 일본인 소유 택지가 63,600평이고, 경작지[畑地]가 23,500평이라고 적혀 있다. (荒川五郎 (1906) 『最近朝鮮事情』, 清水書店, 51쪽) 이를 〈표 6-13〉과 비교해 보면 1909년까지 일본인 택지소유는 5배, 경작지[畑地] 소유는 6배, 전체로는 5.3배 증가한 것을 알 수 있다.

88 한성 성곽 내의 상당 부분은 황실소유지였으므로 이를 제외하면 한성 내의 실질 활용 공간은 더욱 줄어든다.

제7장

건축과 도시 변화의 방향성에 관한 고찰

건축과 도시의 서양화, 일본화, 중국화

제4장부터 제7장까지 시기별로 구분하여 건축 활동과 더불어 도시 한성의 변화에 관하여 기술하였다. 건축에 대해서는 한국 전통식 건축을 비롯해, 서양식, 일본식, 중국식 건축 형식의 유입과 영향관계의 양상에 대하여 고찰하였다. 그리고 한성은 잡거지라는 특징상 내국인과 외국인이 서로 영향을 받기 쉬운 환경이었다는 점에 주목하여, 건축 변화와 그 변화를 일으킨 배경에 관하여 고찰하였다. 도시 한성의 변화에 있어서는 마찬가지로 잡거지라는 특징에 초점을 맞추어 영역의 경계가 없어 점유 세력의 힘에 따라 영역도 함께 확장하고 축소되는 부침을 겪는다는 점이 어떻게 도시 변화로 이어지는지를 분석하였다. 외국인 및 외국의 영향을 받은 건설 활동의 변화와 이에 수반하여 한성의 외국인 영역이 어떻게 변화하는 지를 시기에 따른 변화 양상이라는 관점에서 고찰한 것이다.

본 장은 위에서 살펴본 변화양상을 종합하고 정리하여 일정한 흐름과 계통에 대하여 분석하였다. 건축의 외관에 있어서의 변화를 일정한 기준을 통해 분류하고 유형화하여, 한국 전통식, 일본식, 중국식, 서양식이 서로 영향을 받으며 어떻게 변화해 가는지 분류하여 고찰하였다. 또 지붕, 벽체, 창호 등의 재료와 형태에 대하여 가각의 요소가 도입되고 차용, 결합되는 양상 등을 조사하여, 변화의 양상을 추적하고, 이를 통해 변화의 유형화와 계통화를 모색하였다. 도시의 측면에서의 변화는, 외국인의 영역을 활동과 행적 추적을 통해 그 위치를 파악하고 이를 지도 위에 표기하여 개항기 한성의 외국인 영역 변화 양상을 살펴보았다. 이에 더하여 한성에서의 건축 활동을 기반으로 외국인 영역의 변화를 연대별로 분석하여 건축과 도시 변화의 연관관계를 파악하였다. 본 장은 개항기의 건축과 도시 변화를 종합적으로 분석하여 정리한 것이라 할 수 있다.

본 장에서 개항기 건축을 분류하였는데, 그 기준은 양식과 외관이 아니다. 당시 한국에서 이루어졌던 서양식 건축 건설이 서양 건축의 오더(order)와 양식, 구축 수법 등 서양 건축의 특성에 대한 명확한 이해를 바탕으로 행해졌다고 보기 어렵다. 당시의 한국인은 물론이고 건축에 관여한 서양인, 일본인, 중국인들 중에서도 서양 건축을 정확히 이해하고 있던 사람은 극소수에 불과하였다. 이러한 상황에서 당시의 서양식 건축을 양식과 외관으로 분석하는 것은 큰 의미를 갖기 어렵다. 오히려 당시의 서양식 건축이 어떤 경위를 통해 건설되었는지 그 건설 배경에 주목할 필요가 있다. 자본, 재료, 기술 등 건축에 필요한 다양한 요건을 어떻게 충당하였고, 당시 한국에 큰 세력을 갖고 있었던 중국과 일본 등의 외세는 어떻게 작용하였는지 등에 주목하였고, 본 장에서는 이를 바탕으로 서양식 건축의 유형화를 시도한 것이다.

개항기 건축의 유형화

「한국 전통식 건축」의 발달과 「중국 경산식(硬山式) 건축」의 증가

개항이전 국가적 규모의 건축 사업을 주도한 대규모 건축주는 흥선대원군興宣大院君과 고종이었다. 부자관계의 두 사람 사이에도 권력 투쟁이 격렬했기에 결코 사이가 좋은 부자관계였나고는 보기 어려웠지만, 이 두 사람은 공통적으로 건축 공사에 대한 관심이 컸다.

1864년에 고종의 즉위와 함께 권력을 잡은 흥선대원군은 대규모 건축공사를 시행하였다. 경복궁 복원과 주요 관청 신축과 수리 등에 전력을 쏟아 건축 사업을 펼쳤다. 전란이 많았던 16세기 말과 17세기 초를 거치며 전란으로 사라진 궁궐이나 시설을 복구하는 공사를 행했던 이후, 250년 만에 대규모 공사를 대대적으로 펼쳤던 것이다.[1] 그렇기에 이를 진행함에 있어 다양한 문제가 불거졌다. 가장 중요한 것은 목재와 목수의 수급이었다. 한성은 목수의 수가 턱없이 부족하였으므로 전국의 목수를 동원하여 부족분을 채웠고, 목재는 비교적 목재가 풍부하면서 한강을 따라 옮기면 운송하기 용이한 강원도 지역의 목재를 활용하였다. 이러한 대규모의 공사를 조정하고 관리하는 역할을 한 것이 영건도감이었다. 원래 경복궁 건설만을 위해 설치한 임시기관이었지만 경복궁 건설이 끝난 이후에도 영건도감을 존치하여 다른 공사들을 계속 담당하도록 하였다.

경복궁의 공사에 전국의 목수들이 참여한 것은 건축으로서도 중요한 사건이었다. 건축은 원래 지역성이 강한 것이지만 하나의 건축현장에 다양한 지방의 기술자들이 투입되면서 그 지역성이 옅어지게 되었다. 서로의 기술을 교류할 수 있는 기회가 되었고, 이를 통해 도성과 지방의 목수들이 함께 기술력을 향상시키는 계기가 되었다고 평가할 수 있다. 즉 목수 기술의 전국적인 확산과 전반적인 향상에 기여하였다고 볼 수 있다. 경복궁과 주요 관청이라는 당시 로서는 최고 등급인 건축 공사에 참여하였던 경험이 공사가 끝나고 고향으로 돌아와서도 이후 건축 활동에 반영되었고 전국적으로 한국 전통식 건축의 질이 높아지는 계기가 되었다고 평가할 수 있는 것이다.

흥선대원군이 주도하여 시행했던 건설 활동은 쇠퇴일로에 있던 한국 전통식 건축의 기술이 한 단계 승급하는 계기가 되었다고 볼 수 있으며, 그 후 한국 전통식 건축 활동에 영향을 미쳤다고 생각된다. 경복궁 경회루(1867년, 그림 7-1)와 근정전은 현재 한국에 남아 있는 한국 전통식 건축 중에서 가장 규모가 큰 것이다. 이러한 거대한 건축물을 동시에 두 동이나 건설할 수 있었던 것도 그러한 기술력이 집결했기 때문에 가능한 것이라 할 수 있다. 또한 대원군 시대 이후 한국 전통식 건축이 구조와 형태에 있어서 비슷한 경향을 보이게 된 것도 그러한 영향을 받은 것이라 할 수 있다.

흥선대원군의 집권이 끝나고 고종이 친정을 하게 된 뒤에도 건축 활동은 활발히 진행되었다. 경복궁 북측 후원에 건청궁乾清宮을 새로 지었고 그밖에 별궁이나 왕실의 시설 공사도 진행되었다. 흥선대원군 집권기부터 개항이후까지 한성을 중심으로 대규모 한국 전통식 건축 활동이 진행되었고, 이 경험이 전국으로 확산되어 전반적인 건축기술의 향상을 가져왔다고 할 수 있다. 이러한 경험은 이후의 건설 활동에도 영향을 미쳐서, 고종이 아관파천에서 돌아와 경운궁을 조영할 때에도 중화전을 비롯한 한국 전통식 건축이 대규모로 조영되는 데에도 도움이 되었다.

그림 7-1 개항기 한성의 「한국 전통식 건축」의 실례

출처: ❶ 韓國統監府 (1910) 『韓國寫眞帖』, 統監府, 17쪽, ❷ 국립고궁박물관 (2010) 『100년전의 기억, 대한민국』, 70쪽

그림 7-2 중국의「경산식 건축」과 한국의「경산식 건축」
출처: ❶ 필자 촬영(중국 산서성 평요고성 내, 2005년), ❷ 부산박물관(2009)『사진으로 보는 근대 풍경: 4 관광』, 민속원, 156쪽

대원군과 고종의 건축에 대한 관심이 높았던 것은 중국에서 도입한 새로운 건축양식을 적극적으로 활용하였다는 점에서도 확인할 수 있다. 이 새로운 건축양식이 중국의 경산식硬山式 건축이다. 측벽을 벽돌조로 하고 지붕은 기와지붕으로 한 양식으로 〈그림 7-2〉와 같은 건물이다. 이 양식이 한국에 들

❶ 정무사(靖武祠, 1885년)

❷ 중국공사관 정문 (1890년)

그림 7-3 개항기 한성의 「중국 경산식 건축」의 실례
출처: ❶ 국사편찬위원회 소장, ❷ 林武一 (1892) 『朝鮮國眞景』, 林龜子

어온 것은 고종이 즉위하기 이전이었다. 1820년대에 그려진 『동궐도東闕圖』를 보면 수방재漱芳齋나 보운문寶雲門에서 경산식 건축이 확인된다. 적어도 그 이전부터 경산식 건축이 존재하였다고 볼 수 있다. 그러나, 대원군과 고종은 다양한 시설에 경산식 건축을 적극적으로 적용하였다. 대원군은 석파정石坡亭 별동이나 창덕궁 연경당 선향재의 건축에 관여하였고, 고종도 중국 경산식 건축을 활용하여 경복궁 집옥재(1888년)나 창덕궁 낙선재 승화루의 부속건물

을 건축하였으며, 경운궁 석어당의 한쪽 벽에도 경산식의 요소가 보이는 것을 확인할 수 있다. 〈그림 2-7〉 경산식 건물은 궁궐뿐만 아니라 종로 육의전六矣廛의 포전布廛 건물에서도 확인되므로 민간 건축에도 영향을 미쳤다고 추정된다. 〈그림 2-13〉

개항기 한성의 「중국 경산식 건축」은 중국 공관을 비롯한 중국 측이 건설한 건축에도 적극적으로 활용하였지만, 한국 측에서 중국을 위해 건설하거나, 중국 사상의 영향을 받아서 건설한 건축물에도 적극적으로 활용되었다. 관우關羽의 사당인 동관왕묘東關王廟, 남관왕묘南關王廟나 임오군란 때 전사한 중국 장수를 위해 세운 사당인 정무사(靖武祠, 1885년)도 중국 경산식 건축으로 건설되었다.

「양장(洋裝) 전통식 건축」과 「벽돌조 전통식 기와 건축」의 성행

개항과 함께 서양의 문물이 들어온 것은 당연하고, 서양식 건축도 함께 유입되었다. 한성보다도 먼저 개항하여 외국인이 살기 시작했던 부산과 인천에서는 외교공관이나 회사 사옥 등이 외국인 거류지 속에 서양식으로 건설되었다. 한성은 이보다 늦어서 1884년에 번사창飜沙廠, 1887년에 전환국典圜局이 건설되어 서양의 영향을 받은 최초의 건축물이 탄생하였다. 그러나 이들은 중국과 일본의 기술을 통해 건설된 건축물이고, 완전한 서양식으로 보기에는 무리가 있다.

번사창은 벽체가 벽돌조이고, 아치형의 문을 사용한 것, 세로로 긴 창의 형태 등이 이전까지 한국에 없던 요소로써, 서양식 건축 요소를 차용한 것이라고 할 수 있다.〈그림 4-1〉 반면에 지붕은 전통식 기와를 사용하였고, 지붕구조는 왕대공트러스를 응용하여 서양식과 전통식이 혼합된 지붕구조를 갖는다. 벽돌은 당시 한국에서 드물게 사용되는 재료였지만, 17세기 초에 건축된 창경궁 명정전 전면부 머름부에 벽돌을 사용하거나, 18세기말 수원화성

그림 7-4 개항기 한성의 「벽돌조 전통 기와 건축」의 실례

출처: ❶ 서울특별시사편찬위원회, 『개항이후 서울의 근대화와 시련(1876~1910)』, 2002년, 125쪽, ❷ 서울학연구소, 『대한제국기 정동을 중심으로 한 국제교류와 도시건축에 대한 학술연구』, 서울역사박물관, 2011년, 112쪽

축성에서도 대량의 벽돌을 사용하는 등, 개항이전에도 벽돌을 사용한 사례는 있으므로 벽돌조 벽체를 구축하는 데는 큰 문제가 없었을 것으로 보인다. 그러나 이 벽돌은 개항이후 서양식과 함께 유입된 적벽돌은 아니었다. 한국에서 적벽돌이 제작된 것은 1890년 이후라고 추정된다.[2] 지붕 재료의 경우 전통식 기와 이외에 서양식 기와나 아연 등의 금속성 재료는 전량 수입해야만 했으므로 전통식 기와가 적용된 것으로 보인다. 서양식 기와와 전통식 기와는 지붕 곡선이 전혀 달라지므로, 벽돌조에 전통식 기와를 사용하면 외관상 어색한 형태가 될 수밖에 없다. 〈그림 7-4〉와 같이 지붕 곡선과 벽체가 어울리지 않는 것을 확인할 수 있다. 그밖에도 이탈리아영사관(1901년, 1902년)이나 한성전보총사(1905년 추정)에도 그러한 형식이 보인다. 본고에서는 이 형식을 「벽돌조 전통식 기와 건축」이라고 명명하였다.

번사창 이후로는 한동안 적극적인 서양식 건축은 보이지 않았다. 일반적인 한국 전통식 건축에 장지창호를 떼어내고 유리창과 판문을 설치하거나, 툇마루에 난간을 설치하여 복도로 활용하였고, 처마에 아연판이나 함석판을 덧대는 등의 변화가 있었을 뿐이다. 이에 더하여 내부에 서양식 가구를 넣고, 부엌을 바꾸는 정도의 변화가 있었고 기본 구조는 한국 전통식을 그대로 활용하였다. 그러한 변화는 한국에 처음 들어온 서양인들이 주도한 것으로, 한국의 일부 상류층에서도 유행했다는 기록이 있다.[3] 민간 가옥뿐만 아니라, 미국공사관(1883년)을 비롯해, 영국공사관(1884년), 러시아공사관(1885년), 프랑스공사관(1889년), 독일공사관(1891년) 등의 서양 외교 공관도 최초의 공관은 그러한 형식의 건축을 이용하였다. 그밖에도 배재학당(1885년), 이화학당(1886년) 등의 학교나 병원과 같은 건축물이나, 우정총국(1884년)과 같이 서양 제도를 담는 그릇으로 사용된 건축물에도 그러한 방식이 주로 사용되었다. 그밖에 정부의 고문으로 초빙된 서양인 묄렌도르프의 집에서도 마찬가지였다. 본고에서는 이러한 건축을 「양장 전통식 건축」이라고 명명하였다.

당시 완전한 서양식 건축을 건설하기에는 기술이나 재료를 포함하여 건축 활동의 전반적 여건을 갖추지 못하였으므로 우선 한국 전통식 건축을 활

그림 7-5 개항기 한성의 「양장 전통식 건축」의 실례

출처: ❶ 서울학연구소(2011)『대한제국기 정동을 중심으로 한 국제교류와 도시건축에 대한 학술연구』, 서울역사박물관, 105쪽, ❷ 국립고궁박물관(2010)『100년전의 기억, 대한민국』, 70쪽

용하는 방법밖에 없었다고 생각된다. 용도에 따라 그 변화 양상도 조금 차이가 있었다. 주택은 양반 부유층을 중심으로 서양식 생활로 조금씩 변화하였다. 특히 가구나 욕실 등의 설비를 설치하였다. 한성에 거주하는 서양인도 기존의 한국 전통식 가옥에 사는 선택지밖에 없었으므로 내부 공간이나 부엌을 서양식으로 변경하는 등의 변화가 있었다. 서양인이 설립한 학교는 수업이 가능하도록 공간을 확보하기 위하여 중정을 활용하는 등의 차이는 있었지만,

외관은 거의 비슷해서 서양식 장식을 덧붙이는 수준의 변화를 보였다.

앞에서 언급한 것처럼 서양의 문화나 제도가 들어오면서 그것에 의해 새로운 건축이 세워졌지만 서양식 건축을 건설할 능력이 없었으므로, 어쩔 수 없이 한국 전통식 건축을 변형하여 용도를 충족시켰던 것이다.

다른 계열로서의 「일본식 민가 건축」과 「일본식 목조 양풍(洋風) 건축」

앞에서 언급한 「중국 경산식」 건축의 경우, 개항 초기와 개항 말기의 차이는 거의 없다고 볼 수 있다. 그러나 일본식 건축의 경우, 그 30년간 다양한 변화가 보인다. 이는 일본 본토에서의 변화가 원인의 하나라고 볼 수 있다. 중국의 경우 서양식 건축을 배워서 중국식 건축에 서양식 요소를 도입하여 변화시키거나, 서로 절충하는 등의 변화가 거의 없지만, 일본은 명치유신明治維新 이후 서양의 영향을 받아 일본 건축에서도 다양한 변화가 생겼다. 일본의 서양식 건축을 건설하는 기술력도 상승하였고, 서양식을 응용하여 일본식과 절충하는 기술도 상승하였다. 이러한 일본 본토에서의 건축 발전이 한국에 거주하는 일본인들에게도 영향을 미쳤고, 그 변화가 한국에서도 드러났다.

또 한국에서의 중국과 일본의 영향력의 차이가, 한국에서의 중국식 건축과 일본식 건축의 변화 정도 차이로 드러나는 점도 있다고 볼 수 있다. 중국의 한국에의 영향력은 1894년을 기점으로 급감하지만, 일본은 점점 커져서 1910년이 되면 한국을 강점하게 되므로, 중국 건축의 영향력은 1894년 이후에는 상대적으로 약화되지만 1894년 이후 일본 건축의 영향력은 상대적으로 점차 증가하였다고 볼 수 있다. 1903년 이후로는 정부 주도의 관청 공사에서 중국인 건축조직이 참여했다는 기록[4]이 없었던 반면, 일본은 1908년 상반기 정부 주도 공사의 99.99%를 담당했을 정도로 영향력이 컸다. 따라서 이 시기가 되면 일본 본토에서의 건축 기술의 성장이 그대로 한국에도 반영되었던 것이다.

그림 7-6 한성의「일본식 목조양풍 건축」의 실례
출처: ❶ 국사편찬위원회 소장, ❷ 부산박물관(2009)『사진으로 보는 근대 풍경: 1 도시』, 민속원, 202쪽

일본이 한성에 건설한 최초의 건축은 1884년의 일본공사관이었다. 공사관의 측면도로 알려진 도면이 〈그림 4-3〉인데 서양풍의 목조건축이었다는 기록이 있으므로, 이른바 일본에서 의양풍이라고 불리는 건축이었다고 추정된다. 1885년 한성 남부에 재건된 공사관도 목수가 건설한 의양풍이었다고 볼 수 있다. 1885년의 일본공사관은 장식이 거의 없는 간단한 양식의 의양풍

그림 7-7 1895년경의 일본인 거주지역 내 일본식 민가 (출처: 京城府 (1936)『京城府史』2권, 京城府, 639쪽)

임을 알 수 있다.

본고에서는 의양풍의 목조건축에 대하여「일본식 목조 양풍 건축」[5]이라고 명명한다. 이 목조 양풍 건축은 벽체를 구성하는 방식에서 두 가지가 확인된다. 하나는 비늘판벽이고 다른 하나는 목조 위에 회칠을 한 것이다. 이는 중국식이 벽돌조의 벽체를 기본으로 한국에 유입되었고, 이것이 서양식에 연결되는 매개체 역할을 한 것과 마찬가지로, 일본식은 목조 벽체를 서양식으로 보이도록 하여 서양식과 접점을 형성하였다는 점에 주목한 분류방식이다.

일본공사관 이후 한동안 일본은 목조 양풍 건축을 건설할 기회가 거의 없었다. 일본 거류민의 세력이 미약했던 때에는 건축에 대한 수요도 많지 않았다. 일본인 거류지에서 생활하던 일본인들은 기존의 한국 전통식 건축에서 그대로 생활하거나, 여력이 있는 사람들은 일본에서 주로 생활하였던 일본식 민가를 지었다. 그중에서는 자신의 집을 일본식 목조 양풍으로 신축하였다는 기록도 있다.[6] 이렇게 일본 전통 양식을 그대로 적용하여 건설된 건축물을「일본식 민가 건축」이라고 명명하기로 한다. 이 범위에는 민가뿐만 아니라, 마치야町屋이라고 불리는 특유의 상점이나 사찰, 신사 등 일본의 양식을 그대로 적용한 것은 이 범주에 속한다.

그러한 경향은 1894년 이후 일변한다. 청일전쟁 이후 일본의 세력이 커지고 일본인의 건설 활동도 증대하면서 목조 양풍 건축이 늘어났다. 남대문로변에 새롭게 마련한 일본영사관과 그 옆에 경성거류민단역소가 목조 양풍 건축으로 세워졌다. 그리고 거류민단이 주도하여 건설한 학교나 회사 지점도 목조 양풍 건축으로 지어졌다.

이 시기에 지어진 목조 양풍 건축은 1884년과 1885년의 일본공사관보다 양질이라고 판단된다. 그리고 1905년 이후 탁지부 건축소가 주도하여 건설하는 목조 양풍 건축은 더더욱 진화한 모습을 보여준다. 공업전습소 본관(1908년), 총리대신 관저(1906년), 학부청사(1907년), 통감부 청사(1907년), 탁지부 건축소 청사(1908년) 등이 확인된다. 그밖에도 조그마한 관청이나 파출소 등에서 그러한 양식이 확인된다.

「간이서양식(簡易西洋式) 건축」과 한국의 독자적인 서양식 건축

제7장에서 언급한 것처럼 경운궁과 그 주변에는 단순한 형식의 서양식 건축이 많았다. 벽돌조에 기와를 이은 정도의 것으로 본고에서는 이를 「간이서양식 건축」이라고 명명하기로 한다. 창고나 간이사무소, 병영 등에서 자주 확인되는 양식으로, 문화재로서의 가치는 거의 인정받지 못해서 개항기에 지어진 건축 중에는 이러한 건축이 남아 있지 않다. 그러나 이러한 양식은 매우 간단한 구조로 용이하게 건설할 수 있었으므로 일제강점기 이후에도 지속적으로 양산되었다. 이 양식은 높은 기술력을 요하지 않으므로 한국인 건축회사나 건설조직도 어느 정도 대응할 수 있었을 것으로 추정되며, 일본인도 병영이나 창고 등에 이러한 양식의 건축을 많이 건설하였다.

앞에서 언급한 「벽돌조 전통식기와 건축」과 다른 점은 벽체는 벽돌조로 동일하지만, 「간이서양식」은 적벽돌을 사용하는 경우가 많았다는 점에서 차이가 있고, 지붕은 전통식 기와가 아닌 서양식 기와나 함석 등의 새로운 재료를 사용하였다는 점을 들 수 있다. 간이서양식은 벽돌조 전통식기와 건축에

그림 7-8 한성의 「간이서양식 건축」의 실례

출처: ❶ 버튼 홈즈, 이진석 역(2012)『1901년 서울을 걷다』, 푸른길, 98쪽, ❷ 學習院大學 東洋學研究所 소장, ❸ 루이 마렝 촬영, 프랑스국립지리학회 소장

서 서양식으로 나아가는 중간 단계로서의 성격을 가지고 있다고 할 수 있다.

한국은 일제강점기가 될 때까지 독자적으로 서양식 건축을 건설할 수 있는 기술력을 갖추지 못했으므로 한국의 독자적으로 건축한 서양식 건축유형을 따로 분류하기는 어렵다. 그러나 제6장에서 언급한 바와 같이 일제강점기 이전 한국에서 건설된 서양식 건축 중에서 서북학회 회관(1909)만이 한국이 독자적으로 건립한 서양식 건축으로 알려져 있을 뿐이다. 「간이 서양식」 등을 통해 기술이 축적되어 서북학회 회관의 독자적인 건설로 이어질 수 있었다고 할 수 있다.

서양식 건축의 세분화:
「재건 서양식 건축」, 「고종주도 서양식 건축」, 「일본 경유 서양식 건축」

개항기 한성의 서양식 건축이 포함하는 범위에 관하여 언급하자면 재료, 장식, 지붕구조의 측면에서 설명해 볼 수 있다. 재료의 경우, 벽면은 벽돌로 구성되고, 구조체로서 돌이나 시멘트를 사용하고, 지붕은 금속성이나 서양식 기와[7]를 사용하였으면 서양식 건축으로 판단할 수 있다. 장식은 창은 유리로 하고 입구는 아치 등 서양에서 유래한 장식을 적용하며, 지붕 마루 부분에도 서양식 장식을 붙인 건물로, 굴뚝이나 지붕창 등이 있기도 한다. 구조는 특히 지붕 구조로 트러스를 이용하였다. 본고에서는 위의 재료, 장식, 지붕구조 모두를 충족시키는 건축에 한하여 서양식 건축이라고 정의한다.

한성 내 서양식 건축의 대부분은 다음의 세 가지 안에 포함된다. 첫째, 서양인이 발주하여 서양인이 설계하고 시공은 명확하지 않은 건물로 본고에서는 「재건 서양식 건축」이라고 명명한다. 둘째, 황실 즉 고종이 발주하고 서양인이 설계하였으며 역시 시공은 명확하지 않은 건물로, 본고에서는 「고종주도 서양식 건축」이라고 명명하였다. 셋째, 일본인 또는 일본의 세력하에 놓은 한국 정부가 발주하고 일본인이 설계하였으며, 일본인 건설회사가 시공한 건축

❶ 명동성당 (1892~1898년)

❷ 정동제일교회 (1896년)

❸ 프랑스공사관 (1897년)

❹ 세브란스병원 (1904년)

그림 7-9 한성의「재건 서양식 건축」의 실례

출처: ❶ 부산박물관 (2009)『사진으로 보는 근대 풍경: 1 도시』, 민속원, 335쪽

❷ 국사편찬위원회 소장, 1900년 촬영

❸ 서울특별시사편찬위원회 (2002)『개항이후 서울의 근대화와 시련(1876~1910)』, 110쪽

❹ 국립고궁박물관 (2010)『100년 전의 기억, 대한민국』, 150쪽

물로 본고에서는 「일본경유 서양식 건축」으로 분류하였다.

첫째, 「재건 서양식 건축」은 서양인이 발주한 건축으로, 이 경우 처음부터 신축하는 경우가 없다고 하여도 과언이 아니다. 외교공관을 비롯해, 교회, 서양학문 학교, 서양의 병원, 호텔, 서양인 주택 등은 한국에 기존에 존재하지 않던 기능들이다. 개항 초기 이들을 수용할 서양식 건축을 건설하는 것은 불가능했고, 모두 한국 전통식 건축을 개조하여 양장 전통식 건축을 활용하였다. 그러다가 한국에서도 점차 서양식 건축을 지을 수 있을 정도로 여건이 갖추어지자, 서양식 건축으로 재건하기 시작하였다. 기존 양장 전통식 건축을 부수고 그 자리에 재건하는 경우도 있었고 다른 부지로 옮겨서 건축하는 경우도 있다.

재건 서양식의 경우, 건축주와 설계 기획은 모두 서양인이 담당하였고 시공은 명확하지 않지만 대부분 중국인이 담당하였을 것으로 추정된다. 서양인은 시공할 수 있는 인력이 없었고, 일본인은 주로 일본식 건축만을 담당했으므로, 대부분 중국인이 건설하였다고 보는 편이 타당하다.

대부분의 서양인이 건설한 서양식 건축이 재건 서양식에 해당한다고 볼 수 있는데, 그 실례를 들어보면 다음과 같다. 외교 공관으로는 러시아공사관(1890년 재건), 영국공사관(1891년 재건), 프랑스공사관(1897년 재건), 독일공사관(1902년 재건)이 해당한다. 교회 또는 예배당으로는 명동성당(1892~1898년), 약현성당(1893년), 정동제일교회(1905년) 등을 들 수 있다. 또 학교로는 배재학당(1887년)이 있고, 병원으로는 세브란스병원(1904년)이 여기에 해당한다.

둘째, 「고종주도 서양식 건축」은 고종이 건축주가 되어 진행한 서양식 건축을 의미하는 것으로 1900년 전후에 집중적으로 건설되었다. 그 첫 사례는 관문각(1891년 추정)이지만 이후 10여 년간 고종은 서양식 건축에 관심을 갖지 않았다. 그 이후 1900년을 전후하여 경운궁에 돈덕전惇德殿, 중명전重明殿, 구성헌九成軒, 정관헌靜觀軒, 석조전石造殿 등이 계속 건설되었다. 경운궁에 총 7동의 서양식 건축이 있었는데 이들이 고종주도 서양식 건축에 해당한다.

고종의 건축에 대한 관심과 취미가 높았던 점, 그리고 서양과의 외교관계

그림 7-10 한성의「고종주도 서양식 건축」의 실례
출처: ❶ 경기대학교 안창모 교수 소장, ❷, ❹ 小田省吾 (1938)『德壽宮史』, 李王職, 圖版五, 圖版七, ❸ 국립고궁박물관 (2010)『100년전의 기억, 대한민국』, 77쪽

에서 서양식 건축이 유리하다는 판단 등이 작용하여 1900년에서 1903년까지 집중적인 건설 활동을 펼친 것으로 보인다. 고종이 건축주라는 점만 다르고 공사 진행의 프로세스는 재건 서양식과 거의 유사하다. 단 고종주도 서양식은 사바틴과 같은 건축가가 아닌 기술자가 설계한 건물이 많아 건축 설계에 있어서의 완성도는 부족하다는 점, 그리고 석조전은 미완인 채 1906년 오오쿠라구미大倉組로 건설주체가 바뀌었고 일본인 건설회사에 의해 완공되었다는 점에서 다소 차이가 있을 뿐이다.

셋째, 「일본경유 서양식 건축」은 일본 측이 주도하여 건설한 서양식 건축을 칭한다. 위에서 언급한 「일본식 민가 건축」과 「일본식 목조 양풍 건축」은 일본인 건설조직에 의해 건설되었지만 온전한 서양식이라고 보기 어렵다. 본

그림 7-11 한성의 「일본경유 서양식 건축」의 실례
출처: ❶ 이돈수, 이순우 (2009) 『꼬레아 에 꼬레아니: 사진해설판』, 하늘재, 165쪽, ❷ 淸水建設 소장, ❸ 서울특별시사편찬위원회 (2002) 『개항이후 서울의 근대화와 시련(1876~1910)』, 120쪽, ❹ 韓國統監府 (1910) 『韓國寫眞帖』, 統監府, 49쪽

고에서는 일본인이나 일본인 관리가 발주하여, 일본인 건설회사가 설계, 감리, 시공을 담당한 건축으로서, 목조가 아닌 벽돌이나 석조 건축을 「일본경유 서양식 건축」으로 정의한다. 일본이 한성에 들어왔던 초기에는 서양식 건축에 제대로 대응할 수 있는 인프라를 갖추지 못했다. 경부선 철도 공사 이후 일본인 건설조직이 팽창하면서 한성 내 일본의 건설 능력이 비약적으로 발전하였다. 특히 1905년 이후 탁지부 건축소가 관영공사를 모두 일본인 건설회사에게 맡기는 전폭적인 지원을 하였고, 1905년에서 1910년까지 상당히 많은 대규모 서양식 건축을 건설하게 되었다. 이 시기 일본인들이 건설한 서양식 건축을 「일본경유 서양식」이라고 부르는 것이고, 관청 및 공공기관을 비롯하여, 상사의 한국지점 등이 주로 여기에 해당한다.

이 시기는 일본경유 서양식도 있었지만, 일본식 목조 양풍 건축도 왕성하게 건설되었다. 이 두 양식 모두 일본의 서양건축 기술 발전이 그대로 반영되어 건축의 질도 좋아졌음을 확인할 수 있다.

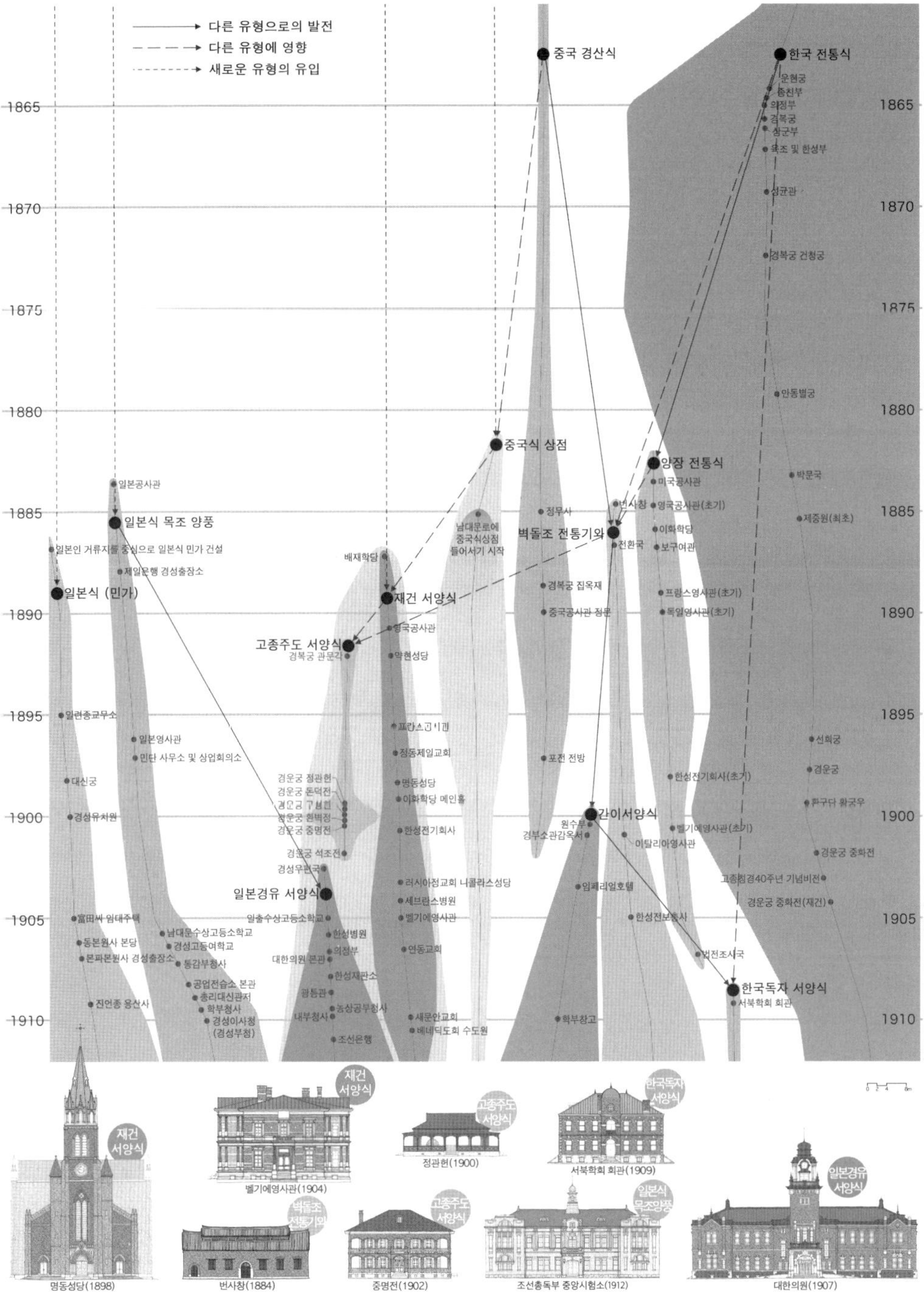

그림 7-12 1860~1910년의 중국과 일본으로부터의 영향관계를 바탕으로 한 건축유형 계통도 ⇒ [원색도판 10] 참조)

도시의 방향성에 관한 고찰

중심 영역의 변화

한성은 600년 전에 수도로 설정되었고, 이후 정치 경제의 중심지였다. 그리고 그 속에서도 가장 중심이 되는 공간은 왕이 거주하는 궁궐이라고 할 수 있다. 경복궁은 조선의 건국과 함께 법궁으로서의 지위를 갖는 궁궐이었다. 그리고 경복궁에서 뻗어 나온 육조거리는 가장 주요한 관청들이 위치하는 가로였다. 따라서 원래 한성에서 정치권력의 중심공간은 경복궁과 육조거리였다고 할 수 있다. 그러나 임진왜란 때 경복궁이 불에 타 소실되고 나서 재건하지 않은 채 그대로 두었고, 창덕궁과 창경궁을 재건하여 창덕궁을 법궁으로 삼았다.

고종은 창덕궁에서 즉위하였으므로 당시 정치권력의 중심 공간은 창덕궁이었다고 할 수 있다. 그런데 1865년 경복궁이 재건되면서 경복궁 주변으로 의정부와 삼군부가 다시 육조거리로 돌아왔고, 다른 관청들도 육조거리에 다시 재배치되어 270년 만에 경복궁과 육조거리는 조선초기로의 복고를 이루어냈다. 흥선대원군과 고종의 목표는 왕권 강화에 있었으며 그 이상적인 형태가 조선 초기라고 인식하였기 때문에 모든 상황을 조선초기로 되돌려놓기 위한 복고를 지향하였다. 그 과정에서 건축물을 원래 있던 공간에 다시 건설하는 복고와 도시의 중심영역을 원래의 공간구조로 되돌려놓는 복고가 이루어졌다.

경복궁을 중심으로 하는 한성 도시 공간의 구조는 고종이 경복궁을 떠나는 1896년을 기점으로 변질된다. 고종이 러시아공사관으로 피신하는 아관파천으로 인해 경복궁의 중심성은 사라졌고, 반면 러시아공사관이 있었던 정동이 새로운 중심지로 자리하게 되었다. 당시의 한국은 이미 왕권 약화가 상당히 진행된 상태였고, 열강의 힘은 점점 강해지면서 고종이 자주적으로 한국을 통치하기 어려워진 상태였다. 그러자 외국 공관이 신세력의 중심공간으로서의 위상을 차지하게 되었다. 외국 공관이 있던 장소를 보면 위의 러시아 공사관을 비롯하여 영국, 미국, 프랑스 공사관이 정동에 밀집되어 있었고, 독일과 벨기에 공사관도 정동에 위치한 적이 있을 정도로 서구 국가들의 공관은 한성 남서쪽에 있는 정동에 집중되었다. 반면 일본공사관은 남부 니현泥峴에 있었고, 중국공사관은 정동과 니현 사이의 남대문로 옆에 있었으므로 동아시아의 각국 공사관은 한성의 남쪽에 위치하였다고 할 수 있다.

그 상황에서 아관파천에서 돌아와 고종이 새롭게 건설한 궁궐이 경운궁인데, 경운궁은 정동의 서구 공사관들 사이에 위치하였다. 이는 서구세력을 빌리고자 하는 고종의 의도가 반영된 것이라고 판단된다. 경운궁은 선조가 임진왜란 때 몽진에서 돌아와 폐허가 된 궁궐들을 대신하여 임시 궁궐로 사용한 곳이다. 원래 월산대군의 사저로 선조 때는 정릉동 행궁으로 불리었고 광해군 때 경운궁이라는 이름을 내리게 되었다. 경운궁은 오랜 시간 동안 사용하지 않았고 선조 때에도 임시 궁궐이었으므로 궁궐로 사용할 수 있을 만한 제대로 된 시설을 갖추지 못했다. 궁궐로 사용하기 위하여 대대적인 공사를 진행하였고, 경운궁 주변으로 관청들도 새롭게 건설되었다. 경복궁과 육조거리에서처럼 궁궐과 행정관청으로 이루어진 중심지가 경운궁에서도 마찬가지로 형성되었다고 볼 수 있다.

정동과 경운궁은 1904년 러일전쟁을 기점으로 중심성을 상실하게 되었다. 러일전쟁에서 일본이 승리하면서 러시아는 한국 내 세력을 상실하였고, 한국은 외교권을 일본에게 빼앗겨 정동의 각국 공사관은 그 기능을 상실하였다. 경운궁의 정치 기능 약화와 공사관의 외교 기능 상실로 경운궁과 그 주변 지역이 갖는 권력도 함께 사라졌다. 1907년 고종에서 순종으로 황위를 양위하면서 순종은 경운궁이 아닌 창덕궁에서 즉위하였다. 고종은 그대로 경운궁에서 생활하였고 경운궁도 명칭을 덕수궁으로 변경하였다. 이 시기 일본은 통감부를 중심으로 하는 이른바 통감정치라고 하는 새로운 정치 시스템을 통해 식민지화를 진행하였다. 관청들은 한성 내 여러 장소로 분산되어 한성은 왕을 중심으로 하는 중앙 집중형 도시에서 분산형 도시로 변모하였다.

그러나 여기에는 재고해야만 할 부분이 있다. 1864년 경복궁에 중심을 옮겼을 때, 가장 중요시했던 관청은 종친부, 의정부, 삼군부였다. 그 외 육조 관청은 이미 육조가 제대로 된 기능을 하고 있었으므로 이를 확충 수리하기는 하였지만, 행정기구를 새롭게 구축할 필요는 없었다. 종친부는 왕족을 관리하는 관청이므로 왕권과 직결되는 것이었으므로 대대적인 공사를 시행하였다. 종친부, 의정부, 삼군부의 세 관청을 재건하고 재정비한 것은 왕권, 행정, 군사를 대표하는 세 기관에 초점을 맞춘 것이다. 이를 통해 중앙 권력을 재정비한 것이라고 볼 수 있고 그 결과로 한성의 중심이 경복궁 권역으로 이동하게 된 것이라고 할 수 있다.

1897년에 경운궁을 세우고 이루어지는 중심 이동도 이와 유사하다. 경운궁이라고 하는 궁궐과 함께 주변에 최고 행정기구인 의정부와 최고 군사기구인 원수부를 배치하면서 그 중심 이동이 함께 이루어진 것이라고 볼 수 있다. 다른 관청은 여전히 육조거리에 밀집되어 있었으므로 경운궁으로 중심이 이동되는 과정은 경복궁과 마찬가지로 왕권, 행정, 군사를 대표하는 기관을 경운궁 주변에 구축하는 방식으로 이루어졌다. 위의 두 차례의 중심변화는 공통적으로 실질적인 변화라기보다 상징적인 변화라고 볼 수 있다. 기존 행정기구에 미치는 영향을 최소한으로 하면서 한국 최고 권위공간이라 할 수 있는 궁궐의 이동에 수반하여 최고 행정기구를 함께 옮기는 방식으로 중심 이동이 이루어졌다. 다른 행정기관은 위치 변화 없이 그대로 활용하였으므로 이동 대상이 극히 제한적이었다.

1905년 을사늑약 이후 일본의 보호국으로 전락하면서 이루어진 한성의 중심 이동도 동일한 양상을 보인다. 위의 왕권, 행정, 군사를 대표하는 각각의 기관이 일본공사관이 있었던 니현에 자리 잡게 되었다. 행정의 최고 기관이라 할 수 있는 통감부가 일본공사관 서쪽에 들어섰고, 군사의 최고기구라고 할 수 있는 일본주차군사령부가 일본 공사관 동측에 있었다. 일본공사관은 통감관저가 되었다. 당시 통감이 왕에 준하는 권력을 가졌는가에 대해서는 이론의 여지가 있겠지만, 이미 왕권은 회복하기 어려울 정도로 떨어진 상태였으므로 그 권리 중 상당부분은 통감과 통감부로 이양되었다고 보는 것은 타당할 것이다.

1905년 이후의 통감부시기는 앞에서 언급한 것처럼 분산형 도시로 변모하는 모습을 볼 수 있지만, 권력자, 행정, 군사 세 요소로 보는 중심 변화는 이전과 동일한 양상이다.〈그림 7-13〉 또 이 시기에 분산되어 배치되는 관청들도 대부분 기존 관청지역에 위치하였다. 경운궁 주변에 일단, 육조거리에 일단, 이렇게 기존 관청이 위치하던 곳에 다시 관청이 들어가는 형태였으므로 기존 질서를 무너뜨리고 새로운 질서를 세우기 위한 분산은 아니었다. 일반적으로 도시가 근대화되는 과정에서 공간의 위상이 균질화되는 경험을 하게 되고, 이 균질화는 중앙 집중적인 전통 질서가 파괴되면서 이루어진다. 그러나 이 시기에는 비록 분산이라는 형태로 새롭게 재편되기는 하였지만, 기존 질서를 그대로 답습하였다는 점에서 한성이 근대화되어가는 과정의 일환으로 평하기는 어렵다. 오히려 일본의 식민지배를 위한 준비 과정에서 전근대적 공간체계를 활용한 것이라고 볼 수 있다. 역사적 장소성을 가진 다양한 공간을 활용하였고 그러한 의도가 분산의 형태로 표출된 것이다.

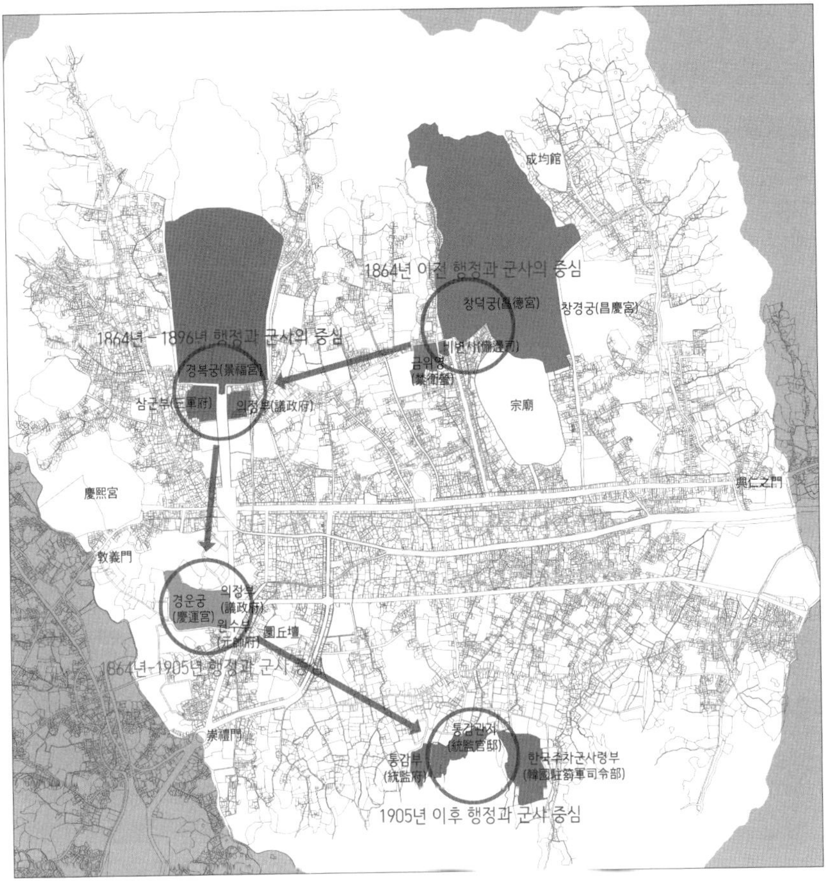

그림 7-13 1850~1910년 한성의 행정과 군사 중심 변화

잡거지화와 외국 세력에 의한 분화

서울은 외국인 영역을 확정하지 못한 상태에서 개방이 이루어졌기 때문에, 이후 주변 상황에 따라 영역이 변화하는 유동성을 보일 수밖에 없었다. 한성을 둘러싼 다국적 영향관계 속에서 도시 안의 외국인 영역은 끊임없이 그 변화를 거듭하였다. 당시 한국에 가장 큰 영향력을 행사한 국가들로는 중국과 일본을 들 수 있다. 이 두 국가들의 한국 내 정치적 대립은 상업 활동에도 영향을 미쳤으며, 중국과 일본의 상업 활동의 추세는 서울에 거주하는 인구의 변화에서도 그대로 드러난다. 또한 그 인구 변화가 다시 서울 안의 각국 영

역 변화로 반영되어 서로 일련의 관계를 가지고 변화가 전개되었다.

따라서 잡거지 서울에서의 영역 변화는 공간의 넓이 변화만을 의미하는 것이 아니라, 권력, 상업, 인구, 영역이 하나의 연장선상에서 연계되어 움직이는 특징을 갖는다. 그리고 이는 당시의 서울이 명확한 영역 구분 없이 도시 전체가 개방된 잡거지이었기 때문에 보인 특수성이 반영된 것이라 할 수 있다.

표 7-1 한성의 외국인 인구 변화

연도	일본	중국	미국	영국	프랑스	독일	러시아	기타
1883		(약 30)	공관설치					
1884	공관설치			공관설치				
1885	88						공관설치	
1886	163							
1887	245							
1888	348							
1889	527				공관설치			
1890	522					공관설치		
1891	698	1400이상						
1892	715							
1893	779							
1894	848	약 2,500	58	14	10	3	4	1
1895	1,839	(200)						
1896	1,747							
1897	1,588		95	37	31	7	57	1
1898	1,734							
1899	1,985							
1900	2,113	1,272	95	39	36	9	7	5
1901	2,490							
1902	3,034							
1903	3,613							
1904	5,323							
1905	7,677							
1906	11,724	1,363	146	73	78	23	6	5
1907	13,416	2,322	98	29	10	14	2	5

연도	일본	중국	미국	영국	프랑스	독일	러시아	기타
1908	20,555	1,975	131	88	61	22	12	7
1909	25,296	1,863	130	85	56	22	11	2
1910	34,468							

주: ( )는 호수
출처: 『朝日新聞』 1894년 6월 10일, 1면 3단
岡崎唯雄 (1895) 『朝鮮內地調査報告』, 岡崎唯雄, 718쪽
京城府 (1934) 『京城府史』 第1巻, 京城府, 518~521쪽
恒屋盛服 (1901) 『朝鮮開化史』, 博文館, 87쪽
香月源太郎 (1902) 『朝鮮案內』, 木嵩山堂, 86쪽
朝鮮協會 (1903) 『朝鮮協會會報』 第6回 (1903. 3) 30쪽
京城居留民團 (1912) 『京城発達史』, 京城居留民團役所, 422~423쪽
統監府 (1907~1910) 『第一次~第四次 統監府統計年報』, 統監府

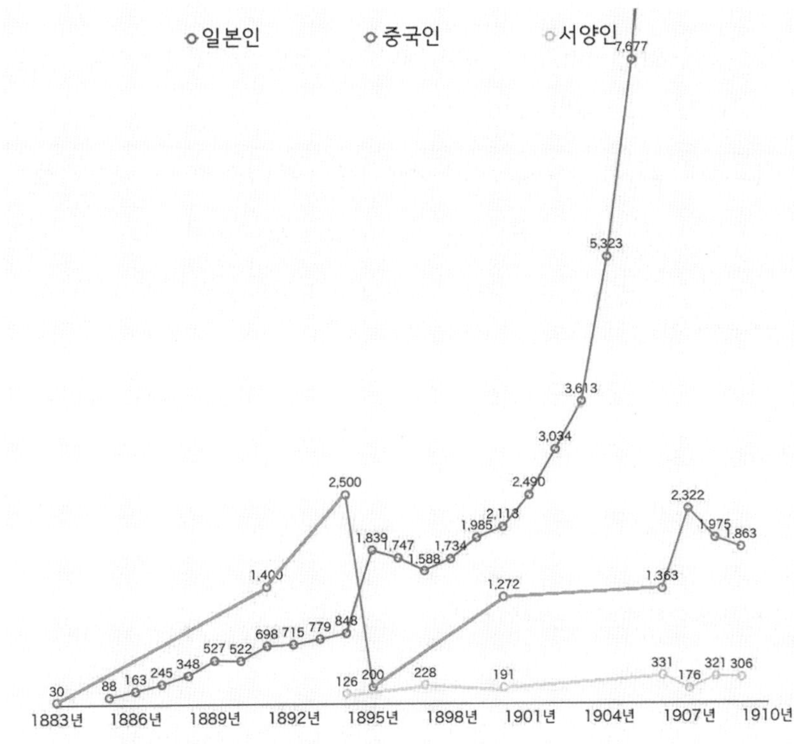

그림 7-14 한성 내 일본인, 중국인, 서양인 인구변화

〈표 7-1〉에서 보이는 것처럼 일본은 압도적인 인구 상승을 바탕으로 한성 내 영향력을 키워갔고 한성 내 외국인 영역 변화에도 그러한 양상이 반영되었다. 〈그림 7-14〉는 〈표 7-1〉을 그래프로 표현한 것인데, 인구변화의 변곡

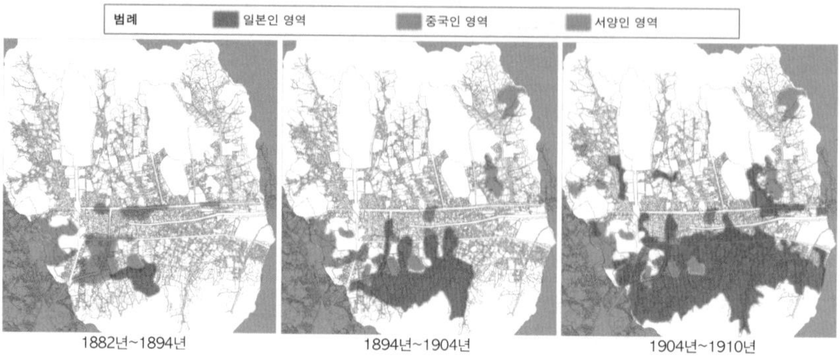

그림 7-15 1882~1910년 한성 내 외국인 영역의 변화 ⇒ [원색도판 9] 참조

점으로 볼 수 있는 시기가 명확히 드러난다. 중국인 인구가 급격히 감소하는 1894년과 일본인 인구가 급격히 증가하는 1904년이다. 청일전쟁과 러일전쟁을 기점으로 변화를 거듭하였고, 서양인의 인구는 거의 변화가 없는 것을 확인할 수 있다. 이는 영역 변화에도 그대로 반영되었다. 〈그림 7-15〉[8]는 시기별로 한성 내 외국인의 영역 변화를 표현한 것이다. 이를 보면 중국인 영역은 특정한 경향이나 원칙이 없이 점적으로 확산되는 경향을 보이고, 일본인 영역은 공사관이 있는 니현을 꼭지점으로 방사형으로 퍼져나가는 특징을 확인할 수 있다.

건축 변화와 도시 변화의 관련성에 관한 일고찰

앞에서 1864년부터 1910년까지의 건축 변화를 살펴보기 위하여, 당시 건축의 변화에 영향을 미친다고 판단되는 다양한 요소를 선정하고, 건축 유형별로 정리하여 그 영향관계를 조사하였다. 그리고 도시 변화에 대해서는 잡거지 한성의 외국인 영역이 갖는 물리적 변화를 명확히 하여 그 시기별 변화 양상을 조사하였다. 본 단락에서는 위에서 살펴본 건축변화와 도시변화 사이의 관계성에 대하여 고찰해 보고자 한다. 우선 당시의 건축 활동 정보를 문헌이나 사진 등의 자료를 수집하여 유형별로 건축을 정리하였고, 이 건축물을 지도에 위치시켜 지도에 표기하였다. 〈그림 7-16〉~〈그림 7-19〉가 이에 해당한다.

〈그림 7-16〉의 1864~1882년 기간에는 중국식 건축도 조금 보이지만 대부분은「한국 전통식」임을 알 수 있고, 개항하기 전 한성의 상황이 반영된 것이라고 판단된다.

〈그림 7-17〉의 1882~1894년 기간에는 서양, 중국, 일본의 영향을 받아서 건축에도 반영되는 것을 확인할 수 있다. 정동에 서양인이 거주하기 시작하면서「양장 전통식」건축이 증가하였고, 남부의 일본인 거류영역을 중심으로「일본식 민가」와「일본식 목조 양풍」이 건설되기 시작한 것이 두드러진다. 중국의 영향을 받은 건축도 남대문로, 종로, 정동 지역에 다수 등장하는데, 중국의 영향을 받았다고 보이는 양식인「벽돌조 전통기와」나「간이서양식」의 경우 그 건축에 관한 기록이 거의 없어서 〈그림 7-17〉에 전체 상황을 담는 것은 불가능했다.

〈그림 7-18〉의 1894년~1904년이 되면, 남부 일본인 거류영역을 중심으로 일본의 영향을 받은 건축이 확산되어 가는 것과 서양식 건축이 증가하여 정동 이외의 지역에도 다수가 건설된 것, 그리고「벽돌조 전통기와」나「간이서양식」도 크게 증가하는 것 등을 확인할 수 있다. 서양식 건축만을 보면 중국인이 참여한「재건 서양식」이 한성 종로 이남을 중심으로 증가한 점, 경운궁에「고종주도 서양식」이 집중되어 건설된 점, 그리고 일본인 거류영역에「일본식 민가」나「일본식 목조 양풍」도 증가하지만, 아직「일본경유 서양식」은 본격적으로 등장하지 않은 것을 확인할 수 있다.

〈그림 7-19〉의 1904~1910년 기간에는 탁지부 건축소의 활동에 수반하여「일본경유 서양식」과「일본식 목조 양풍」이 급증하여, 한성 전체에 확산되는 것이 확인된다. 1904년까지「일본경유 서양식」은 1동밖에 없었는데, 이 시기가 되면 한성전체로 일본의 영향이 확산되면서「일본경유 서양식」건축이 확신되는 것을 확인할 수 있다.

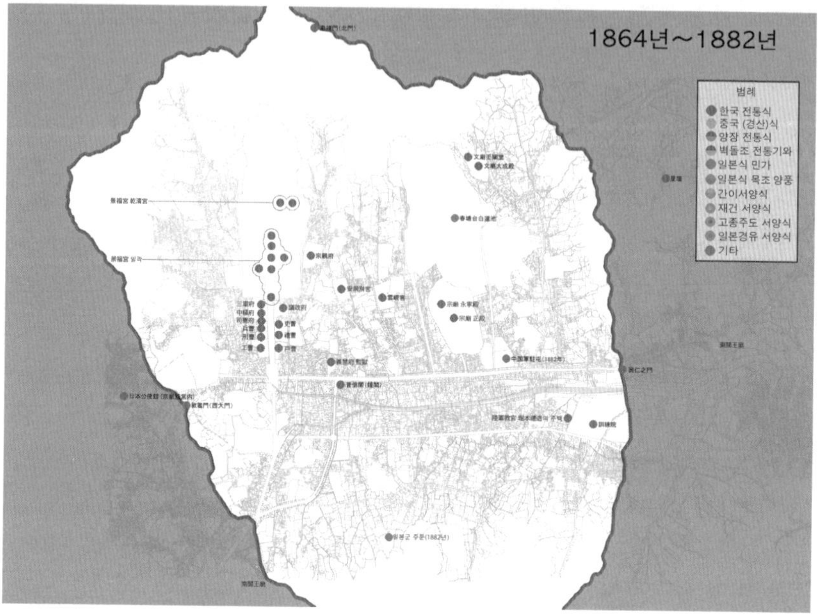

그림 7-16 1864~1882년 한성 내 건축활동과 건축의 양식별 분포 ⇒ [원색도판 11] 참조

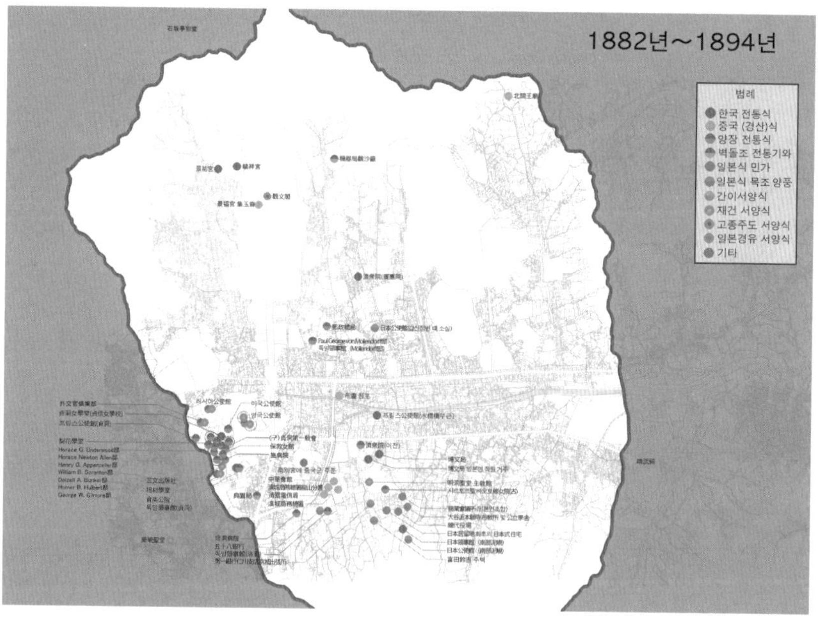

그림 7-17 1882~1894년 한성 내 건축활동과 건축의 양식별 분포 ⇒ [원색도판 12] 참조

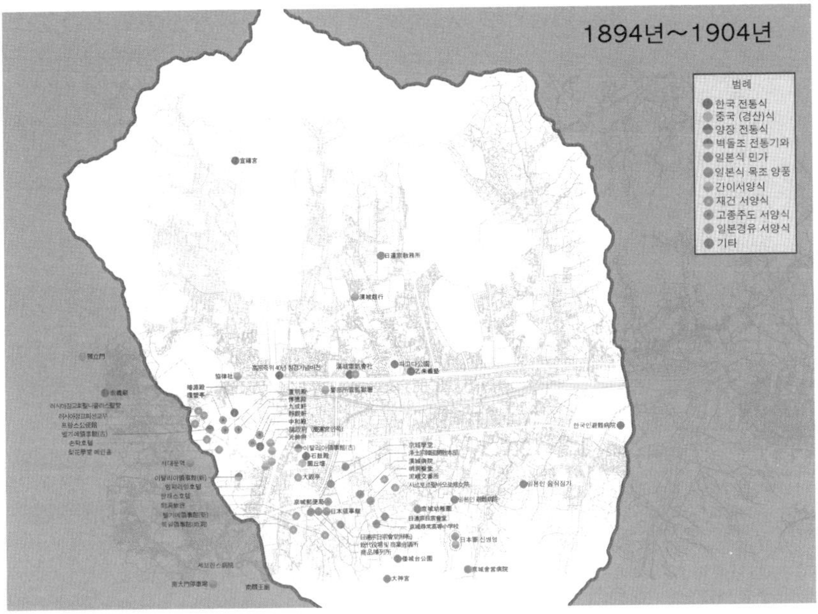

그림 7-18 1894~1904년 한성 내 건축활동과 건축의 양식별 분포 ⇒ [원색도판 13] 참조

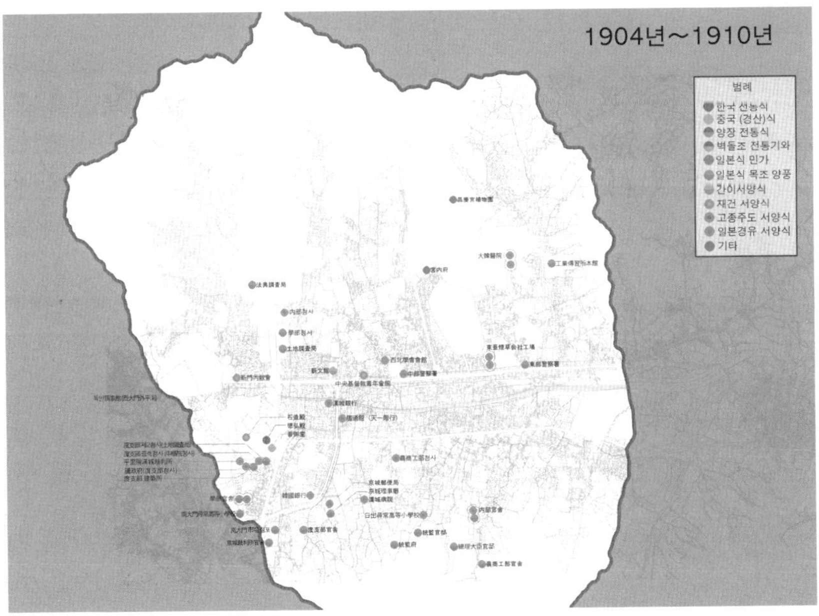

그림 7-19 1904~1910년 한성 내 건축활동과 건축의 양식별 분포 ⇒ [원색도판 14] 참조

각 시기별 건축의 변화는 2. 2에서 다룬 도시의 변화와 동일한 흐름을 보이는 것을 확인할 수 있다. 복고의 영향으로 「한국 전통식」이 활발히 전개된 점, 잡거지화와 함께 외국의 영향을 받으면서, 중국의 영향력이 강했던 시기에는 「중국 경산식」, 「벽돌조 전통기와」, 「재건 서양식」 등의 건축이 증가하였다. 또 일본의 영역확산이 두드러진 시기에는 「일본경유 서양식」과 「일본식 목조 양풍」이 급증하는 양상이 드러나는 것을 확인할 수 있었다. 바로 한성에 있어서 건축과 도시의 변화는 동일한 흐름으로 전개되었다고 판단해도 무방할 것이다.

소결

본장에서는 건축의 변화에 대하여 살펴보고 또 도시의 변화에 대하여 살펴보는 과정을 거쳐 건축과 도시 변화의 관련성에 대하여 고찰하였다. 건축의 변화를 조사하기 위하여 먼저 건축 변화에 영향을 미치는 요소를 도출하였다. 개항기 건축의 변화는 다음과 같이 크게 둘로 나눌 수 있다. 개항기 이전부터 존재했던 건축양식인 기존의 「한국 전통식」이나 「중국 정신식」을 비탕으로 새로운 건축기술과 재료가 더해져 이루어진 변화와, 새로운 건축기술과 재료만으로 세워진 건축으로의 변화이다. 이러한 변화를 일으킨 원인이라고 할 수 있는 새로운 건축기술과 재료는 중국이나 일본을 통해서 유입된 것이다. 서양 요소가 중국이나 일본으로 유입되어 기존의 중국이나 일본의 건축과 융합하여 변화를 겪는데, 이 변화된 것이 한국으로 들어오기도 하였고, 개항 이전부터 중국이나 일본이 원래 가지고 있던 건축기술이 그대로 한국에 유입되기도 하였다. 따라서 그 영향관계를 명확히 하기 위해서 일본, 중국, 서양의 요소에 의해 건축의 유형을 분류하였다. 이를 통해 이 시기의 변화에는 일본인과 중국인의 활동이 깊이 관여되어 있다는 점, 즉 일본과 중국으로부터 유입된 기술과 재료가 건축의 서양화에 깊이 작용하였다는 점을 확인하였다. 그리고 이 시기 서양식 건축의 변화에 있어서도 다양한 중국과 일본으로부터의 영향이 있었다는 점을 확인할 수 있었다. 도시의 변화에 있어서는 한성은 다른 개항지와 달리 잡거지로서 비교적 자유롭게 거주할 수 있었으므로, 한성에 머물던 외국인의 거주영역은 정해진 공간이 없었다. 그 공간의 규모나 특징은 해당 국가의 인구나 해당 국가가 한국과 한성에 미치는 영향력에 따라서 달라질 수 있기 때문에, 시기별로 인구와 영역의 변화를 연계하여 도시의 변화를 구체화하였다.

위 과정을 통해 한성의 건축 변화에는 중국과 일본이 각각 다른 성격을 갖고 있으며, 다른 방식으로 한성의 건축에 영향을 미쳤음을 확인하였다. 중국인은 1882년부터 1904년까지의 한성 내 건축 활동을 주도하여, 벽돌의 상용화에 기여하였다고 볼 수 있고, 이 점이 서양식 건축 기술의 보급과 확산으로 이어졌다고 생각된다. 반면 일본의 경우 1904년까지는 한국 내 건축 활동이 제한적이어서, 일본식 건축이나 작은 규모의 일본식 목조 양풍을 건설하는 정도에 그쳤지만, 1904년 이후 일본의 건설회사가 대거 한국에 진출하면서 높은 기술과 자본 투자가 이루어졌고, 한성 내 서양식 건축의 대부분을 담당할 정도로 영향력이 급증하였다. 개항초기에는 일본도 서양식 건축기술이 높지 않은 시기였고, 기술자도 인프라도 부족한 상황이었으므로 한성 잡거이후에도 한국에 적극적으로 서양식 건축을 세울 정도의 능력을 갖추지 못했다. 1904년 이후의 일본의 한반도 장악과 더불어 그 사이 발전한 일본의 서양식 건축에 대한 기술력이 한성에 그대로 반영된 것이라고 볼 수 있다.

또 도시의 경우에는 건축의 변화와 시기구분을 달리 할 수 있다. 중국인이 한성에 강력한 영향력을 행사했던 시기는 1882~1894년이다. 이 시기에 급속도의 중국인 인구 증가와 영역 확장이 확인된다. 반면 일본인이 한성에 가장 강력한 영향력을 행사했던 시기는 1894~1910년이다. 이 시기에 일본인 인구는 수십 배 증가하였고, 영역도 한성남부를 거의 차지할 정도로 확장되었다. 특히 1904년 러일전쟁이후의 확장이 두드러진다. 이 확장속도나 확장추세 뿐만 아니라 확장하는 형태에 있어서도 일본과 중국은 서로 다른 특징을 보인다. 중국인 영역은 특정 지역이 정해지지 않고, 다양한 지역으로 점적을 분포해나가는 확장을 보여준다. 그러나 일본인 영역의 경우 일본공사관이 위치했던 거점을 중심으로 방사선형으로 확장하는 모습이 확인된다.

위와 같은 변화를 보이는 건축과 도시에 있어서, 그 관련성을 조사해 보고자 건축 정보를 한성 도시지도 위에 표시하고 도시의 변화와 어떠한 관련성을 가지고 있는지 확인하였다. 중국인 거류영역의 점적인 확장과 분포가 중국식 건축 분포, 그리고 중국에 의해 이루어진 서양식 건축 활동 지역 분포와 밀접한 관련성이 있음을 확인하였다. 또 일본인 거류 영역의 방사형 확장이 일본식 건축의 확산 그리고 일본인에 의한 서양식 건축의 확산과도 밀접한 관계가 있음을 알 수 있었다.

이는 건축의 변화와 도시의 영역 변화 사이의 관련성을 보여 주는 근거에 해당한다. 결과적으로 개항기 한성의 건축과 도시는 잡거지라는 특수한 환경에 놓여 있었으므로, 외국의 영향을 받기 쉬운 환경에 처해 있었다고 볼 수 있고, 본 장에서는 외국의 영향을 받아 변화하는 건축과 도시가 비슷한 경향성을 보여준다는 것을 확인하였다. 건축과 도시가 갖는 관련성의 일단을 개항기 건축과 도시의 변화 양상을 통하여 확인한 것이라고 할 수 있을 것이다.

주_

1 김동욱 (2007)『(改正) 한국건축의 역사』, 기문당, 329쪽

2 조홍석, 김정동 (2010)「근대 적벽돌 생산사에 관한 연구」,『건축역사연구』제19권 6호, 105쪽

3 제4장 참조

4 제6장 주47) 참조

5 주상훈 (2010) 에서 일본의 의양풍 건축에 대하여「양풍 목조건축」이라고 명명하였는데, 이와 동일한 분류체계를 적용한 것이다. 단, 본고에서는 구조를 앞에 붙이는 방식으로 양식을 분류하였기 때문에「일본식 목조 양풍 건축」으로 명명하였다. (주상훈 (2010)『조선총독부의 근대시설 건립과 건축계획의 특-사법, 행형, 교육시설 건축도면의 분석을 중심으로-』, 서울대학교 박사학위 논문, 179쪽)

6『京城府史』2권에 의하면, 1885년 한성에 최초로 일본식 주택이 세워지고, 우노 도쿠타로(宇野德太郎)가 한성에 2층의 일본풍 건축을 세웠다. 1888년에 오오쿠라구미(大倉組) 도미타스즈키치(富田鈴吉)가 화재로 사라진 일본공사관을 모방하여 최초의 양풍목조주택(洋風木造住宅)을 건설하였다고 한다.

7 주로 암키와와 수키와가 일체형으로 되어 있는 형태의 기와를 의미한다. 스패니쉬기와라고도 한다.

8 Dongchun Seo (2019)「Changes in Foreigners' Settlement Space in Seoul, Korea, 1882 to 1910: Focusing on Chinese and Japanese Demographic Changes and Commercial Activities」,『Korea Journal』vol.59, no.4, 187쪽

본고의 흐름과 관점

본고는 1864~1910년의 한성의 건축과 도시를 어떠한 관점으로 분석해야 할 것인가라는 문제의식에 대하여 그것을 어떻게 규명하고 어떻게 해답을 찾을지 일련의 과정을 보여주고자 하였다. 그것은 단순히 사실을 명확히 전달하고 당시의 건축과 도시의 상황을 정확히 구현하는 것에 그치지 않고 변화하는 도시와 건축을 당시의 사람들의 시선을 통해 파악하는 등, 기존 연구에서는 다루어지지 않았던 건축을 보는 관점에 착안한 것이다. 오늘날의 우리가 사회에 대하여 다양한 의견을 가지며 다양한 판단을 하고 있는 것과 마찬가지로 당시에도 사회를 살고 있던 사람들 속에 그러한 시대적 관점이 존재했을 터이다. 이를 건축사나 건축을 바탕으로 서술하면서 도시사 속에 용해시켜서 어떻게 건축과 도시를 연계하는 일관된 변화의 흐름으로 분석할 수 있을 것인지에 집중하였다.

그 중에서도 주목한 것은 건축을 건설하기 위한 환경이었다. 자본이나 기술을 비롯하여 건축공사를 가능토록 하기 위해 필요한 요소는 건축만이 아니라 주변 요소가 중요한 역할을 담당하였다. 그렇기에 본고에서는 건축주의 의도, 건설업의 능력, 재료나 기술자의 보급 문제, 건축에 대한 사고방식 등 건축 활동에 영향을 미치는 요소들에 주목하였다. 그러한 건축 활동을 중첩시키면서 도시도 함께 움직이는 것을 확인하면서 그 관계성 고찰한 것이다.

제1부에서는 제1장과 제2장에 걸쳐서, 한국인이 보는 서양식 건축과 서양인이 보는 한국식 건축이라는 두 관점을 바탕으로 개항기 한성의 건축에 대하여 논의하였다. 당시의 한국 전통식 건축과 서양식 건축의 특징을 타자의 시선을 통해 분석하고, 이를 바탕으로 서양식 건축과 한국 전통식 건축의 특징에 대하여 지금까지 언급되지 않았던 변수와 특징들을 도출하였다.

제2부에서는 본고의 대상시기인 1864~1910년, 47년간의 한성에 있어서의 다양한 변화를 제3장에서 제7장까지에 걸쳐서 서술하였다. 한국 개항기에 가장 중요한 도시인 수도 한성을 통해 한국 개항기를 새롭게 정의할 수 있는가 시험해 본 것에 의의가 있다고 할 수 있고, 그것이 한국 개항기의 일반적인 특징을 이해하는 데 기여할 수 있다고 생각된다. 도시가 갖는 모든 여건에 있어서 한성은 한국을 대표하는 장소이다. 제3장에서 제6장까지 한성의 건축과 도시 변화에 초점을 맞추어 시기별로 변화 양상을 고찰하였고, 그 변화에 작용하는 다양한 요소를 명확히 하였다. 이를 제7장에서 종합적으로 당시 한성의 방향성에 대하여 고찰하였고 건축과 도시의 관련성에 대하여 서술한 것이다.

본고에 대한 평가

기존 연구에서는 한국의 개항기 건축과 도시에 대하여 논의할 때 공통적으로 다루는 것이 서양화와 근대화를 개항기의 가장 중요한 특징으로 삼고 논지를 전개한다는 점이다. 이 시기의 특징으로서 근대화를 드는 것, 그리고 근대화는 일정 정도 서양화와 일치한다는 점에 대해서는 동의하지만, 이 시기의 사회를 근대화와 서양화로만 규정하는 것은 단편적이라고 할 수 있다. 전면적이고 무비판적으로 근대화와 서양화를 수용하는 것은 재고의 여지가 있다고 생각한다. 이 견해를 반영하여 본고에서는 다음의 두 가지 관점을 바탕으로 논지를 전개하였다.

첫째, 서양화 경향을 강조하기 위하여 다른 경향이 간과되는 점을 들 수 있다. 한국의 건축에 있어서의 서양화는 극히 제한된 형태로 진행되었으므로 서양화를 재고해 볼 필요가 있다. 한국에 서양식 건축이 유입된 것도 상대적으로 늦은 시기였지만, 직접적으로 서양을 통해 유입된 건축, 전문적인 건축기술자가 건설한 건축이라 할 수 있는 것도 거의 없었다. 한국에서 활동한 서양식 건축의 기술자라고 할 수 있는 사람은 사바틴을 비롯해 2~3인 정도이다. 또한 이 시기에 이루어진 서양식 건축 건설의 대부분은 중국인과 일본인이 주도적인 역할을 하였다. 서양식 건축이 활발해 진 것은 1904년 이후 일본인 건설회사가 정부 주도의 관영공사를 독식하면서부터였다. 그렇게 보면 서양식 건축의 개체 수가 많았던 것도 아니고, 한국인 기술자들이 자발적으로 서양식 건축을 지향했던 것도 아닌데 이 시기를 서양화로 규정할 수 있는지에 대해서는 재고가 필요하다.

둘째, 한국 전통식 건축을 어떻게 보아야 하는가에 대한 점을 들 수 있다. 서양식 문물과 제도는 유입과 함께 적용되지만, 건축은 새로운 양식이 유입되고 정착하기에는 시간을 필요로 한다. 시공 능력, 즉 필요한 기술력을 갖추지 못하면 새로운 양식의 도입은 성립하기 어렵다. 결국 개항과 함께 서양식 건축의 출현하더라도 건축은 기술을 습득하고 변화의 조건을 완성할 때까지는 기존 방식을 고수할 수밖에 없다. 바로 개항이후 한국에서 이루어진 대부분의 건축 활동은 한국 전통식에 머물러 있을 수밖에 없다. 또한 흥선대원군의 복고정책 시에 행했던 대규모 건축공사에서 전국적으로 목수를 동원했고, 이 경험을 통해 한국 전통식 건축 기술도 발전했다고 볼 수 있다. 한국인이 서양식 건축을 본격적으로 습득하고자 노력한 기록은 대부분 1904년 이후에 등장한다. 건축에서의 이권이 외국에 넘어갔다는 위기감이 작용한 것이라고 할 수 있다. 결국 서양식 건축으로 나아가고자 하는 방향성을 한국에 국한시킨다면 1904년 이후의 현상이라고 볼 수 있는 것으로, 그 이전의 건축을 어떻게 볼 것인가에 따라 한국 전통식 건축을 보는 시선도 결정된다고 할 수 있다.

한국 전통식 건축이 대세를 차지하고 아직 서양식 건축이 정착하지 못했던 시기에 있어서 개항의 영향으로 새롭게 유입된 건축 요소를 우리가 어떻게 바라볼 것인가에 대한 고찰이 본고의 흐름에서 가장 중요한 부분이다. 개항기 새롭게 유입된 요소는 서양식만 있었던 것이 아니고, 중국식과 일본식도 있었다. 이 두 요소가 한국, 그리고 한성에 미친 영향은 다방면에서 압도적이었음은 다른 역사연구를 통해 입증되어 있다. 그렇다면 건축에서도 이러한 영향관계를 보여줄 수 있는가, 그리고 이 두 요소는 앞서 언급한 복고와 서양화라는 경향과 어떤 관계맺음을 하고 있는가, 이에 대하여 고찰해 본 것이다. 복고와 서양화 사이에 존재하는 중국과 일본이라는 요소가 건축과 도시에 어떻게 영향을 미치는지 확인하기 위한 첫걸음인 것이다.

본고를 통해 밝혀낸 변화의 양상을 다음과 같이 정리하였다.

건축의 구조, 재료, 장식에 있어서의 변화

개항이후 서양 문물과 제도가 들어오면서 지금껏 없었던 새로운 시설물이 생겨났다. 외교공관, 병원, 교회, 학교, 공장, 이 제도를 운영하는 관청 등이 생겨났다. 그러나 서양식 건축이 유입되기 전이므로 새로운 시설에 변화된 건축양식이 적용되는 일은 없었고 기존 한국 전통식 건축을 활용하여 새로운 시설물에 대한 수요를 충족시켰다. 필요한 경우에는 서양식 장식, 유리창, 설비를 활용하는 경우도 있었지만 기본 구조는 한국 전통식을 그대로 활용하였다.

1890년 이후 서양식 건축이 본격적으로 건설되기 시작하면서 그 수가 증가하기 시작하였다. 그러나 이 시기의 서양식 건축은 완벽한 서양식이라고는 하기 어렵고 서양식 요소가 가미된 건축이 많았다. 벽체는 벽돌을 사용하면서 지붕은 고식 기와를 사용하기도 하고, 일본의 의양풍과 비슷한 서양풍의 목조 건축이 건설되기도 하였다. 당시 한성은 본격적인 서양식 건축을 건설하기에는 재료와 기술에 있어서 한계가 있었고 이를 보완 또는 대체할 수 있는 선택을 하는 과정에서 생겨난 건축유형이라고 판단된다. 이러한 건축유형의 적용은 일본과 중국의 영향을 받아 일어난 변화라고 할 수 있다.

외교공관이나 교회를 중심으로 완성도가 높은 서양식 건축이 건설되기 시작하였고 1905년 이후가 되면서 탁지부건축소가 건축 활동을 주도하게 되고 서양식 건축의 수가 급증하였다. 이상과 같이 서양식 건축을 건설할 수 있는 능력을 갖추게 되었을 때까지 개항기 한성의 건축은 중국과 일본의 영향 하에서 구조, 재료, 장식 등의 서양화가 진행되는 양상을 확인할 수 있었다.

건축기술자의 변화

고종초기 대규모의 건축 활동을 통하여 한국 전통식 건축의 건축 기술 수준이 올라갔다고 하여도 한성 내 건축기술자의 수는 절대적으로 부족했다. 따라서 개항 직후 한성은 서양식 건축 기술을 수용하고 적용할 정도의 역량을 갖추지 못했다고 판단되며 벽돌이나 서양식 기와와 같은 서양식 건축에 필요한 재료가 부족하여 서양식 건축 기술을 습득하고 발전시키는 수준에까지 도달하기에는 무리가 있는 상황이었다고 생각된다.

이러한 상황 속에서 서양식 건축 활동에 있어서 중요한 역할을 담당한 것이 중국인과 일본인 건설조직이었다. 개항 초기 한성의 서양식 건축에 대한 수요는 중국인 기술자가 담당하는 경우가 많았다. 설계와 감독은 서양인이 담당하고, 시공은 주로 중국인이 담당하는 형태의 건설 활동이 많았다. 러일전쟁 이후 대규모 일본인 건설회사가 서울에 진출하면서 일본인이 한성의 서양식 건축을 담당하게 되었다. 이 시기에 있어서 일본인 건축 활동은 탁지부 건축소의 비호 아래 관영공사를 모두 수주하였다.

1909년 서북학회회관에서 볼 수 있듯이 한국인 기술자도 어느 정도 서양식 건축 시공능력을 갖추게 되었지만 이미 한국의 건설업계는 일본인이 장악한 상태였으므로 때늦은 각성이었다고 볼 수 있다.

잡거지 한성에 있어서 외국인 영역의 변화

1884년부터 한성은 잡거지라고 하는 특수한 형태의 외국인 거류지로 개잔開棧하였다. 영역이 정해지지 않은 채 외국인과 내국인이 함께 거주하게 되었다. 중국인은 그 인구와 영역이 급격히 확장되어 청일전쟁이 일어나기 전에는 인구가 3000까지 성장하여, 한성 각지에 중국인 영역이 형성되었다. 수표교, 정동, 남내문로, 동대문로 등 상업의 주요 거점이 중국인 영역이 되어 전적으로 확장되는 것이 확인된다. 반면 잡거 초기 일본인은 중국인과의 상권 다툼에서 밀려나, 인구와 영역은 확장하기는 하였지만 두드러진 변화는 없이, 일본공사관 주변의 좁은 지역에 머물러 있었다. 그러다가 청일전쟁 승전이후 상황이 급변하여 일본인 영역이 성장하였다. 청일전쟁 직후 본국으로 돌아간 청국상인들의 거점을 차지하여 상업의 요충지에 진출하였다. 이후 점차 세력을 확대해 가며 일본인영역도 기존 일본공사관을 꼭지점으로 방사형으로 확산되었다. 1904년 러일전쟁 이후 모든 권력을 장악한 일본은 한성 남부의 대부분을 차지할 정도로 세력이 커졌고, 인구도 1910년이 되면 35000인까지 성장하였다.

한성의 한정된 공간에서 일본인의 급증과 영역 확장은 기존 한국인 생활공간의 축소와 세력 약화를 의미한다. 1904년 이후 한국의 식민지화가 급속도로 진행되었고, 그 영향이 그대로 한성에도 미쳐서 일본인 세력의 폭발적인 증가로 이어졌다.

건축과 도시의 복고, 중국화(中國化), 일본화(日本化), 서양화

1864~1910년 한성에는 다양한 변화가 있었고 그 변화는 앞에서 언급한 것처럼 서양화만이 아니었다. 이는 복고와 서양화의 대립이라는 관점으로도 명확하게 설명하기 어렵고, 실제 그 속에는 중국 세력과 일본 세력의 활동이 있었고 그 활동이 영향을 미쳤음을 확인하였다. 본고에서는 서양화西洋化에 복고復古를 더하였고, 거기에 중국화中國化와 일본화日本化를 더하여 다양한 방향성으로 움직였던 한성의 건축과 도시의 변화를 분석하였다.

당시의 사람들은 중국이나 일본의 영향에 의해 변화한 것도 새로운 변화라는 관점에서 서양화의 일종으로 인식하는 경우가 있었고, 특히 일본 세력이 한국을 장악한 후에 일본을 통해서 습득한 서양식도 서양과 동일시하는 경향이 있었다. 본고에서는 이를 중국화, 일본화, 서양화로 구분하여 구체적으로 살펴보았다.

건축의 변화에 있어서는, 중국화의 영향으로 벽돌의 일반화, 대중화를 가져왔고, 이는 다시 서양화로도 연결되었다고 평가할 수 있고, 일본화는 기술의 발전이 한성에 표출되어 마찬가지로 서양화로 이어지는 역할을 하였다고 평가할 수 있다. 도시 변화에서도 동일하게 중국인의 점적 분포에 의한 확산이나, 일본인의 방사형 확산과도 관계가 있다. 즉, 중국이나 일본의 영향 하에서 건축과 도시의 변화가 일어나 그 양상은 중국과 일본의 서울에서의 세력 추이와도 관계가 있다고 할 수 있다. 결국, 개항기 한성에 있어서 건축과 도시의 변화 분석에 있어서 서양화란 중국화와 일본화의 단편이 표출된 것이라고 볼 수 있다. 개항기에 대한 이해는 당시의 다양성에 대한 이해에서 출발하는 것이 중요하다 할 것이다.

본고가 갖는 의미는 바로 개항기 건축과 도시를 다른 관점에서 보는 것에 있다고 할 수 있고, 그 점에서 다음과 같은 두 가지를 제안하고 있다. 첫째, 서양화가 아닌 복고, 중국화, 일본화를 어떻게 볼 것인가에 관한 것, 둘째, 잡거지 한성에 있어서 건축과 도시의 관계는 어떠했는가에 관한 것, 이 두 가지에 관하여 학술적인 의문과 연구 초기 단계에서 낼 수 있는 답을 정리하여 종합한 것이 본고이다. 즉 개항기 건축과 도시를 보는 시선의 다양화를 시도한 것에서 의의를 찾을 수 있다.

본고의 한계와 향후 과제

개항기 한국의 건축과 도시를 연구하는 연구자들이 공통적으로 겪는 한계는 자료와 유물의 부족이다. 개항 이후 구체적인 기록이 증가하며, 자료의 양과 질이 향상하여, 일제강점기에 대한 자료는 다양한 자료를 활용하여 연구할 수 있을 정도의 자료 기반이 있다. 그러나 그 이전 아직 자료의 기록방식이 근대화되기 이전인 개항 초기까지의 기록은 건축 연구에 활용하기에는 부적합한 경우가 대부분이다. 따라서 개항기 건축에 관한 연구는 그 신뢰성에 있어서 완전히 의심과 의문에서 벗어나기가 어려운 상태이다.

본고도 그 점에서는 자유롭지 못하다고 할 수 있다. 이를 보완하기 위해 외국인의 개인기록이나 외국에서 출판된 기록물, 특히 일본에서 출판된 기록물들을 적극적으로 활용하였지만, 개인기록이 갖는 사료로서의 부정확성이라는 문제가 남아 있으므로 여전히 사료 부족의 문제는 미결인 상태라고 할 수 있을 것이다.

그러나 외국인의 기록에는 새로운 가능성도 있다. 내부에서 보면 당연시하여 기록하지 않은 부분에 대해서도 외부에서는 참신하다고 여기고 기록해 놓은 부분도 있어 어떻게 활용하느냐에 따라 가능성은 열려 있다고 볼 수 있다.

향후 과제로서 다음 두 가지를 들 수 있다.

첫째, 1864년에서 1910년까지 한성의 건축과 도시에 있어서 실증적 작업을 지속하는 것이 중요한 과제로 남아 있다. 당시의 건축 정보도 아직 공백으로 남아 있는 부분이 많다. 건물명, 건설시기, 위치, 건축주, 시공자와 설계자, 구조, 재료, 형태, 규모, 공사비 등, 건축의 정보가 명확해 질수록 개항기 한성의 건축과 도시도 정확히 분석할 수 있는 가능성이 높아진다고 기대할 수 있는 것이다.

둘째, 1864년에서 1910년까지 한성의 건축과 도시에 있어서 더욱 새로운 관점을 찾아낼 필요가 있다. 본고에서는 복고, 중국, 일본의 영향이라는 거대한 흐름의 요소를 발견하고 집중하였다. 그 속에는 아직 발견되지 않은 다양한 건축과 도시의 동인들이 남아 있다. 이러한 작업들이 계속되어야 당시의 건축과 도시를 보는 관점도 풍부해질 수 있다고 기대된다.

위에서 열거한 두 가지의 과제는 근대 이후의 한국건축사와 근대 이전의 한국건축사에 있어서 시점이나 문제의식의 차이를 메우는 것에 공헌할 수 있을 것이라고 기대된다. 근대 이후의 서양식 건축에만 집중하고 있는 경향, 근대 이전의 전통건축에만 집중하는 경향, 이 두 사고방식을 연결하여 하나의 흐름을 갖는 건축사로 정리할 수 있도록 공헌하는 것, 그것이 본 연구의 지향점이 될 것이다.

서동천 한양대학교 건축공학부를 졸업하고, 한양대학교 건축대학원에서 석사과정을 마쳤다. 이후 도쿄대학 건축학과에서 박사학위를 취득하였고, 국립중앙박물관 연구원, 한양대학교 건축학부 연구교수를 거쳐 현재 목포대학교 건축학과 교수로 재직 중이다. 전공 분야는 근대 동아시아 건축 및 도시사이며, 개항 이후 동아시아의 정세 변화 속에서 건축과 도시 변화의 관계를 밝히는 연구에 힘을 쏟고 있다. 주요 저서로 『세계유산 수원화성』(공저, 2017), 『メガシティ2: メガシティの進化と多様性』(공저, 2016), 『부여학: 백제, 김수근, (구)부여박물관』(공저, 2015), 『和而不同의 동아시아 건축도시사』(공저, 2015), 『일제강점기 사진으로 보는 익산의 문화유산』(공역, 2017), 『일본조선비교건축사』(역서, 2017) 등이 있고, 주요 연구로는 『Changes in Foreigners' Settlement Space in Seoul, Korea, from 1882 to 1910』(Korea Journal, 2019), 『일제강점기 요시다 하츠사부로 조감도의 성격과 확산 배경에 관한 연구』(동양예술, 2018), 『일제강점기 「고건축물」 보존수리 공사비용 운용시스템 에 관한 연구』(문화재, 2017), 『'반양제'의 의미와 건축적 특징에 관한 연구』(한국문화공간건축학회, 2017), 『개항기 서양식 건축의 유입과 건축 표현 용어 변화에 관한 연구』(대한건축학회, 2014) 등이 있다.

한양학술총서 011

복고와 서양화 사이에서

: 1864~1910, 한성에서의 건축 활동과 도시변화의 방향성 모색

펴낸날 2021년 2월 10일 초판 1쇄

지은이 서동천 · **펴낸이** 김우승

펴낸곳 한양대학교출판부 · **출판등록** 제4-7호(1972.2.29)

주소 서울 성동구 왕십리로 222 · **전화** 02.2220.1432-4 · **팩스** 02.2220.1435

홈페이지 press.hanyang.ac.kr · **이메일** presshy@hanyang.ac.kr

편집 김민지 · **디자인** 안광일 · **인쇄** 네오프린텍

ISBN 978.89.7218.709.7 (94540)

978.89.7218.470.6 (세트)